大 学 数 学

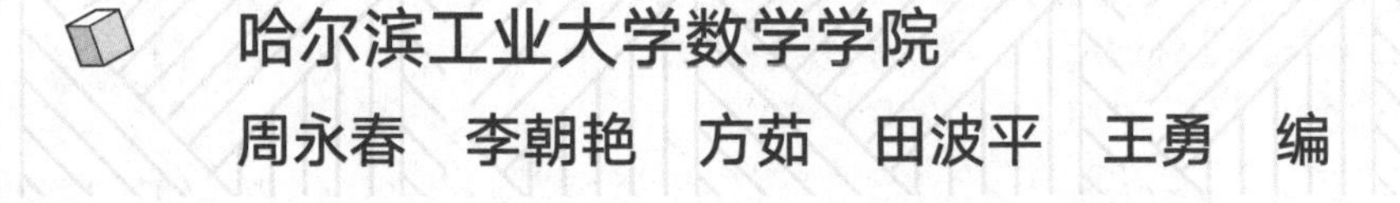

概率论与数理统计

（第三版）

哈尔滨工业大学数学学院
周永春　李朝艳　方茹　田波平　王勇　编

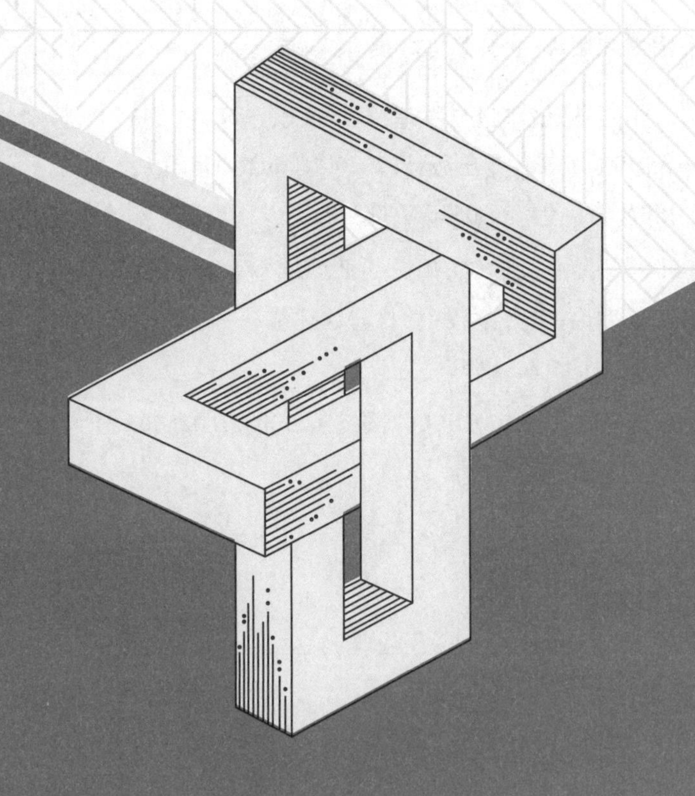

高等教育出版社·北京

内容提要

本书是哈尔滨工业大学所编的大学数学系列教材中的一本，全套教材包括《工科数学分析（第六版）（上、下册）》《线性代数与空间解析几何（第五版）》《概率论与数理统计（第三版）》，共4本。

本书注重体现工程实际应用背景且注意为现代概率论与数理统计新知识留有接口，同时精简、压缩一些传统内容，淡化计算技巧的训练，加强理论基础的培养；重新组织、精选了例题及习题，使之更有利于培养工科学生利用概率统计方法解决和分析工程实际问题的能力。

本书内容包括随机事件与概率、条件概率与独立性、随机变量及其分布、多维随机变量及其分布、随机变量的数字特征与极限定理、数理统计的基本概念、参数估计、假设检验、单因素试验的方差分析及一元正态回归分析等九章，每章配备了拓展例题和测验题，对其理论与方法作了适当的加深和拓广。附录介绍了如何使用MATLAB软件处理概率统计问题。本书适合本科院校工科各专业学生使用，也可作为报考硕士研究生人员及工程技术人员的学习参考书。

图书在版编目(CIP)数据

大学数学.概率论与数理统计/周永春等编.--3版.--北京:高等教育出版社,2020.7（2021.7重印）

ISBN 978-7-04-053647-8

Ⅰ.①大… Ⅱ.①周… Ⅲ.①高等数学-高等学校-教材②概率论-高等学校-教材③数理统计-高等学校-教材 Ⅳ.①O13②O21

中国版本图书馆CIP数据核字(2020)第025003号

Gailülun yu Shuli Tongji

策划编辑 张晓丽　　责任编辑 张晓丽　　封面设计 王 洋　　版式设计 王艳红
插图绘制 于 博　　责任校对 张 薇　　责任印制 存 怡

出版发行 高等教育出版社
社　　址 北京市西城区德外大街4号
邮政编码 100120
印　　刷 北京市大天乐投资管理有限公司
开　　本 787mm×1092mm 1/16
印　　张 19
字　　数 320千字
购书热线 010-58581118
咨询电话 400-810-0598
网　　址 http://www.hep.edu.cn
　　　　 http://www.hep.com.cn
网上订购 http://www.hepmall.com.cn
　　　　 http://www.hepmall.com
　　　　 http://www.hepmall.cn
版　　次 2007年7月第1版
　　　　 2020年7月第3版
印　　次 2021年7月第3次印刷
定　　价 37.50元

物 料 号 53647-00

概率论与数理统计

（第三版）

哈尔滨工业大学
数学学院

1. 计算机访问http://abook.hep.com.cn/1259523，或手机扫描二维码、下载并安装Abook应用。
2. 注册并登录，进入“我的课程”。
3. 输入封底数字课程账号（20位密码，刮开涂层可见），或通过Abook应用扫描封底数字课程账号二维码，完成课程绑定。
4. 单击“进入课程”按钮，开始本数字课程的学习。

课程绑定后一年为数字课程使用有效期。受硬件限制，部分内容无法在手机端显示，请按提示通过计算机访问学习。

如有使用问题，请发邮件至abook@hep.com.cn。

扫描二维码

下载Abook应用

http://abook.hep.com.cn/1259523

第三版前言

概率论与数理统计是研究随机现象统计规律和以有效的方式收集、整理和分析受随机因素影响的数据并对研究对象做出判断的一门数学学科，本课程是大学中一门应用性很强的必修基础课，是其他众多课程的理论基础。本书的第一版是普通高等教育“十一五”国家级规划教材，第二版的修订是在第一版基础上增加了部分章节的拓展例题和 MATLAB 软件及其在概率统计中的应用，在内容上更好地适应新时期对“概率论与数理统计”课程教学及应用的需要。本版的修订，编者结合多年在哈尔滨工业大学的教学实践及改革，认真听取了使用本教材的相关院校教师的意见及建议，并参考国内外相关优秀教材的内容体系，对本书的部分章节进行了改写和扩展，希望能更好地帮助读者用统计思想去思考及处理问题。

本版教材的特点概述如下：

(1) 对第一版和第二版的部分教学内容做了适当的补充和修正。并对原有例题和习题做出了一些调整替换，增加了近几年硕士研究生入学统一考试试题，更好地强化基本概念理解，掌握重要的统计方法。

(2) 补充了七、八、九章的“拓展例题”，拓宽读者的知识面，了解更多概率统计内容及标准，为学生个性化发展提供良好的条件。

(3) 在每章增加了测验题，读者可直接扫码测试，既巩固强化知识，又检验对本章知识的掌握程度。

参加本书此次修订工作的教师有周永春，李朝艳，方茹，田波平，王勇。

由于编者水平有限，书中疏漏和不妥之处在所难免，恳请广大读者批评指正，以期不断完善。

编　者

2019 年 9 月于哈尔滨工业大学

第二版前言

本书的第一版是普通高等教育“十一五”国家级规划教材，根据多年在哈尔滨工业大学使用本教材的教学实践，并吸取了近年来国内外出版的多部概率统计优秀教材的一些好的方法，同时也认真考虑了使用本教材的相关单位的意见，在此基础上确定了本次修订的框架。本版对第一版的前 7 章进行了改写与扩充，以便在内容上和编排上更好地适应新时期对“概率论与数理统计”课程教学及应用的需要。

本版教材的特点可概述如下：

（1）新增了 MATLAB 软件应用的内容，简单介绍了 MATLAB 软件及其在概率统计中的应用。

（2）在前 6 章增加了“拓展例题”一节，希望扩大知识面，同时激发学生的学习兴趣。这部分主要包括各章涉及的数学实验，现代科技的应用及提高性内容，主要目的是为学生的个性化发展创造良好的条件。

（3）对第一版的一些教学内容作了补充和修正。并对原有的例题和习题作了一些调整，增加了有关加强对基本概念理解，对重要统计方法掌握的例题和习题及近年来硕士研究生入学考试题。

（4）在附录中给出了更多的常用统计分布，并给出了实际应用的例子，以满足学生进一步学习的需要。

参加本书修订工作的教师有方茹，周永春，李朝艳，田波平，王勇。

由于编者水平有限，书中的疏漏和不妥之处在所难免，恳请广大读者批评指正，以期不断完善。

编　者

2014 年 2 月于哈尔滨工业大学

第一版前言

为适应21世纪高等学校学生和广大工程技术人员对数学的需求,我校作为国家工科数学教学基地之一,多年来在数学教学改革方面进行了一定的探索,已经初见成效。结合这些教学改革成果,我校编写了《大学数学》系列教材,本书就是其中的一本。

概率论与数理统计是研究随机现象统计规律的一门数学学科,已在包括控制、通信、生物、物理、力学、金融、社会科学以及其他工程技术等诸多领域中获得了广泛的应用。学习和掌握概率论与数理统计的基本理论和基本方法并将其应用于科学研究和工程实际中,是社会发展对高素质人才培养提出的必然要求。

概率论与数理统计课程是工科大学的一门应用性很强的必修基础课。针对这门课程的特点,我们编写本书的基本思路是:重概念、重方法、重应用、重能力的培养。本书较详细地阐述了概率论与数理统计的基本概念和基本理论,并叙述了一些主要概念和方法产生的背景和思路。从直观分析入手逐步过渡到严格的数学表述,主线清晰,使初学者易于入门,易于掌握概率论与数理统计的基本理论和方法。书中的例题和习题较丰富,其中包括大量的应用题,有助于培养学生分析问题和解决问题的能力。

本书是编者在多年的教学实践和教学经验的基础上,按照我国现行的工科大学本科数学课程教学基本要求和工学、经济学硕士研究生入学考试大纲编写的。全书内容分六个部分:第一部分为随机事件及其概率(第1章、第2章);第二部分为随机变量及其分布(第3章、第4章);第三部分为随机变量的数字特征与极限定理(第5章);第四部分为数理统计的基本概念(第6章);第五部分为参数估计与假设检验的基本方法(第7章、第8章);第六部分为线性模型的统计分析初步(第9章)。每章后的习题和书末的补充习题较多地收入了历年工学、经济学硕士研究生入学考试题。

本书可作为工科大学本科各专业的教材,也可供财经、理科类某些专业选用,还可以作为报考硕士研究生人员及工程技术人员的学习参考书。

哈尔滨工业大学曹彬教授、许承德教授对本书的编写始终给予了关心与帮助,谨在此致谢。

由于编者水平有限,书中的疏漏和不妥之处在所难免,恳请广大读者批评指正,以期不断完善。

编　者

2007年1月于哈尔滨工业大学

目 录

第0章 引 言

00

0.1 概率论与数理统计发展简史

概率论与数理统计是研究随机现象及其规律性的一门数学学科. 研究随机现象的规律性有其独特的思想方法,它不是寻求出现每一现象的一切物理因素,不能用研究确定性现象的方法来研究随机现象,而是承认在所研究的问题中存在有一些人们不能认识或者根本不知道的随机因素作用下,发生了随机现象. 这样,人们既可以通过试验来观察随机现象,揭示其规律性,作出决策,也可以根据实际问题的具体情况找出随机现象的规律,作出决策.

概率论是基于给出随机现象的数学模型,并用数学语言来描述它们,然后研究其基本规律,透过表面的偶然性,找出其内在规律性,建立随机现象与数学其他分支的桥梁,使得人们可以利用已成熟的数学工具和方法来研究随机现象,进而也为其他数学分支和其他新兴学科提供了解决问题的新思路和新方法. 数理统计是以概率论为基础,基于有效地观测、收集、整理、分析带有随机性的数据来研究随机现象,进而对所观察的问题作出推断和预测,直至为采取一定的决策和行动提供依据和建议.

概率论的起源与赌博有关. 17 世纪中叶,法国数学家帕斯卡(Pascal)、费马(Fermat)及荷兰数学家惠更斯(Huygens)基于排列组合方法,研究利用古典概型解决赌博中提出的一些问题,如"分赌注问题""赌徒输光问题"等. 到了 18 世纪和 19 世纪,随着科学的发展,人们注意到社会科学和自然科学中许多随机现象与机会游戏之间十分相似,如人口统计、误差理论、产品检验和质量控制等,从而由机会游戏起源的概率论被应用于这些领域中，同时也大大促进了概率论本身的发展，瑞士数学家伯努利(Bernoulli)作为使概率论成为数学的一个分支的奠基人之一，建立了概率论中第一个极限定理(即伯努利大数定律)，阐明了事件发生的频率稳定于它的概率. 随后，棣莫弗(De Moivre)和拉普拉斯(Laplace)又导出第二个基本极限定理(即中心极限定理)的原始形式，拉普拉斯在其《分析的概率理论》一书中，明确给出了概率的古典定义，并在概率论中引入了更有力的分析工具，将概率论推向一个新的发展阶段. 19 世纪末，俄国数学家切比雪夫(Chebyshev)、马尔可夫(Markov)、李雅普诺夫(Lyapunov)等人用分析的方法建立了大数定律及中心极限定理的一般形式，科学地解释了为什么在实际中遇到的许多随机变量都近似地服从于正态分布. 20 世纪初，由于大量实际问题的需要，特别是受物理学的影响，人们开始研究随机过程. 爱因斯坦(Einstein)、维纳(Wiener)和莱维(Levi)等人对生物学家布朗(Brown)在显微镜下观测到的花粉微粒的无规则运动进行了开创性的理论分析，提出了布朗运动数学模型，并进行了系统的研究；埃尔朗(Erlang)等人则在电话流呼唤中研究了泊松(Poisson)过程，成为排队论的开创者；费勒(Feller)等在生物群体生长模型中提出了生灭过程；克拉默(Cramer)、维纳、辛钦(Khinchin)等人系统研究了平稳过程；柯尔莫戈洛夫(Kolmogorov)、费勒和杜布(Doob)则开创了更一般的马尔可夫过程和鞅论的系统研究. 至今，对于随机过程的研究以及与其他新兴学科的交叉而形成的边缘学科的研究仍在继续.

如何定义概率，如何把概率论建立在严格的逻辑基础上，对这一问题的探索一直持续了三个世纪. 20 世纪初，勒贝格(Lebesgue)完成的测度与积分理论，为概率公理化体系的建立奠定了基础. 特别是苏联数学家柯尔莫戈洛夫于 1933 年在其著作《概率论基础》一书中首次给出了概率的测度论式的严格定义，归纳总结了事件及事件的概率的基本性质和关系，建立了概率论的公理化体系，柯尔莫戈洛夫公理化方法成为近代概率论的基础，使概率论成为严谨的数学分支，对近代概率论的发展起到了积极的作用.

数理统计是随着概率论的发展而发展起来的. 只有当人们认识到必须把数据视为来自具有一定概率分布的总体，所研究的对象是这个总体而不能局限于数据本身的时候，数理统计才诞生了. 早在 19

世纪中期之前,数理统计已出现若干重要的工作,特别是高斯(Gauss)与勒让德(Legendre)关于观测数据的误差分析和最小二乘估计方法的研究成果.但是直到20世纪初期,数理统计才发展成为一门成熟的学科,其中皮尔逊(Pearson)与费希尔(Fisher)作出重大贡献.1946年,克拉默发表的《统计学的数学方法》是第一部严谨且比较系统的数理统计著作.

至今,概率论与数理统计的理论与方法已广泛应用于自然科学、社会科学及人文科学等各个领域中,并且随着计算机的普及,概率论与数理统计已成为处理信息、制定决策的重要理论和方法.它们不仅是许多新兴学科,如信息论、控制论、排队论、可靠性理论及人工智能的数学理论基础,而且与其他领域的新兴学科的相互交叉而产生了许多新的分支和边缘学科,如生物统计、统计物理、数理金融、神经网络统计分析、统计计算等.总之,概率论与数理统计作为理论严谨、应用广泛、发展迅速的数学分支正越来越引起广泛的重视.

0.2 概率论与数理统计研究问题的方法

概率论应用随机变量(多维随机变量)与随机变量的概率分布、数字特征及特征函数为数学工具对随机现象进行描述、分析与研究,其前提条件是假设随机变量的概率分布是已知的;而数理统计中作为研究对象的随机变量的概率分布是完全未知的,或者分布类型已知,但其中某些参数或某些数字特征是未知的.概率论研究问题的方法是从假设、命题、已知的随机现象的事实出发,按一定的逻辑推理得到结论的,因此概率论的方法本质上是演绎式的;而统计学的方法是归纳式的,从所研究对象的全体中随机抽取一部分进行试验或观测,以获得试验数据,依据试验数据所获取的信息,对整体作出推断,是“归纳”而得到结论的.例如,统计学家通过大量观测得到的试验数据,按照一定的统计方法得出结论:患肺癌与吸烟有关;患支气管炎与吸烟有关.此结论不是用数学逻辑推理方法证明得到的.因此,掌握统计学的思想与方法对于初学者无疑是很重要的.

01

第1章 随机事件与概率

随机事件的概率是概率论研究的基本内容.本章将主要介绍概率论中的基本概念——随机事件与随机事件的概率,并进一步讨论随机事件的关系与运算以及概率的性质与计算方法.

1.1 随 机 事 件

1.1.1 必然现象与随机现象

人们在实践活动中所遇到的现象,一般来说可分为两类:一类是**必然现象**,或称**确定性现象**;另一类是**随机现象**,或称**不确定性现象**.

必然现象是指在相同条件下重复试验,所得结果总是确定的现象,只要试验条件不变,试验结果在试验之前是可以预言的.例如,在标准大气压下,将水加热到 100 ℃,水必然沸腾;用手向空中抛出的石子,必然下落;作等速直线运动的物体,如无外力作用,必然继续作等速直线运动,等等,这些现象都是必然现象.

随机现象是指在相同条件下重复试验,所得结果不一定相同的现象,即试验结果是不确定的现象.对这种现象来说,在每次试验之前哪一个结果发生,是无法预言的.例如,新生婴儿,可能是男孩,也可能是女孩;向一目标进行射击,可能命中目标,也可能不命中目标;从一批产品中,随机抽检一件产品,结果可能是合格品,也可能是次品;测量某个物理量,由于许多偶然因素的影响,各次测量结果不一定相同,等等,这些现象都是随机现象.

对随机现象,是否有规律性可寻呢? 人们经过长期的反复实践,发现这类现象虽然就每次试验结果来说,具有不确定性,但大量重复试验,所得结果却呈现出某种规律性. 例如,

(1) 掷一枚质量均匀的硬币,当投掷次数很大时,就会发现正面和反面出现的次数几乎各占 1/2. 历史上,比丰(Buffon)掷过 4 040 次,得到 2 048 次正面;皮尔逊掷过 24 000 次,得到 12 012 次正面.

(2) 对一个目标进行射击,当射击次数不多时,对弹孔分布看不出有什么规律性;但当射击次数非常多时,就可发现弹孔的分布呈现一定的规律性,弹孔关于目标的分布略呈对称性,且越靠近目标的弹孔越密,越远离目标的弹孔越稀.

(3) 从分子物理学观点来看,气体分子对器壁的压力是气体分子对器壁碰撞的结果. 由于分子是时刻不停地、杂乱无章地运动着,速度和轨道都是随机的,因而对器壁的碰撞也是随机的. 初看起来器壁所受的压力是不稳定的,可是实验证明,由于分子数目非常大,各分子运动所具有的随机性在集体中互相抵消、互相平衡了,使得器壁所受的总压力呈现一种稳定性. 分子数目越大,压力越稳定.

从上述各例可以看到,随机现象也包含着规律性,它可在相同条件下的大量重复试验或观察中呈现出来. 这种规律性称为**随机现象的统计规律性**.

概率论与数理统计就是研究随机现象统计规律的一门数学学科.

1.1.2　随机试验与事件、样本空间

对随机现象的研究,总是要进行观察、测量或做各种科学试验(为了叙述方便起见,统称为试验). 例如,掷一枚硬币,观察哪面朝上;向一目标进行射击,观察是否命中;从一批产品中随机抽一产品,检查它是否合格;向坐标平面内任投一根针,测量此针的针尖指向与 x 轴正向之间的交角,等等,这些都是试验. 仔细分析,这些试验具有如下的共同特点:

(a) 试验可以在相同条件下重复进行;

(b) 试验的所有可能的结果不止一个,而且是事先已知的;

(c) 每次试验总是恰好出现这些可能结果中的一个,但究竟出现哪一个结果,试验前不能确切预言.

如掷硬币的例子,试验是可以在相同条件下重复进行的.试验的可能结果有两个,即正面和反面,每次试验必出现其中之一.但投掷之前是不可能预言出现正面还是出现反面.

人们将满足上述三个条件的试验称为**随机试验**,简称**试验**,以字母 E 表示.

为了研究随机试验,首先要知道这个试验的所有可能结果是哪些.随机试验的每一个可能结果称为**基本事件**,也称为**样本点**,用 e 表示.全体基本事件的集合称为**样本空间**,记为 S.

在讨论一个随机试验时,首先要明确它的样本空间.对一个具体的试验来说,其样本空间可以由试验的具体内容确定.下面看几个例子.

例 1.1.1 掷一均匀对称的硬币两次,观察正反面出现情况,这是个随机试验.

可能结果有四个:(正正)、(正反)、(反正)、(反反).括号内的第一个和第二个字,分别表示第一次和第二次掷的结果.故样本空间

$$S=\{(\text{正正}),(\text{正反}),(\text{反正}),(\text{反反})\}.$$

例 1.1.2 记录某电话交换台在一段时间内接到的呼叫次数,这个试验的基本事件(记录结果)是一非负的整数,由于难以规定一个呼叫次数的上界,所以样本空间为

$$S=\{0,1,2,\cdots\}.$$

例 1.1.3 从一批灯泡中抽取一只灯泡,测试它的使用寿命.设 t 表示寿命,则样本空间为

$$S=\{t:t\geqslant 0\}.$$

例 1.1.4 观察某地区一昼夜最低温度 x 和最高温度 y.设这个地区的温度不会小于 T_0 也不会大于 T_1,则样本空间为

$$S=\{(x,y):T_0\leqslant x<y\leqslant T_1\}.$$

在试验中可能发生也可能不发生的事情称为**随机事件**,简称**事件**,以字母 $A,B,C,\cdots$ 表示.有了样本空间的概念便可以用集合的语言来定义事件.下面先从一个例子来分析.

例 1.1.5 在例 1.1.1 中,若设事件 A=“第一次出现正面”,在一次试验中,A 发生当且仅当在这次试验中出现基本事件(正正)、(正反)中的一个.这样可以认为 A 是由(正正)、(正反)组成的,而将 A 定义为它们组成的集合

$A=\{(正正),(正反)\}.$

类似地,事件 $B=$“两次出现同一面”,$C=$“至少有一次出现正面”,$D=$“第一次出现反面”,均可定义为集合 $B=\{(正正),(反反)\}$,$C=\{(正正),(正反),(反正)\}$,$D=\{(反正),(反反)\}$.

一般地,人们将事件定义为基本事件的某个集合,即样本空间的某个子集,称事件 A 发生,当且仅当 A 中某一基本事件出现.

样本空间 S 和空集 $\varnothing$ 作为 S 的子集也看作事件. 由于 S 包含所有的基本事件,故在每次试验中,必有一个基本事件 $e\in S$ 发生,即在试验中,事件 S 必然发生. 因此,S 是**必然事件**. 又因在 $\varnothing$ 中不包含任何一个基本事件,故在任一次试验中,$\varnothing$ 永远不会发生. 因此,$\varnothing$ 是**不可能事件**. 常用 $S,\varnothing$ 分别表示必然事件与不可能事件.

必然事件与不可能事件可以说不是随机事件,但为了今后研究的方便,还是把它们作为随机事件的两个极端情形来处理.

1.2　事件的关系与运算

在实际问题中,往往要在同一个试验中同时研究几个事件以及它们之间的联系. 详细分析事件之间的关系,不仅可以帮助人们更深入地认识事件的本质,而且可以大大简化一些复杂的事件.

在下面的叙述中,为直观起见,用平面上的一个矩形域表示样本空间 S,矩形内的每一点表示样本点(基本事件);并用矩形内的两个圆分别表示事件 A 和事件 B.

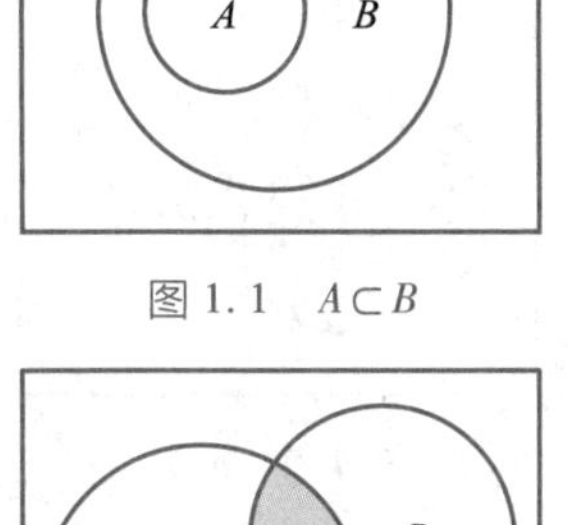

图 1.1　$A\subset B$

1. 事件的包含与相等

若事件 A 中的每一个样本点都属于事件 B(图 1.1),则称**事件 B 包含事件 A**,记作 $B\supset A$ 或 $A\subset B$.

显然,这时事件 A 发生必然导致事件 B 发生. 故 B 包含 A,也常定义为“若 A 发生必然导致 B 发生,则称 B 包含 A”.

例如,在例 1.1.5 中,由于 $A=\{(正正),(正反)\}$,$C=\{(正正),(正反),(反正)\}$,故有 $A\subset C$.

对任意事件 A,有 $\varnothing\subset A\subset S$.

如果 $A\subset B$ 且 $B\subset A$,则称事件 A 与事件 B **相等**,记作 $A=B$.

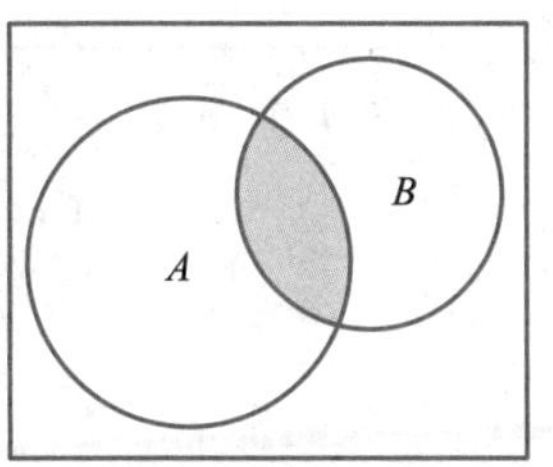

图 1.2　$A\cap B$

2. 事件的积(或交)

同时属于事件 A 和事件 B 的样本点的集合(图 1.2)称为事件 A

与事件 B 之**积**(**或交**),记为$A\cap B$ 或 AB.

显然,事件 AB 发生等价于事件 A 与事件 B 同时发生,常称 AB 为 A 与 B **同时发生的事件**.

例如,在例 1.1.5 中,$AB=\{(正正)\}$,$AC=A$.

对任意事件 A,有$\varnothing A=\varnothing$、$AA=A$ 及 $SA=A$;且若 $A\subset B$,则有 $AB=A$.

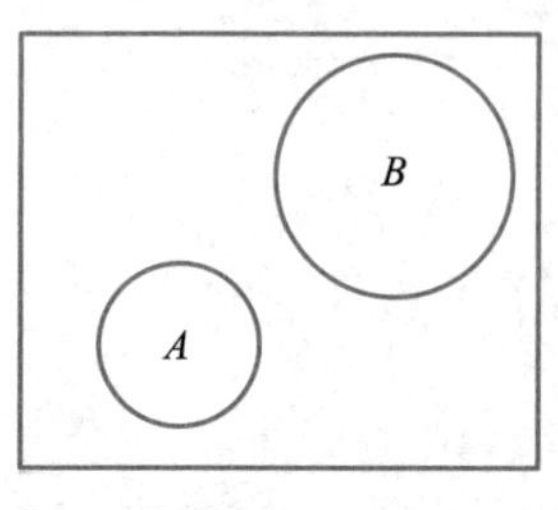

图 1.3　$AB=\varnothing$

3. 互不相容事件

若 $AB=\varnothing$,即事件 A 与事件 B 不能同时发生(图 1.3),则称 A 与 B 为**互不相容的事件**(**或互斥事件**).

例如,必然事件 S 与不可能事件$\varnothing$是互不相容的事件.

如果 $A_1,A_2,\cdots,A_n$ 中的任意两个事件是互不相容的,则称 $A_1,A_2,\cdots,A_n$ 是**互不相容的**.

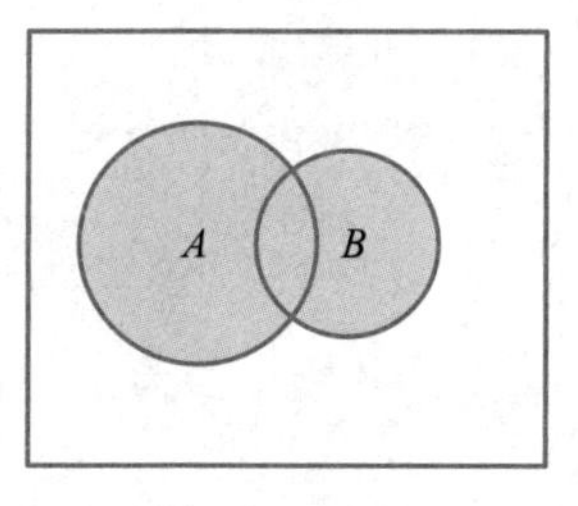

图 1.4　$A\cup B$

4. 事件的和(或并)

至少属于事件 A 和事件 B 二者之一的所有样本点组成的集合(图 1.4)称为事件 A 与事件 B 之**和**(**或并**),记为 $A\cup B$.

显然,事件 $A\cup B$ 发生,表示 A 发生或 B 发生或 A 与 B 同时发生,即 A 与 B 中至少有一个发生.因此,常称 $A\cup B$ 为 A 与 B 中**至少有一个发生的事件**.若 A 与 B 是互不相容的事件,则它们的和 $A\cup B$ 也记为 $A+B$.

例如,在例 1.1.5 中,由于 $A=\{(正正),(正反)\}$,$B=\{(正正),(反反)\}$,$D=\{(反正),(反反)\}$,故

$$A\cup B=\{(正正),(正反),(反反)\},$$

$$A+D=\{(正正),(正反),(反正),(反反)\}=S.$$

对任意事件 A,有$\varnothing\cup A=A$、$A\cup A=A$、$A\cup S=S$;且若 $A\subset B$,则有 $A\cup B=B$.

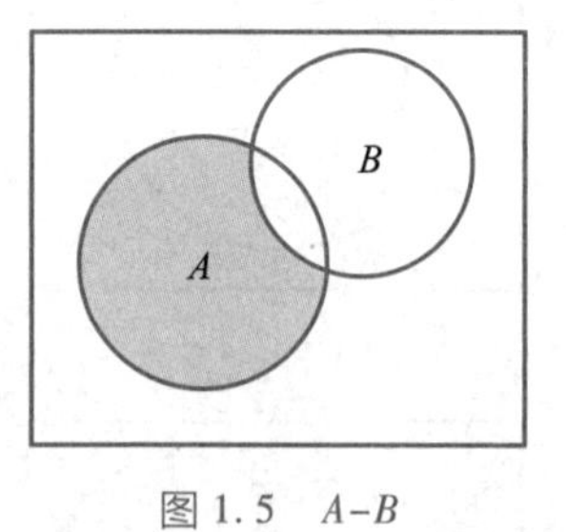

图 1.5　$A-B$

5. 事件的差

包含在事件 A 中而不包含在事件 B 中的样本点的集合(图 1.5)称为事件 A 与事件 B 之**差**,记为 $A-B$.

显然,事件 $A-B$ 发生,表示事件 A 发生而事件 B 不发生.

例如,在例 1.1.5 中,$A-B=\{(正反)\}$,$A-C=\varnothing$,$A-D=A$.

对任意事件 A,$A-A=\varnothing$,$A-\varnothing=A$,$A-S=\varnothing$.

6. 对立事件

必然事件 S 与事件 A 之差 $S-A$ 称为 A 的**对立事件**,记为$\overline{A}$(图 1.6).

由定义可知，在任一次试验中，A 与 $\overline{A}$ 不可能同时发生，但 A 与 $\overline{A}$ 二者之中必然有一个发生. 因而，$\overline{A}$ 就是事件“A 不发生”，且 $\overline{\overline{A}}=A$.

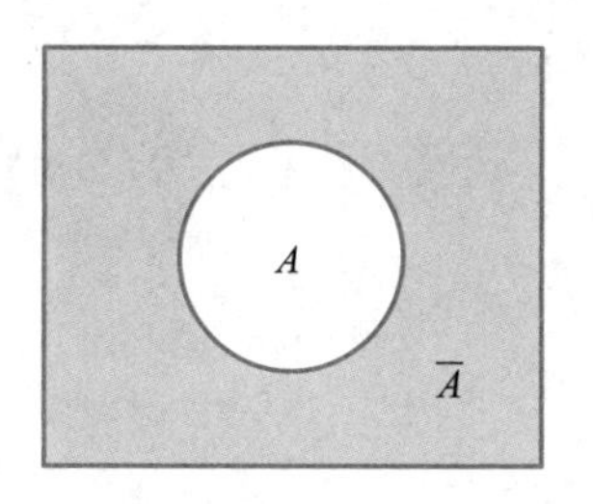

图 1.6 $\overline{A}$

显然，若事件 A,B 满足

$$AB=\varnothing, A\cup B=S,$$

则 A,B 互为对立事件，即 $B=\overline{A}, A=\overline{B}$.

此外，对任意两事件 A,B 有

$$A-B=A\overline{B}.$$

事件的和与事件的积都可以推广到 n 个事件及可列无限多个事件上去.

用 $A_1\cup A_2\cup\cdots\cup A_n$ 或 $\bigcup_{i=1}^{n}A_i$ 表示“$A_1,A_2,\cdots,A_n$ 中至少有一个发生”的事件，称之为 $A_1,A_2,\cdots,A_n$ 的**和**. 当 $A_1,A_2,\cdots,A_n$ 互不相容时，它们的和可写成 $A_1+A_2+\cdots+A_n$ 或 $\sum_{i=1}^{n}A_i$.

用 $A_1\cap A_2\cap\cdots\cap A_n$ 或 $\bigcap_{i=1}^{n}A_i$ 表示“$A_1,A_2,\cdots,A_n$ 同时发生”的事件，称之为 $A_1,A_2,\cdots,A_n$ 的**积**.

用 $\bigcup_{i=1}^{\infty}A_i$ 表示“$A_1,A_2,\cdots,A_i,\cdots$ 中至少有一个发生”的事件，称之为 $A_1,A_2,\cdots,A_i,\cdots$ 的**和**.

用 $\bigcap_{i=1}^{\infty}A_i$ 表示“$A_1,A_2,\cdots,A_i,\cdots$ 同时发生”的事件，称之为 $A_1,A_2,\cdots,A_i,\cdots$ 的**积**.

上面利用集合的概念描述了事件的概念、关系及运算，为了将它们与集合论中的相应部分作对照，列表如表 1.1 所示.

表 1.1 概率论与集合论中的概念对应

符号	概率论	集合论
S	样本空间，必然事件	空间(全集)
$\varnothing$	不可能事件	空集
e	基本事件(样本点)	元素
A	事件	子集
$\overline{A}$	A 的对立事件	A 的余集
$A\subset B$	事件 A 发生必然导致事件 B 发生	A 是 B 的子集
$A=B$	事件 A 与事件 B 相等	A 与 B 相等
$A\cup B$	事件 A 与事件 B 至少有一个发生	A 与 B 的并集
$A\cap B$	事件 A 与事件 B 同时发生	A 与 B 的交集
$A-B$	事件 A 发生而事件 B 不发生	A 与 B 的差集
$AB=\varnothing$	事件 A 与事件 B 互不相容	A 与 B 没有公共元素

由于事件、事件的关系及运算与集合、集合的关系及运算是相当的，通常约定事件运算的顺序为：先进行对立运算，再进行积的运算，最后才进行和差运算. 故根据集合的运算性质可推得事件的运算性质如下：

(i) 交换律 $A\cup B=B\cup A, AB=BA$；

(ii) 结合律 $(A\cup B)\cup C=A\cup(B\cup C), (AB)C=A(BC)$；

(iii) 分配律 $(A\cup B)\cap C=(A\cap C)\cup(B\cap C), (A\cap B)\cup C=(A\cup C)\cap(B\cup C)$；

(iv) 对偶原理 $\overline{A\cup B}=\overline{A}\cap\overline{B}, \overline{A\cap B}=\overline{A}\cup\overline{B}$.

对偶原理在事件的运算中经常用到，它可以推广到更多个事件的情况，即

$$\overline{\bigcup_{i=1}^{n} A_i}=\bigcap_{i=1}^{n}\overline{A_i}, \tag{1.1}$$

$$\overline{\bigcap_{i=1}^{n} A_i}=\bigcup_{i=1}^{n}\overline{A_i}. \tag{1.2}$$

用语言表述为：事件和的对立事件等于对立事件的积，事件积的对立事件等于对立事件的和.

例 1.2.1 在检查某种圆柱形零件时，要求它的长度和直径都必须合格. 设 A,B,C 分别表示事件“直径合格”“长度合格”“产品合格”，则

(1) $C\subset A, C\subset B$；

(2) $\overline{C},\overline{B},\overline{A}$ 分别表示“产品不合格”“长度不合格”“直径不合格”；

(3) $C=A\cap B$；

(4) $\overline{C}=\overline{A}\cup\overline{B}$；

(5) $C=A-\overline{B}$.

例 1.2.2 某射手向一目标进行三次射击，令 $A_i=$“第 i 次射击命中目标”$(i=1,2,3)$，$B_j=$“在三次射击中，命中 j 次”$(j=0,1,2,3)$，则

$$B_0=\overline{A_1}\,\overline{A_2}\,\overline{A_3}=\overline{A_1\cup A_2\cup A_3},$$

$$B_1=A_1\overline{A_2}\,\overline{A_3}+\overline{A_1}A_2\overline{A_3}+\overline{A_1}\,\overline{A_2}A_3,$$

$$B_2=A_1A_2\overline{A_3}+A_1\overline{A_2}A_3+\overline{A_1}A_2A_3,$$

$$B_3=A_1A_2A_3.$$

例 1.2.3 化简下列事件：

(1) $(A-AB)\cup B$；

(2) $(A\cup B)\cap(\overline{A}\cup\overline{B})\cap(\overline{A}\cup B)\cap(A\cup\overline{B})$.

解 (1) 原式 $=[A\cap(\overline{AB})]\cup B=[A\cap(\overline{A}\cup\overline{B})]\cup B$

$=(A\overline{A}\cup A\overline{B})\cup B=(A\overline{B})\cup B=(A\cup B)\cap(\overline{B}\cup B)$

$=A\cup B$；

(2) 原式 $=[(A\cup B)\cap(A\cup\overline{B})]\cap[(\overline{A}\cup\overline{B})\cap(\overline{A}\cup B)]$

$=[A\cup(B\overline{B})]\cap[\overline{A}\cup(\overline{B}B)]=A\cap\overline{A}=\varnothing$.

1.3 古 典 概 率

作一个随机试验时，常常会发现有些事件出现的可能性大些，有些事件出现的可能性小些，有些事件出现的可能性彼此大致相同. 事件出现的可能性的大小，是客观存在的，它揭示了这些事件的内在统计规律. 在生产实际中，了解和掌握事件发生的可能性大小是有重要意义的. 例如，知道了某电话总机在 24 小时内出现某些呼唤次数的可能性的大小，就可以根据要求合理地配置一定的线路设施以及管理人员等.

为了研究事件发生的可能性，就需要用一个数字来描述这种可能性的大小，人们就把刻画这种可能性大小的数值叫做事件的概率. 事件 $A,B,C,\cdots$ 的概率分别用 $P(A),P(B),P(C),\cdots$ 表示. 由此可知，概率是随机事件的函数.

对于一个给定的事件 A，概率 $P(A)$ 到底是一个什么数？怎样求？本节先对一种最简单的情况加以讨论.

1.3.1 古典概率的定义与计算

先看一个简单的例子，投掷一均匀的硬币，考虑出现正面和出现反面这两个事件的概率.

由于硬币是均匀的，因而出现正面和出现反面的可能性是一样的. 故人们有理由认为出现正面和出现反面这两个事件的概率都是 1/2.

这个例子具有下面两个特点：

(1) 样本空间包含的基本事件的个数是有限的；

(2) 每个基本事件发生的可能性是相等的.

第一个特点是显然的;第二个特点,严格说来,是很难具备的. 因为实际的硬币两面花纹不同,凹凸分布不同,故硬币不是绝对均匀对称的. 不过这些因素对出现正(或反)面的影响很小,因而可以把它们忽略,而认为出现正面和出现反面是等可能的.

具有上述两个特点的试验,叫做古典概型试验,它是概率论发展初期研究的主要对象,一般有下面的定义.

定义 1.3.1 设 E 为一试验,若它的样本空间 S 满足下面两个条件:

(i) 只有有限个基本事件;

(ii) 每个基本事件发生的可能性相等,

则称 E 为**古典概型的试验**.

在古典概型的情况下,事件 A 的概率定义为

$$P(A)=\frac{A\text{所包含的基本事件的个数}}{\text{基本事件的总数}}. \tag{1.3}$$

用公式(1.3)计算古典概率时,必须计算样本空间中的基本事件总数以及事件 A 中包含的基本事件的个数. 这种计算常常用到排列与组合的知识,现举例如下.

例 1.3.1 设电话号码由 8 个数码组成,每个号码可以是 0,1,2,…,9 中的任一个,设 A_1="8 个数码全相同",A_2="8 个数码全不相同",A_3="8 个数码中有两个 3",求这些事件的概率.

解 将每一可能的电话号码作为基本事件,可以认为它们是等可能的. 由于数码是可重复的,故基本事件总数为 10^8.

显然,A_1 中包含的基本事件数为 10,故 $P(A_1)=\frac{10}{10^8}=\frac{1}{10^7}$.

A_2 中包含的基本事件数为 $\mathrm{A}_{10}^8=10\cdot 9\cdot 8\cdot 7\cdot 6\cdot 5\cdot 4\cdot 3=1\,814\,400$,故

$$P(A_2)=\frac{1\,814\,400}{10^8}=0.018\,144.$$

A_3 中包含的基本事件数为 $\mathrm{C}_8^2\cdot 9^6$,这是因为数码 3 在电话号码中占两个位置的方法有 C_8^2 种,而其余 6 个数码中的每一个都可以从剩下的 9 个数码 0,1,2,4,5,…,9 中重复选取,有 9^6 种方法. 故

$$P(A_3)=\frac{\mathrm{C}_8^2\cdot 9^6}{10^8}=0.148\,8.$$

例 1.3.2 设有一批产品共有 100 件，其中有 5 件次品，其余均为正品. 今从中不放回地任取 50 件，求事件 A=“取出的 50 件中恰有 2 件次品”的概率.

解 将从 100 件产品中任取 50 件为一组的每一可能组合作为基本事件，总数为 C_{100}^{50}. 导致事件 A 发生的基本事件为从 5 件次品中取出两件，从 95 件正品中取出 48 件构成的组合，有 $C_5^2 \cdot C_{95}^{48}$ 个，故所求概率为

$$P(A)=\frac{C_5^2 \cdot C_{95}^{48}}{C_{100}^{50}}=0.32.$$

例 1.3.3 将 r 个人随机地分配到 n 个房间里，$r \leqslant n$，设

A_1=“某指定的 r 个房间中各有一人”，

A_2=“恰有 r 个房间中各有一人”，

A_3=“某指定房间恰有 k 人”，$k \leqslant r$.

求 A_1, A_2, A_3 的概率.

解 由于每一个人都可以分配到 n 个房间中的任一房间，所以将 r 个人分配到 n 个房间共有 n^r 种分法. 每种分法当作一个基本事件，那么基本事件总数为 n^r.

（1）将 r 个人分配到指定的 r 个房间，每个房间一人，共有 $r!$ 种分法. 故

$$P(A_1)=\frac{r!}{n^r}.$$

（2）由于 r 个房间可以是任意的，即可以从 n 个房间中任意选出 r 个来，这种选法共有 C_n^r 种. 对于每种选定的 r 个房间，每一房间分配一个人的方法有 $r!$ 种. 故 A_2 中包含的基本事件数为 $C_n^r \cdot r!$. 因此

$$P(A_2)=\frac{C_n^r \cdot r!}{n^r}.$$

（3）由于某指定房间中分配 k 个人的分法有 C_r^k 种，而其余 $r-k$ 个人任意分配到 $n-1$ 个房间的分法有 $(n-1)^{r-k}$ 种，所以 A_3 中包含的基本事件数为 $C_r^k \cdot (n-1)^{r-k}$. 因此

$$P(A_3)=\frac{C_r^k \cdot (n-1)^{r-k}}{n^r}.$$

例 1.3.4 袋中有 a 个黑球，b 个白球. 若随机地（不放回）把球一个接一个地摸出来，求 A=“第 k 次摸出的球是黑球”的概率

$(k\leqslant a+b)$.

解一 把 a 个黑球与 b 个白球都看作是不同的(比如,设想它们都编了号),且把 $a+b$ 个球的每一种排列看作基本事件. 于是,基本事件总数为 $(a+b)!$.

由于第 k 次摸得黑球有 a 种可能,而另外 $a+b-1$ 次摸得球的排列有 $(a+b-1)!$ 种可能. 所以 A 中包含的基本事件数为 $a\cdot(a+b-1)!$. 因此

$$P(A)=\frac{a\cdot(a+b-1)!}{(a+b)!}=\frac{a}{a+b}. \tag{1.4}$$

解二 把 a 个黑球看作是相同的,b 个白球也看作是相同的,取完之后相当于在 $a+b$ 个位置中有 a 个位置放置黑球,把 $a+b$ 个位置中每种 a 个黑球的放法作为一个基本事件. 于是,基本事件的总数为 C_{a+b}^{a}.

由于第 k 次摸得黑球,即第 k 个位置放置了黑球,而另外 $a+b-1$ 个位置中有 $a-1$ 个位置放置黑球,所以 A 中包含的基本事件数为 C_{a+b-1}^{a-1}. 因此

$$P(A)=\frac{\mathrm{C}_{a+b-1}^{a-1}}{\mathrm{C}_{a+b}^{a}}=\frac{a}{a+b}. \tag{1.4}'$$

值得注意的是,这个结果与 k 值无关. 这表明无论哪一次取得黑球的概率都是一样的,或者说取得黑球的概率与先后次序无关. 这从理论上说明了平常人们采用的“抓阄儿”的办法是公平合理的.

1.3.2 概率的性质

定理 1.3.1 事件的古典概率具有如下的性质:

(i) 对任一事件 A,有 $0\leqslant P(A)\leqslant 1$;

(ii) $P(S)=1$;

(iii) 若 A,B 互不相容,则

$$P(A+B)=P(A)+P(B). \tag{1.5}$$

证 由于任何事件 A 包含的基本事件数显然大于等于零,并且不超过基本事件的总数,故(i)成立. 又由于必然事件 S 包含一切基本事件,故(ii)成立. 现证(iii).

设 $S=\{e_1,e_2,\cdots,e_n\}$,$A=\{e_{i_1},e_{i_2},\cdots,e_{i_r}\}$,$B=\{e_{k_1},e_{k_2},\cdots,e_{k_t}\}$. 由于 A,B 互不相容,它们不包含相同的基本事件,故

$$A+B=\{e_{i_1},\cdots,e_{i_r},e_{k_1},\cdots,e_{k_t}\}.$$

由公式(1.3),

$$P(A+B)=\frac{r+t}{n}=\frac{r}{n}+\frac{t}{n}=P(A)+P(B).$$

性质(iii)不难推广到任意 n 个事件的情况,即若 $A_1,A_2,\cdots,A_n$ 是互不相容的,则

$$P(A_1+A_2+\cdots+A_n)=P(A_1)+P(A_2)+\cdots+P(A_n). \tag{1.6}$$

式(1.5)、式(1.6)称为概率的加法公式. 性质(iii)也称为概率的有限可加性.

由性质(i)~(iii),又可推得以下的结果:

(iv)

$$P(\overline{A})=1-P(A). \tag{1.7}$$

证　因 $A,\overline{A}$互不相容,由式(1.5),

$$P(A+\overline{A})=P(A)+P(\overline{A}).$$

又因 $A+\overline{A}=S$,故 $P(A+\overline{A})=1$. 代入上式,则得式(1.7).

(v) $P(\varnothing)=0$.

证　在式(1.7)中,令 $A=S$,则$\overline{A}=\varnothing$,于是

$$P(\varnothing)=1-P(S)=0.$$

(vi) 若 $A\subset B$,则 $P(A)\leqslant P(B)$,且

$$P(B-A)=P(B)-P(A). \tag{1.8}$$

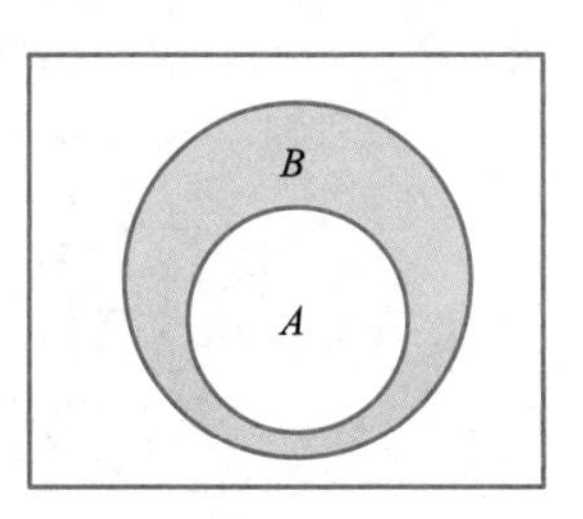

图 1.7

证　因 $A\subset B$,故

$$B=A+(B-A),$$

其中 A 与 $B-A$ 互不相容,见图 1.7. 由式(1.5),

$$P(B)=P(A)+P(B-A).$$

故得

$$P(B-A)=P(B)-P(A).$$

因为 $P(B-A)\geqslant 0$,所以由上式又可得

$$P(A)\leqslant P(B).$$

推论 1.3.1　设 A,B 为任意两事件,则

$$P(A-B)=P(A)-P(AB). \tag{1.9}$$

(vii) (一般概率加法公式)对任意两个事件 A,B 有

$$P(A\cup B)=P(A)+P(B)-P(AB). \tag{1.10}$$

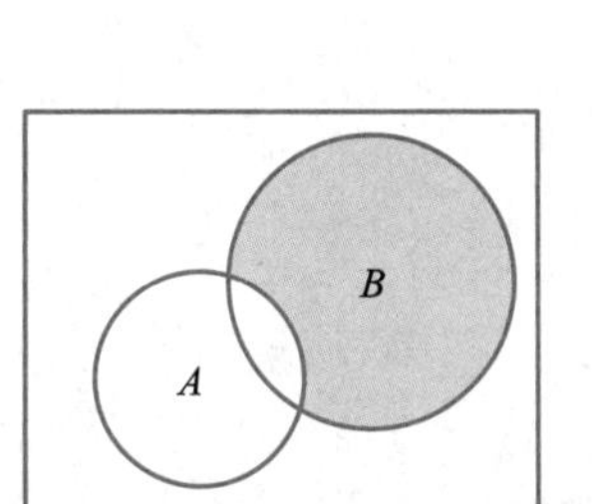

图 1.8　$B-A$

证　因 $A\cup B=A+(B-A)$,A 与 $B-A$ 互不相容,见图 1.8. 由

式(1.5)和(1.9),

$$P(A\cup B)=P(A)+P(B-A)=P(A)+P(B)-P(AB).$$

由式(1.10),又可得

$$P(A\cup B)\leqslant P(A)+P(B).$$

性质(vii)可以推广到任意 n 个事件的情况. 当 $n=3$ 时,有

$$\begin{aligned}&P(A_1\cup A_2\cup A_3)\\&=P(A_1)+P(A_2)+P(A_3)-P(A_1A_2)-P(A_1A_3)-\\&\quad P(A_2A_3)+P(A_1A_2A_3).\end{aligned}\tag{1.11}$$

一般地,设 $A_1,A_2,\cdots,A_n$ 为 n 个事件,则

$$\begin{aligned}&P(A_1\cup A_2\cup\cdots\cup A_n)\\&=\sum_{i=1}^{n}P(A_i)-\sum_{1\leqslant i<j\leqslant n}P(A_iA_j)+\\&\quad\sum_{1\leqslant i<j<k\leqslant n}P(A_iA_jA_k)+\cdots+(-1)^{n-1}P(A_1A_2\cdots A_n).\end{aligned}\tag{1.12}$$

式(1.12)可用数学归纳法证明.

上述概率的各个性质,对计算事件的概率很有好处. 例如,当直接计算$P(A)$比较麻烦而计算 $P(\overline{A})$ 比较方便时,就可先求 $P(\overline{A})$,然后利用性质(iv)求 $P(A)$,举例如下.

例 1.3.5 从所有的两位数 10,11,⋯,99 中任取一个数,求 (1) 这个数能被2 或 3 整除的概率;(2) 这个数既不能被 2 整除又不能被 3 整除的概率.

解 (1) 设 A=“被 2 整除”,B=“被 3 整除”,则

$A\cup B$=“被 2 或被 3 整除”,

AB=“同时被 2 和被 3 整除”,

$\overline{A}\,\overline{B}$=“既不能被 2 整除又不能被 3 整除”.

由于 10 到 99 中的两位数有 90 个,其中能被 2 整除的有 45 个,能被 3 整除的有 30 个,而能被 6 整除的有 15 个,故

$$P(A)=\frac{45}{90},P(B)=\frac{30}{90},P(AB)=\frac{15}{90}.$$

由一般概率加法公式(1.10)得

$$P(A\cup B)=P(A)+P(B)-P(AB)=\frac{45}{90}+\frac{30}{90}-\frac{15}{90}=\frac{2}{3}.$$

(2) $P(\overline{A}\,\overline{B})=P(\overline{A\cup B})=1-P(A\cup B)=1-\frac{2}{3}=\frac{1}{3}.$

1.4 几 何 概 率

概率的古典定义是在样本空间的基本事件只有有限个且等可能的情况下给出的,对于基本事件为无穷多个的情况,古典概率的定义就不适用了. 考虑如何把古典概率定义进一步推广,使其适用于无限多个基本事件而又有某种等可能性的场合,从而引出了几何概率的定义.

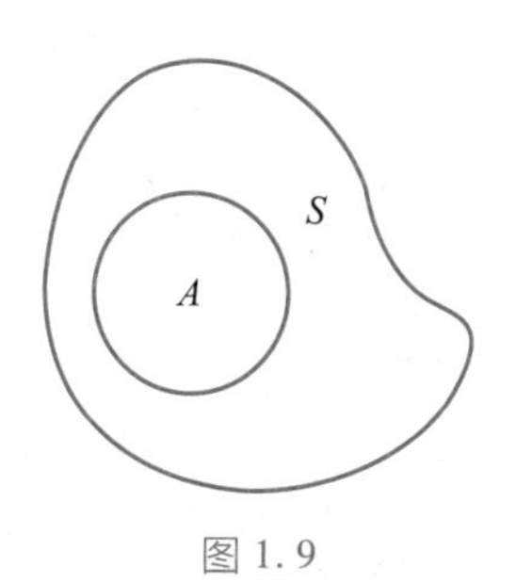

图 1.9

设在平面上有某一区域 S,而区域 A 是它的一部分(图 1.9). 向区域 S 内随机掷一质点,考虑质点落在区域 A 内的概率. 由于质点可以落在 S 内的每个点上,故 S 内的每个点都是基本事件,它的全体有无限多个;A 中包含的基本事件也是无限多个. 因此,式(1.3)不能用. 下面假设质点落在 S 内的任何子区域内的概率只与这个子区域的面积成正比,而与其位置及形状无关. 在这种等可能性的假设下,很自然地应将"向区域 S 内随机掷一质点而落在区域 A 内"的概率定义为

$$P(A)=\frac{A\text{ 的面积}}{S\text{ 的面积}}.$$

这就是几何概率的定义,一般叙述如下.

定义 1.4.1 向一区域 S(如一维的区间、二维的平面区域……)中掷一质点 M. 如果 M 必落在 S 内,且落在 S 内任何子区域 A 上的可能性只与 A 的度量(如长度、面积……)成正比,而与 A 的位置及形状无关,则这个试验称为**几何概型的试验**;并定义 M 落在 A 中的概率 $P(A)$ 为

$$P(A)=\frac{L(A)}{L(S)}, \tag{1.13}$$

其中 $L(S)$ 是样本空间 S 的度量,$L(A)$ 是子区域 A 的度量.

例 1.4.1(约会问题) 二人约定于 0 到 T 时内在某地见面,先到者等 $t(t\leqslant T)$ 时后离去,求二人能会面的概率.

解 以 x,y 分别表示二人到达的时刻,则 $0\leqslant x\leqslant T, 0\leqslant y\leqslant T$. 满足上面两个不等式的点 (x,y) 构成边长为 T 的正方形 S(图 1.10). 二人能会面的充要条件是

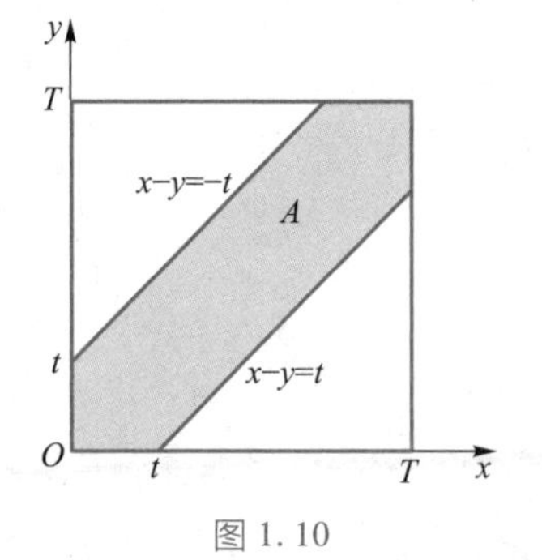

图 1.10

$$|x-y|\leqslant t.$$

这个条件决定了 S 中的一个子集 A(图 1.10 中阴影部分). 故二人能会面的概率

$$P(A)=\frac{T^2-(T-t)^2}{T^2}=1-\left(1-\frac{t}{T}\right)^2.$$

与古典概率一样,几何概率具有 1.3.2 节中所述的概率性质.

定理 1.4.1　事件的几何概率具有如下的性质:

(i) 对任一事件 A,有 $0\leqslant P(A)\leqslant 1$;

(ii) $P(S)=1$;

(iii) 若 $A_1,A_2,\cdots,A_n$ 是互不相容的,则

$$P(A_1+A_2+\cdots+A_n)=P(A_1)+P(A_2)+\cdots+P(A_n). \tag{1.14}$$

证　性质(i),(ii)可由式(1.13)直接推得. 性质(iii)的证明如下:

因事件 $A_1,A_2,\cdots,A_n$ 是样本空间 S 中的子区域,且 $A_iA_j=\varnothing(i\neq j;i,j=1,2,\cdots,n)$,故

$$L(A_1+A_2+\cdots+A_n)=L(A_1)+L(A_2)+\cdots+L(A_n). \tag{1.15}$$

这是根据度量的可加性得出的,式中 L 是区域的度量记号.

用 $L(S)$ 除式(1.15)两端,得

$$\frac{L(A_1+A_2+\cdots+A_n)}{L(S)}=\frac{L(A_1)}{L(S)}+\frac{L(A_2)}{L(S)}+\cdots+\frac{L(A_n)}{L(S)}.$$

从而,由式(1.13)得到

$$P(A_1+A_2+\cdots+A_n)=P(A_1)+P(A_2)+\cdots+P(A_n).$$

与古典概率一样,可以证明 1.3.2 节中的概率性质(iv)~(vii)对几何概率也都成立.

1.5 统计概率

古典概率和几何概率都是以等可能性为基础的,有很大的局限性,实际中有很多试验,它们的试验结果是不具备等可能性质的. 例如,电话交换台在一段时间内接到呼唤的次数,可能为“0 次”“1 次”“2 次”……,这些试验结果就不是等可能的. 在这里,古典概率和几何概率都不适用了. 本节介绍适用于一般试验的统计概率的定义,它是以事件的频率具有稳定性为基础的. 下面先介绍事件频率的概念.

设 A 为联系于某一试验的事件，将试验在相同条件下重复 n 次，用 m 表示 A 出现的次数，则比值 $\frac{m}{n}$ 称为事件 A 的**相对频率**，简称**频率**，记为 $f_n(A)$，即

$$f_n(A)=\frac{m}{n}. \tag{1.16}$$

由于在任意 n 次试验中，事件 A 发生的次数 m 具有偶然性，故对任意 n，频率 $f_n(A)$ 都具有不确定性. 但正如 1.1 节中所讲，当重复试验次数 n 很大时，$f_n(A)$ 就呈现出明显的规律性——频率的稳定性. 例如，在 1.1.1 节中，讲过比丰和皮尔逊掷均匀硬币的试验. 如果用 A 表示出现正面的事件，则在比丰的试验中有

$$f_{4\,040}(A)=\frac{2\,048}{4\,040}=0.506\,9,$$

在皮尔逊的试验中，有

$$f_{24\,000}(A)=\frac{12\,012}{24\,000}=0.500\,5.$$

由此可见，当 n 很大时，硬币正面出现的频率 $f_n(A)$ 接近 1/2.

频率的这种稳定性说明了事件发生的可能性有一定的大小可言. 当频率稳定于较大的数值时，相应事件发生的可能性就较大；反之，就较小. 从而频率所稳定的这个值就是相应的事件发生可能性大小的一个客观的定量度量，人们称之为相应事件的概率. 一般定义如下：

定义 1.5.1　在一组固定条件下，重复作 n 次试验. 如果当 n 增大时，事件 A 出现的频率 $f_n(A)$ 围绕着某一个常数 p 摆动，而且一般说来，随着 n 的增大，这种摆动的幅度愈来愈小，则称常数 p 为事件 A 的概率，即

$$P(A)=p.$$

这个定义适用于一切类型的试验. 定义 1.5.1 中虽然没有提供直接确定概率的方法，但当 n 充分大时，频率 $f_n(A)=\frac{m}{n}\approx P(A)$，故可用频率 $\frac{m}{n}$ 作为概率 $P(A)$ 的近似值. 在许多情况下，这就足以满足实际需要了.

下面讨论这种统计概率是否具有 1.3.2 节中所述的各种概率性质.

按统计概率的定义,概率实际是频率的数学抽象. 因此,人们根据频率所具有的性质,来推断统计概率应具有的性质.

定理 1.5.1 事件的频率具有如下的性质:

(i) 对任意事件 A,有 $0\leqslant f_n(A)\leqslant 1$;

(ii) $f_n(S)=1$;

(iii) 若 $A_1,A_2,\cdots,A_k$ 为互不相容的事件,则

$$f_n(A_1+A_2+\cdots+A_k)=f_n(A_1)+f_n(A_2)+\cdots+f_n(A_k). \quad (1.17)$$

证 由式(1.16),性质(i),(ii)是显然成立的,现证性质(iii).

设在 n 次试验中,$A_1,A_2,\cdots,A_k$ 发生的次数分别为 $n_1,n_2,\cdots,n_k$. 由于 $A_1,A_2,\cdots,A_k$ 是互不相容的,故事件 $A_1+A_2+\cdots+A_k$ 发生的次数为 $n_1+n_2+\cdots+n_k$. 从而得到

$$\begin{aligned} f_n(A_1+A_2+\cdots+A_k) &= \frac{n_1+n_2+\cdots+n_k}{n}=\frac{n_1}{n}+\frac{n_2}{n}+\cdots+\frac{n_k}{n} \\ &= f_n(A_1)+f_n(A_2)+\cdots+f_n(A_k). \end{aligned}$$

由定理 1.5.1 可知,统计概率应当具有如下的性质:

(i) $0\leqslant P(A)\leqslant 1$;

(ii) $P(S)=1$;

(iii) 若 $A_1,A_2,\cdots,A_n$ 是互不相容的,则

$$P(A_1+A_2+\cdots+A_n)=P(A_1)+P(A_2)+\cdots+P(A_n).$$

由此又可知,1.3.2 节中的性质(iv)~(vii)对统计概率也都是成立的.

1.6 概率的公理化定义

古典概率和几何概率的定义,都是以等可能性为基础的,它们的适用范围有很大的局限性. 概率的统计定义虽然适用于一般情况,但它的定义有不确切的地方. 如定义中的"n 很大""围绕着常数 p 摆动"等术语,都不是严格的数学概念. 此外,统计概率的概率性质是由频率性质推出来的,不是由统计概率定义证得的. 因此,以这些作为概率的理论基础是不够的.

由上述可见,三种定义不同的概率具有相同的性质:(i) $0\leqslant P(A)\leqslant 1$;(ii) $P(S)=1$;(iii)若 $A_1,A_2,\cdots,A_n$ 是互不相容的,则

$P(A_1+A_2+\cdots+A_n)=P(A_1)+P(A_2)+\cdots+P(A_n)$. 这说明这三条性质是概率的最基本的性质,是概率的固有属性. 由此人们想到直接用这些性质来作为一般的概率定义. 在近代概率论的公理化结构中正是这样做的.

现在来陈述概率的公理化定义.

定义 1.6.1　设随机试验 E 的样本空间为 S. 如果对每一个事件 A(S 中的子集),都有一个实数 $P(A)$ 与之对应[①],且满足以下公理:

公理 1

$$P(A)\geqslant 0; \tag{1.18}$$

公理 2

$$P(S)=1; \tag{1.19}$$

公理 3　对于互不相容的事件 $A_1,A_2,\cdots,A_n,\cdots$,有

$$P(A_1+A_2+\cdots+A_n+\cdots)=P(A_1)+P(A_2)+\cdots+P(A_n)+\cdots, \tag{1.20}$$

则称实数 $P(A)$ 为事件 A 的**概率**.

由公理 1,2,3 可以推出 $P(A)\leqslant 1$(见后面推论 1.6.3);公理 3 称为**可列可加性**或**完全可加性公理**,它包含着有限可加性(见后面推论 1.6.2). 公理 3 的设立,是为了适应样本空间为无限的情况,在那里不可避免地要考虑可列无限多个事件和的概率的运算问题. 概率论的全部理论都是建立在上面的三条公理的基础之上的.

① 严格地说,这里除去包含有限个或可列无限多个样本点的样本空间 S 外,不把 S 的一切子集都作为事件,因为这将对规定概率数值带来困难. 一般是把 S 中满足一定条件的子集称为事件. 关于这方面的内容,已超出本书的范围.

推论 1.6.1　$P(\varnothing)=0$.

证　$S=S+\varnothing+\varnothing+\cdots$. 由公理 3,得

$$P(S)=P(S)+P(\varnothing)+P(\varnothing)+\cdots,$$

因此

$$P(\varnothing)=0.$$

推论 1.6.2　设 $A_1,A_2,\cdots,A_n$ 是互不相容的事件,则

$$P(A_1+A_2+\cdots+A_n)=P(A_1)+P(A_2)+\cdots+P(A_n).$$

证　$P(A_1+A_2+\cdots+A_n)=P(A_1+A_2+\cdots+A_n+\varnothing+\varnothing+\cdots)$,由公理 3 以及推论 1.6.1,得

$$\begin{aligned}P(A_1+A_2+\cdots+A_n)&=P(A_1)+P(A_2)+\cdots+P(A_n)+P(\varnothing)+P(\varnothing)+\cdots\\&=P(A_1)+P(A_2)+\cdots+P(A_n).\end{aligned}$$

推论 1.6.3　$0\leqslant P(A)\leqslant 1$.

证　只需证 $P(A)\leqslant 1$. 由于

$$1=P(S)=P(A+\overline{A})=P(A)+P(\overline{A}), \tag{1.21}$$

故得 $P(A)\leqslant 1$.

由式(1.21)立即可得 1.3.2 节中的性质(iv):

$$P(\overline{A})=1-P(A).$$

根据公理 1 和推论 1.6.2,就可像在 1.3.2 节中所做的那样,证明 1.3.2 节中的性质(vi)和(vii)成立. 由此,古典概率的性质也就是一般的公理化概率的性质.

由定理 1.3.1,1.4.1 和 1.5.1 可知,古典概率、几何概率和统计概率都满足三条公理,故它们都是公理化概率定义中的特殊情况,而公理化概率定义则是它们的数学抽象,同时又避免了上述各种定义的不足之处.

在概率的公理化定义中,没有具体给出概率的计算方法,只是给了概率应满足哪些公理,目的是使定义能适用于各种不同的情况. 在实际问题中如何规定 $P(A)$,要视具体情况而定. 例如,如果样本空间 S 包含有限个样本点,即

$$S=\{e_1,e_2,\cdots,e_n\},$$

则只要规定满足[①]

① 为叙述方便,这里将 e_i 与单点集 $\{e_i\}$ 不加区别.

$$P(e_i)\geqslant 0\quad(i=1,2,\cdots,n),$$

$$P(e_1)+P(e_2)+\cdots+P(e_n)-1 \tag{1.22}$$

的一组数 $P(e_1),P(e_2),\cdots,P(e_n)$ 就可以了. 这时,由概率的可加性,就可推得任一事件 $A=\{e_{i_1},\cdots,e_{i_k}\}$ 的概率

$$P(A)=P(e_{i_1})+P(e_{i_2})+\cdots+P(e_{i_k}). \tag{1.23}$$

若基本事件的发生是等可能的,即

$$P(e_1)=P(e_2)=\cdots=P(e_n),$$

则由式(1.22)得

$$P(e_i)=\frac{1}{n}\quad(i=1,2,\cdots,n).$$

再由式(1.23)得

$$P(A)=\frac{k}{n}.$$

这就是古典概率的计算公式.

例 1.6.1 设 A,B,C 是三个事件,且 $P(A)=P(B)=P(C)=\frac{1}{4}$, $P(AB)=P(BC)=0,P(AC)=\frac{1}{8}$,求 A,B,C 至少有一个发生的概率.

解 $P(A\cup B\cup C)=P(A)+P(B)+P(C)-P(AB)-P(AC)-P(BC)+P(ABC)$,因为 $0\leqslant P(ABC)\leqslant P(AB)=0$,所以 $P(ABC)=0$,于是

$$P(A\cup B\cup C)=\frac{3}{4}-\frac{1}{8}=\frac{5}{8}.$$

例 1.6.2 设 $P(A)=P(B)=P(C)=\frac{1}{4}$, $P(AB)=P(AC)=P(BC)=\frac{1}{8}$,$P(ABC)=\frac{1}{16}$,求 A,B,C 恰有一个发生的概率.

解 所求概率为

$$P(A\overline{B}\,\overline{C}\cup\overline{A}B\overline{C}\cup\overline{A}\,\overline{B}C)=P(A\overline{B}\,\overline{C})+P(\overline{A}B\overline{C})+P(\overline{A}\,\overline{B}C),$$

而

$$\begin{aligned}P(A\overline{B}\,\overline{C})&=P(A-(B\cup C))\\&=P(A)-P(A\cap(B\cup C))\\&=P(A)-P(AB\cup AC)\\&=P(A)-[P(AB)+P(AC)-P(ABC)]\\&=\frac{1}{4}-\frac{1}{8}-\frac{1}{8}+\frac{1}{16}=\frac{1}{16}.\end{aligned}$$

同理

$$P(\overline{A}B\overline{C})=P(\overline{A}\,\overline{B}C)=\frac{1}{16},$$

因此

$$P(A\overline{B}\,\overline{C}\cup\overline{A}B\overline{C}\cup\overline{A}\,\overline{B}C)=\frac{3}{16}.$$

*1.7 拓展例题

例 1.7.1 辛普森悖论.

如果某大学一个系中的每个专业女生招收率都大于男生招收率,那么这个系女生的招收率就一定大于男生的招收率吗?一般认为,答案是肯定的.然而,英国统计学家辛普森(Simpson)却于 1951 年指出这个问题的答案并不一定是肯定的.对此,我们可以考虑如下情况:假设某大学某系有四个专业,其男女生招收情况如下:

专业	女生			男生		
	申请人数	招收人数	招收率	申请人数	招收人数	招收率
A	25	17	68%	560	353	63%
B	375	132	35%	417	138	33%
C	393	134	34%	191	54	28%
D	341	24	7%	373	23	6%
全系合计	1 134	307	27%	1 541	568	37%

在上表中，四个专业女生的招收率都大于男生的招收率，但是全系合计结果却是女生的招收率小于男生的招收率，这种现象称为辛普森悖论. 为什么会出现这种情况呢？请读者考虑. 辛普森悖论表明，有时，要使各分组数据都满足某种性质，但将数据合并考虑却可能导致相反的结论. 因此，在面对概率问题时，我们不能过于依赖直觉，而要灵活运用概率论知识求得正确答案. 因为，虽然许多时候概率问题与我们的直觉非常吻合，但有时候概率问题的正确答案却与人们的直觉相去甚远.

例 1.7.2 匹配问题

设一个人打印了 n 封信，并在 n 个信封上写上相应的地址，然后随意地将这 n 封信放入 n 个信封中，求至少有一封信刚好放进正确的信封的概率 p_n.

解 设 A_i 表示第 $i(i=1,2,\cdots,n)$ 封信放入正确的信封这一事件，则

$$p_n=P(A_1\cup A_2\cup\cdots\cup A_n)=\sum_{i=1}^{n}P(A_i)-\sum_{1\leqslant i<j\leqslant n}P(A_iA_j)+\sum_{1\leqslant i<j<k\leqslant n}P(A_iA_jA_k)+\cdots+(-1)^{n-1}P(A_1A_2\cdots A_n).$$

因为是把信随机地装入信封，那么把任一封信放入正确的信封的概率 $P(A_i)=\dfrac{1}{n}$. 因为可以把第一封信放入 n 个信封的任一个，那么第二封信可以放进剩下的 $n-1$ 个信封中的任一个，则把第一封信和第二封信都放入正确的信封的概率 $P(A_1A_2)=\dfrac{1}{n(n-1)}$. 类似地，把任意第 i 封信和第 j 封信 $(i\neq j)$ 都放入正确的信封的概率

$$P(A_iA_j)=\frac{1}{n(n-1)}.$$

同理可得：

$$P(A_iA_jA_k)=\frac{1}{n(n-1)(n-2)},\cdots,P(A_1A_2\cdots A_n)=\frac{1}{n!}.$$

从而

$$\begin{aligned}p_n&=\mathrm{C}_n^1\cdot\frac{1}{n}-\mathrm{C}_n^2\frac{1}{n(n-1)}+\mathrm{C}_n^3\frac{1}{n(n-1)(n-2)}-\cdots+(-1)^{n-1}\frac{1}{n!}\\&=n\cdot\frac{1}{n}-\mathrm{C}_n^2\frac{1}{n(n-1)}+\mathrm{C}_n^3\frac{1}{n(n-1)(n-2)}-\cdots+(-1)^{n-1}\frac{1}{n!}\\&=1-\frac{1}{2!}+\frac{1}{3!}-\frac{1}{4!}+\cdots+(-1)^{n-1}\frac{1}{n!}.\end{aligned}\tag{1.24}$$

当 $n\to\infty$ 时，p_n 值趋向于下式的极限：

$$\lim_{n\to\infty}p_n=1-\frac{1}{2!}+\frac{1}{3!}-\frac{1}{4!}+\cdots.$$

在初等微积分中证明了该方程右端的无限序列的级数和等于 $1-\frac{1}{\mathrm{e}}$（$\mathrm{e}=2.718\ 28\cdots$）. 因此，$1-\frac{1}{\mathrm{e}}=0.632\ 12\cdots$. 即当 n 充分大时，至少有一封信放入正确信封的概率 p_n 的值接近于 0.632 12.

如等式(1.24)所示，p_n 的准确值会随着 n 的增加形成一个波动序列. 当 n 以偶数 2,4,6,… 增加时，p_n 的值会逐渐增大到极限值 0.632 12；当 n 以奇数 1,3,5,… 增加时，p_n 的值会逐渐减小到同样的极限值.

p_n 的收敛速度很快，当 $n=7$ 时，$p_7\approx 0.632\ 1$. 因此，不管是把 7 封信随意地放入 7 个信封，还是把 700 万封信随意地放入 700 万个信封，至少有一封信放入正确信封的概率都是 0.632 1.

习题 1

1. 写出下列随机试验的样本空间及下列事件中的样本点：

(1) 掷一颗骰子，记录出现点数，A =“出现奇数点”；

(2) 将一颗骰子掷两次，记录出现点数，A =“两次点数之和为 10”，B =“第一次的点数比第二次的点数大 2”；

(3) 一个口袋中有 5 只外形完全相同的球，编号分别为 1,2,3,4,5；从中同时取出 3 只球，观察其结果，A =“球的最小号码为 1”；

(4) 将 a,b 两个球随机地放到甲、乙、丙三个盒子中去，观察放球情况，A =“甲盒中至少有一球”；

(5) 记录在一段时间内通过某桥的汽车流量，

A=“通过汽车不足5辆”，B=“通过的汽车不少于3辆”.

2. 设A,B,C是随机试验E的三个事件，试用A,B,C表示下列事件：
(1) 仅A发生；
(2) A,B,C中至少有两个发生；
(3) A,B,C中不多于两个发生；
(4) A,B,C中恰有两个发生；
(5) A,B,C中至多有一个发生.

3. 一个工人生产了三件产品，以$A_i(i=1,2,3)$表示第i件产品是正品，试用A_i表示下列事件：
(1) 没有一件产品是次品；
(2) 至少有一件产品是次品；
(3) 恰有一件产品是次品；
(4) 至少有两件产品不是次品.

4. 从一副扑克牌的13张梅花中，一张接一张地有放回地抽取三张，求：
(1) 没有同号的概率；
(2) 有同号的概率；
(3) 三张中至多有两张同号的概率.

5. 设11片药片中有5片安慰剂，采用不放回抽样.
(1) 从中任意抽取4片，求其中至少有2片是安慰剂的概率；
(2) 从中每次取一片，求前3次都取到安慰剂的概率.

6. 袋中有编号为1到10的10个球，今从袋中任取3个球，求：
(1) 3个球的最小号码为5的概率；
(2) 3个球的最大号码为5的概率.

7. (1) 教室里有r个学生，求他们的生日都不相同的概率；
(2) 房间里有4个人，求至少有2个人的生日在同一个月的概率.

8. 设一个人的生日在星期几是等可能的，求6个人的生日都集中在一星期中的某2天但不是都在同1天的概率.

9. 将C,C,E,E,I,N,S这7个字母随机地排成一行，那么恰好排成英文单词SCIENCE的概率是多少？

10. 从0,1,2,…,9这10个数字中任意选出三个不同数字，试求下列事件的概率：
A_1=“三个数字中不含0和5”，A_2=“三个数字中不含0或5”，A_3=“三个数字中含0，但不含5”.

11. 将n双大小各不相同的鞋子随机分成n堆，每堆两只. 求事件A=“每堆各成一双”的概率.

12. 从五双不同的鞋子中任取4只，求此4只鞋子中至少有2只鞋子配成一双的概率.

13. 三封信随机地投向标号为A,B,C,D的四个邮筒，问B邮筒恰好投入一封信的概率为多少？

14. 袋中有9个球(4个白球，5个黑球)，现从中任取两个，求：
(1) 两个均为白球的概率；
(2) 两个球中一个是白球，另一个是黑球的概率；
(3) 至少有一个黑球的概率.

15. 从2,3,4,5这四个数中，有放回地取三次，每次任取一个数，求所取得的三个数之积能被10整除的概率.

16. 设事件A与B互不相容，$P(A)=0.4$，$P(B)=0.3$，求$P(\bar{A}\bar{B})$与$P(\bar{A}\cup B)$.

17. 若$P(AB)=P(\bar{A}\bar{B})$且$P(A)=p$，求$P(B)$.

18. 设事件A,B及$A\cup B$的概率分别为p,q及r，求$P(AB)$与$P(A\cup\bar{B})$.

19. 设$P(A)+P(B)=0.7$且A,B仅发生一个的概率为0.5，求A,B都发生的概率.

20. 设$P(A)=0.7$，$P(A-B)=0.3$，$P(B-A)=0.2$，求$P(\overline{AB})$与$P(\bar{A}\bar{B})$.

21. 设$AB\subset C$，试证：$P(A)+P(B)-P(C)\leqslant 1$.

22. 对任意三事件A,B,C，试证：
$$P(AB)+P(AC)-P(BC)\leqslant P(A).$$

23. 设 $A \supset B, A \supset C, P(A)=0.9, P(\overline{B} \cup \overline{C})=0.8$，求 $P(A-BC)$.

24. 随机地向半圆 $0<y<\sqrt{2ax-x^2}$（a 为正常数）内掷一点，点落在圆内任何区域的概率与区域的面积成正比，求原点至该点的连线与 x 轴的夹角小于 $\pi/4$ 的概率.

25. 把长度为 a 的棒任意折成三段，求它们可以构成一个三角形的概率.

26. 随机地取两个正数 x 和 y，这两个数中的每一个都不超过 1，试求 x 与 y 之和不超过 1，积不小于 0.09 的概率.

*27.（比丰投针问题） 在平面上画出等距离 $a(a>0)$ 的一些平行线，向平面上随机地投掷一根长 $l(l<a)$ 的针，试求针与任一平行线相交的概率.

28. 甲、乙两艘轮船驶向一个不能同时停泊两艘轮船的码头，它们在一昼夜内到达的时间是等可能的. 若甲船停泊的时间是一小时，乙船停泊的时间是两小时，求它们中任何一艘都不需要等候码头空出的概率是多少？

测验题 1

参考答案

02

第2章 条件概率与独立性

本章将进一步讨论随机事件的关系与概率,研究某事件发生与否对其他事件发生的可能性大小的影响. 主要内容有:条件概率、全概率公式、贝叶斯公式、事件的独立性及重复独立试验.

2.1 条件概率、乘法定理

在实际问题中,除了要考虑事件 A 的概率 $P(A)$ 之外,还要考虑事件 A 在"某事件 B 已经发生"这一附加条件下的概率. 这样的概率,人们称之为**条件概率**,记作 $P(A|B)$,读作"事件 A 在事件 B 发生的条件下的条件概率". 相应地,将 $P(A)$ 称为无条件概率. 严格说来,概率都是有条件的,因为试验都是在一组固定条件下进行的. 这里说的条件,是指在原有的一组固定条件中再增加一个附加条件:B 发生.

例 2.1.1　两台车床加工同一种零件共 100 个,结果列于表 2.1.

表 2.1　两台车床加工零件数

	合格品数	次品数	总计
第一台车床加工数	35	5	40
第二台车床加工数	50	10	60
总计	85	15	100

设 A = "从 100 个零件中任取一个是合格品",B = "从 100 个零件中任取一个是第一台车床加工的",求:(1) $P(A)$ 和 $P(B)$;

(2) $P(AB)$;(3) $P(A\mid B)$和$P(B\mid\overline{A})$.

解 (1) $P(A)=\dfrac{85}{100}=0.85, P(B)=\dfrac{40}{100}=0.4$;

(2) $P(AB)=\dfrac{35}{100}=0.35$;

(3) $P(A\mid B)=\dfrac{35}{40}=0.875, P(B\mid\overline{A})=\dfrac{5}{15}\approx 0.333$.

比较(1)与(3)的结果可见,$P(A\mid B)>P(A)$,而$P(B\mid\overline{A})<P(B)$.这说明条件概率与无条件概率一般是不等的,且谁大谁小也不能肯定.

由此题的结果,还可以验证下式成立:

$$P(A\mid B)=\frac{P(AB)}{P(B)}\quad (P(B)>0). \tag{2.1}$$

注意式(2.1)的成立不是偶然的,是普遍规律,下面就古典概率的情况证明之.

设样本空间$S=\{e_1,e_2,\cdots,e_n\}$,其中导致A,B和AB发生的基本事件分别为m,k,r个($r\leqslant m, r\leqslant k$).如果$B$发生,则导致$B$发生的$k$个基本事件中至少有1个发生,在这个条件下导致$A$发生的基本事件仅有$r$个.故

$$P(A\mid B)=\frac{r}{k}=\frac{r/n}{k/n}=\frac{P(AB)}{P(B)}.$$

同理可证

$$P(B\mid A)=\frac{P(AB)}{P(A)}\quad (P(A)>0). \tag{2.2}$$

但是,这个普遍规律不能在一般情况下用纯数学推导出来,下面将式(2.1)(或式(2.2))作为条件概率的定义,叙述如下:

定义 2.1.1 设A和B为任意两个事件,且$P(B)>0$,则称比值$\dfrac{P(AB)}{P(B)}$为事件A在事件B发生的条件下的**条件概率**,记作

$$P(A\mid B)=\frac{P(AB)}{P(B)}.$$

定理 2.1.1 条件概率$P(A\mid B)=\dfrac{P(AB)}{P(B)}$($P(B)>0$),满足概率公理1~3.

证 (i) $P(A\mid B)=\dfrac{P(AB)}{P(B)}\geqslant 0$;

(ii) $P(S \mid B)=\dfrac{P(SB)}{P(B)}=\dfrac{P(B)}{P(B)}=1$;

(iii) 设 $A_1,A_2,\cdots$ 互不相容,则 $A_1B,A_2B,\cdots$ 也互不相容. 因此

$$\begin{aligned}P((A_1+A_2+\cdots) \mid B) &= \frac{P((A_1+A_2+\cdots)B)}{P(B)} \\ &= \frac{P(A_1B+A_2B+\cdots)}{P(B)} \\ &= \frac{P(A_1B)+P(A_2B)+\cdots}{P(B)} \\ &= P(A_1 \mid B)+P(A_2 \mid B)+\cdots.\end{aligned}$$

这就证明了条件概率的完全可加性.

由于条件概率满足三条公理,所以由这些公理推得的一切结果对于条件概率同样成立. 由此,1.3.2 节中的概率性质都适用于条件概率.

由式(2.1)立即可得

$$P(AB)=P(B)P(A \mid B)\ (P(B)>0).$$

类似地有

$$P(AB)=P(A)P(B \mid A)\ (P(A)>0).$$

这就是所谓的概率乘法公式,这个结论可以写成下面的定理.

定理 2.1.2 (乘法定理)　两个事件积的概率等于其中一个事件的概率与另一事件在前一事件发生条件下的条件概率的乘积,即

$$P(AB)=P(A)P(B \mid A)=P(B)P(A \mid B). \tag{2.3}$$

这个结果很容易推广到 n 个事件的情况.

定理 2.1.3　设 $A_1,A_2,\cdots,A_n$ 为 n 个事件($n \geqslant 2$),且 $P(A_1A_2\cdots A_{n-1})>0$,则有

$$P(A_1A_2\cdots A_n)=P(A_1)P(A_2 \mid A_1)P(A_3 \mid A_1A_2)\cdots P(A_n \mid A_1A_2\cdots A_{n-1}). \tag{2.4}$$

证　由于 $P(A_1) \geqslant P(A_1A_2) \geqslant \cdots \geqslant P(A_1A_2\cdots A_{n-1})>0$,故

$$\begin{aligned}&P(A_1)P(A_2 \mid A_1)P(A_3 \mid A_1A_2)\cdots P(A_n \mid A_1A_2\cdots A_{n-1}) \\ &= P(A_1)\frac{P(A_1A_2)}{P(A_1)}\frac{P(A_1A_2A_3)}{P(A_1A_2)}\cdots\frac{P(A_1A_2\cdots A_n)}{P(A_1A_2\cdots A_{n-1})} \\ &= P(A_1A_2\cdots A_n).\end{aligned}$$

例 2.1.2　设 $P(A)=0.4$,$P(B)=0.6$,$P(B|A)=0.8$,求 $P(B|(\overline{A}\cup B))$.

解 $P(AB)=P(A)P(B|A)=0.32$,

$$\begin{aligned}P(\bar{A}\cup B)&=P(\bar{A})+P(B)-P(B\bar{A})\\&=1-P(A)+P(B)-[P(B)-P(AB)]\\&=0.92,\end{aligned}$$

因此

$$P[B|(\bar{A}\cup B)]=\frac{P(B\cap(\bar{A}\cup B))}{P(\bar{A}\cup B)}=\frac{P(B)}{P(\bar{A}\cup B)}=\frac{15}{23}.$$

例 2.1.3 包装后的玻璃器皿第一次扔下被打破的概率为 0.4,若未破,第二次扔下被打破的概率为 0.6,若又未破,第三次扔下被打破的概率为 0.9. 今将这种包装后的器皿连续扔三次,求打破的概率.

解一 设器皿被打破的事件为 A,第 i 次扔下器皿被打破的事件为 $A_i(i=1,2,3)$,则

$$\begin{aligned}P(A)&=1-P(\bar{A}_1\bar{A}_2\bar{A}_3)\\&=1-P(\bar{A}_1)P(\bar{A}_2\mid\bar{A}_1)P(\bar{A}_3\mid\bar{A}_1\bar{A}_2).\end{aligned}\qquad(2.5)$$

依题意知

$$P(A_1)=0.4,\ P(A_2\mid\bar{A}_1)=0.6,\ P(A_3\mid\bar{A}_1\bar{A}_2)=0.9.$$

从而

$$P(A)=1-0.6\cdot0.4\cdot0.1=0.976.$$

解二 $A=A_1\cup\bar{A}_1A_2\cup\bar{A}_1\bar{A}_2A_3$. 显然,$A_1,\bar{A}_1A_2,\bar{A}_1\bar{A}_2A_3$ 是互不相容的,故

$$\begin{aligned}P(A)&=P(A_1)+P(\bar{A}_1A_2)+P(\bar{A}_1\bar{A}_2A_3)\\&=P(A_1)+P(\bar{A}_1)P(A_2\mid\bar{A}_1)+P(\bar{A}_1)P(\bar{A}_2\mid\bar{A}_1)P(A_3\mid\bar{A}_1\bar{A}_2)\\&=0.4+0.6\cdot0.6+0.6\cdot0.4\cdot0.9=0.976.\end{aligned}$$

2.2 全概率公式

在概率的计算中,人们希望通过已知的简单事件的概率去求未知的较复杂事件的概率. 在这里,全概率公式起了很重要的作用,先看一个例子.

例 2.2.1 设袋中装有 10 个阄,其中 8 个是白阄,2 个是有物之阄. 甲、乙二人依次抓取一个,求每人抓得有物之阄的概率.

解　设 A,B 分别为甲、乙抓得有物之阄的事件. 显然,$P(A)=\frac{2}{10}$. 下面求 $P(B)$.

因为 B 只有当 A 发生或 $\overline{A}$ 发生时才能发生,即 $B\subset\overline{A}+A$,所以

$$B=B(A+\overline{A})=BA+B\overline{A}.$$

因 A 与 $\overline{A}$ 互不相容,故 BA 与 $B\overline{A}$ 也互不相容. 由概率加法公式和乘法定理得

$$P(B)=P(BA)+P(B\overline{A})=P(A)P(B\mid A)+P(\overline{A})P(B\mid\overline{A})$$
$$=\frac{2}{10}\cdot\frac{1}{9}+\frac{8}{10}\cdot\frac{2}{9}=\frac{2}{10}=\frac{1}{5}.$$

此结果说明,抓到有物之阄的概率与抓阄的次序无关,它的一般情况见例 1.3.4.

从求 $P(B)$ 的过程看,关键是利用互不相容的事件 A 和 $\overline{A}$,$A+\overline{A}\supset B$,把 B 分解为 BA 与 $B\overline{A}$ 之和,然后利用概率加法公式和乘法定理求得 $P(B)$. 一般有下面的定理.

定理 2.2.1(全概率公式)　设 $A_1,A_2,\cdots,A_n$ 是互不相容的事件且 $P(A_i)>0(i=1,2,\cdots,n)$,若对任一事件 B,有 $A_1+A_2+\cdots+A_n\supset B$,则

$$P(B)=\sum_{i=1}^{n}P(A_i)P(B\mid A_i). \tag{2.6}$$

证　因 $A_1+A_2+\cdots+A_n\supset B$,故

$$B=B(A_1+A_2+\cdots+A_n)=BA_1+BA_2+\cdots+BA_n.$$

由于 $A_1,A_2,\cdots,A_n$ 互不相容,故 $BA_1,BA_2,\cdots,BA_n$ 也互不相容. 由概率加法公式和乘法定理得

$$P(B)=P(BA_1)+P(BA_2)+\cdots+P(BA_n)$$
$$=P(A_1)P(B\mid A_1)+P(A_2)P(B\mid A_2)+\cdots+P(A_n)P(B\mid A_n)$$
$$=\sum_{i=1}^{n}P(A_i)P(B\mid A_i).$$

全概率公式是计算较复杂事件概率的一个有力工具. 全概率公式中的有限个事件 $A_1,A_2,\cdots,A_n$ 可以推广到无限个事件 $A_1,A_2,\cdots$ 的情况,这时,全概率公式表示为

$$P(B)=\sum_{i=1}^{\infty}P(A_i)P(B\mid A_i).$$

例 2.2.2　一个工厂有甲、乙、丙三个车间生产同一种产品,每个车间的产量分别占总产量的 25%,35%,40%,而产品中的

次品率分别为 5%,4%,2%. 今将这些产品混在一起,并随机地抽取一个产品,问它是次品的概率为多少?

解　设事件 A_1,A_2,A_3 分别表示抽到的产品是甲、乙、丙车间的产品;事件 B 表示抽到的一个产品是次品. 由于 $B\subset A_1+A_2+A_3$,且 A_1,A_2,A_3 互不相容,故由式(2.6)得

$$P(B)=\sum_{i=1}^{3}P(A_i)P(B\mid A_i).$$

又因

$$P(A_1)=\frac{25}{100},P(A_2)=\frac{35}{100},P(A_3)=\frac{40}{100},$$

$$P(B\mid A_1)=\frac{5}{100},P(B\mid A_2)=\frac{4}{100},P(B\mid A_3)=\frac{2}{100},$$

故

$$P(B)=\frac{25}{100}\cdot\frac{5}{100}+\frac{35}{100}\cdot\frac{4}{100}+\frac{40}{100}\cdot\frac{2}{100}=0.034\,5.$$

2.3　贝叶斯公式

仍从例子讲起.

例 2.3.1　在例 2.2.2 中,若抽到的一件产品是次品,试问这件次品是甲、乙、丙车间生产的概率各为多少? 又哪一个概率最大?

解　设事件 A_1,A_2,A_3 及 B 所代表的意义仍如例 2.2.2 中所述,则问题即为求 $P(A_1\mid B),P(A_2\mid B),P(A_3\mid B)$.

由条件概率的定义,并利用式(2.3),式(2.6)得

$$P(A_1\mid B)=\frac{P(A_1B)}{P(B)}=\frac{P(A_1)P(B\mid A_1)}{\sum\limits_{i=1}^{3}P(A_i)P(B\mid A_i)}=\frac{\frac{25}{100}\cdot\frac{5}{100}}{0.034\,5}\approx 0.362.$$

同理可得

$$P(A_2\mid B)\approx 0.406,P(A_3\mid B)\approx 0.232.$$

由此可知,抽出的次品是乙车间生产的概率最大.

在本例中,若将 $A_i(i=1,2,3)$ 看成是引起 B 发生的“原因”,那么此例的问题可以这样提出:若在试验中 B 发生了,问引起 B 发生的原因是 $A_i(i=1,2,3)$ 的概率是多少? 又,哪一个原因发生的可能性最

大？类似的问题是很多的. 例如，在诊病问题中，已知出现某种症状有多种病因，假如在一次诊病中出现了这种症状，就需要研究引起这种症状的各种病因的概率是多少，哪一种病因的概率最大，解决这类问题的方法，就是如下的贝叶斯(Bayes)公式.

定理 2.3.1(贝叶斯公式) 设 $A_1,A_2,\cdots,A_n$ 是互不相容的事件，且 $P(A_i)>0(i=1,2,\cdots,n)$. 若对任意事件 B 有 $A_1+A_2+\cdots+A_n\supset B$，且 $P(B)>0$，则

$$P(A_i\mid B)=\frac{P(A_i)P(B\mid A_i)}{\sum\limits_{j=1}^{n}P(A_j)P(B\mid A_j)}\quad(i=1,2,\cdots,n).\qquad(2.7)$$

证 $P(A_i\mid B)=\dfrac{P(A_iB)}{P(B)}$. 对分子分母分别应用式(2.3)和式(2.6)即得式(2.7).

式(2.7)中的 $P(A_i)$ 称为**先验概率**，这种概率一般在试验前就是已知的，它常常是以往经验的总结；$P(A_i\mid B)$ 称为**后验概率**，它反映了试验之后对各种原因发生的可能性大小的新知识. 在例 2.3.1 中，先验概率 $P(A_i)(i=1,2,3)$ 的值依次为 0.25，0.35，0.4；而后验概率 $P(A_i\mid B)(i=1,2,3)$ 的值依次为 0.362，0.406，0.232. 贝叶斯公式实际上就是根据先验概率求后验概率的公式.

例 2.3.2 设患肺病的人经过检查，被查出的概率为 0.95，而未患肺病的人经过检查，被误认为有肺病的概率为 0.002. 又设在全城居民中患有肺病的概率为 0.1%. 若从居民中随机抽一人检查，诊断为有肺病，求这个人确实患有肺病的概率.

解 以 A 表示某居民患肺病的事件，则 $\overline{A}$ 表示某居民无肺病. 设 B 为检查后诊断为有肺病的事件，于是问题就是求 $P(A\mid B)$.

由于 $B\subset A+\overline{A}$，又 A 与 $\overline{A}$ 互不相容，故由式(2.7)，

$$P(A\mid B)=\frac{P(A)P(B\mid A)}{P(A)P(B\mid A)+P(\overline{A})P(B\mid\overline{A})}.$$

而

$$P(A)=0.001,P(\overline{A})=0.999,$$
$$P(B\mid A)=0.95,P(B\mid\overline{A})=0.002,$$

故

$$P(A\mid B)=\frac{0.001\cdot0.95}{0.001\cdot0.95+0.002\cdot0.999}\approx0.322\ 3.$$

2.4 事件的独立性

2.4.1 两个事件的独立性

如前所述,条件概率 $P(B|A)$ 和无条件概率 $P(B)$ 一般是不相等的,即事件 A 发生对事件 B 的发生是有影响的. 如果 $P(B|A)=P(B)$,则说明 A 的发生对 B 的发生是没有影响的,这时自然认为 A 与 B 是相互独立的. 由概率乘法公式(2.3)知,如果 $P(B|A)=P(B)$,则

$$P(AB)=P(A)P(B|A)=P(A)P(B).$$

由此,人们引进下面的定义.

定义 2.4.1 设 A,B 为任意两个事件. 如果

$$P(AB)=P(A)P(B), \tag{2.8}$$

则称 A 与 B 是**相互独立的**.

定理 2.4.1 如果 $P(A)>0$,则式(2.8)等价于

$$P(B|A)=P(B).$$

证 若 $P(B|A)=P(B)$,则由式(2.3)得

$$P(AB)=P(A)P(B|A)=P(A)P(B).$$

反之,若 $P(AB)=P(A)P(B)$,则

$$P(B|A)=\frac{P(AB)}{P(A)}=\frac{P(A)P(B)}{P(A)}=P(B).$$

定理 2.4.2 若 A 与 B 相互独立,则 A 与 $\overline{B}$,$\overline{A}$ 与 B,$\overline{A}$ 与 $\overline{B}$ 也分别相互独立.

证 先证 A 与 $\overline{B}$ 相互独立. 由

$$\begin{aligned}P(A\overline{B})&=P(A)-P(AB)=P(A)-P(A)P(B)\\&=P(A)[1-P(B)]=P(A)P(\overline{B})\end{aligned}$$

知 A 与 $\overline{B}$ 是相互独立的. 再由对称性可知 $\overline{A}$ 与 B 相互独立. 最后,由 $\overline{A}$ 与 B 相互独立的条件,利用上面证明的结果,立即可得 $\overline{A}$ 与 $\overline{B}$ 也相互独立.

由定义知,若 A,B 的概率有一个为零,则 A 与 B 相互独立,这是由于

$$0\leqslant P(AB)\leqslant P(A)(\text{或 } P(B))=0.$$

再由定理 2.4.2 知,若 A,B 的概率有一个为 1,则 A 与 B 也相互

独立.

若$0<P(A)<1$,$0<P(B)<1$,则A,B相互独立与A,B互不相容不能同时成立.

例2.4.1 将一枚均质的硬币投掷两次,令A="第一次出现正面",B="第二次出现正面",验证事件A,B是相互独立的.

证 样本空间$S=\{(正正),(正反),(反正),(反反)\}$;

$$A=\{(正正),(正反)\},B=\{(正正),(反正)\};$$

$$AB=\{(正正)\}.$$

由于试验是古典概型,故

$$P(A)=\frac{1}{2},P(B)=\frac{1}{2},P(AB)=\frac{1}{4}.$$

由此

$$P(AB)=P(A)P(B),$$

所以A与B是相互独立的.

在实际问题中,对于两个事件A,B,常常根据它们的实际意义来看彼此是否有影响,从而判断它们是否独立,而不需要利用定义去判断.如果两个事件是独立的,那么两个事件积的概率就可以由这两个事件概率的乘积来确定.

例2.4.2 设甲、乙二人独立地射击同一目标,他们击中目标的概率分别为0.9和0.8.今各射击一次,求目标被击中的概率.

解一 用A,B分别表示甲、乙击中目标的事件,C表示目标被击中的事件,则

$$P(A)=0.9,P(B)=0.8,$$

而

$$C=AB+A\overline{B}+\overline{A}B.$$

根据题意,A与B是独立的,故

$$\begin{aligned}P(C)&=P(AB)+P(A\overline{B})+P(\overline{A}B)\\&=P(A)P(B)+P(A)P(\overline{B})+P(\overline{A})P(B)\\&=0.9\cdot0.8+0.9\cdot0.2+0.1\cdot0.8=0.98.\end{aligned}$$

解二 因$C=A\cup B$,故

$$\begin{aligned}P(C)&=P(A\cup B)=P(A)+P(B)-P(AB)\\&=P(A)+P(B)-P(A)P(B)\\&=0.9+0.8-0.9\times0.8=0.98.\end{aligned}$$

解三

$$P(C)=1-P(\overline{C})=1-P(\overline{A\cup B})$$
$$=1-P(\overline{A}\cap\overline{B})=1-P(\overline{A})P(\overline{B})$$
$$=1-0.1\cdot 0.2=0.98.$$

2.4.2 多个事件的独立性

定义 2.4.2 设 A,B,C 是三个事件. 如果有

$$P(AB)=P(A)P(B),\ P(BC)=P(B)P(C),\ P(CA)=P(C)P(A), \tag{2.9}$$

则称 A,B,C **两两独立**.

若不仅式(2.9)成立,而且

$$P(ABC)=P(A)P(B)P(C) \tag{2.10}$$

也成立,则称 A,B,C 是**相互独立**的.

由定义可知,若三个事件相互独立,则它们一定是两两独立的;但两两独立不一定是相互独立. 例如,在例 2.4.1 中若再令

$$C=\text{“恰有一次出现正面”}=\{(\text{正反}),(\text{反正})\},$$

则

$$P(C)=\frac{1}{2},P(AC)=P(BC)=\frac{1}{4},P(ABC)=0.$$

故式(2.9)成立,而式(2.10)不成立,即三事件 A,B,C 是两两独立的,但不是相互独立的.

一般地,n 个事件相互独立的定义如下:

定义 2.4.3 设 $A_1,A_2,\cdots,A_n$ 是 n 个事件. 如果对任意 $k(1<k\leqslant n)$,任意 $1\leqslant i_1<i_2<\cdots<i_k\leqslant n$,满足等式

$$P(A_{i_1}A_{i_2}\cdots A_{i_k})=P(A_{i_1})P(A_{i_2})\cdots P(A_{i_k}), \tag{2.11}$$

则称 $A_1,A_2,\cdots,A_n$ 是**相互独立**的.

注意,式(2.11)所代表的等式的个数为

$$C_n^2+C_n^3+\cdots+C_n^n=(1+1)^n-C_n^1-C_n^0=2^n-n-1.$$

显然,若 n 个事件相互独立,则它们中的任何 $m(2\leqslant m<n)$ 个事件也相互独立.

定理 2.4.3 若事件 $A_1,A_2,\cdots,A_n$ 相互独立,则将其中任意个事件换成对立事件仍然相互独立,即事件$\hat{A}_1,\hat{A}_2,\cdots,\hat{A}_n$ 也相互独

立,其中$\hat{A}_i$ 取 A_i 或$\overline{A}_i(i=1,2,\cdots,n)$.

证　我们只要证明将任意一个事件换成对立事件仍然相互独立,因为反复运用这一结果,即可得出将任意一个事件换成对立事件的结论. 又由于 $A_1,A_2,\cdots,A_n$ 地位相同,故只要证明

$$\overline{A}_1,A_2,\cdots,A_n$$

相互独立. 为此,只要验证对任意 $1<i_1<i_2<\cdots<i_m\leqslant n$ 有

$$P(\overline{A}_1A_{i_1}\cdots A_{i_m})=P(\overline{A}_1)P(A_{i_1})\cdots P(A_{i_m}).$$

事实上,由式(1.9)

$$\begin{aligned}P(\overline{A}_1A_{i_1}\cdots A_{i_m})&=P(A_{i_1}\cdots A_{i_m})-P(A_1A_{i_1}\cdots A_{i_m})\\&=P(A_{i_1})\cdots P(A_{i_m})-P(A_1)P(A_{i_1})\cdots P(A_{i_m})\\&=[1-P(A_1)]P(A_{i_1})\cdots P(A_{i_m})\\&=P(\overline{A}_1)P(A_{i_1})\cdots P(A_{i_m}).\end{aligned}$$

证毕.

与两个事件独立性的情况一样,在实际应用中,对于 n 个事件的独立性,常常不是根据定义来判断,而是根据实际意义来判断. 如果事件是独立的,则许多概率的计算就可以大为简化.

例 2.4.3　设事件 A,B,C 相互独立,且 $P(A)=P(B)=P(C)=\dfrac{1}{2}$,求 $P(AC\mid(A\cup B))$.

解　
$$\begin{aligned}P(A\cup B)&=P(A)+P(B)-P(AB)\\&=P(A)+P(B)-P(A)P(B)=\frac{3}{4},\end{aligned}$$

$$P(AC\cap(A\cup B))=P(AC)=P(A)P(C)=\frac{1}{4},$$

因此

$$P(AC\mid(A\cup B))=\frac{P(AC\cap(A\cup B))}{P(A\cup B)}=\frac{P(AC)}{P(A\cup B)}=\frac{1}{3}.$$

例 2.4.4　在可靠性理论中,每个元件能正常工作的概率,称为元件的可靠性;由元件组成的系统能正常工作的概率,称为该系统的可靠性. 设构成系统的每个元件的可靠性均为 $r(0<r<1)$,且各元件能否正常工作是相互独立的. 试求系统 Ⅰ(图 2.1)和系统 Ⅱ(图 2.2)的可靠性,并比较二系统的可靠性的大小.

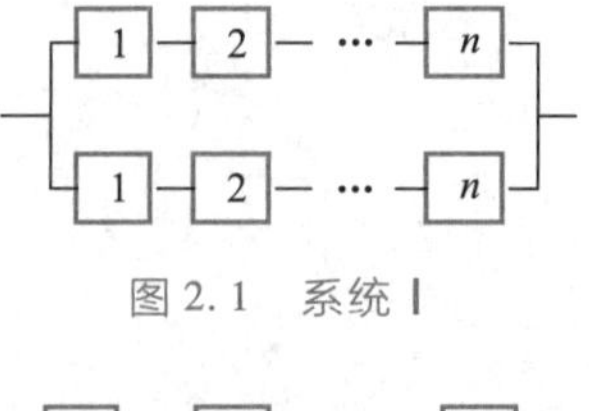

图 2.1　系统 Ⅰ

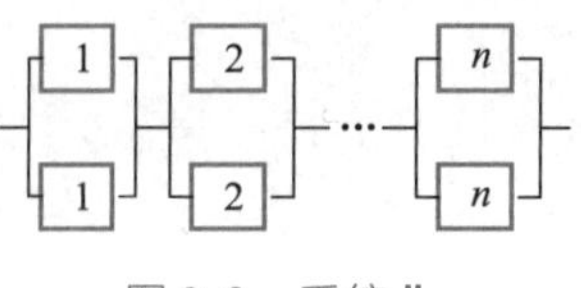

图 2.2　系统 Ⅱ

解　先讨论系统Ⅰ. 每条通路要能正常工作,当且仅当通路上各元件正常工作,其可靠性为

$$R_c = r^n,$$

亦即各通路发生故障的概率为 $1-r^n$. 由于系统Ⅰ是由两条通路并联而成的,故两条同时发生故障的概率为 $(1-r^n)^2$,因此,系统Ⅰ的可靠性

$$R_s = 1-(1-r^n)^2 = r^n(2-r^n) = R_c(2-R_c).$$

由于 $R_c<1$,故 $R_s>R_c$. 这表示增加一条通路,能增加系统的可靠性.

对于系统Ⅱ,每对并联元件的可靠性为

$$R' = 1-(1-r)^2 = r(2-r).$$

因为系统Ⅱ是由各对并联元件串联而成的,故其可靠性

$$R_s' = (R')^n = r^n(2-r)^n = R_c(2-r)^n.$$

显然 $R_s'>R_c$. 因此,用附加元件的方法也同样能增加系统的可靠性.

利用数学归纳法不难证明,当 $n \geqslant 2$ 时,有

$$(2-r)^n > 2-r^n,$$

即 $R_s'>R_s$. 因此,虽然上面两个系统同样由 $2n$ 个作用相同的元件构成,但系统Ⅱ的可靠性比系统Ⅰ的可靠性大.

例 2.4.5　设一个系统由 5 个元件组成,连接的方式如图 2.3 所示,每个元件的可靠性均为 $r(0<r<1)$,且各元件能否正常工作是相互独立的. 试求这个系统的可靠性.

图 2.3

解一　设事件 B 表示"整个系统正常工作",A_i 表示"第 i 个元件正常工作"$(i=1,2,3,4,5)$,依题意 A_1,A_2,A_3,A_4,A_5 相互独立,则

$$\begin{aligned}P(B) &= P(A_1A_2 \cup A_3A_4 \cup A_1A_4A_5 \cup A_2A_3A_5)\\ &= P(A_1A_2)+P(A_3A_4)+P(A_1A_4A_5)+P(A_2A_3A_5)-\\ &\quad P(A_1A_2A_3A_4)-P(A_1A_2A_4A_5)-P(A_1A_2A_3A_5)-\\ &\quad P(A_1A_3A_4A_5)-P(A_2A_3A_4A_5)-P(A_1A_2A_3A_4A_5)+\\ &\quad 4P(A_1A_2A_3A_4A_5)-P(A_1A_2A_3A_4A_5)\\ &= 2r^2+2r^3-5r^4+2r^5.\end{aligned}$$

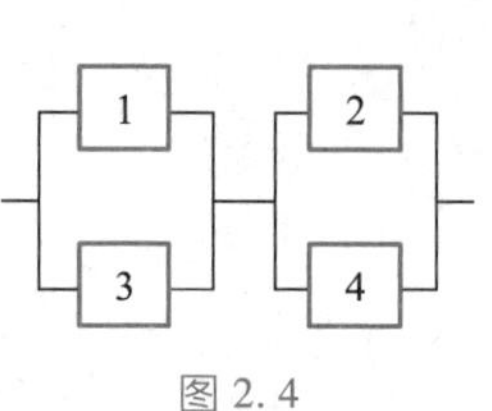
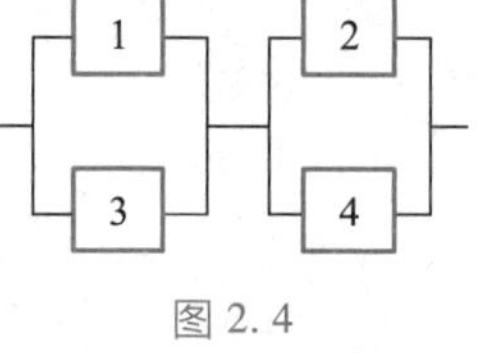

图 2.4

解二　当 A_5 发生时,不妨把该系统视作图 2.4 所示的混联系统,它的可靠性

$$P(B \mid A_5) = [1-(1-r)^2]^2 = (2r-r^2)^2.$$

当 A_5 不发生时,不妨把该系统视作图 2.5 所示的混联系统,它的可靠性

$$P(B\mid\overline{A}_5)=1-(1-r^2)^2=2r^2-r^4.$$

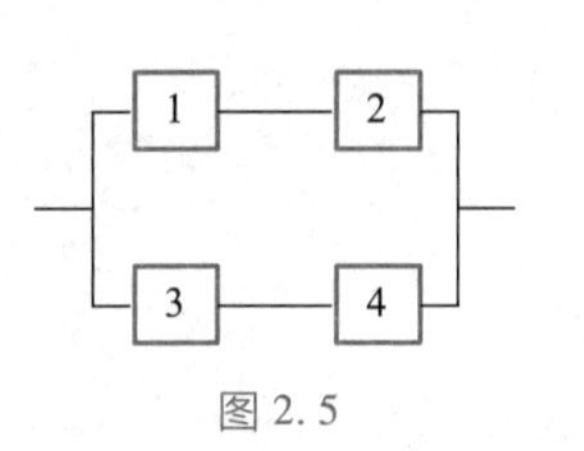

图 2.5

于是，由全概率公式推得整个系统的可靠性

$$\begin{aligned}P(B)&=P(A_5)P(B\mid A_5)+P(\overline{A}_5)P(B\mid\overline{A}_5)\\&=r(2r-r^2)^2+(1-r)(2r^2-r^4)\\&=2r^2+2r^3-5r^4+2r^5.\end{aligned}$$

2.5 重复独立试验、二项概率公式

在1.1.1节中，曾经提到过随机现象的统计规律性，只有在相同条件下进行大量的重复试验或观察才会显示出来．这种在相同条件下重复试验的数学模型就是重复独立试验，它在概率论中占有很重要的地位，其定义如下：

定义 2.5.1 进行 n 次试验，如果在每次试验中，任一事件出现的概率与其他各次试验结果无关，则称这 n 次试验是独立的．将一个试验重复进行 n 次的独立试验称为 n 次**重复独立试验**．

例如，在相同条件下，进行 n 次打靶试验，n 次掷硬币试验以及 n 次有放回的摸球试验等，都是 n 次重复独立试验的简单例子．

定义 2.5.2 若一个试验只有两个结果：A 和 $\overline{A}$，则称这个试验为**伯努利试验**．它的 n 次重复独立试验，称为 n **重伯努利试验**．

为了使语言形象化，人们把伯努利试验的两个结果之一的 A 叫做“成功”，其概率记为 $P(A)=p$；另一个结果 $\overline{A}$ 叫做“失败”，概率记为 $P(\overline{A})=q$，这里 $p+q=1$．

伯努利试验是一种很重要的数学模型，应用很广泛．有些试验的结果虽然不止两个，但如果我们只注意某一事件发生与否，则也可以化为伯努利试验．例如，在电报传输中，既要传送字母 $A,B,\cdots,Z$，又要传送其他符号．但是假如我们所关心的只是字母在传送中所占的百分比，而不再区别到底是哪一个字母，则可以把出现字母当作是“成功”，出现其他符号一律当作是“失败”．这时就可以把问题看成是伯努利试验了．

在 n 重伯努利试验中，成功的次数可能发生 $0,1,\cdots,n$ 次．关于成功恰好发生 $k(0\leqslant k\leqslant n)$ 次的概率 $P_n(k)$，有下面的定理．

定理 2.5.1 设在每次试验中成功的概率为 $p(0<p<1)$，则在 n 重伯努利试验中成功恰好发生 k 次的概率为

$$P_n(k)=\mathrm{C}_n^k p^k q^{n-k}, \tag{2.12}$$

其中 $p+q=1, k=0,1,\cdots,n$.

证 设 B_k 表示成功恰好发生 k 次的事件,A_i 表示第 i 次试验中成功的事件,$\overline{A}_i$ 表示第 i 次试验中失败的事件,则

$$\begin{aligned}B_k=&A_1A_2\cdots A_k\overline{A}_{k+1}\cdots\overline{A}_n+\\&A_1A_2\cdots A_{k-1}\overline{A}_kA_{k+1}\overline{A}_{k+2}\cdots\overline{A}_n+\cdots+\\&\overline{A}_1\overline{A}_2\cdots\overline{A}_{n-k}A_{n-k+1}\cdots A_n.\end{aligned}$$

上式右端的每一项,表示某 k 次试验成功,而另 $n-k$ 次试验失败. 这种项共有 C_n^k 个,而且两两互不相容. 由于试验的独立性,上式中的第一项的概率为

$$\begin{aligned}&P(A_1A_2\cdots A_k\overline{A}_{k+1}\cdots\overline{A}_n)\\=&P(A_1)P(A_2)\cdots P(A_k)P(\overline{A}_{k+1})\cdots P(\overline{A}_n)=p^kq^{n-k}.\end{aligned}$$

同理可得其他项的概率也是 p^kq^{n-k}. 利用概率的有限可加性得到

$$P_n(k)=P(B_k)=\mathrm{C}_n^kp^kq^{n-k}.$$

推论 2.5.1

$$\sum_{k=0}^{n}P_n(k)=1. \tag{2.13}$$

这是因为

$$\sum_{k=0}^{n}P_n(k)=\sum_{k=0}^{n}\mathrm{C}_n^kp^kq^{n-k}=(p+q)^n=1.$$

注意到 $\mathrm{C}_n^kp^kq^{n-k}(k=0,1,\cdots,n)$ 恰好是 $(p+q)^n$ 的二项展开式的各项,所以公式(2.12)称为**二项概率公式**.

例 2.5.1 一个平面上的质点从原点出发作随机游动,若每秒走一步(步长为 1 个单位),向右走的概率为 p,向上走的概率为 $q=1-p(0<p<1)$.

(1) 求 8 s 走到点 $C(5,3)$ 的概率;

(2) 已知质点 8 s 走到了 $C(5,3)$,求它前 3 步均向上走,后 5 步均向右走到达 $C(5,3)$ 的概率.

解 每次随机游动均有两个结果,记事件 A 表示向右走,事件 $\overline{A}$ 表示向上走,$P(A)=p$,8 s 运动看作 8 重伯努利试验.

(1) 设 B 表示 8 s 走到 $C(5,3)$,则

$$P(B)=P_8(5)=\mathrm{C}_8^5p^5q^3=56p^5q^3.$$

(2) 设 D 表示前 3 步均向上走,后 5 步均向右走,则

$$P(D|B)=\frac{P(BD)}{P(B)}=\frac{P(D)}{P(B)}=\frac{q^3p^5}{56p^5q^3}=\frac{1}{56}.$$

例 2.5.2　设某种数字传输器以每秒 $512\cdot 10^3$ 个 0 或 1 的序列传送消息(即每秒传送 $512\cdot 10^3$ 个 0 或 1). 由于各种干扰,在传送过程中会产生将 0 误为 1 或将 1 误为 0 的情况,这两种情况称为“误码”. 设误码的概率 p 为 10^{-7},求在 10 秒钟内出现一个误码的概率.

解　将传输一个数字 0 或 1 看作一次试验,并将误码和不误码看成试验的两个结果. 于是这个问题可看成重数为 $n=512\cdot 10^3\cdot 10$ 的伯努利试验,而所求的概率

$$P_{512\cdot 10^4}(1)=\mathrm{C}_{512\cdot 10^4}^1\cdot 10^{-7}\cdot(1-10^{-7})^{512\cdot 10^4-1}.$$

显然,要直接计算这个概率是很困难的,下面介绍一个近似公式,这就是有名的**二项概率的泊松逼近**.

定理 2.5.2　如果 $n\to\infty$, $p\to 0$ 使得 $np=\lambda$ 保持为正常数,则

$$\mathrm{C}_n^k p^k(1-p)^{n-k}\to\frac{\lambda^k}{k!}\mathrm{e}^{-\lambda} \tag{2.14}$$

对 $k=0,1,2,\cdots$ 一致地成立.

证　因为 $p=\dfrac{\lambda}{n}$,故

$$\begin{aligned}\mathrm{C}_n^k p^k(1-p)^{n-k}&=\frac{n(n-1)\cdots(n-k+1)}{k!}\left(\frac{\lambda}{n}\right)^k\left(1-\frac{\lambda}{n}\right)^{n-k}\\&=\frac{\lambda^k}{k!}\left[1\cdot\left(1-\frac{1}{n}\right)\left(1-\frac{2}{n}\right)\cdots\left(1-\frac{k-1}{n}\right)\right]\left(1-\frac{\lambda}{n}\right)^n\left(1-\frac{\lambda}{n}\right)^{-k}.\end{aligned}$$

对于固定的 k,当 $n\to\infty$ 时,有

$$\left[1\cdot\left(1-\frac{1}{n}\right)\left(1-\frac{2}{n}\right)\cdots\left(1-\frac{k-1}{n}\right)\right]\to 1,$$

$$\left(1-\frac{\lambda}{n}\right)^n=\left[\left(1+\frac{1}{-\frac{n}{\lambda}}\right)^{-\frac{n}{\lambda}}\right]^{-\lambda}\to\mathrm{e}^{-\lambda},$$

$$\left(1-\frac{\lambda}{n}\right)^{-k}\to 1.$$

于是

$$\mathrm{C}_n^k p^k(1-p)^{n-k}\to\frac{\lambda^k}{k!}\mathrm{e}^{-\lambda}\quad(n\to\infty).$$

一致性的证明略.

由定理的条件 $np=\lambda$（常数）知，当 n 很大时，p 必然很小. 因此，当 n 很大，p 很小时，有下面的近似公式：

$$P_n(k)=\mathrm{C}_n^k p^k(1-p)^{n-k}\approx\frac{\lambda^k}{k!}\mathrm{e}^{-\lambda}, \qquad (2.15)$$

其中 $\lambda=np, k=0,1,\cdots,n$.

在实际计算中，当 $n\geqslant 10, p\leqslant 0.1$ 时就可以应用公式(2.15).

例 2.5.3（续例 2.5.2） 计算概率

$$P_{512\cdot 10^4}(1)=\mathrm{C}_{512\cdot 10^4}^1\cdot 10^{-7}\cdot(1-10^{-7})^{512\cdot 10^4-1}.$$

解 $n=512\cdot 10^4, p=10^{-7}$，故

$$\lambda=np=512\cdot 10^4\cdot 10^{-7}=0.512.$$

应用式(2.15)得所求概率

$$P_{512\cdot 10^4}(1)\approx\frac{0.512^1\cdot \mathrm{e}^{-0.512}}{1!}\approx 0.512\cdot 0.6\approx 0.3. \qquad (2.16)$$

本书附表 1 列有 $\sum\limits_{k=m}^{\infty}\frac{\mathrm{e}^{-\lambda}\lambda^k}{k!}$ 的数值表，用此表也可查得式(2.16)的近似值.

$$\begin{aligned}\frac{0.512^1\cdot \mathrm{e}^{-0.512}}{1!}&\approx\frac{0.5^1\cdot \mathrm{e}^{-0.5}}{1!}\\&=\sum_{k=1}^{\infty}\frac{\mathrm{e}^{-0.5}\cdot 0.5^k}{k!}-\sum_{k=2}^{\infty}\frac{\mathrm{e}^{-0.5}\cdot 0.5^k}{k!}\\&=0.393\,47-0.090\,20 \quad (\text{查表得})\\&\approx 0.3.\end{aligned}$$

例 2.5.4（合理配备维修工人问题） 设有同类型仪器 300 台，它们的工作是相互独立的，且发生故障的概率均为 0.01. 一台仪器发生了故障，一个维修工人可以排除.

(1) 问至少配备多少维修工人，才能保证仪器发生故障但不能及时排除的概率小于 0.01？

(2) 若一维修工人包干 20 台仪器，求仪器发生故障而不能及时排除的概率.

解 (1) 仪器发生故障不能及时排除的事件用 A 表示，设配备 x 个维修工人，则 A 等价于事件"同时发生故障的仪器数$>x$". 由于 300 台仪器在同一时间内是否正常工作可看成是 300 重的伯努利试验，成功（发生故障）的概率 $p=0.01$，故

$$P(A)=\sum_{k=x+1}^{300} P_{300}(k)=\sum_{k=x+1}^{300} \mathrm{C}_{300}^{k}(0.01)^{k}(0.99)^{300-k}.$$

因为 n 很大,p 很小,且 $\lambda=np=300\times0.01=3$,故由式(2.15)得

$$P(A)\approx\sum_{k=x+1}^{300}\frac{3^{k}\mathrm{e}^{-3}}{k!}\approx\sum_{k=x+1}^{\infty}\frac{3^{k}\mathrm{e}^{-3}}{k!}.$$

由题意应有

$$\sum_{k=x+1}^{\infty}\frac{3^{k}\mathrm{e}^{-3}}{k!}<0.01.$$

查附表1知

$$\sum_{k=8}^{\infty}\frac{3^{k}\mathrm{e}^{-3}}{k!}=0.011\,91,\quad \sum_{k=9}^{\infty}\frac{3^{k}\mathrm{e}^{-3}}{k!}=0.003\,80.$$

于是

$$x+1=9,\quad x=8.$$

故只需配8个维修工人就可达到要求.

(2) 设仪器发生故障而不能及时排除的事件为 B,则 B 等价于事件"在20台仪器中,同一时间发生故障的仪器数>1".由于20台仪器在同一时间内是否发生故障可看成是20重的伯努利试验,成功(发生故障)的概率 $p=0.01$.故

$$P(B)=\sum_{k=2}^{20} P_{20}(k)=\sum_{k=2}^{20} \mathrm{C}_{20}^{k}(0.01)^{k}(0.99)^{20-k}$$

$$\approx\sum_{k=2}^{20}\frac{0.2^{k}\mathrm{e}^{-0.2}}{k!}\approx\sum_{k=2}^{\infty}\frac{0.2^{k}\mathrm{e}^{-0.2}}{k!}=0.017\,52.$$

例2.5.4中,当一个维修工人包干20台仪器的维修任务时,仪器发生故障而不能及时维修的概率大于0.01;而当8个维修工人共同负责300台仪器的维修任务时(平均每人37.5台),仪器发生故障而不能及时排除的概率却小于0.01.故一个工人单干,不如8个工人合作好.这表明,概率论的方法,在国民经济的某些问题中,对有效地使用人力和物力进行科学管理等方面有重要的作用.

最后指出:当 $n\geqslant10, p\geqslant0.9$(即 $q\leqslant0.1$)时,类似于式(2.15),有下面的近似公式

$$P_{n}(k)=\mathrm{C}_{n}^{k}p^{k}(1-p)^{n-k}\approx\frac{[n(1-p)]^{n-k}}{(n-k)!}\mathrm{e}^{-n(1-p)}\quad(k=0,1,\cdots,n).\tag{2.17}$$

当 $0.1<p<0.9$ 时,式(2.15)与(2.17)均不能用,这时可考虑用正态近似,将在第5章中论述.

*2.6 拓 展 例 题

敏感性问题调查

敏感性问题的调查是社会调查中比较难解决的调查问题,如调查一群人中参加赌博的比率,吸毒的比率,考试中学生作弊的比率,商家偷税漏税的比率等.这些问题的调查难点在于被调查者往往不愿回答真相,使调查数据失真.能不能设计一个调查方案,使被调查者愿意做出真实回答又能保守个人秘密.下面我们以一个具体的敏感性问题调查为例探讨解决方法.

例 在调查家庭暴力所占家庭的比例 p 时,为得到真实的 p 同时又不侵犯个人隐私,调查人员将袋中放入比例是 p_0 的红球和比例是 $q_0=1-p_0$ 的白球.让调查者从袋中任取一球查看后放回,若取到白球,回答问题 A:你的生日是否在 7 月 1 日之前?若取到红球,回答问题 B:你的家庭是否存在家庭暴力?被调查者无论回答的是问题 A 还是回答的问题 B,只需在匿名调查表中选“是”或“否”,然后将表放入投票箱.没人能知道被调查者回答的是问题 A 还是问题 B.如果回答“是”的比例是 p_1,如何求声称有家庭暴力的家庭的比例 p.

解 由全概率公式得:

$$P(\text{是})=P(\text{白球})P(\text{是}\mid\text{白球})+P(\text{红球})P(\text{是}\mid\text{红球}). \tag{2.18}$$

其中,$P(\text{是})=p_1$,$P(\text{白球})=1-p_0=q_0$,$P(\text{红球})=p_0$,$P(\text{是}\mid\text{红球})=p$,当被调查者人数较多时,$P(\text{是}\mid\text{白球})=0.5$,将以上各量代入到式(2.18)得 $p=\dfrac{p_1-0.5q_0}{p_0}=\dfrac{p_1-0.5(1-p_0)}{p_0}$.实际问题中,$p_1$ 是未知的,需要经过调查得到.假设调查了 n 个家庭,其中有 k 个家庭回答“是”,则可用 $\hat{p}_1=\dfrac{k}{n}$估计 p_1,从而可用 $\hat{p}=\dfrac{\hat{p}_1-0.5(1-p_0)}{p_0}$估计 p.

如果袋中装有 30 个红球,20 个白球,调查了 1 672 个家庭,其中有 363 个家庭回答“是”,则

$$p=\frac{363/1\,672-0.5\cdot 0.4}{0.6}=0.028\,5.$$

习题2

1. 假设一批产品中一、二、三等品各占60%,30%,10%,从中任取一件,发现它不是三等品,求它是一等品的概率.

2. 设10件产品中有4件不合格品,从中任取两件,已知所取两件中有一件是不合格品,求另一件也是不合格品的概率.

3. 袋中有5个白球,6个黑球,从袋中一次取出3个球,发现都是同一颜色.求这颜色是黑色的概率.

4. 从52张扑克牌中任意抽取5张,求在至少有3张黑桃的条件下,5张都是黑桃的概率.

5. 设$P(A)=0.5$,$P(B)=0.6$,$P(B\mid A)=0.8$,求$P(A\cup B)$与$P(B-A)$.

6. 甲袋中有3个白球2个黑球,乙袋中有4个白球4个黑球.今从甲袋中任取2球放入乙袋,再从乙袋中任取一球,求该球是白球的概率.

7. 在第6题中已知从乙袋中取得的球是白球,求从甲袋中取出的球是一白一黑的概率.

8. 已知甲袋中有2个黑球和3个白球,乙袋中有1个黑球和4个白球,丙袋中有3个黑球和2个白球.先从甲、乙袋中各任取一球放入丙袋,然后再从丙袋任取一球,求从丙袋中取出球为白球的概率.

9. 在一盒子中装有15个乒乓球,其中9个新球.在第一次比赛时任意抽取3个球,比赛后仍放回原盒中;在第二次比赛时同样地任取3个球,求第二次取出的3个球均为新球的概率.

10. 电报发射台发出"·"和"-"的比例为5∶3,由于干扰,传送"·"时失真率为2/5,传送"-"时失真率为1/3.求接收台收到"·"时发出信号恰是"·"的概率.

11. 已知一批产品中96%是合格品,检查产品时,一合格品被误认为是次品的概率是0.02,一个次品被误认为是合格品的概率是0.05,求在被检查后认为是合格品的产品确是合格品的概率.

12. 假设有两箱同种零件:第一箱内装50件,其中10件一等品;第二箱内装30件,其中18件一等品.现从两箱中随意挑出一箱,然后从该箱中先后随机取出两个零件(取出的零件均不放回).试求:

(1) 先取出的零件是一等品的概率;

(2) 在先取出的零件是一等品的条件下,第二次取出的零件仍然是一等品的概率.

13. 玻璃杯成箱出售,每箱20只,假设各箱含0,1,2只残次品的概率分别为0.8,0.1,0.1.一顾客欲购一箱玻璃杯,在购买时,售货员随意取一箱,而顾客开箱随意地察看4只,若无残次品,则买下该箱玻璃杯,否则退回.试求:

(1) 顾客买下该箱玻璃杯的概率α;

(2) 在顾客买下的一箱中,确实没有残次品的概率β.

14. 设有分别来自三个地区的10名、15名和25名考生的报名表,其中女生的报名表分别为3份、7份和5份.随机地取一个地区的报名表,从中先后抽出两份.

(1) 求先抽到的一份是女生表的概率p;

(2) 已知后抽到的一份是男生表,求先抽到的一份是女生表的概率q.

15. 一袋中装有m枚正品硬币,n枚次品硬币(次品硬币的两面均印有数字).在袋中任取一枚,已知将它投掷r次,每次都得到数字,问这枚硬币是正品的概率是多少?

16. 甲、乙两人独立地对同一目标各射击一次,其命中率分别为0.6和0.5.现已知目标被击中,求它是甲射中的概率.

17. 三人独立地去破译一个密码,他们能译出的概率分别是$\frac{1}{5}$,$\frac{1}{3}$,$\frac{1}{4}$.求他们将此密码译出的概率.

18. 甲、乙、丙三人向一架飞机进行射击,设他们的命中率分别为0.4,0.5,0.7.又设飞机中一弹而被击落的概率为0.2,中两弹而被击落的概率为0.6,中三弹必然被击落.今三人各射击一次,求飞机被击落的概率.

19. 某考生想借一本书,决定到三个图书馆去借,对每一个图书馆而言,有无这本书的概率相等;若有,能否借到的概率也相等.假设这三个图书馆采购、出借图书相互独立,求该生能借到此书的概率.

20. 设B,C及$A_i(i=1,2,\cdots,n)$是具有正概率的事件,且$A_iA_j=\varnothing,i\neq j(i,j=1,2,\cdots,n)$,$\bigcup\limits_{i=1}^{n}A_i=S$.若$P(A_i)$,$P(B\mid A_i)$及$P(C\mid BA_i)(i=1,2,\cdots,n)$已知,求$P(C\mid B)$.

21. 设$P(A)>0$,证明:$P(B\mid A)\geqslant 1-\frac{P(\overline{B})}{P(A)}$.

22. 设A,B,C是三个事件,A,B相互独立;A,C相互独立;B,C互不相容,且$P(A)=P(B)=\frac{1}{2}$,$P(AC\mid(AB\cup C))=\frac{1}{4}$,求$P(C)$.

23. 证明:若三事件A,B,C相互独立,则$A\cup B$及$A-B$都与C独立.

24. 设有三个事件A,B,C,其中$P(B)>0,0<P(C)<1$,且B与C相互独立,证明:

$$P(A\mid B)=P(A\mid BC)P(C)+P(A\mid B\overline{C})P(\overline{C}).$$

25. 一个教室里有4名一年级男生,6名一年级女生,6名二年级男生,若干名二年级女生.为了在随机地选择一名学生时,性别与年级是相互独立的,教室里的二年级女生应为多少名?

26. 一射手对同一目标独立地进行四次射击.若至少命中一次的概率为80/81,求该射手的命中率.

27. 设一批晶体管的次品率为0.01,今从这批晶体管中抽取4个,求其中恰有1个次品和恰有2个次品的概率.

28. 考试时有4道选择题,每题附有4个答案,其中只有一个是正确的,一个考生随意地选择每题的答案,求他至少答对3道题的概率.

29. 设在伯努利试验中,成功的概率为p,求第n次试验时得到第r次成功的概率.

30. 设一厂家生产的每台仪器,以概率0.7可以直接出厂;以概率0.3需进一步调试,经调试后以概率0.8可以出厂,以概率0.2定为不合格品,不能出厂.现该厂生产了$n(n\geqslant 2)$台仪器(假定各台仪器的生产过程相互独立).求:

(1) 全部能出厂的概率α;

(2) 其中恰有两台不能出厂的概率β;

(3) 其中至少有两台不能出厂的概率θ.

31. 某人有两盒火柴,吸烟时从任一盒中取一根火柴.经过若干时间后,发现一盒火柴已经用完.如果最初两盒中各有n根火柴,求这时另一盒中还有r根火柴的概率.

32. 设一个系统由5个元件组成,连接方式如图2.6所示.元件1,5的可靠性均为$r(0<r<1)$,元件2,3,4的可靠性均为$p(0<p<1)$,且各元件能否正常工作是相互独立的.试求:

(1) 这个系统的可靠性;

(2) 在这个系统正常工作时,元件2,3,4中仅有一个在正常工作的概率.

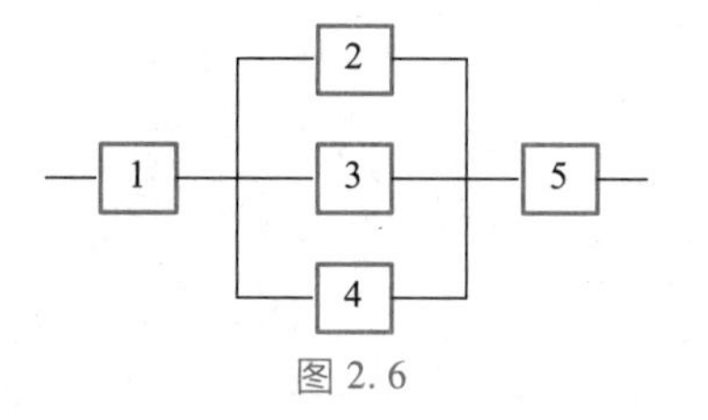

图2.6

33. 设昆虫产k个卵的概率$p_k=\frac{\lambda^k}{k!}e^{-\lambda}$,又设一个虫卵能孵化成昆虫的概率为$p$.若卵的孵化是相互独立的,问此昆虫的下一代有$L$条的概率是多少？

34. 一台仪器中装有 2 000 个同样的元件，每个元件损坏的概率为 0. 000 5. 如果任一元件损坏，则仪器停止工作，求仪器停止工作的概率.

35. 设实验室器皿中产生甲、乙两类细菌的机会相等，且产生 k 个细菌的概率为 $p_k=\frac{\lambda^k}{k!}e^{-\lambda}$，$\lambda>0$，$k=0,1,2,\cdots$. 求：

(1) 产生了乙类细菌但没有甲类细菌的概率；

(2) 在已产生了细菌且没有乙类细菌的条件下，有 2 个甲类细菌的概率.

测验题 2

参考答案

第3章 随机变量及其分布

03

前面介绍了随机事件及其概率，使我们对随机现象的规律性有了初步的认识. 由于随机事件是集合，因此无法用数学分析的工具加以研究. 从本章开始，我们引入随机变量，从而使概率论的研究对象由随机事件扩大为随机变量. 随机变量概念的建立是概率论发展史上的重大突破，对于随机变量的分布函数，我们能够用微积分为工具进行研究，强有力的数学分析的工具大大增强了我们研究随机现象的手段，从而使概率论的发展进入了一个新阶段.

本章的主要内容有：随机变量及其分布函数，离散型随机变量的概率分布，连续型随机变量的概率密度，常用的离散型和连续型的随机变量及随机变量函数的分布.

3.1 随机变量的概念

本节引入随机变量的概念，它是概率论中最基本的概念之一.

在随机试验中，人们观察的对象常常是一个随机取值的量. 例如，在例 1.1.2 所述的试验中，是观察电话交换台在一段时间内接到的呼叫次数，这个量可能的取值为 $0,1,2,\cdots$；在例 1.1.3 所述的试验中，是测试灯泡的寿命，这个量可能在 $[0,+\infty)$ 中取值. 再如，在 n 次打靶试验中，要观察击中目标的次数，这个量可能的取值为 $0,1,2,\cdots,n$；在测量某物长度的试验中，要观察测量长度与标准长度的偏差，这个量可能在 $(-\infty,+\infty)$ 中取值. 但是有些试验观察的对象本身不是数量. 例如,在例 1.1.1 所述的试验中,是观察硬币出现正面还是反面. 初看起来,这个随机现象与数值无关,但是可以用下面的方法使它与数值联系起来. 当出现正面时用“1”表示,而出现反面时用“0”表示. 一般地,在伯努利试验中,用“1”表示成功,用“0”表示失败. 于是,对试验结果不是数值的情形,可将它们数量化,仍然用数量来描述.

在上述各例中,如果把试验中所观察的对象用 X 来表示,那么 X 就具有这样的特点:随着试验的重复,X 可以取不同的值,并且在每次试验中究竟取什么值事先无法确切预言,是带随机性的. 由此,自然地称 X 为**随机变量**. 由于 X 是随着试验的结果(基本事件 e)不同而变化的,因此 X 实际是基本事件 e 的函数,即 $X=X(e)$. 例如,在例 1.1.1 中,若用 X 表示试验结果,并按上述的方法数量化,那么 X 就是基本事件的函数:

$$X=\begin{cases}1, & \text{正面出现},\\ 0, & \text{反面出现}.\end{cases} \tag{3.1}$$

例 1.1.2 中,样本空间 $S=\{0,1,2,\cdots\}$,若用 X 表示呼叫次数,那么 $X=X(e)=e(e\in S)$ 也是基本事件的函数.

由上所述,可以得到如下的随机变量的定义:

定义 3.1.1 设 E 是随机试验,它的样本空间是 S. 如果对 S 中的每个基本事件 e,都有唯一的实数值 $X(e)$ 与之对应,则称 $X(e)$ 为**随机变量**,简记为 X[①].

① 本书中用大写拉丁字母 X,Y,Z 等表示随机变量,不少书上用希腊字母 ξ,η,ζ 等表示.

引入随机变量以后,随机事件就可以用随机变量来描述了. 例如,设 X 表示电话交换台在一段时间内接到的呼叫次数,则“$0\leqslant X\leqslant 3$”表示“呼叫次数不超过三次”的事件;“$X>5$”表示“呼叫次数大于 5”的事件. 若 X 是式(3.1)所规定的随机变量,则“$X=1$”表示“正面”,而“$X=0$”表示“反面”. 不仅如此,对任意事件 A,可以在样本空间 S 上定义函数

$$I_A(e)=\begin{cases}1, & e\in A,\\ 0, & e\notin A,\end{cases}$$

称 $I_A(e)$ 为 A 的示性函数. 显然,I_A 是一个随机变量,而“$I_A=1$”就表示事件 A. 于是,对事件的研究就可转为对随机变量的研究了. 由此可见,随机变量概念的引入是很重要的. 以后还会看到,由于引入了随机变量,数学分析的方法就可用来研究随机现象了.

在上面讲的随机变量中,有的随机变量所能取的值是有限个(如 n 次打靶中,中靶次数),有的随机变量所能取的值是可列无穷多个(如交换台接到的呼叫次数),这两种随机变量统称为**离散型随机变量**. 像灯泡寿命和零件长度这样的随机变量,它们所取的值连续地充满一个区间,属于**连续型随机变量**,连续型随机变量是非离散型随机变量中最重要的类型. 下面先讨论离散型随机变量.

3.2 离散型随机变量

3.2.1 概率分布列

如上所述,只能取有限个值或可列无穷多个值的随机变量 X 称为**离散型随机变量**. 设 X 的所有可能的取值为

$$x_1, x_2, \cdots, x_k, \cdots.$$

为了掌握随机变量 X 的统计规律,只知道它可能的取值是远远不够的,更主要地,还要了解它取各个可能值的概率是多少. 若设事件"$X=x_k$"的概率为 p_k,即

$$P(X=x_k)=p_k \quad (k=1,2,\cdots), \tag{3.2}$$

则式(3.2)不仅告诉人们 X 能取什么值,而且还指出了它以多大的概率取这些值,所以式(3.2)把随机变量 X 取值的概率规律完整地描述出来了. 人们称式(3.2)为离散型随机变量 X 的**概率分布列**或简称**分布列**,又称**分布律**. 它也可用表格形式表示,如表 3.1 所示.

表 3.1 离散型随机变量的分布列

X	x_1	x_2	$\cdots$	x_k	$\cdots$
P	p_1	p_2	$\cdots$	p_k	$\cdots$

由概率的基本性质可知,对任意分布列都有下面两个性质:

(i) $p_k \geqslant 0 \quad (k=1,2,\cdots)$; (3.3)

(ii) $\sum\limits_k p_k = 1$. (3.4)

反之,满足上述两条性质的数列 $\{p_k\}$ 也可作为某一离散型随机变量的分布列.

下面介绍几种常见的分布列.

3.2.2 0—1 分布(伯努利分布、两点分布)

若随机变量 X 只可能取 0 和 1 两个值,它的分布列是

$$P(X=1)=p,\ P(X=0)=1-p=q,\ 0<p<1,$$

或

X	0	1
P	$1-p$	p

则称 X 服从**0—1 分布**或**伯努利分布**,也称**两点分布**,记为 $X\sim B(1,p)$.显然,伯努利试验可用 0—1 分布来描述.

3.2.3 二项分布

若随机变量 X 的分布列是

$$P(X=k)=\mathrm{C}_n^k p^k q^{n-k}\quad (k=0,1,2,\cdots,n),0<p<1,q=1-p,\qquad(3.5)$$

则称 X 服从**二项分布**(参数为 n,p),常用记号 $X\sim B(n,p)$表示.

特别地,当 $n=1$ 时,式(3.5)成为

$$P(X=k)=p^k q^{1-k}\quad (k=0,1).$$

此即为 0—1 分布.

由定理 2.5.1 可知,在 n 重伯努利试验中,成功的次数 X 是服从二项分布的.

对二项分布来说,概率分布列的两个性质式(3.3)和式(3.4)也都成立.因为

$$P(X=k)=\mathrm{C}_n^k p^k q^{n-k}\geqslant 0\quad (k=0,1,2,\cdots,n),$$

又由式(2.13),得

$$\sum_{k=0}^{n} P(X=k)=\sum_{k=0}^{n}\mathrm{C}_n^k p^k q^{n-k}=1,$$

故分布列的两个性质都成立.

作为一种常见的离散型随机变量,二项分布在很多科学领域中都有应用.例如,生产过程中的质量控制方法和抽样方案都是以二项分布为基础的.对于那些试验结果只有两个,每个结果相互独立且每次试验成功的概率恒定的工业过程,二项分布都适用.此外,二项分布还被广泛应用于医药、军事、保险等领域.

例 3.2.1 设有 N 件产品,其中有 M 件次品,现进行 n 次有放回

的抽样,每次抽取一件.求这 n 次中共抽到的次品数 X 的概率分布.

解 由于抽样是有放回的,因此这是 n 重伯努利试验.若以 A 表示一次抽样中抽到次品这一事件,则

$$p=P(A)=M/N.$$

故 $X\sim B(n,M/N)$,即

$$P(X=k)=\mathrm{C}_n^k\left(\frac{M}{N}\right)^k\left(1-\frac{M}{N}\right)^{n-k}\quad(k=0,1,\cdots,n).$$

下面来观察式(3.5)随着 k 取值的不同而变化的情况,先看一个例子.

例 3.2.2 设有 20 台机床,独立地各加工一件齿轮.若各机床加工的废品率都是 0.2,求得到的 20 件齿轮产品中没有废品,恰有一件废品……以及全部是废品的概率.

解 此例可看作 $n=20$ 的伯努利试验问题.设 X 表示 20 件齿轮产品中的废品个数,则 $X\sim B(20,0.2)$.于是问题即要求

$$P(X=k)=\mathrm{C}_{20}^k(0.2)^k(0.8)^{20-k}\quad(k=0,1,2,\cdots,20).$$

计算结果汇总如下:

k	0	1	2	3	4	5	6
P	0.012	0.058	0.137	0.205	0.218	0.175	0.109
k	7	8	9	10	11	…	20
P	0.055	0.022	0.007	0.002	0.000	…	0.000

当 $k\geqslant 11$ 时,$P(X=k)<0.001$.为了对此结果有更直观的了解,可以将以上数据用图形来表示(图 3.1).

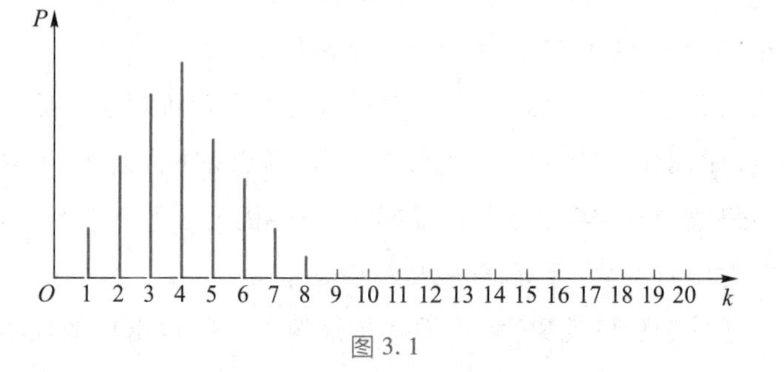

图 3.1

从图 3.1 中看到,概率 $P(X=k)$ 先是随 k 的增加而单调上升,当 k 增到 4 时,$P(X=k)$ 取得最大值 0.218,然后 $P(X=k)$ 再随 k 的增加

而单调下降. 一般对于固定的 n 和 p,二项分布 $B(n,p)$ 都具有这一性质. 事实上,因为

$$\frac{P(X=k)}{P(X=k-1)}=\frac{\mathrm{C}_n^k p^k q^{n-k}}{\mathrm{C}_n^{k-1} p^{k-1} q^{n-k+1}}=\frac{(n-k+1)p}{kq}$$

$$=1+\frac{(n+1)p-k}{kq}\quad (k=1,2,\cdots,n),$$

故当 $k<(n+1)p$ 时,$P(X=k)>P(X=k-1)$,此时 $P(X=k)$ 随着 k 的增加而上升;当 $k>(n+1)p$ 时,$P(X=k)<P(X=k-1)$,此时 $P(X=k)$ 随着 k 的增加而下降;当 $k=(n+1)p$ 为正整数时,$P(X=k)=P(X=k-1)$,此时 $P(X=k)$ 在 $k=(n+1)p$ 及 $k=(n+1)p-1$ 的情况下都达到最大值. 若 $(n+1)p$ 不是整数,令 $k_0=[(n+1)p]$ 表示 $(n+1)p$ 的整数部分,则 $P(X=k_0)$ 为最大值. 如在例 3.2.2 中,$(n+1)p=21\times0.2=4.2$ 不是整数,此时 $k_0=4$ 使 $P(X=k_0)$ 达到最大值.

3.2.4 泊松分布

若随机变量 X 的分布列是

$$P(X=k)=\frac{\lambda^k \mathrm{e}^{-\lambda}}{k!},\ \lambda>0\quad (k=0,1,2,\cdots),\tag{3.6}$$

则称 X 服从参数为 λ 的**泊松分布**,并用记号 $X\sim P(\lambda)$ 表示.

由式(3.6)可知,$P(X=k)\geqslant 0(k=0,1,2,\cdots)$且有

$$\sum_{k=0}^{\infty}P(X=k)=\sum_{k=0}^{\infty}\frac{\lambda^k \mathrm{e}^{-\lambda}}{k!}=\mathrm{e}^{-\lambda}\sum_{k=0}^{\infty}\frac{\lambda^k}{k!}=\mathrm{e}^{-\lambda}\cdot \mathrm{e}^{\lambda}=1,$$

故泊松分布 $P(\lambda)$ 满足分布列的两个性质.

由定理 2.5.2 可知,以 n,p 为参数的二项分布,当 n 很大 p 很小时,近似于 $\lambda=np$ 为参数的泊松分布. 这一事实可以看成是泊松分布的一个来源,这是 1837 年法国数学家泊松引入的.

泊松分布的应用很广泛,在实际中有许多随机现象都服从泊松分布. 例如,电话交换台接到的呼叫数,到商店去的顾客数,到达飞机场的飞机数,经过某块天空的流星数,纺纱机上线的断头数,放射性物质放射的质点数,等等,都服从泊松分布.

上述各个随机现象,都可用随机地源源不断地出现的质点数来描述,这种源源不断出现的随机质点构成的序列称为随机质点流. 一种重要的随机质点流——泊松流,研究了产生泊松分布的一般条件. 这里就不叙述了.

3.2.5 几何分布

若随机变量 X 的分布列是

$$P(X=k)=q^{k-1}p \quad (k=1,2,\cdots),0<p<1,q=1-p, \qquad (3.7)$$

则称 X 服从参数为 p 的**几何分布**,并用记号 $X\sim G(p)$ 表示.

由式(3.7)可知,$P(X=k)\geqslant 0(k=1,2,\cdots)$且有

$$\sum_{k=1}^{\infty}P(X=k)=\sum_{k=1}^{\infty}q^{k-1}p=p\cdot\frac{1}{1-q}=1,$$

故几何分布 $G(p)$满足分布列的两个性质.

在伯努利试验中,设每次试验成功的概率均为 $p(0<p<1)$,今独立重复试验直到出现首次成功为止,则所需试验次数 X 服从参数为 p 的几何分布. 实际上,事件$\{X=k\}$相当于"第 1 次试验不成功……第 $k-1$ 次试验不成功,第 k 次试验成功"$(k=1,2,\cdots)$.

例 3.2.3 某血库急需 AB 型血,需从献血者中获得. 根据经验,每 100 个献血者中只能获得 2 名身体合格的 AB 型血的人,今对献血者一个接一个进行化验,用 X 表示在第一次找到合格的 AB 型血时,献血者已被化验的人数,求 X 的概率分布.

解 设 A_i 表示第 i 个献血者血型合格$(i=1,2,\cdots)$. 由假设知,每个献血者是合格的 AB 型血的概率是 $p=\frac{2}{100}=0.02$. 显然可以认为献血者的血型是否合格是相互独立的,则

$$\begin{aligned}P(X=k)&=P(\overline{A_1}\cdots\overline{A_{k-1}}A_k)\\&=P(\overline{A_1})\cdots P(\overline{A_{k-1}})P(A_k)\\&=(1-p)^{k-1}p\\&=0.98^{k-1}\cdot 0.02 \quad (k=1,2,\cdots),\end{aligned}$$

由此可知,$X\sim G(0.02)$.

下面讨论几何分布的一条性质.

设 $X\sim G(p)$,n,m 为任意的两个正整数,则

$$P(X>n+m\mid X>n)=P(X>m).$$

事实上,

$$\begin{aligned}&P(X>n+m\mid X>n)\\=&\frac{P(X>n+m,X>n)}{P(X>n)}\end{aligned}$$

$$=\frac{P(X>n+m)}{P(X>n)}=\frac{\sum\limits_{k=n+m+1}^{\infty}(1-p)^{k-1}p}{\sum\limits_{k=n+1}^{\infty}(1-p)^{k-1}p}$$

$$=\frac{\dfrac{(1-p)^{n+m}}{1-(1-p)}}{\dfrac{(1-p)^{n}}{1-(1-p)}}=(1-p)^{m}=\sum_{k=m+1}^{\infty}(1-p)^{k-1}p$$

$$=P(X>m).$$

这个性质称为几何分布的**无记忆性**. 实际意义是在例 3.2.3 中，若已化验了 n 个人，没有获得合格的 AB 型血，则再化验 m 个找不到合格 AB 型血的概率与已知的信息（即前 n 个人不是合格的 AB 型血）无关，即并不因为已查了 n 个人不合格，而第 $n+1$ 人，第 $n+2$ 人……第 $n+m$ 人是合格 AB 型血的概率会提高.

3.2.6　超几何分布

设有 N 件产品，其中有 M 件次品. 今从中任取 n 件不同产品，则这 n 件中所含的次品数 X 是一个离散型随机变量. 类似于例 1.3.2 易得

$$P(X=k)=\frac{C_M^k C_{N-M}^{n-k}}{C_N^n}\ (k=0,1,\cdots,l). \qquad (3.8)$$

其中 $l=\min\{M,n\}$，并规定当 $i>m$ 时，$C_m^i=0$. 由式(3.8)确定的概率分布称为**超几何分布**，并用记号 $X\sim H(n,N,M)$ 表示.

由上可见，二项分布可用来描述有放回抽样，而超几何分布可用来描述不放回抽样. 超几何分布被应用于许多领域，如验收抽样，电子产品检测和质量保证等. 在这些领域中，很多情况下被检测对象会被损坏，不能放回. 因此，不放回抽样是必要的. 虽然二项分布和超几何分布二者并不相同，但是当抽样对象总数 N 很大，而抽样的次数 n 相对很小时，它们的差别是很小的. 即，在一定条件下，超几何分布可用二项分布来逼近. 不难证明以下定理：

定理 3.2.1　设在超几何分布中，n 是一个取定的正整数，而

$$\lim_{N\to\infty}\frac{M}{N}=p,\ 0<p<1,$$

则

$$\lim_{N\to\infty}\frac{C_M^k C_{N-M}^{n-k}}{C_N^n}=C_n^k p^k(1-p)^{n-k}\quad (k=0,1,\cdots,n). \qquad (3.9)$$

由式(3.9)可见,对固定的 $n\geqslant1$,当 N 充分大时,有

$$\frac{C_M^k C_{N-M}^{n-k}}{C_N^n}\approx C_n^k\left(\frac{M}{N}\right)^k\left(1-\frac{M}{N}\right)^{n-k}\quad(k=0,1,\cdots,\min\{M,n\}).\tag{3.10}$$

在实际中,一般当 $n\leqslant0.1\cdot N$ 时,可用此近似公式. 由于有专门的二项分布表可查,就可大大节省计算工作量.

3.3 随机变量的分布函数

对离散型随机变量,可以用分布列来描述它,但对非离散型的随机变量,由于它可能取的值不可数,所以想用分布列来描述它是不可能的. 例如,灯泡的寿命是一个可以在某一个区间上任意取值的随机变量 X,它的值就不是集中在有限个或可列无穷多个点上,因此,其概率规律不能用分布列来描述. 这时,只有确知 X 在任一区间上取值的概率才能掌握它取值的概率分布规律.

由于对任意实数 $x_1<x_2$ 有

$$P(x_1<X\leqslant x_2)=P(X\leqslant x_2)-P(X\leqslant x_1),$$

故研究 X 落在一个区间上的概率问题,转化为研究对任意实数 x 求概率 $P(X\leqslant x)$ 的问题了. $P(X\leqslant x)$ 是 x 的函数,从而导出下面的定义.

定义 3.3.1 设 X 为一随机变量,称

$$F(x)=P(X\leqslant x)\tag{3.11}$$

为 X 的**分布函数**,其中 x 为任意实数.

由定义 3.3.1,事件“$x_1<X\leqslant x_2$”的概率可写成

$$P(x_1<X\leqslant x_2)=F(x_2)-F(x_1).\tag{3.12}$$

分布函数是一个普通的函数,正由于这个缘故,才能用数学分析的工具来研究随机变量.

例 3.3.1 设随机变量 X 的分布列为

X	-1	2	3
P	$\frac{1}{2}$	$\frac{1}{3}$	$\frac{1}{6}$

求 X 的分布函数.

解　由分布列可知，当 $x<-1$ 时，$P(X\leqslant x)=P(\varnothing)=0$；当 $-1\leqslant x<2$ 时，$P(X\leqslant x)=P(X=-1)=\dfrac{1}{2}$；当 $2\leqslant x<3$ 时，$P(X\leqslant x)=P(X=-1)+P(X=2)=\dfrac{5}{6}$；当 $x\geqslant 3$ 时，$P(X\leqslant x)=P(S)=1$. 于是 X 的分布函数

$$F(x)=\begin{cases}0, & x<-1,\\ 1/2, & -1\leqslant x<2,\\ 5/6, & 2\leqslant x<3,\\ 1, & x\geqslant 3.\end{cases}$$

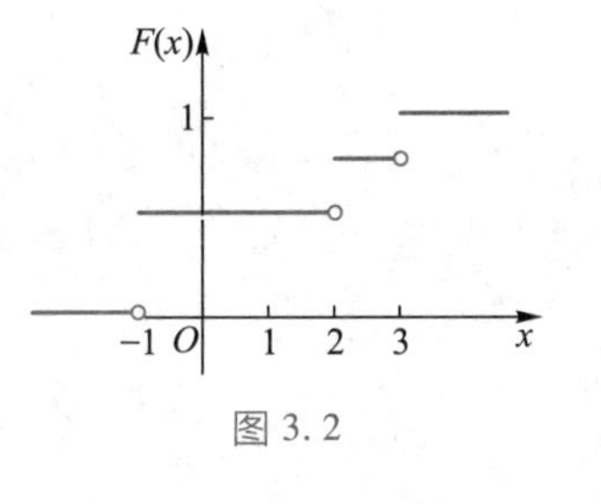

图 3.2

$F(x)$ 的图形如图 3.2 所示，它是一条阶梯形曲线. 在 $x=-1,2,3$ 处，分别有跳跃值 $\dfrac{1}{2},\dfrac{1}{3},\dfrac{1}{6}$.

一般地，设离散型随机变量 X 的分布列为

$$P(X=x_i)=p_i\quad(i=1,2,\cdots),$$

则 X 的分布函数可通过下式求得，即

$$F(x)=P(X\leqslant x)=\sum_{x_i\leqslant x}P(X=x_i),\tag{3.13}$$

其中求和式是对所有满足 $x_i\leqslant x$ 的 i 求和. 分布函数在 $x=x_i(i=1,2,\cdots)$ 处具有跳跃值 p_i.

例 3.3.2　向区间 $(a,b]$ 内任意掷一质点，设此试验是几何概型的（参阅定义 1.4.1），求落点坐标 X 的分布函数.

解　由题意可知，当 $x\leqslant a$ 时，$P(X\leqslant x)=P(\varnothing)=0$；当 $a<x<b$ 时，$P(X\leqslant x)=P(a<X\leqslant x)=\dfrac{x-a}{b-a}$；当 $x\geqslant b$ 时，$P(X\leqslant x)=P(a<X\leqslant b)=1$. 于是 X 的分布函数

$$F(x)=\begin{cases}0, & x\leqslant a,\\ \dfrac{x-a}{b-a}, & a<x<b,\\ 1, & x\geqslant b.\end{cases}\tag{3.14}$$

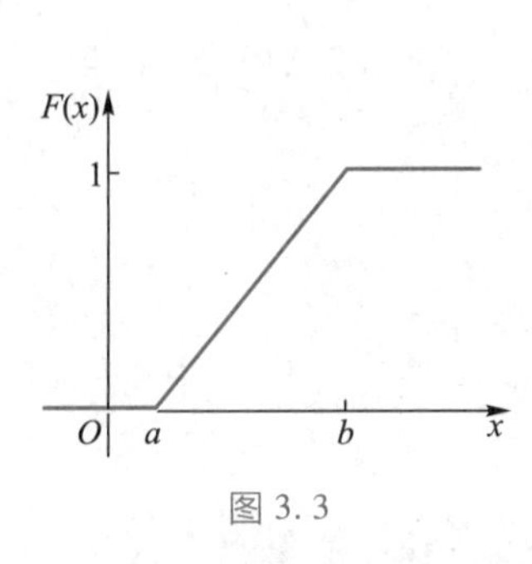

图 3.3

$F(x)$ 的图形是一条连续曲线，见图 3.3.

分布函数具有如下的性质：

(i) $0\leqslant F(x)\leqslant 1\quad(-\infty<x<+\infty)$；　(3.15)

(ii) $F(x_1)\leqslant F(x_2)$，$x_1<x_2$，即 $F(x)$ 是单调非减的；

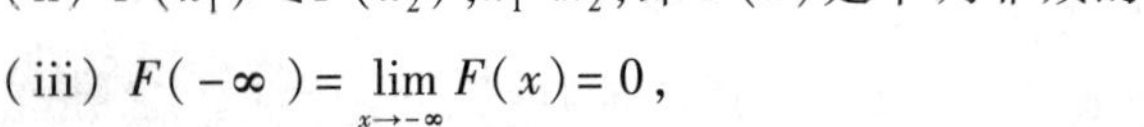

(iii) $F(-\infty)=\lim\limits_{x\to-\infty}F(x)=0$，

$$F(+\infty)=\lim_{x\to+\infty}F(x)=1; \tag{3.16}$$

(iv) $F(x^{+})=F(x)$，即 $F(x)$ 是右连续的.

性质(i),(ii)可分别由式(1.18)和式(3.12)直接推得，而性质(iii),(iv)的证明，则需要较多的数学工具. 这些性质的正确性，还可由上面讲的两个例子得到很好的验证.

可以证明，若某一函数 $F(x)$ 满足上面的性质，则必存在一个随机变量 X 以 $F(x)$ 为其分布函数.

例 3.3.3 设随机变量 X 的分布函数

$$F(x)=\begin{cases}A+\dfrac{B}{2}\mathrm{e}^{-3x}, & x>0,\\ 0, & x\leqslant 0.\end{cases}$$

求：(1) 常数 A,B；(2) $P(2<X\leqslant 3)$.

解 (1) 由题意可知，

$$\begin{cases}F(+\infty)=1=\lim\limits_{x\to+\infty}\left(A+\dfrac{B}{2}\mathrm{e}^{-3x}\right),\\ F(0^{+})=\lim\limits_{x\to 0^{+}}\left(A+\dfrac{B}{2}\mathrm{e}^{-3x}\right)=F(0),\end{cases}$$

即 $\begin{cases}A=1,\\ A+\dfrac{B}{2}=0.\end{cases}$ 解得 $\begin{cases}A=1,\\ B=-2,\end{cases}$ 故

$$F(x)=\begin{cases}1-\mathrm{e}^{-3x}, & x>0,\\ 0, & x\leqslant 0.\end{cases}$$

(2) $P(2<X\leqslant 3)=F(3)-F(2)=(1-\mathrm{e}^{-9})-(1-\mathrm{e}^{-6})=\mathrm{e}^{-6}-\mathrm{e}^{-9}$.

3.4 连续型随机变量

3.4.1 连续型随机变量、概率密度

若随机变量 X 的分布函数 $F(x)$ 是可微的，则其导数

$$\begin{aligned}f(x)=F'(x)&=\lim_{\Delta x\to 0^{+}}\frac{F(x+\Delta x)-F(x)}{\Delta x}\\ &=\lim_{\Delta x\to 0^{+}}\frac{P(x<X\leqslant x+\Delta x)}{\Delta x}\geqslant 0.\end{aligned}$$

如果将概率比作质量,类似于物理学中质量线密度概念,人们自然称 $f(x)$ 为随机变量 X 的概率密度. 若 $f(x)$ 还是连续的,则有

$$F(x)=\int_{-\infty}^{x} f(t)\,\mathrm{d}t. \tag{3.17}$$

一般地,随机变量 X 的分布函数 $F(x)$ 当然不一定处处可微,但在实际中常遇到这样一些随机变量,也存在一非负函数 $f(x)$ 使式(3.17)成立. 例如,例 3.3.2 中的随机变量,其分布函数 $F(x)$ 在除 $x=a$ 与 $x=b$ 的点外,均有导数. 令

$$f(x)=\begin{cases}F'(x), & x\neq a,b,\\ 0, & x=a \text{ 或 } b,\end{cases}$$

即

$$f(x)=\begin{cases}\dfrac{1}{b-a}, & a<x<b,\\ 0, & \text{其他},\end{cases}$$

则式(3.17)成立.

为了描述这一类随机变量的概率分布规律,引入以下定义:

定义 3.4.1 设 $F(x)$ 是随机变量 X 的分布函数. 若存在一个非负的函数 $f(x)$,对任何实数 x,有

$$F(x)=\int_{-\infty}^{x} f(t)\,\mathrm{d}t, \tag{3.18}$$

则称 X 为**连续型随机变量**,同时称 $f(x)$ 为 X 的**概率密度函数**,简称**概率密度**.

由定义 3.4.1,再根据积分学知识,可以得到下面的两个结果:

(1) 在整个实轴上,$F(x)$ 是连续的,即连续型随机变量的分布函数一定是连续的;

(2) 对 $f(x)$ 的连续点,有

$$F'(x)=f(x). \tag{3.19}$$

式(3.18)与式(3.19)表示了分布函数与概率密度间的两个关系. 利用这些关系,可以根据分布函数和概率密度中的一个推出另一个.

概率密度 $f(x)$ 具有如下的性质:

(i) $f(x)\geqslant 0$;

(ii) $\int_{-\infty}^{+\infty} f(x)\,\mathrm{d}x=1$;

(iii) $P(x_1<X\leqslant x_2)=F(x_2)-F(x_1)=\int_{x_1}^{x_2}f(x)\,\mathrm{d}x.$ (3.20)

上面的性质,可分别由概率密度的定义,分布函数的性质以及式(3.12)直接得到. 性质(i),(ii)是概率密度的基本性质,可以证明满足性质(i),(ii)的函数$f(x)$一定是某一随机变量的概率密度.

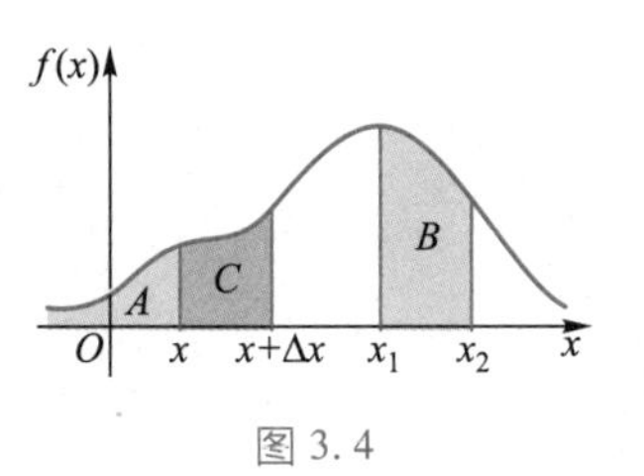

图 3.4

在图 3.4 中,曲线 $y=f(x)$ 表示概率密度曲线,它位于 x 轴的上方且与 x 轴所夹的面积等于 1;以$(x_1,x_2]$为底,以曲线 $y=f(x)$ 为顶的曲边梯形的面积 B 表示概率$P(x_1<X\leqslant x_2)$的值. 这就是性质(i),(ii),(iii)的几何说明. 以$(-\infty,x]$为底,以曲线 $y=f(x)$ 为顶的曲边梯形面积 A,表示$F(x)$的值. 这就是式(3.18)的几何说明.

图 3.4 中以$(x,x+\Delta x]$为底,以曲线 $y=f(x)$ 为顶的曲边梯形的面积 C,表示概率 $P(x<X\leqslant x+\Delta x)$的值. 若$f(x)$在 x 处连续,则

$$P(x<X\leqslant x+\Delta x)=\int_{x}^{x+\Delta x}f(t)\,\mathrm{d}t\approx f(x)\Delta x. \tag{3.21}$$

因此,概率密度$f(x)$的数值反映了随机变量 X 取 x 的邻近值的概率的大小. 但要注意,对连续型随机变量而言,概率 $P(X=x)$不能描述 X 取 x 值的概率分布规律,因为对任何 x 值,总有 $P(X=x)=0$.

事实上,设 X 的分布函数为 $F(x)$,则有

$$0\leqslant P(X=x)\leqslant P(x-\Delta x<X\leqslant x)=F(x)-F(x-\Delta x),\quad \Delta x>0. \tag{3.22}$$

由于连续型随机变量的分布函数是处处连续的,所以

$$\lim_{\Delta x\to 0}(F(x)-F(x-\Delta x))=0.$$

而式(3.22)的左端与 Δx 无关,故得

$$P(X=x)=0. \tag{3.23}$$

由于连续型随机变量取个别值的概率为 0,因此想用列举连续型随机变量取某个值的概率来描述这种随机变量不但做不到,而且也毫无意义. 此外,当计算连续型随机变量落在某一区间的概率时,区间是否包含端点,是无须考虑的.

由式(3.23)知,一个事件的概率等于零,这事件并不一定是不可能事件;同样一个事件的概率等于 1,这事件也未必是必然事件.

例 3.4.1 设连续型随机变量 X 的概率密度

$$f(x)=\begin{cases}\dfrac{A}{\sqrt{1-x^2}}, & |x|<1,\\ 0, & |x|\geqslant 1.\end{cases}$$

求:(1) 系数 A;(2) $P\left(-\frac{1}{2}<X\leqslant\frac{1}{2}\right)$; (3) $F(x)$.

解　(1) 由性质(ii)可知

$$\int_{-\infty}^{+\infty} f(x)\,dx=\int_{-1}^{1}\frac{A}{\sqrt{1-x^2}}dx=1,$$

即 $A[\arcsin x]_{-1}^{1}=1$. 由此, $A=\frac{1}{\pi}$. 于是有

$$f(x)=\begin{cases}\dfrac{1}{\pi\sqrt{1-x^2}}, & |x|<1,\\ 0, & |x|\geqslant 1.\end{cases} \tag{3.24}$$

(2) $P\left(-\frac{1}{2}<X\leqslant\frac{1}{2}\right)=\int_{-\frac{1}{2}}^{\frac{1}{2}}\frac{1}{\pi\sqrt{1-x^2}}dx=\frac{1}{\pi}[\arcsin x]_{-1/2}^{1/2}=\frac{1}{3}.$

(3) 因为 $F(x)=\int_{-\infty}^{x}f(t)\,dt$, 由式(3.24)得, 当 $x\leqslant -1$ 时,

$$F(x)=\int_{-\infty}^{x}0\,dt=0;$$

当 $-1<x<1$ 时,

$$F(x)=\int_{-\infty}^{-1}0\,dt+\frac{1}{\pi}\int_{-1}^{x}\frac{1}{\sqrt{1-t^2}}dt=\frac{1}{\pi}[\arcsin t]_{-1}^{x}=\frac{1}{2}+\frac{1}{\pi}\arcsin x;$$

当 $x\geqslant 1$ 时,

$$F(x)=\int_{-\infty}^{-1}0\,dt+\int_{-1}^{1}\frac{dt}{\pi\sqrt{1-t^2}}+\int_{1}^{x}0\,dt=\frac{1}{\pi}[\arcsin t]_{-1}^{1}=1.$$

因此得

$$F(x)=\begin{cases}0, & x\leqslant -1,\\ \dfrac{1}{2}+\dfrac{1}{\pi}\arcsin x, & |x|<1,\\ 1, & x\geqslant 1.\end{cases}$$

下面介绍几种重要的连续型随机变量.

3.4.2　均匀分布

若连续型随机变量 X 的概率密度

$$f(x)=\begin{cases}\dfrac{1}{b-a}, & a\leqslant x\leqslant b,\\ 0, & \text{其他},\end{cases} \tag{3.25}$$

则称 X 在区间$[a,b]$上服从**均匀分布**(图 3.5),记为 $X\sim U[a,b]$.

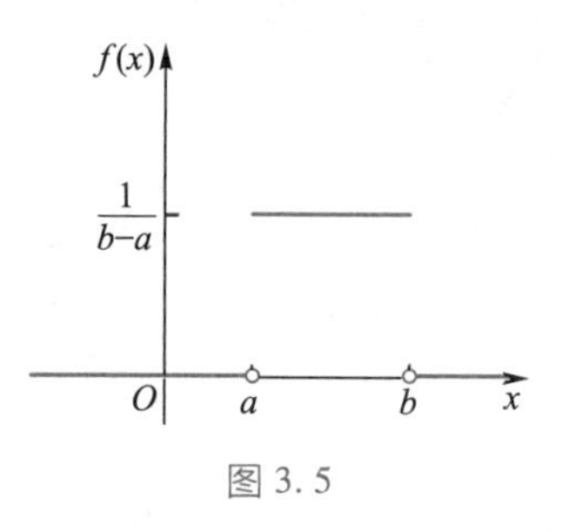

图 3.5

由式(3.18),相应的分布函数

$$F(x)=\begin{cases}0, & x<a,\\ \dfrac{x-a}{b-a}, & a\leqslant x<b,\\ 1, & x\geqslant b.\end{cases} \tag{3.26}$$

见图 3.3.

由于$f(x)\geqslant 0$,且$\int_{-\infty}^{+\infty}f(x)\,\mathrm{d}x=\int_a^b\frac{1}{b-a}\mathrm{d}x=1$,故 $f(x)$ 满足概率密度的性质(i),(ii).

若 $X\sim U[a,b]$,$(x_1,x_2]$ 为$[a,b]$中的任一子区间,则由式(3.20)及式(3.25)得

$$P(x_1<X\leqslant x_2)=\int_{x_1}^{x_2}\frac{1}{b-a}\mathrm{d}x=\frac{1}{b-a}(x_2-x_1).$$

这说明 X 落在子区间上的概率与子区间的长度成正比,而与子区间的位置无关,属于几何概率. 故 X 落在长度相等的各个子区间的可能性是相等的. 这个结果也可由图 3.5 直接看出. “均匀分布”中的“均匀”的含义就是“等可能”的意思.

在实际问题中,服从均匀分布的例子是很多的. 例如,

(1) 某电台每隔 20 分钟发出一个信号,我们随手打开收音机,那么等待时间 X 是在$[0,20]$上服从均匀分布的随机变量;

(2) 在计算机中的舍入误差 X 是一个在$(-0.5,0.5)$上服从均匀分布的随机变量.

3.4.3 指数分布

若连续型随机变量 X 的概率密度

$$f(x)=\begin{cases}\lambda\mathrm{e}^{-\lambda x}, & x>0,\\ 0, & x\leqslant 0,\end{cases} \tag{3.27}$$

其中 λ 是正常数,则称 X 服从参数为 λ 的**指数分布**. 记为 $X\sim E(\lambda)$.

由式(3.18),相应于式(3.27)的分布函数

$$F(x)=\begin{cases}1-\mathrm{e}^{-\lambda x}, & x>0.\\ 0, & x\leqslant 0,\end{cases} \tag{3.28}$$

由式(3.27)看出,$f(x)\geqslant 0$,且$\int_{-\infty}^{+\infty}f(x)\,\mathrm{d}x=\int_0^{+\infty}\lambda\mathrm{e}^{-\lambda x}\mathrm{d}x=[-\mathrm{e}^{-\lambda x}]_0^{+\infty}=1$,

即 $f(x)$ 满足概率密度的性质(i)和(ii).

指数分布常用来近似表示各种寿命的分布,例如无线电元件的寿命,动物的寿命等. 此外,指数分布在排队论和可靠性问题中发挥了重要的作用. 到达服务设施的时间间隔,部件和系统的失效时间等通常可用指数分布来建立模型. 下面看一个导出指数分布的实际例子.

例 3.4.2　设已使用了 t 小时的电子管在以后的 Δt 小时内损坏的概率为 $\lambda\Delta t+o(\Delta t)$,其中 λ 是正常数,$o(\Delta t)$ 是 Δt 的高阶无穷小. 若电子管寿命 X 为零的概率是零,求 X 的概率密度.

解　使用了 t 小时以后的电子管在以后 Δt 小时内损坏的概率,就是条件概率 $P(t<X\leqslant t+\Delta t \mid X>t)$,按题意有

$$P(t<X\leqslant t+\Delta t \mid X>t)=\lambda\Delta t+o(\Delta t). \tag{3.29}$$

由条件概率定义,上式左端为

$$\frac{P((t<X\leqslant t+\Delta t)\cap(X>t))}{P(X>t)}=\frac{P(t<X\leqslant t+\Delta t)}{1-P(X\leqslant t)}=\frac{F(t+\Delta t)-F(t)}{1-F(t)},$$

代入式(3.29)得

$$\frac{F(t+\Delta t)-F(t)}{1-F(t)}=\lambda\Delta t+o(\Delta t),$$

即

$$\frac{F(t+\Delta t)-F(t)}{\Delta t}=[1-F(t)]\left[\lambda+\frac{o(\Delta t)}{\Delta t}\right].$$

令 $\Delta t\to 0$ 得

$$F'(t)=\lambda[1-F(t)].$$

这是一个关于 $F(t)$ 的一阶线性微分方程,它的通解

$$F(t)=C\mathrm{e}^{-\lambda t}+1,$$

其中 C 为任意常数. 根据初始条件 $F(t)\big|_{t=0}=0$,得 $C=-1$. 于是

$$F(t)=1-\mathrm{e}^{-\lambda t},\quad t>0.$$

故 X 的分布函数

$$F(t)=\begin{cases}1-\mathrm{e}^{-\lambda t}, & t>0,\\ 0, & t\leqslant 0.\end{cases}$$

从而 X 的概率密度

$$f(t)=\begin{cases}\lambda \mathrm{e}^{-\lambda t}, & t>0, \\ 0, & t \leqslant 0.\end{cases}$$

由上可知，电子管的寿命 X 是服从参数为 λ 的指数分布.

指数分布具有类似于几何分布的无记忆性. 设随机变量 X 服从参数为 λ 的指数分布,则对任意的 $s>0, t>0$ 有

$$P(X \geqslant s+t \mid X \geqslant s)=\frac{P(X \geqslant s+t)}{P(X \geqslant s)}=\frac{\mathrm{e}^{-\lambda(s+t)}}{\mathrm{e}^{-\lambda s}}=\mathrm{e}^{-\lambda t},$$

即

$$P(X \geqslant s+t \mid X \geqslant s)=P(X \geqslant t).$$

如上例中,电子管的寿命服从指数分布,则该电子管至少可以使用 t 小时的概率 $P(X \geqslant t)$ 与条件概率 $P(X \geqslant s+t \mid X \geqslant s)$ 相等,即若电子管已使用了 s 小时,则至少还可以再使用 t 小时的概率和该电子管至少可以使用 t 小时的概率相等. 因而,最初使用的 s 小时对元件未产生磨损. 但这是不可能的,所以此时用指数分布描述只是一种近似. 对一些寿命长的元件,初期阶段老化现象很小,在这一阶段,指数分布能较为准确地描述其寿命分布. 如果元件的失效是逐渐磨损的过程,则指数分布将不再适合,而更适合用韦布尔分布(详见附录2).

3.5 正 态 分 布

连续型随机变量中,最重要的分布是正态分布,也称高斯分布.

定义 3.5.1 若连续型随机变量 X 的概率密度

$$f(x)=\frac{1}{\sigma \sqrt{2 \pi}} \mathrm{e}^{-\frac{(x-\mu)^{2}}{2 \sigma^{2}}} \quad(-\infty<x<+\infty), \tag{3.30}$$

μ, σ 为常数,且 $\sigma>0$,则称 X 服从参数为 μ, σ 的**正态分布**,也称 X 为**正态变量**,记作 $X \sim N\left(\mu, \sigma^{2}\right)$.

下面首先验证式(3.30)满足概率密度性质(i)和(ii).

显然,$f(x) \geqslant 0$,只需证明 $\int_{-\infty}^{+\infty} f(x) \mathrm{d} x=1$.

证 令 $t=\frac{x-\mu}{\sigma}$,则

$$\int_{-\infty}^{+\infty} f(x) \mathrm{d} x=\frac{1}{\sigma \sqrt{2 \pi}} \int_{-\infty}^{+\infty} \mathrm{e}^{-\frac{(x-\mu)^{2}}{2 \sigma^{2}}} \mathrm{d} x=\frac{1}{\sqrt{2 \pi}} \int_{-\infty}^{+\infty} \mathrm{e}^{-\frac{t^{2}}{2}} \mathrm{d} t. \tag{3.31}$$

而

$$\left(\int_{-\infty}^{+\infty} e^{-\frac{t^2}{2}}dt\right)^2=\left(\int_{-\infty}^{+\infty} e^{-\frac{t^2}{2}}dt\right)\left(\int_{-\infty}^{+\infty} e^{-\frac{u^2}{2}}du\right)=\int_{-\infty}^{+\infty}\int_{-\infty}^{+\infty} e^{-\frac{t^2+u^2}{2}}dtdu$$

$$\xlongequal{令\ t=\rho\cos\theta,u=\rho\sin\theta}\int_0^{2\pi}\left(\int_0^{+\infty} e^{-\frac{\rho^2}{2}}\rho d\rho\right)d\theta=\int_0^{2\pi}d\theta=2\pi,$$

故

$$\int_{-\infty}^{+\infty} e^{-\frac{t^2}{2}}dt=\sqrt{2\pi}.$$

代入式(3.31)得

$$\int_{-\infty}^{+\infty} f(x)dx=1.$$

故$f(x)$满足概率密度的性质.

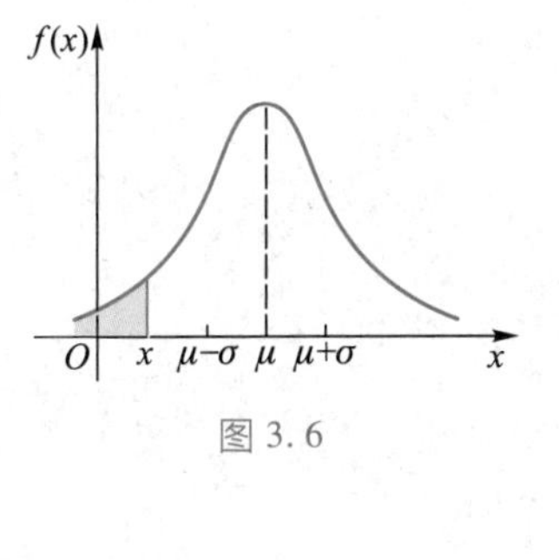

图 3.6

利用数学分析的知识,可以画出$f(x)$的图形,形状如悬钟(图3.6).当$x=\mu$时,$f(x)$取最大值,$f(x)$的曲线关于$x=\mu$对称,在$x=\mu\pm\sigma$处有拐点.当$x\to\pm\infty$时,曲线以x轴为渐近线.

此外,当固定σ值而改变μ值时,$f(x)$的图形将随着μ值的增大而沿着x轴向右平移,且不改变其形状;当固定μ值而改变σ值时,$f(x)$的图形将随着σ值的减少而越变越陡峭,且对称中心不变(图3.7).

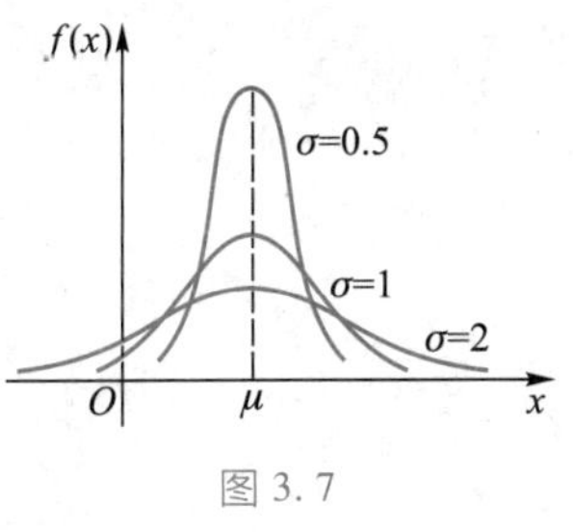

图 3.7

由式(3.30),X的分布函数

$$F(x)=\frac{1}{\sigma\sqrt{2\pi}}\int_{-\infty}^{x} e^{-\frac{(t-\mu)^2}{2\sigma^2}}dt. \tag{3.32}$$

它的图形见图3.8. 在图3.6中$F(x)$表示阴影部分的面积.

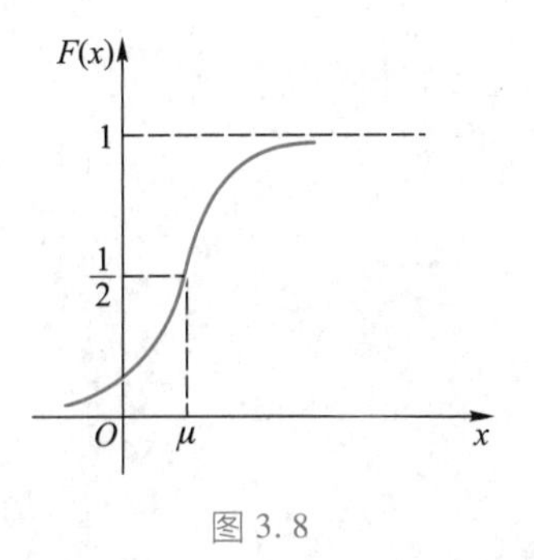

图 3.8

下面讲一个重要的特殊情况.当正态分布$N(\mu,\sigma^2)$中参数μ,σ分别为0,1时,则得到$N(0,1)$,此时称为**标准正态分布**.对应的概率密度与分布函数分别用$\varphi(x)$与$\Phi(x)$来表示.由式(3.30)和式(3.32),立即得到

$$\varphi(x)=\frac{1}{\sqrt{2\pi}}e^{-\frac{x^2}{2}}\quad(-\infty<x<+\infty), \tag{3.33}$$

$$\Phi(x)=\frac{1}{\sqrt{2\pi}}\int_{-\infty}^{x} e^{-\frac{t^2}{2}}dt\quad(-\infty<x<+\infty). \tag{3.34}$$

由式(3.33)知,$\varphi(x)$是偶函数,由此可得

$$\varphi(-x)=\varphi(x), \tag{3.35}$$

$$\Phi(-x)=1-\Phi(x). \tag{3.36}$$

式(3.36)成立,是因为

$$\Phi(-x)=\int_{-\infty}^{-x}\varphi(t)\,\mathrm{d}t \xlongequal{令\ t=-u} \int_{x}^{+\infty}\varphi(u)\,\mathrm{d}u$$

$$=\int_{-\infty}^{+\infty}\varphi(u)\,\mathrm{d}u-\int_{-\infty}^{x}\varphi(u)\,\mathrm{d}u=1-\Phi(x).$$

故对 $\varphi(x)$ 及 $\Phi(x)$ 来说,当自变量取负值时所对应的函数值可用自变量取相应的正值时所对应的函数值来表示.

一般的正态分布 $N(\mu,\sigma^2)$ 的分布函数 $F(x)$ 与标准正态分布的分布函数$\Phi(x)$,有下面的关系:

$$F(x)=\Phi\left(\frac{x-\mu}{\sigma}\right). \tag{3.37}$$

这是因为

$$F(x)=\frac{1}{\sigma\sqrt{2\pi}}\int_{-\infty}^{x}\mathrm{e}^{-\frac{(t-\mu)^2}{2\sigma^2}}\,\mathrm{d}t \xlongequal{令\ u=\frac{t-\mu}{\sigma}} \frac{1}{\sqrt{2\pi}}\int_{-\infty}^{\frac{x-\mu}{\sigma}}\mathrm{e}^{-\frac{u^2}{2}}\,\mathrm{d}u,$$

再由式(3.34),即得式(3.37).

由式(3.37),对随机变量 $X\sim N(\mu,\sigma^2)$,可得到下面的结果:

$$P(x_1<X\leqslant x_2)=F(x_2)-F(x_1)=\Phi\left(\frac{x_2-\mu}{\sigma}\right)-\Phi\left(\frac{x_1-\mu}{\sigma}\right), \tag{3.38}$$

其中 $x_1<x_2$ 是任意二实数.

这就是说,计算 X 落在任一区间内的概率都归结于计算 $\Phi(x)$ 的数值. 为了计算方便,人们按式(3.34)编制了 $x\geqslant 0$ 的 $\Phi(x)$ 的数值表,见本书附表 2.

例 3.5.1 设 $X\sim N(\mu,\sigma^2)$,求 $P(|X-\mu|<\sigma)$,$P(|X-\mu|<2\sigma)$,$P(|X-\mu|<3\sigma)$.

解 利用式(3.38)及附表 2,有

$$P(|X-\mu|<\sigma)=P(\mu-\sigma<X<\mu+\sigma)$$

$$=\Phi\left(\frac{\mu+\sigma-\mu}{\sigma}\right)-\Phi\left(\frac{\mu-\sigma-\mu}{\sigma}\right)=\Phi(1)-\Phi(-1)$$

$$=\Phi(1)-[1-\Phi(1)]=2\Phi(1)-1=0.682\,6.$$

同理有

$$P(|X-\mu|<2\sigma)=0.954\,4,$$

$$P(|X-\mu|<3\sigma)=0.997\,4.$$

由此可见,在一次试验里,X 几乎总是落在$(\mu-3\sigma,\mu+3\sigma)$之中.

本题的几何意义见图 3.9.

例 3.5.2 设从某地前往火车站,可以乘公共汽车,也可以乘地铁. 若乘汽车所需时间(单位:min) $X\sim N(50,10^2)$,乘地铁所需时间 $Y\sim N(60,4^2)$,那么若有 70 min 可用,问乘公共汽车好还是乘地铁好? 若有 65 min 可用,答案又如何?

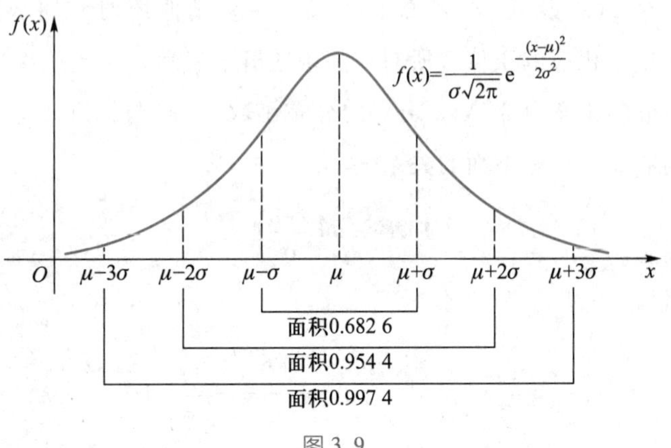

图 3.9

解 显然,两种走法中以在允许时间内有较大的概率及时赶到火车站的走法为好.

若有 70 min 可用,那么比较概率 $P(X\leqslant 70)$ 和 $P(Y\leqslant 70)$ 的大小. 由式(3.37)得

$$P(X\leqslant 70)=\Phi\left(\frac{70-50}{10}\right)=\Phi(2)=0.977\ 2,$$

$$P(Y\leqslant 70)=\Phi\left(\frac{70-60}{4}\right)=\Phi(2.5)=0.993\ 8.$$

由于后者较大,故乘地铁较好.

若有 65 min 可用,则计算概率

$$P(X\leqslant 65)=\Phi\left(\frac{65-50}{10}\right)=\Phi(1.5)=0.933\ 2,$$

$$P(Y\leqslant 65)=\Phi\left(\frac{65-60}{4}\right)=\Phi(1.25)=0.894\ 4.$$

由于前者较大,故乘汽车较好.

例 3.5.3 一工厂生产的某种原件的寿命 X(单位:h)服从参数为 $\mu=160,\sigma(\sigma>0)$ 的正态分布. 若要求 $P(120<X\leqslant 200)\geqslant 0.80$,求 σ 的最大允许值为多少?

解 由式(3.37)知

$$P(120<X\leqslant 200)=P(X\leqslant 200)-P(X\leqslant 120)$$

$$=\Phi\left(\frac{200-160}{\sigma}\right)-\Phi\left(\frac{120-160}{\sigma}\right)$$

$$=\Phi\left(\frac{40}{\sigma}\right)-\Phi\left(-\frac{40}{\sigma}\right),$$

利用式(3.36)得 $\Phi\left(-\frac{40}{\sigma}\right)=1-\Phi\left(\frac{40}{\sigma}\right)$，则 $P(120<X\leqslant 200)=2\Phi\left(\frac{40}{\sigma}\right)-1\geqslant 0.80$，解得 $\Phi\left(\frac{40}{\sigma}\right)\geqslant 0.90$，查附表 2 得 $\frac{40}{\sigma}\geqslant 1.29$，即 $\sigma\leqslant 31.01$，故 σ 的最大允许值为 31.01.

正态分布是概率论中最重要的分布. 在实际中，许多随机变量都服从或近似地服从这种“中间大，两头小”的正态分布. 例如，测量一个零件长度的测量误差，向一中心点射击的横向偏差或纵向偏差，电子管中的噪声电流或电压，飞机材料的疲劳应力，海洋波浪的高度，农作物的单位面积产量，人的身高或体重，等等，都服从正态分布. 正态分布不仅在实际应用中有重要的意义，而且在理论上也有很重要的意义，这将在第 5 章中说明.

为了数理统计的需要，人们引入 $N(0,1)$ 分布的上侧 α 分位数的概念.

设 $X\sim N(0,1)$，对给定的 $\alpha(0<\alpha<1)$，若数 u_α 满足条件

$$P(X>u_\alpha)=\alpha, \tag{3.39}$$

即

$$\Phi(u_\alpha)=1-\alpha, \tag{3.40}$$

则称 u_α 为 $N(0,1)$ 分布的**上侧 α 分位数**，见图 3.10.

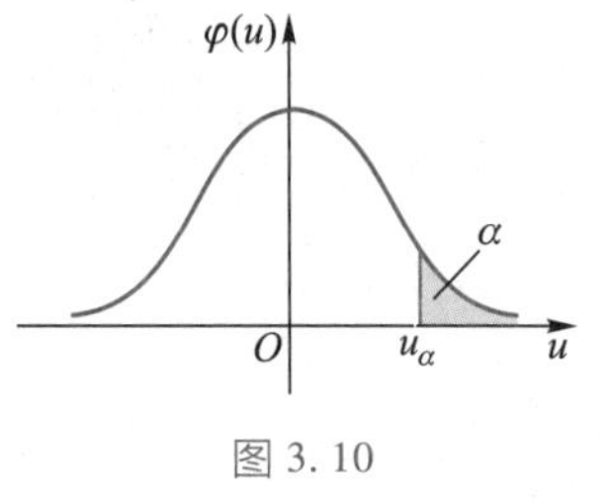

图 3.10

利用式(3.40)并查 $\Phi(x)$ 函数表可知 $u_{0.05}=1.65$，$u_{0.025}=1.96$，$u_{0.005}=2.58$.

3.6 随机变量函数的分布

设 $g(x)$ 是定义在随机变量 X 的一切可能值 x 的集合上的函数. 若随机变量 Y 随着 X 取 x 的值而取 $y=g(x)$ 的值，则称随机变量 Y 为随机变量 X 的函数，记作 $Y=g(X)$.

例如，设 X 为分子运动的速率，则分子运动的动能 $Y=\frac{1}{2}mX^2$（m 为分子的质量）是随机变量 X 的函数；设 M 为随机地落在以原点 O

为圆心以 R 为半径的圆周上的质点，则 M 在 x 轴上的射影 $X=R\cos Z$（Z 为 x 轴与 OM 的夹角）为随机变量 Z 的函数.

对随机变量的函数 $Y=g(X)$ 来说，我们的问题是如何根据已知的随机变量 X 的分布寻求随机变量 Y 的分布.

当 X 为离散型随机变量时，$g(X)$ 的分布可直接由 X 的分布列求得.

例 3.6.1 已知 X 的分布列为

X	0	1	2	3	4	5
P	$\frac{1}{12}$	$\frac{1}{6}$	$\frac{1}{3}$	$\frac{1}{12}$	$\frac{2}{9}$	$\frac{1}{9}$

求 $Y_1=2X+1$ 及 $Y_2=(X-2)^2$ 的分布列.

解 根据 X 的分布列，计算 Y_1,Y_2 的值如下：

P	$\frac{1}{12}$	$\frac{1}{6}$	$\frac{1}{3}$	$\frac{1}{12}$	$\frac{2}{9}$	$\frac{1}{9}$
X	0	1	2	3	4	5
Y_1	1	3	5	7	9	11
Y_2	4	1	0	1	4	9

故 $Y_1=2X+1$ 的分布列

Y_1	1	3	5	7	9	11
P	$\frac{1}{12}$	$\frac{1}{6}$	$\frac{1}{3}$	$\frac{1}{12}$	$\frac{2}{9}$	$\frac{1}{9}$

至于 Y_2 的分布列，只需注意在上表中 Y_2 取的值有重复相同的，应当把相同的值所对应的概率按概率的加法公式加起来，这样就得到 Y_2 的分布列

Y_2	0	1	4	9
P	$\frac{1}{3}$	$\frac{1}{6}+\frac{1}{12}$	$\frac{1}{12}+\frac{2}{9}$	$\frac{1}{9}$

下面考虑连续型随机变量函数的分布问题.

已知随机变量 X 的概率密度 $f_X(x)$，求随机变量 $Y=g(X)$ 的概率

密度 $f_Y(y)$. 今后分别以 $F_X(x)$ 与 $F_Y(y)$ 表示随机变量 X 与 Y 的分布函数.

首先,我们指出:如果某随机变量的分布函数 $F(x)$ 连续,并且除有限个点外,导函数 $F'(x)$ 存在且连续,那么令

$$f(x)=\begin{cases}F'(x), & F'(x)\text{存在的点},\\ 0, & F'(x)\text{不存在的点},\end{cases} \tag{3.41}$$

则

$$F(x)=\int_{-\infty}^{x} f(t)\,\mathrm{d}t. \tag{3.42}$$

(读者不难用微积分学中牛顿-莱布尼茨公式证明之). 故该随机变量为连续型的,且其概率密度为由式(3.41)所确定的 $f(x)$.

在求 $Y=g(X)$ 的概率密度时,只要 Y 的分布函数 $F_Y(y)$ 满足上述条件,就可以先求 $F_Y(y)$,然后再求其导数 $F'_Y(y)$ 而得到结果. 这种方法,称为**分布函数法**.

例 3.6.2 已知 $X\sim N(\mu,\sigma^2)$,求 $Y=\dfrac{X-\mu}{\sigma}$的概率密度.

解 先求

$$F_Y(y)=P(Y\leqslant y)=P\left(\frac{X-\mu}{\sigma}\leqslant y\right)=P(X\leqslant \sigma y+\mu)=F_X(\sigma y+\mu).$$

将上式两边对 y 求导并注意到

$$f_X(x)=F'_X(x)=\frac{1}{\sigma\sqrt{2\pi}}\mathrm{e}^{-\frac{(x-\mu)^2}{2\sigma^2}},$$

不难看出 $F'_Y(y)$ 处处存在且连续,故

$$f_Y(y)=F'_Y(y)=\sigma f_X(\sigma y+\mu)=\sigma\frac{1}{\sigma\sqrt{2\pi}}\mathrm{e}^{-\frac{(\sigma y+\mu-\mu)^2}{2\sigma^2}}=\frac{1}{\sqrt{2\pi}}\mathrm{e}^{-\frac{y^2}{2}}.$$

这表明 $Y\sim N(0,1)$,称 Y 为 X 的**标准化**.

请注意,以上推导过程的关键是将不等式"$\dfrac{X-\mu}{\sigma}\leqslant y$"等价变形为"$X\leqslant\sigma y+\mu$". 这样,$F_Y(y)$ 即为 $F_X(\sigma y+\mu)$,然后通过求导即可得到 $f_Y(y)$.

例 3.6.3 设 $X\sim N(0,1)$,求 $Y=X^2$ 的概率密度.

解 先求 $F_Y(y)=P(X^2\leqslant y)$.

当 $y<0$ 时,显然 $F_Y(y)=0$;当 $y>0$ 时,

$$F_Y(y)=P(X^2\leqslant y)=P(-\sqrt{y}\leqslant X\leqslant\sqrt{y})=F_X(\sqrt{y})-F_X(-\sqrt{y}).$$

不难看出,$F'_Y(y)$除 $y=0$ 外均存在且连续,故当 $y\leqslant 0$ 时,$f_Y(y)=0$;当 $y>0$ 时,

$$f_Y(y)=F'_Y(y)=[F_X(\sqrt{y})-F_X(-\sqrt{y})]'$$
$$=\frac{1}{2\sqrt{y}}[f_X(\sqrt{y})+f_X(-\sqrt{y})]=\frac{1}{\sqrt{2\pi}}y^{-\frac{1}{2}}e^{-\frac{y}{2}}.$$

于是得到

$$f_Y(y)=\begin{cases}\frac{1}{\sqrt{2\pi}}y^{-\frac{1}{2}}e^{-\frac{y}{2}}, & y>0,\\ 0, & y\leqslant 0.\end{cases}$$

例 3.6.4 已知 $X\sim N(\mu,\sigma^2)$,求 $Y=aX+b$(a,b 为常数,$a\neq 0$)的概率密度.

解 若 $a>0$,易知

$$F_Y(y)=P(aX+b\leqslant y)=P\left(X\leqslant\frac{y-b}{a}\right)=F_X\left(\frac{y-b}{a}\right);$$

若 $a<0$,则

$$F_Y(y)=P\left(X\geqslant\frac{y-b}{a}\right)=1-F_X\left(\frac{y-b}{a}\right).$$

由于 $F'_Y(y)$存在且连续,故

$$f_Y(y)=F'_Y(y)=\begin{cases}\frac{1}{a}f_X\left(\frac{y-b}{a}\right), & a>0,\\ -\frac{1}{a}f_X\left(\frac{y-b}{a}\right), & a<0.\end{cases}$$

总之

$$f_Y(y)=\frac{1}{|a|}f_X\left(\frac{y-b}{a}\right)=\frac{1}{|a|}\cdot\frac{1}{\sigma\sqrt{2\pi}}e^{-\frac{\left(\frac{y-b}{a}-\mu\right)^2}{2\sigma^2}}$$
$$=\frac{1}{|a|\sigma\sqrt{2\pi}}e^{-\frac{[y-(a\mu+b)]^2}{2a^2\sigma^2}}.$$

故 $Y=aX+b\sim N(a\mu+b,a^2\sigma^2)$. 这说明**正态随机变量的线性函数仍为正态随机变量**.

例 3.6.5 设一质点 M 随机地落在以原点为圆心,以 R 为半径的圆周上,并且对弧长是均匀分布的. 求质点 M 的横坐标 X 的概率密度(图 3.11).

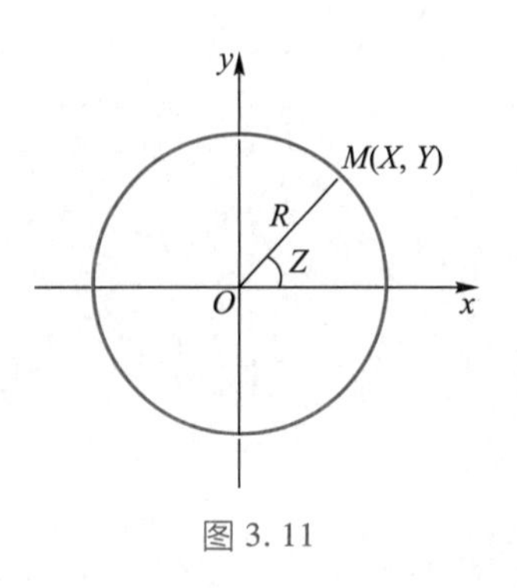

图 3.11

解 设 Z 为 x 轴与 OM 的夹角,则由题意,Z 在$[-\pi,\pi]$上服从

均匀分布,其概率密度

$$f_Z(z)=\begin{cases}\dfrac{1}{2\pi}, & -\pi\leqslant z\leqslant\pi,\\ 0, & \text{其他}.\end{cases}$$

显然,$X=R\cos Z$. 下面求它的概率密度$f_X(x)$. 先求

$$F_X(x)=P(X\leqslant x)=P(R\cos Z\leqslant x)=P\left(\cos Z\leqslant\frac{x}{R}\right).$$

当 $x\leqslant -R$ 时,$F_X(x)=0$,$f_X(x)=0$;当 $x\geqslant R$ 时,$F_X(x)=1$,$f_X(x)=0$;当 $|x|<R$ 时,

$$\begin{aligned}F_X(x)&=P\left(-\pi\leqslant Z\leqslant-\arccos\frac{x}{R}\right)+P\left(\arccos\frac{x}{R}\leqslant Z\leqslant\pi\right)\\&=F_Z\left(-\arccos\frac{x}{R}\right)+1-F_Z\left(\arccos\frac{x}{R}\right)\end{aligned}$$

(图 3.12).

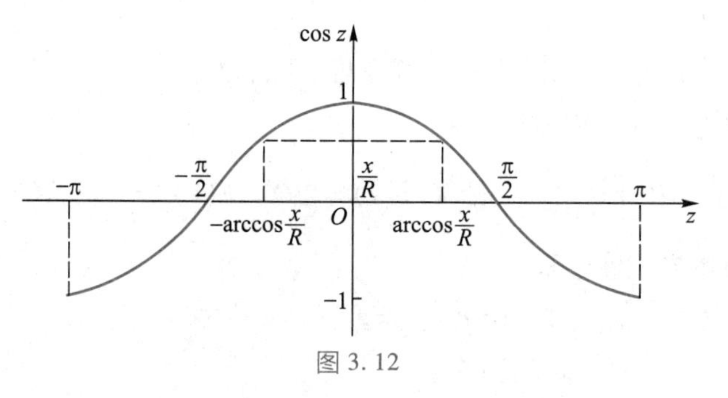

图 3.12

$$\begin{aligned}f_X(x)&=F'_X(x)\\&=f_Z\left(-\arccos\frac{x}{R}\right)\cdot\frac{1}{\sqrt{1-\left(\frac{x}{R}\right)^2}}\cdot\frac{1}{R}+f_Z\left(\arccos\frac{x}{R}\right)\cdot\\&\quad\frac{1}{\sqrt{1-\left(\frac{x}{R}\right)^2}}\cdot\frac{1}{R}\\&=\frac{1}{\pi\sqrt{R^2-x^2}}.\end{aligned}$$

故

$$f_X(x)=\begin{cases}\dfrac{1}{\pi\sqrt{R^2-x^2}}, & |x|<R,\\ 0, & \text{其他}.\end{cases}$$

*3.7 拓展例题

3.7.1 公式法

若 X 为连续型随机变量,对于随机变量函数 $Y=g(X)$,当 $g(\cdot)$ 为严格单调函数时,Y 的概率密度可直接由下面的定理给出.

定理 3.7.1　设连续型随机变量 X 具有概率密度函数 $f_X(x)$. 又设 $y=g(x)$ 为区间 (a,b) 上的严格单调可微函数 $(-\infty \leqslant a<b \leqslant +\infty)$,则 $Y=g(X)$ 为连续型随机变量且其概率密度函数为

$$f_Y(y)=\begin{cases} f_X(h(y))\,|h'(y)|, & A<y<B, \\ 0, & \text{其他}. \end{cases} \tag{3.43}$$

其中 $h(y)$ 为 $g(x)$ 的反函数且 $A=\min\{g(a),g(b)\}$,$B=\max\{g(a),g(b)\}$.

证　设 $y=g(x)$ 为严格单调递增函数,即 $g'(x)>0$. 此时,Y 的分布函数为

$$F_Y(y)=P(Y\leqslant y)=P(g(X)\leqslant y)=P(X\leqslant h(y))=\int_{-\infty}^{h(y)} f_X(x)\,\mathrm{d}x,$$

则 Y 的概率密度函数

$$f_Y(y)=F_Y'(y)=f_X(h(y))h'(y).$$

因 $h'(y)>0$,则定理结论成立.

反之,若 $y=g(x)$ 为严格单调递减函数,则 $g'(x)<0$. 此时,

$$\begin{aligned} F_Y(y) &= P(Y\leqslant y)=P(g(X)\leqslant y) \\ &= P(X\geqslant h(y))=1-P(X<h(y)) \\ &= \int_{h(y)}^{+\infty} f_X(x)\,\mathrm{d}x, \end{aligned}$$

则

$$f_Y(y)=F_Y'(y)=-f_X(h(y))h'(y).$$

因 $h'(y)<0$,则定理结论依然成立.

例 3.7.1　对球的直径进行测量,设其值 X 在区间 (a,b) 内服从均匀分布,求球的体积 Y 的概率密度.

解　X 的概率密度为

$$f_X(x)=\begin{cases} \dfrac{1}{b-a}, & a<x<b, \\ 0, & \text{其他}, \end{cases}$$

球的体积为 $Y=g(X)=\frac{\pi}{6}X^3$. 显然，$y=g(x)=\frac{\pi}{6}x^3$，$a<x<b$ 为严格单调递增函数且反函数为 $x=h(y)=(6y/\pi)^{\frac{1}{3}}$，$\frac{\pi}{6}a^3<y<\frac{\pi}{6}b^3$. 所以，由定理 3.7.1 得，当$\frac{\pi}{6}a^3<y<\frac{\pi}{6}b^3$ 时，

$$f_Y(y)=f_X(h(y))\,|h'(y)|=f_X((6y/\pi)^{\frac{1}{3}})\left|\sqrt[3]{2/9\pi}\,y^{-\frac{2}{3}}\right|=\frac{1}{b-a}\sqrt[3]{2/9\pi}\,y^{-\frac{2}{3}},$$

当 $y\leqslant\frac{\pi}{6}a^3$ 或 $y\geqslant\frac{\pi}{6}b^3$ 时，$f_Y(y)=0$. 因此，Y 的概率密度为

$$f_Y(y)=\begin{cases}\frac{1}{b-a}\sqrt[3]{2/9\pi}\,y^{-\frac{2}{3}}, & \frac{\pi}{6}a^3<y<\frac{\pi}{6}b^3,\\ 0, & \text{其他}.\end{cases}$$

当 $g(\cdot)$分段严格单调时，随机变量函数 $Y=g(X)$ 的概率密度可由下面的定理给出.

定理 3.7.2　设 X 为连续型随机变量，其概率密度为 $f(x)$，而 $Y=g(X)$. 若 $g(x)$在不相重叠的区间 $I_1,I_2,\cdots$ 上逐段严格单调，其反函数分别为 $h_1(y),h_2(y),\cdots$，而且 $h_1'(y),h_2'(y),\cdots$ 均为连续函数，则 $Y=g(X)$是连续型随机变量，其概率密度函数为

$$f_Y(y)=f(h_1(y))\,|h_1'(y)|+f(h_2(y))\,|h_2'(y)|+\cdots. \tag{3.44}$$

此处约定，对使反函数无意义的 y，概率密度函数定义为 0.

关于此定理的证明，感兴趣的读者可参阅文献 12.

例 3.7.2　对例 3.6.3 另解. 显然，函数 $y=x^2$ 分段单调，在 $(-\infty,0)$上反函数为 $x=h_1(y)=-\sqrt{y}$，在 $(0,+\infty)$ 上反函数为 $x=h_2(y)=\sqrt{y}$，则由定理 3.7.2 知，Y 的概率密度为

$$\begin{aligned}f_Y(y)&=f_X(-\sqrt{y})\left|-\frac{1}{2\sqrt{y}}\right|+f_X(\sqrt{y})\left|\frac{1}{2\sqrt{y}}\right|\\&=\begin{cases}\frac{1}{\sqrt{2\pi}}y^{-\frac{1}{2}}\mathrm{e}^{-\frac{y}{2}}, & y>0,\\ 0, & y\leqslant 0.\end{cases}\end{aligned}$$

3.7.2　既非离散型又非连续型的随机变量

本章已经介绍了离散型随机变量和连续型随机变量. 事实上，随机变量根据可能取的值的性质，可分为离散型和非离散型两类. 离散型随机变量取值为有限个或可列无穷多个，其取值规律可用分布列

来描述. 取值无穷多且不可列的即为非离散型随机变量，其中连续型随机变量是特例. 连续型随机变量的可能取值充满一个区间或整个实轴，但可能取值充满一个区间或整个实轴的随机变量不一定是连续型随机变量，即存在既非离散型又非连续型的随机变量.

例 3.7.3　设随机变量 X 的概率密度为

$$f(x)=\begin{cases}\frac{1}{a}x^2, & 0<x<3,\\ 0, & \text{其他}.\end{cases}$$

令随机变量

$$Y=\begin{cases}2, & X\leqslant 1,\\ X, & 1<X<2,\\ 1, & X\geqslant 2.\end{cases}$$

求 Y 的分布函数.

解　先求常数 a 的值，由概率密度的性质有

$$1=\int_{-\infty}^{+\infty}f(x)\,\mathrm{d}x=\int_0^3\frac{1}{a}x^2\,\mathrm{d}x=\frac{9}{a},$$

解得 $a=9$. 设随机变量 Y 的分布函数为 $F_Y(y)$，则当 $y<1$ 时，

$$F_Y(y)=P(Y\leqslant y)=0,$$

当 $y\geqslant 2$ 时，

$$F_Y(y)=P(Y\leqslant y)=1,$$

当 $1\leqslant y<2$ 时，

$$\begin{aligned}F_Y(y)&=P(Y\leqslant y)=P(Y=1)+P(1<Y\leqslant y)\\&=P(X\geqslant 2)+P(1<X\leqslant y)\\&=\int_2^3\frac{1}{9}x^2\,\mathrm{d}x+\int_1^y\frac{1}{9}x^2\,\mathrm{d}x=\frac{1}{27}(y^3+18).\end{aligned}$$

即

$$F_y(y)=\begin{cases}0, & y<1,\\ \frac{1}{27}(y^3+18), & 1\leqslant y<2,\\ 1, & y\geqslant 2.\end{cases}$$

此函数为关于 y 的不连续函数，则随机变量 Y 为既非离散型又非连续型的随机变量.

3.7.3　服从给定分布函数的随机数的生成

随机数是特定的随机试验的结果，在统计学中有重要的应用，比

如在从统计总体中抽取有代表性的样本时，或者在蒙特卡洛方法中都要使用随机数. 真正的随机数是在物理现象中产生的，比如掷硬币，掷骰子等. 在实际应用中通常使用伪随机数. 它们是通过固定的，可以重复的计算方法产生的. 以下我们讨论服从给定分布函数的随机数的生成问题.

设随机变量 X 的分布函数为 $F(x)$，$F(x)$ 为连续函数. 则由分布函数的性质可知 $F(x)$ 是非降函数. 对任意 $0\leqslant y\leqslant 1$，我们定义

$$F^{-1}(y)=\inf\{x:F(x)>y\}$$

为 $F(x)$ 的反函数. 考虑随机变量 $Y=F(X)$. 显然，对任意 $0\leqslant x\leqslant 1$，有

$$P(Y\leqslant x)=P(F(X)\leqslant x)=P(X\leqslant F^{-1}(x))=F(F^{-1}(x))=x.$$

即 $Y=F(X)$ 服从区间 $[0,1]$ 上的均匀分布.

反之，若随机变量 Y 服从 $[0,1]$ 上的均匀分布，对任意分布函数 $F(x)$，令

$$X=F^{-1}(Y), \tag{3.45}$$

则

$$P(X\leqslant x)=P(F^{-1}(Y)\leqslant x)=P(Y\leqslant F(x))=F(x).$$

即随机变量 X 是以 $F(x)$ 为分布函数的随机变量.

由此可见，只要我们能够产生 $[0,1]$ 中均匀分布的随机数，那么就能通过式(3.45)产生分布函数为 $F(x)$ 的随机数. 例如，对于任意给定的 $[0,1]$ 上服从均匀分布的随机数 u_i 来说，具有分布函数 $F(x)$（或概率密度函数 $f(x)$）的随机数 y_i 可由方程

$$u_i=F(y_i)=\int_{-\infty}^{y_i}f(x)\,\mathrm{d}x$$

解出. 关于均匀分布随机数的产生问题，请参阅本书附录 1.

习题 3

1. 掷一枚非均匀的硬币，出现正面的概率为 $p(0<p<1)$. 若以 X 表示直至掷到正、反面都出现时为止所需投掷次数，求 X 的分布列.
2. 袋中有 a 个白球，b 个黑球，从袋中任意取出 r 个球，求 r 个球中黑球个数 X 的分布列.
3. 一实习生用一台机器接连独立地制造了 3 个同种零件，第 i 个零件是不合格品的概率 $p_i=1/(i+1)$ $(i=1,2,3)$. 以 X 表示 3 个零件中合格品的个数，求 X 的分布列.
4. 一汽车沿一街道行驶，需通过三个设有红绿信号灯的路口，每个信号灯为红或绿与其他信号灯为红或绿相互独立，且每一信号灯红绿两种信号显示的概率均为 1/2. 以 X 表示该汽车首次遇到红灯前已通过的路口的个数. 求 X 的概率分布.

5. 将一枚硬币连掷 n 次,以 X 表示这 n 次中出现正面的次数,求 X 的分布列.

6. 一电话交换台每分钟接到的呼叫次数服从参数为4的泊松分布.求:(1) 每分钟恰有8次呼叫的概率;(2) 每分钟的呼叫次数大于10的概率.

7. 设某商店每月销售某种商品的数量服从参数为5的泊松分布,问在月初要至少库存多少此种商品才能保证当月不脱销的概率在0.999 77以上?

8. 已知离散型随机变量 X 的分布列为:$P(X=1)=0.2, P(X=2)=0.3, P(X=3)=0.5$,试写出 X 的分布函数.

9. 设随机变量 X 的概率密度

$$f(x)=\begin{cases}C\sin x, & 0<x<\pi,\\ 0, & \text{其他}.\end{cases}$$

求:(1) 常数 C;(2) 使 $P(X>a)=P(X<a)$ 成立的 a.

10. 设随机变量 X 的分布函数

$$F(x)=A+B\arctan x, -\infty<x<+\infty.$$

求:(1) 系数 A 与 B;(2) $P(-1<X<1)$;(3) X 的概率密度.

11. 已知随机变量 X 的概率密度

$$f(x)=\frac{1}{2}e^{-|x|}, -\infty<x<+\infty.$$

求 X 的分布函数.

12. 设随机变量 X 的概率密度

$$f(x)=\begin{cases}x, & 0\leqslant x<1,\\ 2-x, & 1\leqslant x<2,\\ 0, & \text{其他}.\end{cases}$$

求 X 的分布函数.

13. 设连续型随机变量 X 的分布函数

$$F(x)=\begin{cases}0, & x\leqslant 0,\\ ax^2+bx, & 0<x<1,\\ 1, & x\geqslant 1.\end{cases}$$

且 $P\left(X<\frac{1}{3}\right)=P\left(X>\frac{1}{3}\right)$,求常数 a 和 b.

14. 设电子管寿命 X 的概率密度

$$f(x)=\begin{cases}\frac{100}{x^2}, & x>100,\\ 0, & \text{其他}.\end{cases}$$

若一架收音机上装有三个这种电子管,求:(1) 使用的最初150 h内至少有两个电子管被烧坏的概率;(2) 在使用的最初150 h内烧坏的电子管数 Y 的分布列;(3) Y 的分布函数.

15. 设随机变量 X 的概率密度

$$f(x)=\begin{cases}2x, & 0<x<1,\\ 0, & \text{其他}.\end{cases}$$

现对 X 进行 n 次独立重复观测,以 V_n 表示观测值不大于0.1的次数,试求随机变量 V_n 的概率分布.

16. 设随机变量 $X\sim U(1,6)$,求方程 $x^2+Xx+1=0$ 有实根的概率.

17. 设随机变量 $X\sim U[2,5]$.现对 X 进行三次独立观测,试求至少有两次观测值大于3的概率.

18. 设顾客在某银行窗口等待服务的时间 X(单位:min)服从参数为1/5的指数分布.若等待时间超过10 min,则他就离开.设他一个月内要来银行5次,以 Y 表示一个月内他没有等到服务而离开窗口的次数,求 Y 的分布列及 $P(Y\geqslant 1)$.

19. 设一大型设备在任何长为 t 的时间内发生故障的次数 $N(t)$ 服从参数为 λt 的泊松分布.求:(1) 相继两次故障之间时间间隔 T 的分布;(2) 在设备已经无故障工作了8 h的情形下,再无故障运行8 h的概率.

20. 设随机变量 $X\sim N(108,3^2)$.求:

(1) $P(101.1<X<117.6)$;

(2) 常数 a,使 $P(X<a)=0.90$;

(3) 常数 a,使 $P(|X-a|>a)=0.01$.

21. 设随机变量 $X\sim N(2,\sigma^2)$,且 $P(2<X<4)=0.3$,求 $P(X<0)$.

22. 设随机变量 $X\sim N(\mu,\sigma^2)(\sigma>0)$,且二次方程 $y^2+4y+X=0$ 无实根的概率为 $\frac{1}{2}$,则 μ 应取什么值?

23. 某地抽样调查结果表明，考生的外语成绩（百分制）近似服从正态分布，平均成绩（即参数 μ 之值）为 72 分，96 分以上的占考生总数的 2.3%，试求考生的外语成绩在 60 分至 84 分之间的概率.

24. 假设测量的随机误差 $X\sim N(0,10^2)$，试求在 100 次重复测量中，至少有三次测量误差的绝对值大于 19.6 的概率 α，并利用泊松分布求出 α 的近似值（要求小数点后取两位有效数字）.

25. 在电源电压不超过 200 V，200～240 V 和超过 240 V 三种情况下，某种电子元件损坏的概率分别为 0.1，0.001 和 0.2. 假设电源电压 X 服从正态分布 $N(220,25^2)$，试求：

(1) 该电子元件损坏的概率 α；

(2) 该电子元件损坏时，电源电压在 200～240 V 的概率 β.

26. 假设随机变量 X 的绝对值不大于 1，$P(X=-1)=\frac{1}{8}$，$P(X=1)=\frac{1}{4}$. 在事件 $\{-1<X<1\}$ 出现的条件下，X 在 $(-1,1)$ 内任一子区间上取值的条件概率与该子区间长度成正比. 试求：(1) X 的分布函数；(2) X 取负值的概率 p.

27. 已知离散型随机变量 X 的分布列为

X	-2	-1	0	1	3
P	$\frac{1}{5}$	$\frac{1}{6}$	$\frac{1}{5}$	$\frac{1}{15}$	$\frac{11}{30}$

求 $Y=X^2$ 的分布列.

28. 设随机变量 X 的概率密度

$$f_X(x)=\begin{cases}e^{-x}, & x\geqslant 0,\\ 0, & x<0.\end{cases}$$

求 $Y=e^X$ 的概率密度 $f_Y(y)$.

29. 设随机变量 X 的概率密度

$$f_X(x)=\frac{1}{\pi(1+x^2)}.$$

求随机变量 $Y=1-\sqrt[3]{X}$ 的概率密度 $f_Y(y)$.

30. 设 $X\sim U(0,1)$，求：(1) $Y=e^X$ 的概率密度；(2) $Y=-2\ln X$ 的概率密度.

31. 设 $X\sim N(0,1)$，求 $Y=|X|$ 的概率密度.

32. 设随机变量 X 服从参数为 2 的指数分布，试证：$Y=1-e^{-2X}$ 在区间 $(0,1)$ 上服从均匀分布.

33. 设随机变量 X 的概率密度

$$f(x)=\begin{cases}\frac{2x}{\pi^2}, & 0<x<\pi,\\ 0, & \text{其他}.\end{cases}$$

求 $Y=\sin X$ 的概率密度.

34. 设随机变量 X 服从参数为 $\frac{3}{4}$ 的几何分布，求 $Y=X^2$ 的分布列.

35. 设随机变量 X 的概率密度

$$f(x)=\begin{cases}\frac{1}{3\sqrt[3]{x^2}}, & 1\leqslant x\leqslant 8,\\ 0, & \text{其他},\end{cases}$$

$F(x)$ 是 X 的分布函数，求随机变量 $Y=F(X)$ 的分布函数.

36. 设随机变量 $X\sim U[0,1]$，随机变量 $Y=X^2-4X+1$，求随机变量 Y 的概率密度 $f_Y(y)$.

37. 设随机变量 X 的概率密度

$$f(x)=Ce^{-\frac{|x|}{a}}\quad(a>0).$$

(1) 试确定常数 C；(2) 求 X 的分布函数；(3) 求 $P(|X|<2)$；(4) 求 $Y=\frac{1}{4}X^2$ 的概率密度.

测验题 3

参考答案

04

第4章 多维随机变量及其分布

在前一章中,所讨论的随机现象只涉及一个随机变量,但在很多随机现象中,往往要涉及多个随机变量.例如,向一个目标进行射击,如果只考虑弹着点与靶心的距离,那么用一个随机变量来描述就可以了;如果要考虑弹着点的位置,那么就需要用两个随机变量(弹着点的横坐标 X 与纵坐标 Y)来描述.若要研究天气的变化,情况就更复杂了,这要涉及更多的随机变量,如温度、气压、风向、风力、湿度等.一般来说,这些随机变量之间存在着某种联系,因而需要把它们作为一个整体(即向量)来研究,为此我们引进多维随机变量的概念,并重点讨论二维随机变量.

本章主要讨论二维随机变量及其分布(包括离散型和连续型)、边缘分布及条件分布、随机变量的独立性、多个随机变量函数的分布.

4.1 多维随机变量及其分布函数、边缘分布函数

定义4.1.1 若 $X_1(e),X_2(e),\cdots,X_n(e)$ 是定义在同一个样本空间 S 上的 n 个随机变量,$e\in S$,则由它们构成的一个 n 维向量 $(X_1(e),X_2(e),\cdots,X_n(e))$ 称为 n **维随机变量**,或 n **维随机向量**,简记为 $(X_1,X_2,\cdots,X_n)$.

显然,一维随机变量即为前一章讲的随机变量.下面着重讨论二维随机变量 (X,Y) 的情况.对于多个随机变量的情况,不难类推.

类似于一维随机变量的分布函数,定义二维随机变量的分布函数如下:

定义 4.1.2 设(X,Y)为二维随机变量,x,y为任意实数,记事件$\{X\leqslant x\}$与$\{Y\leqslant y\}$的交为$\{X\leqslant x,Y\leqslant y\}$,则二元函数

$$F(x,y)=P(X\leqslant x,Y\leqslant y) \tag{4.1}$$

称为(X,Y)的**分布函数**,或称为X和Y的**联合分布函数**.

如果将二维随机变量(X,Y)看成是平面上随机点的坐标,那么$F(x,y)$就是二维随机点(X,Y)落在以点(x,y)为顶点的左下方的无穷矩形域内的概率(图 4.1).

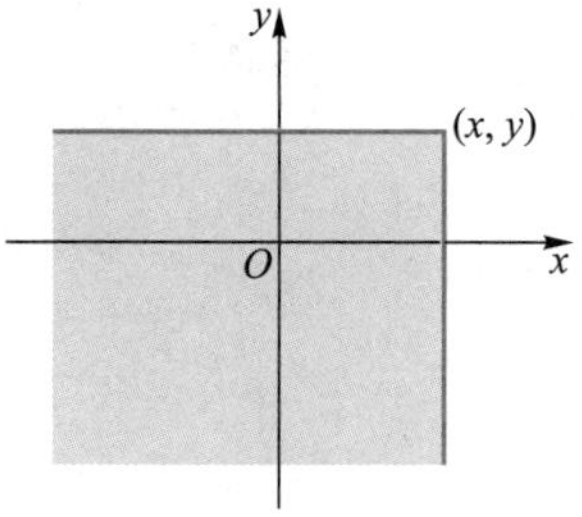

图 4.1

利用分布函数,对任意四个实数$x_1<x_2,y_1<y_2$,可以求得事件"$x_1<X\leqslant x_2,y_1<Y\leqslant y_2$"的概率

$$P(x_1<X\leqslant x_2,y_1<Y\leqslant y_2)=F(x_2,y_2)-F(x_2,y_1)-F(x_1,y_2)+F(x_1,y_1). \tag{4.2}$$

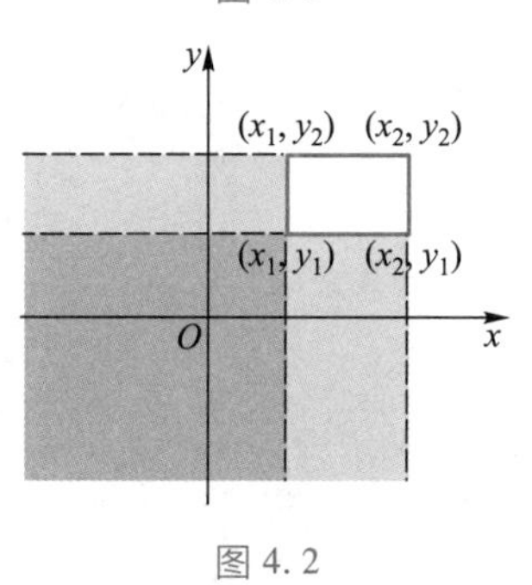

图 4.2

这个结果可以从图 4.2 直接看出.

分布函数具有下列基本性质:

(i) 对任意实数x和y,有$0\leqslant F(x,y)\leqslant 1$①;

(ii) $F(x_1,y)\leqslant F(x_2,y)$,$x_1<x_2$,$y$任意;$F(x,y_1)\leqslant F(x,y_2)$,$y_1<y_2$,$x$任意,即$F(x,y)$对每个自变量都是单调不减的;

(iii) 对任意x和y,有

$$\begin{aligned} F(-\infty,y)&=\lim_{x\to-\infty}F(x,y)=0,\\ F(x,-\infty)&=\lim_{y\to-\infty}F(x,y)=0,\\ F(-\infty,-\infty)&=\lim_{\substack{x\to-\infty\\ y\to-\infty}}F(x,y)=0,\\ F(+\infty,+\infty)&=\lim_{\substack{x\to+\infty\\ y\to+\infty}}F(x,y)=1; \end{aligned} \tag{4.3}$$

(iv) $F(x,y)$对每个自变量都是右连续的,即

$$F(x,y)=F(x^+,y),F(x,y)=F(x,y^+);$$

(v) 对任意$x_1\leqslant x_2,y_1\leqslant y_2$,有

$$F(x_2,y_2)-F(x_2,y_1)-F(x_1,y_2)+F(x_1,y_1)\geqslant 0.$$

性质(i),(ii)是显然的,性质(v)可由式(4.2)推出,性质(iii),(iv)的证明从略.

可以证明,若某二元函数$F(x,y)$满足上述 5 个性质,则必存在二维随机变量(X,Y)以$F(x,y)$为其分布函数.

① 此性质实际上被性质(ii),(iii)所包含.

如果二维随机变量(X,Y)的分布函数$F(x,y)$为已知,那么随机变量X与Y的分布函数$F_X(x)$和$F_Y(y)$分别可由$F(x,y)$求得. 事实上,直观地看(不严格证明,严格证明是利用概率的上、下连续性)

$$F_X(x)=P(X\leqslant x)=P(X\leqslant x,Y<+\infty)=F(x,+\infty), \tag{4.4}$$

其中$F(x,+\infty)=\lim\limits_{y\to+\infty}F(x,y)$. 同理可得

$$F_Y(y)=F(+\infty,y), \tag{4.5}$$

其中$F(+\infty,y)=\lim\limits_{x\to+\infty}F(x,y)$.

人们称$F_X(x)$和$F_Y(y)$为分布函数$F(x,y)$的**边缘分布函数**,或二维随机变量(X,Y)关于X和Y的**边缘分布函数**.

例 4.1.1　设二维随机变量(X,Y)的分布函数

$$F(x,y)=A(B+\arctan x)(C+\arctan y),$$

其中A,B,C为常数,$-\infty<x<+\infty,-\infty<y<+\infty$.

(1) 试确定A,B,C的值;

(2) 求边缘分布函数$F_X(x),F_Y(y)$;

(3) 求$P(0<X\leqslant 1,0<Y\leqslant 1)$;

(4) 求$P(X>1)$.

解　(1) 由分布函数的性质知

$$\begin{cases}F(+\infty,+\infty)=A\left(B+\dfrac{\pi}{2}\right)\left(C+\dfrac{\pi}{2}\right)=1,\\ F(-\infty,+\infty)=A\left(B-\dfrac{\pi}{2}\right)\left(C+\dfrac{\pi}{2}\right)=0,\\ F(+\infty,-\infty)=A\left(B+\dfrac{\pi}{2}\right)\left(C-\dfrac{\pi}{2}\right)=0,\end{cases}$$

解得

$$\begin{cases}A=\dfrac{1}{\pi^2},\\ B=\dfrac{\pi}{2},\\ C=\dfrac{\pi}{2}.\end{cases}$$

故

$$F(x,y)=\frac{1}{\pi^2}\left(\frac{\pi}{2}+\arctan x\right)\left(\frac{\pi}{2}+\arctan y\right).$$

(2)　$$F_X(x)=F(x,+\infty)=\frac{1}{\pi^2}\left(\frac{\pi}{2}+\arctan x\right)\cdot\pi$$

$$=\frac{1}{2}+\frac{1}{\pi}\arctan x \quad (-\infty<x<+\infty).$$

同理

$$F_Y(y)=\frac{1}{2}+\frac{1}{\pi}\arctan y \quad (-\infty<y<+\infty).$$

(3) 利用分布函数性质知

$$P(0<X\leqslant 1,0<Y\leqslant 1)=F(1,1)-F(1,0)+F(0,0)-F(0,1)$$

$$=\frac{1}{\pi^2}\left(\frac{\pi}{2}+\frac{\pi}{4}\right)\cdot\left(\frac{\pi}{2}+\frac{\pi}{4}\right)-\frac{1}{\pi^2}\left(\frac{\pi}{2}+\frac{\pi}{4}\right)\cdot\left(\frac{\pi}{2}\right)+\frac{1}{\pi^2}\cdot\frac{\pi}{2}\cdot\frac{\pi}{2}-\frac{1}{\pi^2}\left(\frac{\pi}{2}\right)\cdot\left(\frac{\pi}{2}+\frac{\pi}{4}\right)$$

$$=\frac{9}{16}-\frac{3}{8}+\frac{1}{4}-\frac{3}{8}=\frac{1}{16}.$$

(4) $P(X>1)=1-P(X\leqslant 1)=1-F_X(1)=1-\left(\frac{1}{2}+\frac{1}{\pi}\cdot\frac{\pi}{4}\right)=\frac{1}{4}.$

4.2 二维离散型随机变量

若二维随机变量(X,Y)所有可能取的值是有限对或可列无穷多对，则称(X,Y)为**二维离散型随机变量**.

设(X,Y)为二维离散型随机变量，所有可能取的值为(x_i,y_j) $(i,j=1,2,\cdots)$. 令

$$p_{ij}=P(X=x_i,Y=y_j)\ (i,j=1,2,\cdots), \tag{4.6}$$

则称$p_{ij}(i,j=1,2,\cdots)$为(X,Y)的**分布列**，或称为X和Y的**联合分布列**.

由式(4.6)，二维离散型随机变量(X,Y)的分布函数可表示如下：

$$F(x,y)=P(X\leqslant x,Y\leqslant y)=\sum_{x_i\leqslant x}\sum_{y_j\leqslant y}P(X=x_i,Y=y_j)=\sum_{x_i\leqslant x}\sum_{y_j\leqslant y}p_{ij}, \tag{4.7}$$

其中和式是对所有满足$x_i\leqslant x,y_j\leqslant y$的$i,j$求和.

二维离散型随机变量的分布列具有下列性质：

(i) $p_{ij}\geqslant 0 \quad (i,j=1,2,\cdots)$;

(ii) $\sum\limits_i\sum\limits_j p_{ij}=1$;

(iii) $P(X=x_i)=\sum_{j=1}^{\infty}p_{ij}=p_{i\cdot}\quad(i=1,2,\cdots)$,

$$P(Y=y_j)=\sum_{i=1}^{\infty}p_{ij}=p_{\cdot j}\quad(j=1,2,\cdots),\tag{4.8}$$

式中 $p_{i\cdot}$ 和 $p_{\cdot j}$ 分别为 $\sum_{j=1}^{\infty}p_{ij}$ 和 $\sum_{i=1}^{\infty}p_{ij}$ 的记号.

性质(i)是显然的,性质(ii),(iii)可用概率的完全可加性证明.今就(iii)证明如下:

$$P(X=x_i)=P(X=x_i,\bigcup_{j=1}^{\infty}(Y=y_j))=P(\bigcup_{j=1}^{\infty}(X=x_i,Y=y_j))$$

$$=\sum_{j=1}^{\infty}P(X=x_i,Y=y_j)=\sum_{j=1}^{\infty}p_{ij}=p_{i\cdot}\quad(i=1,2,\cdots).$$

同理 $P(Y=y_j)=p_{\cdot j}\quad(j=1,2,\cdots)$.

式(4.8)称为二维离散型随机变量(X,Y)的**边缘分布列**.与一维情况相似,二维离散型随机变量的分布列及边缘分布列可用表格表示,如表4.1所示.

表4.1　二维离散型随机变量的分布列

X	Y					$p_{i\cdot}$
	y_1	y_2	$\cdots$	y_j	$\cdots$	
x_1	p_{11}	p_{12}	$\cdots$	p_{1j}	$\cdots$	$p_{1\cdot}$
x_2	p_{21}	p_{22}	$\cdots$	p_{2j}	$\cdots$	$p_{2\cdot}$
$\vdots$	$\vdots$	$\vdots$		$\vdots$		$\vdots$
x_i	p_{i1}	p_{i2}	$\cdots$	p_{ij}	$\cdots$	$p_{i\cdot}$
$\vdots$	$\vdots$	$\vdots$		$\vdots$		$\vdots$
$p_{\cdot j}$	$p_{\cdot 1}$	$p_{\cdot 2}$	$\cdots$	$p_{\cdot j}$	$\cdots$	1

表4.1中右方最后一列是(X,Y)关于X的边缘分布列,其中$p_{i\cdot}$恰好是表中第$i(i=1,2,\cdots)$行的概率之和;表4.1中下方最后一行是(X,Y)关于Y的边缘分布列,其中$p_{\cdot j}$恰好是表中第j列的概率之和$(j=1,2,\cdots)$;表4.1中右下角的1表示

$$\sum_i p_{i\cdot}=\sum_j p_{\cdot j}=\sum_i\sum_j p_{ij}=1.$$

例4.2.1　设随机变量X在1,2,3,4中等可能取值,随机变量Y在$1\sim X$的整数中等可能取值,求(X,Y)的分布列及边缘分布列.

解　X可能取1,2,3,4;Y可能取1,2,3,4.

$$p_{ij}=P(X=i,Y=j)=P(X=i)P(Y=j\mid X=i)$$
$$=\begin{cases}0, & j>i,\\ \dfrac{1}{4i}, & 1\leqslant j\leqslant i\leqslant 4,\end{cases}$$

其中 $i=1,2,3,4$;$j=1,2,3,4$. 计算得(X,Y)的分布列及边缘分布列汇总如下:

X	Y				$p_{i\cdot}$
	1	2	3	4	
1	$\frac{1}{4}$	0	0	0	$\frac{1}{4}$
2	$\frac{1}{8}$	$\frac{1}{8}$	0	0	$\frac{1}{4}$
3	$\frac{1}{12}$	$\frac{1}{12}$	$\frac{1}{12}$	0	$\frac{1}{4}$
4	$\frac{1}{16}$	$\frac{1}{16}$	$\frac{1}{16}$	$\frac{1}{16}$	$\frac{1}{4}$
$p_{\cdot j}$	$\frac{25}{48}$	$\frac{13}{48}$	$\frac{7}{48}$	$\frac{3}{48}$	1

4.3 二维连续型随机变量

4.3.1 概率密度及边缘概率密度

与一维连续型随机变量的定义类似,给出二维连续型随机变量的定义如下:

定义 4.3.1 设二维随机变量(X,Y)的分布函数为 $F(x,y)$. 若存在非负函数 $f(x,y)$,使得对任意实数 x,y 有

$$F(x,y)=\int_{-\infty}^{x}\int_{-\infty}^{y}f(u,v)\,\mathrm{d}u\mathrm{d}v, \tag{4.9}$$

则称(X,Y)为**二维连续型随机变量**,并称 $f(x,y)$ 为二维随机变量(X,Y)的**概率密度**,或称为 X 与 Y 的**联合概率密度**.

由定义 4.3.1 可知,二维连续型随机变量是具有概率密度的二维随机变量. 概率密度 $f(x,y)$ 相当于物理学中的质量的面密度,而分布函数 $F(x,y)$ 相当于以 $f(x,y)$ 为质量密度分布在区域$(-\infty,x;$

$-\infty, y)$中的物质的总质量.

由式(4.9)可以证明,若$f(x,y)$在点(x,y)处连续,则

$$\frac{\partial^2 F(x,y)}{\partial x \partial y}=f(x,y). \tag{4.10}$$

由式(4.9)和式(4.10)可知,二维连续型随机变量的分布函数和概率密度与一维情况类似,在一定意义下也是互相决定的.

二维连续型随机变量的概率密度具有性质:

(i) $f(x,y) \geqslant 0$;

(ii) $\int_{-\infty}^{+\infty}\int_{-\infty}^{+\infty} f(x,y)\,\mathrm{d}x\mathrm{d}y=F(+\infty,+\infty)=1$; (4.11)

(iii) 设G是xOy平面上的一个区域,则点(X,Y)落在G中的概率

$$P((X,Y)\in G)=\iint_G f(x,y)\,\mathrm{d}x\mathrm{d}y. \tag{4.12}$$

上面性质的几何意义如下:

令$z=f(x,y)$,则由性质(i),$z=f(x,y)$表示张在xOy平面上方的曲面,由性质(ii),此曲面与xOy平面所夹的空间区域的体积为1. 性质(iii)中的概率$P((X,Y)\in G)$在数值上等于以曲面$z=f(x,y)$为顶,以平面区域G为底的曲顶柱体的体积.

与二维离散型随机变量相仿,现在来介绍二维连续型随机变量的边缘概率密度的概念.

由式(4.4),(4.9)得

$$F_X(x)=F(x,+\infty)=\int_{-\infty}^{x}\int_{-\infty}^{+\infty} f(u,v)\,\mathrm{d}u\mathrm{d}v$$

$$=\int_{-\infty}^{x}\left(\int_{-\infty}^{+\infty} f(u,v)\,\mathrm{d}v\right)\mathrm{d}u.$$

从而可知X是连续型随机变量,且相应的概率密度

$$f_X(x)=\int_{-\infty}^{+\infty} f(x,y)\,\mathrm{d}y. \tag{4.13}$$

同理可知Y也是连续型随机变量,且相应的概率密度

$$f_Y(y)=\int_{-\infty}^{+\infty} f(x,y)\,\mathrm{d}x. \tag{4.14}$$

称$f_X(x)$,$f_Y(y)$为二维连续型随机变量(X,Y)的**边缘概率密度**.

例 4.3.1 设(X,Y)的概率密度

$$f(x,y)=\begin{cases}ce^{-(3x+4y)}, & x>0,y>0,\\ 0, & \text{其他}.\end{cases}$$

试求:(1) 常数 c;(2) 分布函数 $F(x,y)$;(3) 边缘分布函数及边缘概率密度;(4) $P(0\leqslant X\leqslant 1,0\leqslant Y\leqslant 2)$.

解 (1) 由式(4.11)得

$$1=\int_{-\infty}^{+\infty}\int_{-\infty}^{+\infty}f(x,y)\,dxdy=\int_{0}^{+\infty}\int_{0}^{+\infty}ce^{-(3x+4y)}\,dxdy$$
$$=c\int_{0}^{+\infty}e^{-3x}dx\int_{0}^{+\infty}e^{-4y}dy=\frac{c}{12},$$

故 $c=12$.

(2) 由式(4.9),

$$F(x,y)=\int_{-\infty}^{x}\int_{-\infty}^{y}f(u,v)\,dudv$$
$$=\int_{0}^{x}\int_{0}^{y}12e^{-(3u+4v)}\,dudv=12\int_{0}^{x}e^{-3u}du\int_{0}^{y}e^{-4v}dv$$
$$=(1-e^{-3x})(1-e^{-4y})\quad(x>0,y>0),$$

故

$$F(x,y)=\begin{cases}(1-e^{-3x})(1-e^{-4y}), & x>0,y>0,\\ 0, & \text{其他}.\end{cases}\tag{4.15}$$

(3) 由式(4.4),(4.5)及(4.15),

$$F_X(x)=F(x,+\infty)=\begin{cases}1-e^{-3x}, & x>0,\\ 0, & x\leqslant 0;\end{cases}$$
$$F_Y(y)=F(+\infty,y)=\begin{cases}1-e^{-4y}, & y>0,\\ 0, & y\leqslant 0.\end{cases}$$

于是得到

$$f_X(x)=\begin{cases}3e^{-3x}, & x>0,\\ 0, & x\leqslant 0;\end{cases}\qquad f_Y(y)=\begin{cases}4e^{-4y}, & y>0,\\ 0, & y\leqslant 0.\end{cases}$$

(4) 由式(4.12),

$$P(0\leqslant X\leqslant 1,0\leqslant Y\leqslant 2)=\iint_G 12e^{-(3x+4y)}\,dxdy$$
$$=\int_{0}^{1}3e^{-3x}dx\int_{0}^{2}4e^{-4y}dy=(1-e^{-3})(1-e^{-8}).$$

下面介绍两种重要的二维连续型随机变量.

4.3.2 二维均匀分布

设 G 是平面上的有界区域,其面积为 $S(G)$. 若二维随机变量

(X,Y)具有概率密度

$$f(x,y)=\begin{cases}\dfrac{1}{S(G)}, & (x,y)\in G,\\ 0, & \text{其他},\end{cases} \tag{4.16}$$

则称(X,Y)在G上服从**均匀分布**.

由于$f(x,y)\geqslant 0$,且

$$\int_{-\infty}^{+\infty}\int_{-\infty}^{+\infty}f(x,y)\,\mathrm{d}x\mathrm{d}y=\iint_G\frac{1}{S(G)}\mathrm{d}x\mathrm{d}y=1,$$

故$f(x,y)$满足概率密度的两个基本性质.

设(X,Y)在有界区域G上服从均匀分布,概率密度如式(4.16)所示,又设D为G中的任一子区域,面积为$S(D)$,则由式(4.12)得到

$$P((X,Y)\in D)=\iint_D f(x,y)\,\mathrm{d}x\mathrm{d}y=\iint_D\frac{1}{S(G)}\mathrm{d}x\mathrm{d}y=\frac{S(D)}{S(G)}.$$

此式表明(X,Y)落到子区域D中的概率与D的面积成正比,而与D在G中的位置和形状无关,故(X,Y)落到面积相等的各个子区域中的可能性是相等的.这也说明“均匀分布”中的“均匀”就是“等可能”的意思.

例4.3.2 设(X,Y)在区域G上服从均匀分布,G为$y=x$及$y=x^2$所围成的区域(图4.3),求(X,Y)的概率密度及边缘概率密度.

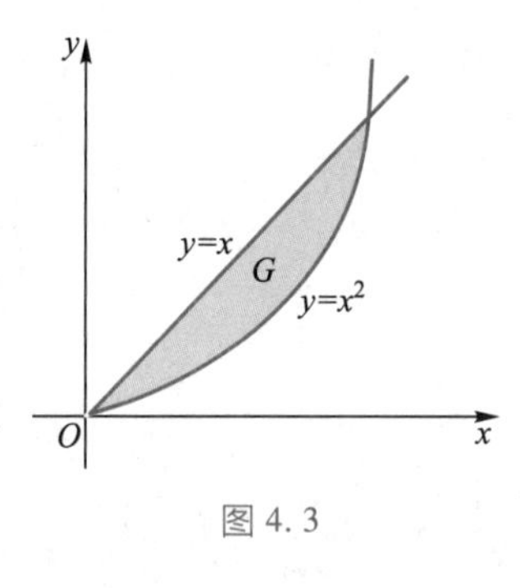

图4.3

解 区域G的面积

$$S(G)=\int_0^1\mathrm{d}x\int_{x^2}^{x}\mathrm{d}y=\frac{1}{6}.$$

由式(4.16),概率密度

$$f(x,y)=\begin{cases}6, & (x,y)\in G,\\ 0, & \text{其他}.\end{cases}$$

由式(4.13),关于X的边缘概率密度

$$f_X(x)=\int_{-\infty}^{+\infty}f(x,y)\,\mathrm{d}y=\begin{cases}\displaystyle\int_{x^2}^{x}6\,\mathrm{d}y=6(x-x^2), & 0\leqslant x\leqslant 1,\\ 0, & \text{其他}.\end{cases}$$

由式(4.14),关于Y的边缘概率密度

$$f_Y(y)=\int_{-\infty}^{+\infty}f(x,y)\,\mathrm{d}x=\begin{cases}\displaystyle\int_{y}^{\sqrt{y}}6\,\mathrm{d}x=6(\sqrt{y}-y), & 0\leqslant y\leqslant 1,\\ 0, & \text{其他}.\end{cases}$$

4.3.3 二维正态分布

设二维随机变量(X,Y)的概率密度

$$f(x,y)=\frac{1}{2\pi\sigma_1\sigma_2\sqrt{1-\rho^2}}\exp\left\{-\frac{1}{2(1-\rho^2)}\left[\frac{(x-\mu_1)^2}{\sigma_1^2}-2\rho\frac{(x-\mu_1)(y-\mu_2)}{\sigma_1\sigma_2}+\frac{(y-\mu_2)^2}{\sigma_2^2}\right]\right\}\quad(-\infty<x<+\infty,-\infty<y<+\infty),\tag{4.17}$$

其中$\mu_1,\mu_2,\sigma_1,\sigma_2,\rho$均为常数,且$\sigma_1>0,\sigma_2>0,|\rho|<1$,称$(X,Y)$服从参数为$\mu_1,\mu_2,\sigma_1^2,\sigma_2^2,\rho$的**二维正态分布**,记为$(X,Y)\sim N(\mu_1,\mu_2;\sigma_1^2,\sigma_2^2;\rho)$.

二维正态分布概率密度的示意图,见图 4.4.

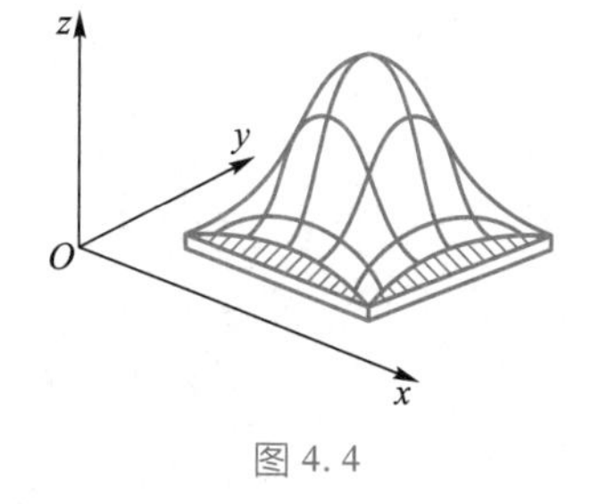

图 4.4

由式(4.17),$f(x,y)$也是符合二维随机变量概率密度的两个基本性质的. 性质(i)是显然的,性质(ii)的证明后面再讲. 现在先求二维正态随机变量的边缘概率密度.

令$\dfrac{x-\mu_1}{\sigma_1}=u,\dfrac{y-\mu_2}{\sigma_2}=v$,则

$$\begin{aligned}f_X(x)&=\int_{-\infty}^{+\infty}f(x,y)\,\mathrm{d}y\\&=\int_{-\infty}^{+\infty}\frac{1}{2\pi\sigma_1\sqrt{1-\rho^2}}\exp\left\{-\frac{1}{2(1-\rho^2)}[u^2-2\rho uv+v^2]\right\}\mathrm{d}v\\&=\frac{1}{\sigma_1\sqrt{2\pi}}\int_{-\infty}^{+\infty}\frac{1}{\sqrt{2\pi(1-\rho^2)}}\exp\left\{-\frac{1}{2(1-\rho^2)}\cdot[(v-\rho u)^2+(1-\rho^2)u^2]\right\}\mathrm{d}v\\&=\frac{1}{\sigma_1\sqrt{2\pi}}\mathrm{e}^{-\frac{u^2}{2}}\int_{-\infty}^{+\infty}\frac{1}{\sqrt{2\pi(1-\rho^2)}}\exp\left\{-\frac{(v-\rho u)^2}{2(1-\rho^2)}\right\}\mathrm{d}v\\&=\frac{1}{\sigma_1\sqrt{2\pi}}\mathrm{e}^{-\frac{u^2}{2}}=\frac{1}{\sigma_1\sqrt{2\pi}}\mathrm{e}^{-\frac{(x-\mu_1)^2}{2\sigma_1^2}}\quad(-\infty<x<+\infty).\end{aligned}\tag{4.18}$$

同理可得

$$f_Y(y)=\frac{1}{\sigma_2\sqrt{2\pi}}\mathrm{e}^{-\frac{(y-\mu_2)^2}{2\sigma_2^2}}\quad(-\infty<y<+\infty).\tag{4.19}$$

上面的结果表明,二维正态分布的两个边缘分布都是一维正态分布,即

$$X \sim N(\mu_1,\sigma_1^2),Y \sim N(\mu_2,\sigma_2^2).$$

利用式(4.18)易于证明 $f(x,y)$ 满足概率密度的性质(ii). 因为

$$f_X(x)=\int_{-\infty}^{+\infty} f(x,y)\,\mathrm{d}y,$$

故

$$\int_{-\infty}^{+\infty}\int_{-\infty}^{+\infty} f(x,y)\,\mathrm{d}x\mathrm{d}y=\int_{-\infty}^{+\infty} f_X(x)\,\mathrm{d}x=1.$$

4.4　随机变量的独立性

随机变量的独立性是概率论中的一个很重要的概念,它可借助于事件的独立性概念引出来.

设 X,Y 为两个随机变量,“$X\leqslant x$”“$Y\leqslant y$”为两个事件,其中 x,y 为任意实数. 根据事件的独立性定义,两事件“$X\leqslant x$”“$Y\leqslant y$”相互独立,相当于下式成立:

$$P(X\leqslant x,Y\leqslant y)=P(X\leqslant x)P(Y\leqslant y),$$

或写成

$$F(x,y)=F_X(x)F_Y(y).$$

由此得到如下的两个随机变量相互独立的定义.

定义 4.4.1　设 $F(x,y),F_X(x),F_Y(y)$ 依次为 $(X,Y),X,Y$ 的分布函数. 若对任意实数 x,y 成立

$$F(x,y)=F_X(x)F_Y(y), \tag{4.20}$$

则称 X 与 Y 是**相互独立的**.

设 X,Y 分别有概率密度 $f_X(x),f_Y(y)$,则 X 与 Y 相互独立的充要条件是二元函数

$$f_X(x)f_Y(y) \tag{4.21}$$

是二维随机变量 (X,Y) 的概率密度.

事实上,若 $f_X(x)f_Y(y)$ 是 (X,Y) 的概率密度,则

$$F(x,y)=\int_{-\infty}^{x}\int_{-\infty}^{y} f_X(u)f_Y(v)\,\mathrm{d}u\mathrm{d}v=\int_{-\infty}^{x} f_X(u)\,\mathrm{d}u\int_{-\infty}^{y} f_Y(v)\,\mathrm{d}v$$
$$=F_X(x)F_Y(y).$$

即式(4.20)成立,故 X,Y 相互独立.

反之,若 X,Y 相互独立,则

$$F(x,y)=F_X(x)F_Y(y)=\int_{-\infty}^{x}f_X(u)\mathrm{d}u\int_{-\infty}^{y}f_Y(v)\mathrm{d}v$$
$$=\int_{-\infty}^{x}\int_{-\infty}^{y}f_X(u)f_Y(v)\mathrm{d}u\mathrm{d}v.$$

故由式(4.9),$f_X(x)f_Y(y)$为(X,Y)的概率密度. 证毕.

从式(4.20)和(4.10)可见,若 X,Y 独立,又 $f(x,y)$,$f_X(x)$,$f_Y(y)$分别为(X,Y),X,Y 的概率密度,而且分别在(x,y),x,y 处连续,则

$$f(x,y)=f_X(x)f_Y(y). \tag{4.22}$$

当(X,Y)为离散型随机变量时,则 X 与 Y 相互独立的充要条件是对一切 i,j 下式成立:

$$p_{ij}=p_{i\cdot}\,p_{\cdot j}, \tag{4.23}$$

这里 p_{ij},$p_{i\cdot}$,$p_{\cdot j}$分别为(X,Y),X,Y 的分布列(证明从略).

由式(4.20),(4.22)和(4.23)可知,要判断两个随机变量 X,Y 是否独立,只要验证 X 和 Y 的联合分布是否等于边缘分布的乘积就可以了. 一般来说,这是比较容易的.

可以验证例 4.3.1 中的 X 与 Y 是相互独立的,而例 4.3.2 中的 X 与 Y 是不独立的.

利用随机变量相互独立的充要条件也可求出例 1.4.1 中约会问题的概率,解法如下:

设二人到达某地的时刻分别为 X 和 Y,由题意可知 X 与 Y 是相互独立的,且在$[0,T]$上都服从均匀分布,即

$$f_X(x)=\begin{cases}\dfrac{1}{T}, & 0\leqslant x\leqslant T,\\ 0, & 其他;\end{cases}\qquad f_Y(y)=\begin{cases}\dfrac{1}{T}, & 0\leqslant y\leqslant T,\\ 0, & 其他.\end{cases}$$

于是(X,Y)的概率密度

$$f(x,y)=f_X(x)f_Y(y)=\begin{cases}\dfrac{1}{T^2}, & 0\leqslant x,y\leqslant T,\\ 0, & 其他.\end{cases}$$

由式(4.12)并参看图 1.10 可得所求概率

$$P((X,Y)\in A)=\iint_A f(x,y)\mathrm{d}x\mathrm{d}y=\frac{1}{T^2}\iint_A \mathrm{d}x\mathrm{d}y$$
$$=\frac{T^2-(T-t)^2}{T^2}=1-\left(1-\frac{t}{T}\right)^2.$$

例 4.4.1(射击偏差的分布) 一颗子弹打在靶子上,令 X 和 Y

分别表示弹着点离靶心的水平偏差和铅直偏差. 并设

(1) X 与 Y 为连续型随机变量,其概率密度 $f_X(x)$ 与 $f_Y(y)$ 均可微;

(2) X,Y 相互独立;

(3) X 与 Y 的联合概率密度

$$f(x,y)=f_X(x)f_Y(y)=g(x^2+y^2)>0, \tag{4.24}$$

其中 g 为某一可微函数.

试求 X 与 Y 的分布.

解　将式(4.24)两边对 x 求导得

$$f'_X(x)f_Y(y)=2xg'(x^2+y^2). \tag{4.25}$$

用式(4.24)除式(4.25)得

$$\frac{f'_X(x)}{f_X(x)}=\frac{2xg'(x^2+y^2)}{g(x^2+y^2)},$$

即

$$\frac{f'_X(x)}{2xf_X(x)}=\frac{g'(x^2+y^2)}{g(x^2+y^2)}. \tag{4.26}$$

同理可得

$$\frac{f'_Y(y)}{2yf_Y(y)}=\frac{g'(x^2+y^2)}{g(x^2+y^2)},$$

从而

$$\frac{f'_X(x)}{2xf_X(x)}=\frac{g'(x^2+y^2)}{g(x^2+y^2)}=\frac{f'_Y(y)}{2yf_Y(y)}=c,$$

其中 c 为常数. 因此

$$\frac{f'_X(x)}{f_X(x)}=2cx.$$

对上式两边积分得

$$f_X(x)=k\mathrm{e}^{cx^2}.$$

因为 $f_X(x)$ 在 $(-\infty,+\infty)$ 上可积,故 $c<0$. 可令 $c=-1/2\sigma^2$. 再由 $\int_{-\infty}^{+\infty}f_X(x)\,\mathrm{d}x=1$ 得

$$f_X(x)=\frac{1}{\sqrt{2\pi}\,\sigma}\mathrm{e}^{-\frac{x^2}{2\sigma^2}},$$

即 $X\sim N(0,\sigma^2)$. 由于 X 与 Y 地位平等,故也有 $Y\sim N(0,\sigma^2)$.

例 4.4.2　设 (X,Y) 服从二维正态分布 $N(\mu_1,\mu_2;\sigma_1^2,\sigma_2^2;\rho)$,则 X 与 Y 相互独立的充要条件是 $\rho=0$.

证 先证充分性. 设 $\rho=0$,则由式(4.17)得到

$$f(x,y)=\frac{1}{2\pi\sigma_1\sigma_2}\exp\left\{-\frac{1}{2}\left[\left(\frac{x-\mu_1}{\sigma_1}\right)^2+\left(\frac{y-\mu_2}{\sigma_2}\right)^2\right]\right\},$$

又由式(4.18)和(4.19)可得

$$f_X(x)f_Y(y)=\frac{1}{2\pi\sigma_1\sigma_2}\exp\left\{-\frac{1}{2}\left[\left(\frac{x-\mu_1}{\sigma_1}\right)^2+\left(\frac{y-\mu_2}{\sigma_2}\right)^2\right]\right\}, \tag{4.27}$$

故

$$f(x,y)=f_X(x)f_Y(y), \tag{4.28}$$

从而 X 与 Y 是相互独立的.

再证明必要性. 设 X 与 Y 相互独立,由于式(4.17)、(4.18)、(4.19)中 $f(x,y)$, $f_X(x)$, $f_Y(y)$ 均连续,故应有:对任意实数 x,y,式(4.22)成立,特别地应有

$$f(\mu_1,\mu_2)=f_X(\mu_1)f_Y(\mu_2).$$

于是由式(4.17)和(4.27)得到

$$\frac{1}{\sqrt{1-\rho^2}}=1,$$

从而 $\rho=0$.

前面所讲的有关二维随机变量的一些概念,不难推广到 n 维随机变量中去. 下面就 n 维随机变量的分布函数、概率密度以及独立性等概念,分别叙述如下:

(1) 分布函数. 设 $(X_1,X_2,\cdots,X_n)$ 为 n 维随机变量, $x_1,x_2,\cdots,x_n$ 为任意实数,则 n 元函数

$$F(x_1,x_2,\cdots,x_n)=P(X_1\leqslant x_1,X_2\leqslant x_2,\cdots,X_n\leqslant x_n)$$

称为 $(X_1,X_2,\cdots,X_n)$ 的**分布函数**.

(2) 概率密度. 设 $F(x_1,x_2,\cdots,x_n)$ 为 n 维随机变量 $(X_1,X_2,\cdots,X_n)$ 的分布函数. 若存在非负函数 $f(x_1,x_2,\cdots,x_n)$,对任意实数 $x_1,x_2,\cdots,x_n$ 有

$$F(x_1,x_2,\cdots,x_n)=\int_{-\infty}^{x_1}\int_{-\infty}^{x_2}\cdots\int_{-\infty}^{x_n}f(t_1,t_2,\cdots,t_n)\,\mathrm{d}t_1\mathrm{d}t_2\cdots\mathrm{d}t_n,$$

则称 $(X_1,X_2,\cdots,X_n)$ 为**连续型随机变量**, $f(x_1,x_2,\cdots,x_n)$ 称为 n 维随机变量的**概率密度**.

(3) n 个随机变量的独立性. 设 $F(x_1,x_2,\cdots,x_n)$ 为 n 维随机变量

$(X_1,X_2,\cdots,X_n)$ 的分布函数，$F_{X_1}(x_1),F_{X_2}(x_2),\cdots,F_{X_n}(x_n)$ 依次为 $X_1,X_2,\cdots,X_n$ 的分布函数（一维边缘分布函数）. 若对任意实数 $x_1,x_2,\cdots,x_n$ 有

$$F(x_1,x_2,\cdots,x_n)=F_{X_1}(x_1)F_{X_2}(x_2)\cdots F_{X_n}(x_n),$$

则称 $X_1,X_2,\cdots,X_n$ 是**相互独立的**.

对连续型随机变量，设 $X_1,X_2,\cdots,X_n$ 的概率密度分别是 $f_1(x_1)$，$f_2(x_2),\cdots,f_n(x_n)$，则 $X_1,X_2,\cdots,X_n$ 相互独立的充要条件是 n 元函数

$$f_1(x_1)f_2(x_2)\cdots f_n(x_n)$$

是 n 维随机变量 $(X_1,X_2,\cdots,X_n)$ 的概率密度.

4.5 二维随机变量函数的分布

在 3.6 节中，讨论过一维随机变量函数 $Y=g(X)$ 的分布问题，本节进一步讨论二维随机变量函数 $Z=g(X,Y)$ 的分布问题. 具体说，已知 (X,Y) 的分布，求 $Z=g(X,Y)$ 的分布. 理论上，由 X,Y 的联合分布可以求出它们的函数分布，但具体计算时往往比较复杂. 因此，下面仅就几个具体的函数进行讨论.

4.5.1 和的分布

首先考虑两个离散型随机变量 X 与 Y 的和，看下面的例子.

例 4.5.1 设 X 与 Y 是相互独立的随机变量，分布列分别为

$$P(X=i)\quad (i=0,1,2,\cdots);$$

$$P(Y=j)\quad (j=0,1,2,\cdots).$$

求 $Z=X+Y$ 的分布列.

解 因为

$$\begin{aligned}(Z=k)&=(X=0,Y=k)\cup(X=1,Y=k-1)\cup\cdots\cup(X=k,Y=0)\\&=\bigcup_{i=0}^{k}(X=i,Y=k-i),\end{aligned}$$

而上式右端各事件是互不相容的，故

$$P(Z=k)=\sum_{i=0}^{k}P(X=i,Y=k-i).$$

再由 X 与 Y 的独立性，得到

$$P(Z=k)=\sum_{i=0}^{k}P(X=i)P(Y=k-i)\quad (k=0,1,2,\cdots),$$

这就是所求 Z 的分布列.

例 4.5.2 设 X,Y 是相互独立的随机变量,它们分别服从参数为 λ_1 和 λ_2 的泊松分布,求 $Z=X+Y$ 的分布列.

解 将 X,Y,Z 的取值分别用 i,j,k 表示,则

$$P(X=i)=\frac{\lambda_1^i}{i!}e^{-\lambda_1} \quad (i=0,1,2,\cdots),$$

$$P(Y=j)=\frac{\lambda_2^j}{j!}e^{-\lambda_2} \quad (j=0,1,2,\cdots),$$

且 $Z=X+Y$ 的可能取值 $k=0,1,2,\cdots$. 将上面两式代入例 4.5.1 的结果得

$$\begin{aligned}P(Z=k)&=\sum_{i=0}^{k}P(X=i)P(Y=k-i)\\&=\sum_{i=0}^{k}\frac{\lambda_1^i}{i!}e^{-\lambda_1}\frac{\lambda_2^{k-i}}{(k-i)!}e^{-\lambda_2}\\&=\frac{e^{-(\lambda_1+\lambda_2)}}{k!}\sum_{i=0}^{k}\frac{k!}{i!\,(k-i)!}\lambda_1^i\lambda_2^{k-i}\\&=\frac{(\lambda_1+\lambda_2)^k}{k!}e^{-(\lambda_1+\lambda_2)} \quad (k=0,1,2,\cdots).\end{aligned}$$

由此可知,Z 服从参数为 $\lambda_1+\lambda_2$ 的泊松分布. 所以**两个独立服从泊松分布的随机变量之和仍是一个服从泊松分布的随机变量,且其参数为相应的随机变量分布参数的和.**

现在考虑两个连续型随机变量 X 与 Y 之和的分布. 设二维随机变量 (X,Y) 是连续型的,概率密度为 $f(x,y)$,求和 $Z=X+Y$ 的分布. 为了确定 Z 的分布,我们考虑 Z 的分布函数

$$F_Z(z)=P(Z\leqslant z)=P(X+Y\leqslant z).$$

如果 (X,Y) 表示落在平面上的随机点的坐标,则 $P(X+Y\leqslant z)$ 表示随机点落入图 4.5 中阴影部分的概率. 由式(4.12)有

$$F_Z(z)=\iint_{x+y\leqslant z}f(x,y)\,dx\,dy=\int_{-\infty}^{+\infty}\left(\int_{-\infty}^{z-x}f(x,y)\,dy\right)dx.$$

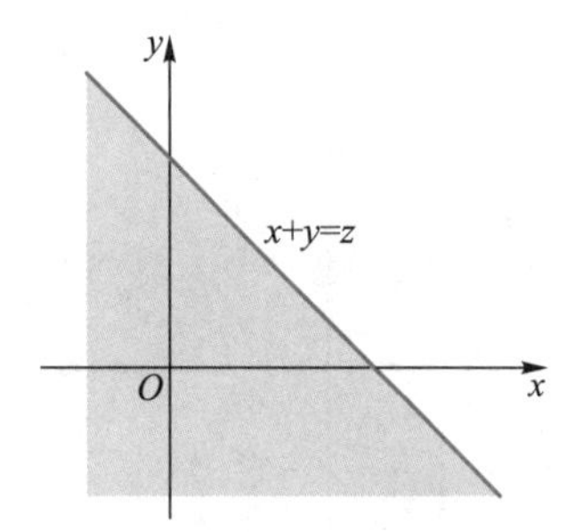

图 4.5

令 $y=u-x$,得

$$\begin{aligned}F_Z(z)&=\int_{-\infty}^{+\infty}\left(\int_{-\infty}^{z}f(x,u-x)\,du\right)dx\\&=\int_{-\infty}^{z}\left(\int_{-\infty}^{+\infty}f(x,u-x)\,dx\right)du.\end{aligned}$$

由式(3.18)可知,Z 是连续型随机变量且其概率密度

$$f_Z(z)=\int_{-\infty}^{+\infty} f(x,z-x)\,\mathrm{d}x. \tag{4.29}$$

同理可得

$$f_Z(z)=\int_{-\infty}^{+\infty} f(z-y,y)\,\mathrm{d}y. \tag{4.30}$$

如果 X 与 Y 是独立的,则由式(4.21)得到

$$f_Z(z)=\int_{-\infty}^{+\infty} f_X(x)f_Y(z-x)\,\mathrm{d}x \tag{4.31}$$

和

$$f_Z(z)=\int_{-\infty}^{+\infty} f_X(z-y)f_Y(y)\,\mathrm{d}y. \tag{4.32}$$

由式(4.31)和式(4.32)给出的运算称为**卷积**. 因而也称二式为**卷积公式**,简单记作

$$f_Z=f_X*f_Y.$$

例 4.5.3 设 X 与 Y 是相互独立的随机变量,且都在 $[-a,a]$ 上服从均匀分布,求 $Z=X+Y$ 的分布.

解一 由题设

$$f_X(x)=\begin{cases}\dfrac{1}{2a}, & |x|\leqslant a,\\ 0, & |x|>a,\end{cases} \tag{4.33}$$

$$f_Y(y)=\begin{cases}\dfrac{1}{2a}, & |y|\leqslant a,\\ 0, & |y|>a.\end{cases} \tag{4.34}$$

由式(4.31)

$$f_Z(z)=\int_{-\infty}^{+\infty} f_X(x)f_Y(z-x)\,\mathrm{d}x.$$

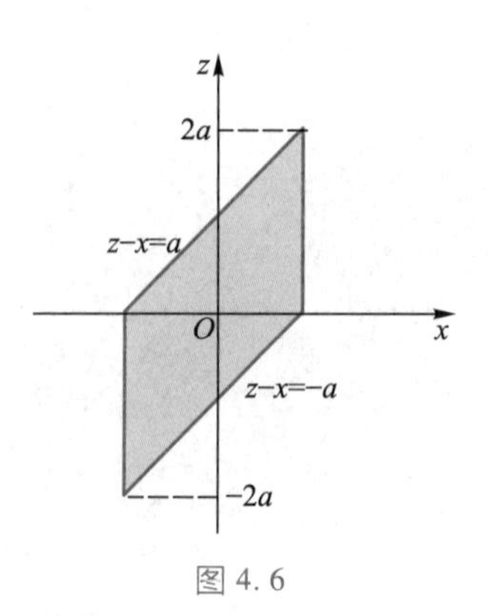

图 4.6

显然,上式中的被积函数 $f_X(x)f_Y(z-x)$ 只有当 x 满足不等式组

$$\begin{cases}-a\leqslant x\leqslant a,\\ -a\leqslant z-x\leqslant a\end{cases} \tag{4.35}$$

时才不等于 0. 满足不等式组(4.35)的点 (x,z) 的变化区域如图 4.6 中的阴影部分所示.

由图 4.6 可知:

(1) 当 $z<-2a$ 或 $z>2a$ 时,式(4.35)无解,此时 $f_X(x)f_Y(z-x)=0$;

(2) 当 $-2a\leqslant z<0$ 时,式(4.35)的解为 $-a\leqslant x\leqslant z+a$,此时

$$f_X(x)f_Y(z-x)=\frac{1}{4a^2};$$

（3）当 $0\leqslant z\leqslant 2a$ 时，式（4.35）的解为 $z-a\leqslant x\leqslant a$，此时

$$f_X(x)f_Y(z-x)=\frac{1}{4a^2}.$$

因此

$$f_Z(z)=\begin{cases}\displaystyle\int_{-a}^{z+a}\frac{1}{4a^2}\mathrm{d}x=\frac{z+2a}{4a^2}, & -2a\leqslant z<0,\\ \displaystyle\int_{z-a}^{a}\frac{1}{4a^2}\mathrm{d}x=\frac{2a-z}{4a^2}, & 0\leqslant z\leqslant 2a,\\ 0, & \text{其他}.\end{cases}\tag{4.36}$$

解二　将式（4.33）代入式（4.31）并作变量代换 $y=z-x$ 得

$$\begin{aligned}f_Z(z)&=\int_{-\infty}^{+\infty}f_X(x)f_Y(z-x)\,\mathrm{d}x=\int_{-a}^{a}\frac{1}{2a}f_Y(z-x)\,\mathrm{d}x\\&=-\int_{z+a}^{z-a}\frac{1}{2a}f_Y(y)\,\mathrm{d}y=\int_{z-a}^{z+a}\frac{1}{2a}f_Y(y)\,\mathrm{d}y.\end{aligned}$$

为计算上面的积分，需考虑两区间 $I_1=[z-a,z+a]$ 与 $I_2=[-a,a]$ 相交的情况.

当 $z<-2a$ 或 $z>2a$ 时，$I_1\cap I_2=\varnothing$；

当 $-2a\leqslant z<0$ 时，$I_1\cap I_2=[-a,z+a]$；

当 $0\leqslant z\leqslant 2a$ 时，$I_1\cap I_2=[z-a,a]$.

因此

$$f_Z(z)=\begin{cases}\displaystyle\int_{-a}^{z+a}\left(\frac{1}{2a}\right)^2\mathrm{d}y=\frac{z+2a}{4a^2}, & -2a\leqslant z<0,\\ \displaystyle\int_{z-a}^{a}\left(\frac{1}{2a}\right)^2\mathrm{d}y=\frac{2a-z}{4a^2}, & 0\leqslant z\leqslant 2a,\\ 0, & \text{其他}.\end{cases}$$

例 4.5.4　设 X 和 Y 是相互独立的随机变量，且分别服从正态分布 $N(\mu_1,\sigma_1^2)$ 和 $N(\mu_2,\sigma_2^2)$，则 $Z=X+Y$ 服从正态分布 $N(\mu_1+\mu_2,\sigma_1^2+\sigma_2^2)$.

证　由题设

$$f_X(x)=\frac{1}{\sigma_1\sqrt{2\pi}}\exp\left[-\frac{(x-\mu_1)^2}{2\sigma_1^2}\right]\ (-\infty<x<+\infty),$$

$$f_Y(y)=\frac{1}{\sigma_2\sqrt{2\pi}}\exp\left[-\frac{(y-\mu_2)^2}{2\sigma_2^2}\right]\ (-\infty<y<+\infty).$$

由式(4.31)

$$f_Z(z)=\frac{1}{2\pi\sigma_1\sigma_2}\int_{-\infty}^{+\infty}\exp\left\{-\frac{1}{2}\left[\frac{(x-\mu_1)^2}{\sigma_1^2}+\frac{(z-x-\mu_2)^2}{\sigma_2^2}\right]\right\}\mathrm{d}x$$

$$=\frac{1}{2\pi\sigma_1\sigma_2}\int_{-\infty}^{+\infty}\exp\left\{-\frac{1}{2}\left[\frac{u^2}{\sigma_1^2}+\frac{(v-u)^2}{\sigma_2^2}\right]\right\}\mathrm{d}u, \tag{4.37}$$

其中 $u=x-\mu_1, v=z-(\mu_1+\mu_2)$. 由于

$$\frac{u^2}{\sigma_1^2}+\frac{(v-u)^2}{\sigma_2^2}=\frac{\sigma_1^2+\sigma_2^2}{\sigma_1^2\sigma_2^2}u^2-\frac{2uv}{\sigma_2^2}+\frac{v^2}{\sigma_2^2}$$

$$=\left(\frac{\sqrt{\sigma_1^2+\sigma_2^2}}{\sigma_1\sigma_2}u-\frac{\sigma_1 v}{\sigma_2\sqrt{\sigma_1^2+\sigma_2^2}}\right)^2+\frac{v^2}{\sigma_1^2+\sigma_2^2},$$

再令

$$t=\frac{\sqrt{\sigma_1^2+\sigma_2^2}}{\sigma_1\sigma_2}u-\frac{\sigma_1 v}{\sigma_2\sqrt{\sigma_1^2+\sigma_2^2}},$$

代入式(4.37),则得

$$f_Z(z)=\frac{1}{\sqrt{2\pi}\sqrt{\sigma_1^2+\sigma_2^2}}\mathrm{e}^{-\frac{v^2}{2(\sigma_1^2+\sigma_2^2)}}\int_{-\infty}^{+\infty}\frac{1}{\sqrt{2\pi}}\mathrm{e}^{-\frac{t^2}{2}}\mathrm{d}t$$

$$=\frac{1}{\sqrt{2\pi}\sqrt{\sigma_1^2+\sigma_2^2}}\mathrm{e}^{-\frac{(z-\mu_1-\mu_2)^2}{2(\sigma_1^2+\sigma_2^2)}}.$$

由此可见 $Z=X+Y\sim N(\mu_1+\mu_2,\sigma_1^2+\sigma_2^2)$.

例 4.5.4 的结论很重要,它还可以推广到 n 个独立的正态变量之和的情况. 即若 $X_i\sim N(\mu_i,\sigma_i^2)\ (i=1,2,\cdots,n)$ 且 $X_1,X_2,\cdots,X_n$ 相互独立,则

$$\sum_{i=1}^{n}X_i\sim N\left(\sum_{i=1}^{n}\mu_i,\sum_{i=1}^{n}\sigma_i^2\right).$$

进而,**n 个相互独立的正态变量的线性组合仍然是一个正态变量**. 这是一个很重要的结论.

最后指出,公式(4.29)的推导方法是具有普遍意义的. 现就一般情况将主要推导过程归纳如下:

(1) 为求 $Z=g(X,Y)$ 的概率密度 $f_Z(z)$,先求 Z 的分布函数

$$F_Z(z)=P(g(X,Y)\leqslant z)=P((X,Y)\in G)=\iint\limits_G f(x,y)\,\mathrm{d}x\mathrm{d}y, \tag{4.38}$$

其中 $G=\{(x,y)\mid g(x,y)\leqslant z\}$.

(2) 若 $F_Z(z)$ 可以直接计算出来并且它是连续的,除有限个点外均有连续的导数,则可通过对 $F_Z(z)$ 求导而得 $f_Z(z)$. 若 $F_Z(z)$ 的具体表达式不便求出,也可采用变量代换、交换积分次序等步骤,将积分式(4.38)化为如下形式:

$$F_Z(z)=\int_{-\infty}^{z} h(u)\,\mathrm{d}u,$$

则 $f_Z(z)=h(z)$.

例 4.5.5 设二维随机变量 (X,Y) 在如图 4.7 所示的三角形区域 A 内服从均匀分布,求 $Z=X+Y$ 的概率密度.

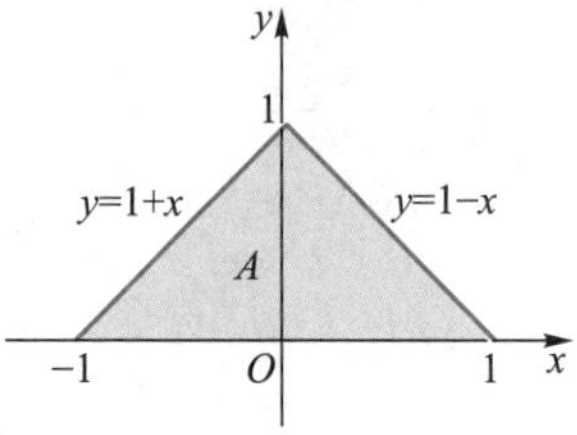

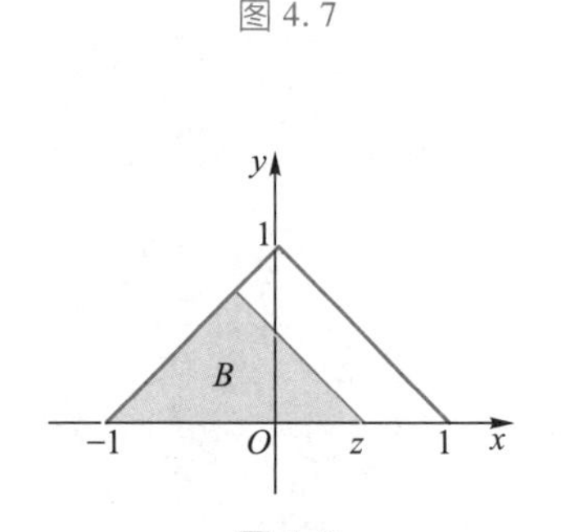

图 4.7

图 4.8

解一 这里 X,Y 是不独立的,不能用卷积公式求 Z 的概率密度. 可以用分布函数法来求解. 由题设,(X,Y) 的概率密度

$$f(x,y)=\begin{cases}1, & (x,y)\in A,\\ 0, & \text{其他}.\end{cases}$$

先求

$$F_Z(z)=P(X+Y\leqslant z)=\iint\limits_{G} f(x,y)\,\mathrm{d}x\mathrm{d}y,$$

其中 $G=\{(x,y)\mid x+y\leqslant z\}$. 注意到区域 G 的图形,不难看出当 $z\leqslant -1$ 时,$G\cap A=\varnothing$;当 $z\geqslant 1$ 时,$G\cap A=A$;当 $-1<z<1$ 时,$G\cap A=B$,如图 4.8 所示. B 的面积为

$$\frac{1}{2}(z+1)\cdot\frac{z+1}{2}=\frac{(z+1)^2}{4}.$$

因此

$$F_Z(z)=\begin{cases}0, & z\leqslant -1,\\ \displaystyle\iint\limits_{B}\mathrm{d}x\mathrm{d}y=\frac{(z+1)^2}{4}, & -1<z<1,\\ 1, & z\geqslant 1.\end{cases}$$

即得

$$f_Z(z)=\begin{cases}\dfrac{z+1}{2}, & |z|<1,\\ 0, & |z|\geqslant 1.\end{cases}$$

解二 用公式(4.30)来求解. 由已知条件,式(4.30)中被积函数只有当 y 满足不等式组

$$\begin{cases}0<y<1,\\ y-1<z-y<1-y,\end{cases}$$

即

$$\begin{cases}0<y<1,\\2y-1<z<1\end{cases}\tag{4.39}$$

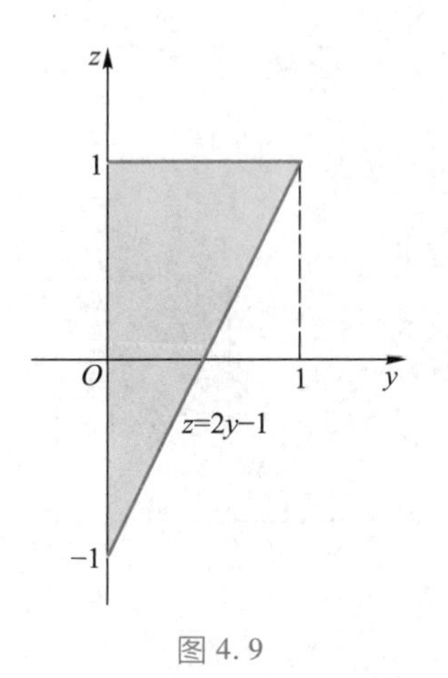

图 4.9

时才不等于0. 满足式(4.39)的点(y,z)的变化区域如图4.9中阴影部分所示. 由图4.9可见,当$z\leqslant -1$或$z\geqslant 1$时,式(4.39)无解,此时$f(z-y,y)=0$;当$-1<z<1$时,式(4.39)的解为$0<y<\frac{z+1}{2}$,此时$f(z-y,y)=1$. 因此

$$f_Z(z)=\begin{cases}\int_0^{\frac{z+1}{2}}1\,\mathrm{d}y=\frac{z+1}{2}, & |z|<1,\\0, & |z|\geqslant 1.\end{cases}$$

4.5.2 瑞利分布

设X,Y是相互独立的且服从同一正态分布$N(0,\sigma^2)$的随机变量,求$Z=\sqrt{X^2+Y^2}$的分布.

先考虑Z的分布函数.

显然,当$z\leqslant 0$时,

$$F_Z(z)=P(Z\leqslant z)=P(\sqrt{X^2+Y^2}\leqslant z)=0;$$

当$z>0$时,

$$F_Z(z)=P(\sqrt{X^2+Y^2}\leqslant z)=\iint\limits_{\sqrt{x^2+y^2}\leqslant z}f(x,y)\,\mathrm{d}x\mathrm{d}y,$$

其中$f(x,y)$为(X,Y)的概率密度. 由于X,Y相互独立,故由式(4.21)得

$$F_Z(z)=\iint\limits_{\sqrt{x^2+y^2}\leqslant z}f_X(x)f_Y(y)\,\mathrm{d}x\mathrm{d}y=\iint\limits_{\sqrt{x^2+y^2}\leqslant z}\frac{1}{2\pi\sigma^2}\mathrm{e}^{-\frac{x^2+y^2}{2\sigma^2}}\mathrm{d}x\mathrm{d}y.$$

令$x=\rho\cos\theta,y=\rho\sin\theta$,得

$$F_Z(z)=\frac{1}{2\pi\sigma^2}\int_0^{2\pi}\mathrm{d}\theta\int_0^z\mathrm{e}^{-\frac{\rho^2}{2\sigma^2}}\rho\,\mathrm{d}\rho=1-\mathrm{e}^{-\frac{z^2}{2\sigma^2}}.$$

于是Z的分布函数

$$F_Z(z)=\begin{cases}1-\mathrm{e}^{-\frac{z^2}{2\sigma^2}}, & z>0,\\0, & z\leqslant 0,\end{cases}\tag{4.40}$$

Z的概率密度

$$f_Z(z)=\begin{cases}\dfrac{z}{\sigma^2}e^{-\frac{z^2}{2\sigma^2}}, & z>0,\\ 0, & z\leqslant 0.\end{cases} \tag{4.41}$$

人们称以式(4.41)为概率密度(或以式(4.40)为分布函数)的分布为**瑞利**(Rayleigh)**分布**.

瑞利分布在实际中是经常碰到的. 例如,由前边的讨论可知射击时弹着点与靶心距离的分布就是瑞利分布. 又如,加工齿轮时,要把齿轮毛坯安装到车床上去,由于安装误差使被加工的齿轮中心与加工中心不吻合,产生了加工的偏心误差. 这种偏心误差的分布也是瑞利分布.

4.5.3 max{X,Y}及min{X,Y}的分布

设随机变量 $M=\max\{X,Y\}$, $N=\min\{X,Y\}$ 分别表示随机变量 X 与 Y 间的最大值和最小值,又 X 与 Y 的分布函数分别为 $F_X(x)$ 和 $F_Y(y)$,且 X 与 Y 相互独立,求 M 及 N 的分布函数.

先求 $M=\max\{X,Y\}$ 的分布函数:

$$F_M(z)=P(M\leqslant z)=P(\max\{X,Y\}\leqslant z).$$

因为 M 不大于 z 等价于 X 和 Y 都不大于 z,故

$$F_M(z)=P(X\leqslant z,Y\leqslant z)=P(X\leqslant z)P(Y\leqslant z)=F_X(z)F_Y(z). \tag{4.42}$$

下面求 $N=\min\{X,Y\}$ 的分布函数:

$$F_N(z)=P(N\leqslant z)=P(\min\{X,Y\}\leqslant z)=1-P(\min\{X,Y\}>z).$$

由于 $\min\{X,Y\}$ 大于 z 等价于 X,Y 都大于 z,故

$$\begin{aligned}F_N(z)&=1-P(X>z,Y>z)=1-P(X>z)P(Y>z)\\&=1-[1-P(X\leqslant z)][1-P(Y\leqslant z)]\\&=1-[1-F_X(z)][1-F_Y(z)].\end{aligned} \tag{4.43}$$

上面的结果可以推广到 n 个相互独立随机变量的情况. 设 X_1, $X_2,\cdots,X_n$ 是相互独立的且分布函数分别为 $F_{X_1}(x_1)$, $F_{X_2}(x_2)$, $\cdots$, $F_{X_n}(x_n)$ 的 n 个随机变量,则 $\max\{X_1,X_2,\cdots,X_n\}$ 的分布函数

$$F_{\max}(z)=F_{X_1}(z)F_{X_2}(z)\cdots F_{X_n}(z), \tag{4.44}$$

$\min\{X_1,X_2,\cdots,X_n\}$ 的分布函数

$$F_{\min}(z)=1-[1-F_{X_1}(z)][1-F_{X_2}(z)]\cdots[1-F_{X_n}(z)]. \tag{4.45}$$

特别地,当 $X_1,X_2,\cdots,X_n$ 是相互独立的且具有相同分布函数

$F(z)$的 n 个随机变量时,由式(4.44)与(4.45)得到

$$F_{\max}(z)=[F(z)]^n, \tag{4.46}$$

$$F_{\min}(z)=1-[1-F(z)]^n. \tag{4.47}$$

例 4.5.6　设电子仪器由两个相互独立的电子装置 L_1 及 L_2 组成,组成方式有两种:(1) L_1 与 L_2 串联;(2) L_1 与 L_2 并联. 已知 L_1 与 L_2 的寿命分别为 X 与 Y,它们的分布函数分别为

$$F_X(x)=\begin{cases}1-\mathrm{e}^{-\alpha x}, & x>0,\\ 0, & x\leqslant 0,\end{cases}\quad F_Y(y)=\begin{cases}1-\mathrm{e}^{-\beta y}, & y>0,\\ 0, & y\leqslant 0,\end{cases}$$

其中 $\alpha>0,\beta>0$. 试在两种联结方式下,分别求出仪器寿命 Z 的概率密度.

解　(1) 串联情况.

由于当 L_1,L_2 有一个损坏时,仪器就停止工作,所以仪器的寿命

$$Z=\min\{X,Y\}.$$

由式(4.43),

$$F_{\min}(z)=\begin{cases}1-\mathrm{e}^{-(\alpha+\beta)z}, & z>0,\\ 0, & z\leqslant 0,\end{cases}$$

于是 $Z=\min\{X,Y\}$ 的概率密度

$$f_{\min}(z)=\begin{cases}(\alpha+\beta)\mathrm{e}^{-(\alpha+\beta)z}, & z>0,\\ 0, & z\leqslant 0.\end{cases}$$

(2) 并联情况.

因为只有 L_1 与 L_2 都损坏时,仪器才停止工作,所以仪器的寿命

$$Z=\max\{X,Y\}.$$

由式(4.42),

$$F_{\max}(z)=F_X(z)F_Y(z)=\begin{cases}(1-\mathrm{e}^{-\alpha z})(1-\mathrm{e}^{-\beta z}), & z>0,\\ 0, & z\leqslant 0,\end{cases}$$

于是 $Z=\max\{X,Y\}$ 的概率密度

$$f_{\max}(z)=\begin{cases}\alpha\mathrm{e}^{-\alpha z}+\beta\mathrm{e}^{-\beta z}-(\alpha+\beta)\mathrm{e}^{-(\alpha+\beta)z}, & z>0,\\ 0, & z\leqslant 0.\end{cases}$$

4.6　条件分布

对于两个事件,可以讨论它们的条件概率,对于两个随机变量,

则可以讨论它们的条件分布. 先考虑离散型的情况.

设二维离散型随机变量(X,Y)的分布列$P(X=x_i,Y=y_j)=p_{ij}(i,j=1,2,\cdots)$,边缘分布列$p_{\cdot j}=P(Y=y_j)>0$. 于是,由条件概率公式得到

$$P(X=x_i\mid Y=y_j)=\frac{P(X=x_i,Y=y_j)}{P(Y=y_j)}=\frac{p_{ij}}{p_{\cdot j}}\quad(i=1,2,\cdots).\qquad(4.48)$$

式(4.48)称为随机变量X在条件$Y=y_j$下的**条件分布列**.

显然,$P(X=x_i\mid Y=y_j)\geqslant 0$,且

$$\sum_i P(X=x_i\mid Y=y_j)=\sum_i\frac{p_{ij}}{p_{\cdot j}}=\frac{\sum\limits_i p_{ij}}{p_{\cdot j}}=\frac{p_{\cdot j}}{p_{\cdot j}}=1,$$

即条件分布列式(4.48)满足分布列的两个性质.

同理,随机变量Y在条件$X=x_i$下的条件分布列定义为

$$P(Y=y_j\mid X=x_i)=\frac{p_{ij}}{p_{i\cdot}}\quad(j=1,2,\cdots),\qquad(4.49)$$

其中$p_{i\cdot}=P(X=x_i)>0$.

例 4.6.1 设机场某班车起点站上客人数X服从参数为$\lambda(\lambda>0$为常数)的泊松分布,假设每人以概率$p(0<p<1)$在中途下车,且中途下车与否相互独立. 以Y表示中途下车人数. 求:(1) 发车时有n个乘客的条件下,中途有m个人下车的概率;(2) (X,Y)的分布列;(3) $P(Y=m)$.

解 (1) 由已知

$$P(X=n)=\frac{\lambda^n}{n!}\mathrm{e}^{-\lambda}\quad(n=0,1,\cdots),$$

而

$$P(Y=m\mid X=n)=\begin{cases}\mathrm{C}_n^m p^m(1-p)^{n-m}, & 0\leqslant m\leqslant n;n=0,1,\cdots,\\ 0, & 其他.\end{cases}$$

(2)
$$P(X=n,Y=m)=P(X=n)P(Y=m\mid X=n)$$
$$=\begin{cases}\dfrac{\lambda^n}{n!}\mathrm{e}^{-\lambda}\mathrm{C}_n^m p^m(1-p)^{n-m}, & 0\leqslant m\leqslant n;n=0,1,\cdots,\\ 0, & 其他.\end{cases}$$

(3)
$$P(Y=m)=\sum_{n=0}^{\infty}P(X=n,Y=m)$$
$$=\sum_{n=m}^{\infty}\left[\frac{\lambda^n}{n!}\mathrm{e}^{-\lambda}\mathrm{C}_n^m p^m(1-p)^{n-m}\right]$$
$$=\frac{(\lambda p)^m}{m!}\mathrm{e}^{-\lambda p},m=0,1,2,\cdots.$$

下面考虑二维连续型随机变量(X,Y)的条件分布问题.

由于连续型随机变量取单点值的概率为零,不能像离散型随机变量那样直接应用条件概率公式引出条件分布. 例如,若对 $P(X\leqslant x \mid Y=y)$形式地按条件概率公式计算,则应得到

$$P(X\leqslant x \mid Y=y)=\frac{P(X\leqslant x,Y=y)}{P(Y=y)}.$$

但是,对连续型随机变量,$P(Y=y)=0$,$P(X\leqslant x,Y=y)=0$,因此,上式右端是无意义的. 为了解决这个矛盾,可以用极限的方法来处理.

定义 4.6.1　设 y 取定值,对任意 $\Delta y>0$,均有 $P(y-\Delta y<Y\leqslant y+\Delta y)>0$. 若极限

$$\lim_{\Delta y\to 0^+} P(X\leqslant x \mid y-\Delta y<Y\leqslant y+\Delta y)$$

存在,则称此极限为在 $Y=y$ 的条件下 X 的**条件分布函数**,记为

$$P(X\leqslant x \mid Y=y)=\lim_{\Delta y\to 0^+} P(X\leqslant x \mid y-\Delta y<Y\leqslant y+\Delta y), \tag{4.50}$$

简记为 $F_{X|Y}(x \mid y)$;并定义在 $Y=y$ 的条件下 X 的**条件概率密度**为满足下式的非负函数$f_{X|Y}(x \mid y)$:

$$F_{X|Y}(x \mid y)=\int_{-\infty}^{x} f_{X|Y}(u \mid y)\,\mathrm{d}u,\quad 对一切实数 x.$$

设(X,Y)的概率密度为$f(x,y)$,边缘概率密度为$f_X(x)$,$f_Y(y)$,并设$f(x,y)$,$f_X(x)$,$f_Y(y)$都连续,且$f_X(x)f_Y(y)>0$,则由式(4.50),

$$\begin{aligned}
P(X\leqslant x \mid Y=y) &= \lim_{\Delta y\to 0^+}\frac{P(X\leqslant x,y-\Delta y<Y\leqslant y+\Delta y)}{P(y-\Delta y<Y\leqslant y+\Delta y)}\\
&= \lim_{\Delta y\to 0^+}\frac{F(x,y+\Delta y)-F(x,y-\Delta y)}{F_Y(y+\Delta y)-F_Y(y-\Delta y)}\\
&= \lim_{\Delta y\to 0^+}\frac{[F(x,y+\Delta y)-F(x,y-\Delta y)]/(2\Delta y)}{[F_Y(y+\Delta y)-F_Y(y-\Delta y)]/(2\Delta y)}\\
&= \frac{\dfrac{\partial F(x,y)}{\partial y}}{\dfrac{\mathrm{d}}{\mathrm{d}y}F_Y(y)}=\frac{\int_{-\infty}^{x} f(u,y)\,\mathrm{d}u}{f_Y(y)},
\end{aligned}$$

即

$$F_{X|Y}(x \mid y)=\int_{-\infty}^{x}\frac{f(u,y)}{f_Y(y)}\mathrm{d}u. \tag{4.51}$$

由此可见,在 $Y=y$ 条件下,X 的条件概率密度

$$f_{X|Y}(x \mid y)=\frac{f(x,y)}{f_Y(y)},\quad f_Y(y)>0. \tag{4.52}$$

同理,在 $X=x$ 的条件下,Y 的条件概率密度

$$f_{Y|X}(y\mid x)=\frac{f(x,y)}{f_X(x)},\quad f_X(x)>0. \tag{4.53}$$

容易验证,条件概率密度式(4.52)与式(4.53)满足概率密度的两个基本性质.

例 4.6.2　雷达的圆形屏幕半径为 R. 设目标出现点 (X,Y) 在屏幕上服从均匀分布,试求:(1) 概率密度;(2) 边缘概率密度;(3) 条件概率密度.

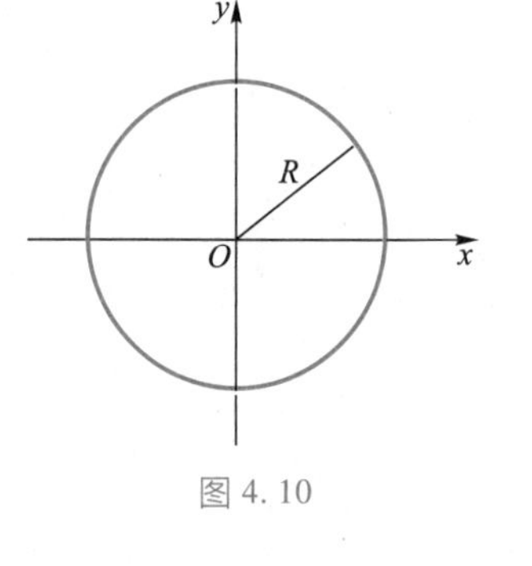

图 4.10

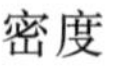

解　(1) 设圆形屏幕如图 4.10 所示,它的面积为 πR^2,故概率密度

$$f(x,y)=\begin{cases}\dfrac{1}{\pi R^2}, & x^2+y^2\leqslant R^2,\\ 0, & x^2+y^2>R^2.\end{cases}$$

(2)

$$f_X(x)=\int_{-\infty}^{+\infty}f(x,y)\,\mathrm{d}y$$

$$=\begin{cases}\displaystyle\int_{-\sqrt{R^2-x^2}}^{\sqrt{R^2-x^2}}\frac{1}{\pi R^2}\mathrm{d}y=\frac{2}{\pi R^2}\sqrt{R^2-x^2}, & |x|\leqslant R,\\ 0, & |x|>R.\end{cases} \tag{4.54}$$

由对称性得

$$f_Y(y)=\begin{cases}\dfrac{2}{\pi R^2}\sqrt{R^2-y^2}, & |y|\leqslant R,\\ 0, & |y|>R.\end{cases}$$

由此看出,虽然 (X,Y) 在圆域上是均匀分布的,但 X,Y 的分布不是均匀分布.

(3) 当 $|y|<R$ 时,

$$f_{X|Y}(x\mid y)=\frac{f(x,y)}{f_Y(y)}=\begin{cases}\dfrac{1}{2\sqrt{R^2-y^2}}, & |x|\leqslant\sqrt{R^2-y^2},\\ 0, & \text{其他},\end{cases} \tag{4.55}$$

当 $|x|<R$ 时,

$$f_{Y|X}(y\mid x)=\begin{cases}\dfrac{1}{2\sqrt{R^2-x^2}}, & |y|\leqslant\sqrt{R^2-x^2},\\ 0, & \text{其他}.\end{cases}$$

此结果表明,在条件 $Y=y(|y|<R)$ 下,X 在区间 $[-\sqrt{R^2-y^2},$

$\sqrt{R^2-y^2}$]上是均匀分布的;在条件 $X=x\,(|x|<R)$ 下,Y 在区间 $[-\sqrt{R^2-x^2},\sqrt{R^2-x^2}]$ 上是均匀分布的.

例 4.6.3 设 $(X,Y)\sim N(\mu_1,\mu_2;\sigma_1^2,\sigma_2^2;\rho)$,求条件概率密度 $f_{X|Y}(x\mid y)$ 及 $f_{Y|X}(y\mid x)$.

解 由式(4.52)、(4.17)及式(4.19)得

$$
\begin{aligned}
f_{X|Y}(x\mid y)&=\frac{f(x,y)}{f_Y(y)}\\
&=\frac{1}{\sigma_1\sqrt{2\pi}\sqrt{1-\rho^2}}\exp\left\{-\frac{1}{2(1-\rho^2)}\left[\frac{(x-\mu_1)^2}{\sigma_1^2}-\right.\right.\\
&\qquad\left.\left.2\rho\frac{(x-\mu_1)(y-\mu_2)}{\sigma_1\sigma_2}+\frac{(y-\mu_2)^2}{\sigma_2^2}\right]+\frac{(y-\mu_2)^2}{2\sigma_2^2}\right\}\\
&=\frac{1}{\sigma_1\sqrt{2\pi}\sqrt{1-\rho^2}}\exp\left\{-\frac{1}{2(1-\rho^2)}\left[\left(\frac{x-\mu_1}{\sigma_1}\right)^2-\right.\right.\\
&\qquad\left.\left.2\rho\left(\frac{x-\mu_1}{\sigma_1}\right)\left(\frac{y-\mu_2}{\sigma_2}\right)+\rho^2\left(\frac{y-\mu_2}{\sigma_2}\right)^2\right]\right\}\\
&=\frac{1}{\sigma_1\sqrt{2\pi}\sqrt{1-\rho^2}}\exp\left[-\frac{1}{2(1-\rho^2)}\left(\frac{x-\mu_1}{\sigma_1}-\rho\frac{y-\mu_2}{\sigma_2}\right)^2\right]\\
&=\frac{1}{\sqrt{2\pi}\sigma_1\sqrt{1-\rho^2}}\exp\left\{-\frac{1}{2\sigma_1^2(1-\rho^2)}\cdot\right.\\
&\qquad\left.\left[x-\left(\mu_1+\rho\frac{\sigma_1}{\sigma_2}(y-\mu_2)\right)\right]^2\right\}.
\end{aligned}
$$

可见,在 $Y=y$ 条件下 X 的条件分布是

$$N\left(\mu_1+\rho\frac{\sigma_1}{\sigma_2}(y-\mu_2),\sigma_1^2(1-\rho^2)\right).$$

同理可得

$$
\begin{aligned}
f_{Y|X}(y|x)&=\frac{1}{\sqrt{2\pi}\sigma_2\sqrt{1-\rho^2}}\cdot\\
&\qquad\exp\left\{-\frac{1}{2\sigma_2^2(1-\rho^2)}\left[y-\left(\mu_2+\rho\frac{\sigma_2}{\sigma_1}(x-\mu_1)\right)\right]^2\right\},
\end{aligned}
$$

即在 $X=x$ 条件下,Y 的条件分布是

$$N\left(\mu_2+\rho\frac{\sigma_2}{\sigma_1}(x-\mu_1),\sigma_2^2(1-\rho^2)\right).$$

故二维正态分布的条件分布仍为正态分布.

如果随机变量 X,Y 相互独立,则任一随机变量的条件概率密度

(或分布列)与关于该变量的边缘概率密度(或分布列)是相等的. 例如,对连续型情况有

$$f_{X|Y}(x|y)=\frac{f(x,y)}{f_Y(y)}=\frac{f_X(x)f_Y(y)}{f_Y(y)}=f_X(x),$$

同样有

$$f_{Y|X}(y|x)=f_Y(y).$$

*4.7 拓展例题

4.7.1 两个随机变量商的分布

设二维连续型随机变量(X,Y)的概率密度为$f(x,y)$,则$Z=\frac{Y}{X}$的概率密度为

$$f_Z(z)=\int_{-\infty}^{+\infty}|x|f(x,xz)\,\mathrm{d}x. \tag{4.56}$$

当X与Y相互独立时,$f_Z(z)=\int_{-\infty}^{+\infty}|x|f_X(x)f_Y(xz)\,\mathrm{d}x.$ (4.57)

证 $Z=\frac{Y}{X}$的分布函数

$$F_Z(z)=P(Z\leqslant z)=P\left(\frac{Y}{X}\leqslant z\right).$$

如果(X,Y)表示落在平面上的随机点的坐标,那么$P\left(\frac{Y}{X}\leqslant z\right)$表示随机点落入满足$\frac{y}{x}\leqslant z$的$(x,y)$集的概率. 如果$x>0$,这是集$y\leqslant xz$;如果$x<0$,这是集$y\geqslant xz$. 由式(4.12)有

$$F_Z(z)=\int_{-\infty}^{0}\left(\int_{xz}^{+\infty}f(x,y)\,\mathrm{d}y\right)\mathrm{d}x+\int_{0}^{+\infty}\left(\int_{-\infty}^{xz}f(x,y)\,\mathrm{d}y\right)\mathrm{d}x.$$

为了除去内层积分对x的依赖,我们做积分变换$y=xv$,得到

$$\begin{aligned}F_Z(z)&=\int_{-\infty}^{0}\left(\int_{z}^{-\infty}xf(x,xv)\,\mathrm{d}v\right)\mathrm{d}x+\int_{0}^{+\infty}\left(\int_{-\infty}^{z}xf(x,xv)\,\mathrm{d}v\right)\mathrm{d}x\\&=\int_{-\infty}^{0}\left(\int_{-\infty}^{z}(-x)f(x,xv)\,\mathrm{d}v\right)\mathrm{d}x+\int_{0}^{+\infty}\left(\int_{-\infty}^{z}xf(x,xv)\,\mathrm{d}v\right)\mathrm{d}x\\&=\int_{-\infty}^{z}\left(\int_{-\infty}^{+\infty}|x|f(x,xv)\,\mathrm{d}x\right)\mathrm{d}v.\end{aligned}$$

由式(3.18)可知,Z是连续型随机变量且其概率密度

$$f_Z(z)=\int_{-\infty}^{+\infty}|x|f(x,xz)\,\mathrm{d}x.$$

当 X 与 Y 独立时，$f_Z(z)=\int_{-\infty}^{+\infty}|x|f_X(x)f_Y(xz)\,\mathrm{d}x.$

请读者思考如何求两个随机变量积 $Z=XY$ 的分布.

例 4.7.1 设 X,Y 分别表示两只不同型号的灯管的寿命，X 与 Y 相互独立，它们的概率密度分别为

$$f_X(x)=\begin{cases}2\mathrm{e}^{-2x}, & x>0,\\ 0, & \text{其他},\end{cases}\quad f_Y(y)=\begin{cases}\mathrm{e}^{-y}, & y>0,\\ 0, & \text{其他}.\end{cases}$$

求 $Z=\dfrac{Y}{X}$ 的概率密度函数 $f_Z(z)$.

解 由式(4.57)，Z 的概率密度为

$$f_Z(z)=\int_{-\infty}^{+\infty}|x|f_X(x)f_Y(xz)\,\mathrm{d}x.$$

由已知，

$$f_X(x)f_Y(xz)=\begin{cases}2\mathrm{e}^{-(2+z)x}, & x>0,z>0,\\ 0, & \text{其他}.\end{cases}$$

从而当 $z>0$ 时，$f_Z(z)=\int_0^{+\infty}2x\mathrm{e}^{-(2+z)x}\mathrm{d}x=\dfrac{2}{(2+z)^2}$，

当 $z\leqslant 0$ 时，$f_Z(z)=0$.

因此

$$f_Z(z)=\begin{cases}\dfrac{2}{(2+z)^2}, & z>0,\\ 0, & z\leqslant 0.\end{cases}$$

4.7.2 二维随机变量变换的分布定理

设 (X,Y) 为二维随机变量，其概率密度为 $f(x,y)$. $U=g_1(X,Y)$，$V=g_2(X,Y)$. 说明二维随机变量 (X,Y) 经过变换后得到二维随机变量 (U,V)，如何由 (X,Y) 的概率密度求出 (U,V) 的概率密度，有如下定理：

定理 4.7.1 设 (X,Y) 的概率密度为 $f(x,y)$，且区域 A（可以是全平面）满足 $P((X,Y)\in A))=1$，在变换

$$\begin{cases}u=g_1(x,y),\\ v=g_2(x,y)\end{cases}\tag{4.58}$$

中，当 $(x,y)\in A$ 时，(u,v) 的值域为 G，且变换(4.58)满足

（1）变换(4.58)是 $A\to G$ 的一一对应，有逆变换 $\begin{cases}x=h_1(u,v),\\ y=h_2(u,v).\end{cases}$

（2）变换(4.58)的雅可比行列式 $J(x,y)=\dfrac{\partial(u,v)}{\partial(x,y)}=\begin{vmatrix}\dfrac{\partial u}{\partial x} & \dfrac{\partial u}{\partial y}\\ \dfrac{\partial v}{\partial x} & \dfrac{\partial v}{\partial y}\end{vmatrix}$ 在 A 中处处不为0，则 U 和 V 的联合概率密度为

$$f_{(U,V)}(u,v)=\begin{cases}f(h_1(u,v),h_2(u,v))\left|\dfrac{\partial(x,y)}{\partial(u,v)}\right|, & (u,v)\in G,\\ 0, & \text{其他}.\end{cases}\tag{4.59}$$

其中 $\left|\dfrac{\partial(x,y)}{\partial(u,v)}\right|$ 是函数 $h_1(u,v),h_2(u,v)$ 的雅可比行列式的绝对值.

证　给定 $a<b,c<d$. 设

$$D=\{(u,v):a<u<b,c<v<d\},$$
$$D^*=\{(x,y):(g_1(x,y),g_2(x,y))\in D\}.$$

易知 $(g_1(x,y),g_2(x,y))$ 是 $D^*\cap A$ 到 $D\cap G$ 上的一一映射，其逆映射是 $(h_1(u,v),h_2(u,v))$. 据重积分的变量替换公式知

$$\iint\limits_{D^*\cap A} f(x,y)\,\mathrm{d}x\mathrm{d}y=\iint\limits_{D\cap G} f(h_1(u,v),h_2(u,v))\left|\frac{\partial(x,y)}{\partial(u,v)}\right|\mathrm{d}u\mathrm{d}v.$$

于是

$$\begin{aligned}P((U,V)\in D)&=P((g_1(X,Y),g_2(X,Y))\in D)\\&=P((X,Y)\in D^*)=P((X,Y)\in D^*\cap A)\\&=\iint\limits_{D^*\cap A} f(x,y)\,\mathrm{d}x\mathrm{d}y\\&=\iint\limits_{D\cap G} f(h_1(u,v),h_2(u,v))\left|\frac{\partial(x,y)}{\partial(u,v)}\right|\mathrm{d}u\mathrm{d}v\\&=\iint\limits_{D} f_{(U,V)}(u,v)\,\mathrm{d}u\mathrm{d}v\end{aligned}$$

这就证明了 $f_{(U,V)}(u,v)$ 是 (U,V) 的概率密度.

例 4.7.2　设 X,Y 相互独立，都服从参数为 $\lambda=1$ 的指数分布，而 $U=X+Y,V=\dfrac{X}{Y}$.（1）求 (U,V) 的概率密度；（2）分别求 U,V 的概率密度；（3）讨论 U,V 的独立性.

解　(X,Y) 的概率密度为

$$f(x,y)=f_X(x)f_Y(y)=\begin{cases}\mathrm{e}^{-(x+y)}, & x>0,y>0,\\ 0, & \text{其他}.\end{cases}$$

记 $A=\{(x,y):x>0,y>0\}$，显然有 $P((X,Y)\in A)=1$.

（1）对变换

$$\begin{cases}u=x+y,\\ v=\dfrac{x}{y}.\end{cases} \tag{4.60}$$

当 $(x,y)\in A$ 时，(u,v) 的值域为 $G=\{(u,v):u>0,v>0\}$. 此变换满足定理中的条件(1)，(2)，由变换(4.60)可解得

$$\begin{cases}x=\dfrac{uv}{1+v},\\ y=\dfrac{u}{1+v}.\end{cases}$$

$$\frac{\partial(x,y)}{\partial(u,v)}=\begin{vmatrix}\dfrac{\partial x}{\partial u} & \dfrac{\partial x}{\partial v}\\ \dfrac{\partial y}{\partial u} & \dfrac{\partial y}{\partial v}\end{vmatrix}=\begin{vmatrix}\dfrac{v}{1+v} & \dfrac{u}{(1+v)^2}\\ \dfrac{1}{1+v} & \dfrac{-u}{(1+v)^2}\end{vmatrix}=-\frac{u}{(1+v)^2}.$$

由定理 4.7.1 得 (U,V) 的概率密度为

$$f_{(U,V)}(u,v)=\begin{cases}\mathrm{e}^{-u}\dfrac{u}{(1+v)^2}, & u>0,v>0,\\ 0, & \text{其他}.\end{cases}$$

（2）由 (U,V) 的概率密度可求出 U,V 的概率密度 $f_U(u)$，$f_V(v)$.

$$f_U(u)=\int_{-\infty}^{+\infty}f_{(U,V)}(u,v)\,\mathrm{d}v=\begin{cases}\displaystyle\int_0^{+\infty}\mathrm{e}^{-u}\frac{u}{(1+v)^2}\mathrm{d}v=u\mathrm{e}^{-u}, & u>0,\\ 0, & \text{其他},\end{cases}$$

$$f_V(v)=\int_{-\infty}^{+\infty}f_{(U,V)}(u,v)\,\mathrm{d}u=\begin{cases}\displaystyle\int_0^{+\infty}\mathrm{e}^{-u}\frac{u}{(1+v)^2}\mathrm{d}u=\frac{1}{(1+v)^2}, & v>0,\\ 0, & \text{其他}.\end{cases}$$

（3）对任意 u,v 恒有 $f_{(U,V)}(u,v)=f_U(u)f_V(v)$，所以 U 与 V 相互独立.

习题 4

1. 一个袋子中装有四个球，它们上面分别标有数字 1,2,2,3. 今从袋中任取一球后不放回，再从袋中任取一球，以 X,Y 分别表示第一次、第二次取出的球上的标号，求 (X,Y) 的分布列.

2. 将一硬币连掷三次，以 X 表示在三次中出现正面的次数，以 Y 表示在三次中出现正面次数与出现反面次数之差的绝对值，试写出 (X,Y) 的分布列及边缘分布列.

3. 设二维随机变量(X,Y)的概率密度

$$f(x,y)=\begin{cases}\frac{1}{8}(6-x-y), & 0<x<2,2<y<4,\\ 0, & 其他.\end{cases}$$

又(1) $D=\{(x,y)\mid x<1,y<3\}$;(2) $D=\{(x,y)\mid x+y<3\}$. 求 $P((X,Y)\in D)$.

4. 设二维随机变量(X,Y)的概率密度

$$f(x,y)=\begin{cases}C(R-\sqrt{x^2+y^2}), & x^2+y^2\leqslant R^2,\\ 0, & 其他.\end{cases}$$

求:(1) 系数 C;(2) (X,Y)落在圆 $x^2+y^2\leqslant r^2(r<R)$ 内的概率.

5. 已知随机变量 X 和 Y 的联合概率密度

$$f(x,y)=\begin{cases}4xy, & 0\leqslant x\leqslant 1,0\leqslant y\leqslant 1,\\ 0, & 其他.\end{cases}$$

求 X 和 Y 的联合分布函数.

6. 设二维随机变量(X,Y)在区域 $D:0<x<1,|y|<x$ 内服从均匀分布,求边缘概率密度.

7. 设二维随机变量(X,Y)的概率密度

$$f(x,y)=\begin{cases}\mathrm{e}^{-y}, & 0<x<y,\\ 0, & 其他.\end{cases}$$

求边缘概率密度和概率 $P(X+Y\leqslant 1)$.

8. 一电子仪器由两个部件组成,以 X 和 Y 分别表示两个部件的寿命(单位:10^3 h),已知 X,Y 的联合分布函数

$$F(x,y)=\begin{cases}1-\mathrm{e}^{-0.5x}-\mathrm{e}^{-0.5y}+\mathrm{e}^{-0.5(x+y)}, & x\geqslant 0,y\geqslant 0,\\ 0, & 其他.\end{cases}$$

(1) 问 X,Y 是否独立?为什么?

(2) 求两个部件的寿命都超过 100 h 的概率.

9. 设二维随机变量(X,Y)的概率密度

$$f(x,y)=\begin{cases}\mathrm{e}^{-(x+y)}, & x\geqslant 0,y\geqslant 0,\\ 0, & 其他.\end{cases}$$

问 X 与 Y 是否独立?

10. 设二维随机变量(X,Y)的概率密度

$$f(x,y)=\begin{cases}8xy, & 0\leqslant x<y<1,\\ 0, & 其他.\end{cases}$$

问 X 与 Y 是否独立?

11. 设二维随机变量(X,Y)的概率密度

$$f(x,y)=\begin{cases}\frac{1+xy}{4}, & |x|<1,|y|<1,\\ 0, & 其他.\end{cases}$$

试证:X 与 Y 不独立,但 X^2 与 Y^2 是相互独立的.

12. 设随机变量 X 与 Y 相互独立,表 4.2 列出了二维随机变量(X,Y)的分布列及关于 X 和关于 Y 的边缘分布列中的部分数值,试将其余值填入表 4.2 中的空白处.

表 4.2 (X,Y)的分布列

X	Y			$P(X=x_i)=p_{i\cdot}$
	y_1	y_2	y_3	
x_1		$\frac{1}{8}$		
x_2	$\frac{1}{8}$			
$P(Y=y_j)=p_{\cdot j}$	$\frac{1}{6}$			1

13. 已知随机变量 X_1 和 X_2 的概率分布为

$$X_1\sim\begin{pmatrix}-1 & 0 & 1\\ \frac{1}{4} & \frac{1}{2} & \frac{1}{4}\end{pmatrix},X_2\sim\begin{pmatrix}0 & 1\\ \frac{1}{2} & \frac{1}{2}\end{pmatrix},$$

而且 $P(X_1X_2=0)=1$.

(1) 求 X_1 和 X_2 的联合分布;

(2) 问 X_1 和 X_2 是否独立?为什么?

14. 设随机变量 X 与 Y 相互独立,且都服从$(-b,b)$上的均匀分布,求方程 $t^2+tX+Y=0$ 有实根的概率.

15. 已知随机变量 X 和 Y 的联合概率分布如下所示. 试求:(1) X 的概率分布;(2) $X+Y$ 的概率分布.

(x,y)	$(0,0)$	$(0,1)$	$(1,0)$	$(1,1)$	$(2,0)$	$(2,1)$
$P(X=x,Y=y)$	0.10	0.15	0.25	0.20	0.15	0.15

16. 设 X 与 Y 为独立同分布的离散型随机变量,其概率分布列为 $P(X=n)=P(Y=n)=1/2^n(n=1,$

2,…),求 $X+Y$ 的分布列.

17. 设 X,Y 是相互独立的随机变量,它们都服从参数为 n,p 的二项分布,证明:$Z=X+Y$ 服从参数为 $2n,p$ 的二项分布.

18. 设随机变量 X,Y 相互独立,其概率密度分别为

$$f_X(x)=\begin{cases}1, & 0\leqslant x\leqslant 1,\\ 0, & \text{其他};\end{cases}\qquad f_Y(y)=\begin{cases}e^{-y}, & y>0,\\ 0, & y\leqslant 0.\end{cases}$$

求 $X+Y$ 的概率密度.

19. 在例4.5.6中,若系统 L_1 与 L_2 按图4.11联结,即当系统 L_1 损坏时,系统 L_2 开始工作,求系统 L 的寿命 Z 的概率密度.

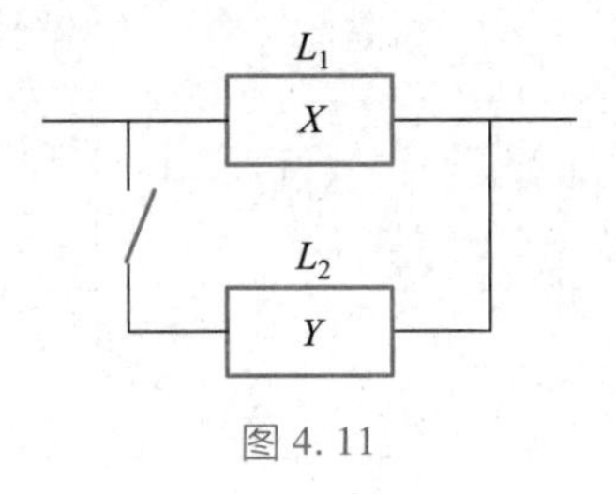

图4.11

20. 设二维随机变量 (X,Y) 的概率密度

$$f(x,y)=\begin{cases}3x, & 0<y<x,0<x<1,\\ 0, & \text{其他}.\end{cases}$$

求 $Z=X-Y$ 的概率密度.

21. 设二维随机变量 (X,Y) 的概率密度

$$f(x,y)=\frac{1}{2\pi\sigma^2}e^{-\frac{x^2+y^2}{2\sigma^2}}\quad(-\infty<x,y<+\infty),$$

求 $Z=X^2+Y^2$ 的概率密度.

22. 设随机变量 X 与 Y 独立,$X\sim N(\mu,\sigma^2)$,$Y\sim U[-\pi,\pi]$,试求 $Z=X+Y$ 的概率密度.

23. 设二维随机变量 (X,Y) 的概率密度

$$f(x,y)=\begin{cases}2e^{-(x+2y)}, & x>0,y>0,\\ 0, & \text{其他}.\end{cases}$$

求 $Z=X+2Y$ 的分布函数.

24. 设二维随机变量 (X,Y) 在矩形 $G=\{(x,y)\mid 0\leqslant x\leqslant 2,0\leqslant y\leqslant 1\}$ 上服从均匀分布,试求边长为 X 和 Y 的矩形面积 S 的概率密度 $f(s)$.

25. 设 X 和 Y 为两个随机变量,且 $P(X\geqslant 0,Y\geqslant 0)=3/7$,$P(X\geqslant 0)=P(Y\geqslant 0)=4/7$,求 $P(\max\{X,Y\}\geqslant 0)$.

26. 设 ξ,η 是相互独立且服从同一分布的两个随机变量. 已知 ξ 的分布列 $P(\xi=i)=1/3(i=1,2,3)$,又设 $X=\max\{\xi,\eta\}$,$Y=\min\{\xi,\eta\}$,试写出二维随机变量 (X,Y) 的分布列及边缘分布列,并求 $P(\xi=\eta)$.

27. 假设一电路装有三个同种电器元件,其工作状态相互独立,且无故障工作时间都服从参数为 $\lambda>0$ 的指数分布. 当三个元件都无故障时,电路正常工作,否则整个电路不能正常工作. 试求电路正常工作的时间 T 的分布.

28. 设随机变量 X_1,X_2,X_3,X_4 独立同分布:$P(X_i=0)=0.6$,$P(X_i=1)=0.4(i=1,2,3,4)$. 求行列式

$$X=\begin{vmatrix}X_1 & X_2\\ X_3 & X_4\end{vmatrix}$$

的概率分布.

29. 设 A,B 为两个随机事件,且 $P(A)=\frac{1}{4}$,$P(B\mid A)=\frac{1}{3}$,$P(A\mid B)=\frac{1}{2}$. 令

$$X=\begin{cases}1, & A\text{发生},\\ 0, & A\text{不发生},\end{cases}\qquad Y=\begin{cases}1, & B\text{发生},\\ 0, & B\text{不发生}.\end{cases}$$

求:(1) 二维随机变量 (X,Y) 的概率分布;

(2) $Z=X^2+Y^2$ 的概率分布.

30. 设随机变量 X 和 Y 的联合分布是正方形域 $G=\{(x,y)\mid 1\leqslant x\leqslant 3,1\leqslant y\leqslant 3\}$ 上的均匀分布,试求随机变量 $Z=|X-Y|$ 的概率密度.

31. 设二维随机变量 (X,Y) 的概率密度

$$f(x,y)=\begin{cases}1, & 0<x<1,0<y<2x,\\ 0, & \text{其他}.\end{cases}$$

求:(1) (X,Y) 的边缘概率密度 $f_X(x)$,$f_Y(y)$;

(2) $Z=2X-Y$ 的概率密度 $f_Z(z)$;

(3) $P\left(Y\leqslant\frac{1}{2}\,\middle|\,X\leqslant\frac{1}{2}\right)$.

*32. 设随机变量 X 与 Y 独立，其中 X 的分布列为

X	1	2
P	0.3	0.7

而 Y 的概率密度为 $f_Y(y)$，求随机变量 $Z=X+Y$ 的密度函数 $f_Z(z)$.

33. 设二维随机变量 (X,Y) 的概率密度

$$f(x,y)=\begin{cases} x\mathrm{e}^{-y}, & 0<x<y, \\ 0, & \text{其他}. \end{cases}$$

求：(1) $Z=X+Y$ 的概率密度；(2) $M=\max\{X,Y\}$ 和 $N=\min\{X,Y\}$ 的概率密度.

34. 设随机变量 X 服从参数为 λ 的指数分布，求随机变量 $Y=\min\{X,2\}$ 的分布函数.

35. 在第 7 题中，求条件概率密度.

36. 设随机变量 X 关于随机变量 Y 的条件概率密度

$$f_{X|Y}(x\mid y)=\begin{cases} 3x^2/y^3, & 0<x<y, \\ 0, & \text{其他}. \end{cases}$$

而 Y 的概率密度

$$f_Y(y)=\begin{cases} 5y^4, & 0<y<1, \\ 0, & \text{其他}. \end{cases}$$

求 $P(X>1/2)$.

37. 设随机变量 $X\sim U(0,1)$，在 $X=x\,(0<x<1)$ 的条件下，随机变量 Y 在区间 $(0,x)$ 上服从均匀分布，求：

(1) 随机变量 X 和 Y 的联合概率密度；

(2) Y 的概率密度；

(3) $P(X+Y>1)$.

测验题 4

参考答案

第5章

随机变量的数字特征与极限定理

在前两章中,我们看到随机变量的概率分布(分布函数或分布列和概率密度)能够完整地描述随机变量的统计规律.但是在许多实际问题中,求概率分布并不容易;另一方面,有时不需要知道随机变量的概率分布,而只需要知道它的某些数字特征就够了.数字特征虽然不像概率分布那样完整地描述了随机变量的统计规律,但它能较集中地反映随机变量的某些统计特性,而且许多重要分布中的参数都与数字特征有关,因而它在概率论与数理统计中占有重要地位.本章将要介绍的数字特征有:数学期望、方差、协方差、相关系数和矩.

概率论中最重要的理论成果是极限定理.在这些定理中,尤为重要的是大数定律和中心极限定理这两类极限定理.本章仅介绍其中最基本的几个定理.

5.1 数学期望

5.1.1 离散型随机变量的数学期望

在这一节,将要根据随机变量的分布确定一个数值,它反映随机变量取值的“平均值”.随着试验的重复进行,随机变量可以取各种不同的值,是带有随机波动性的.但是人们发现和事件频率的稳定性很相似,在大量重复试验中,随机变量取值的算术平均值也具有稳定性,即它围绕着某一常数做微小的摆动,而且一般说来,试验次数越大,摆动幅度越小. 我们自然认为该常数是随机变量取值的“平均值”.

下面用例子来说明.

设某车间有 M 台机床,每天工作的机床台数是个随机变量 Z. 对 Z 进行 N 天观察,设事件“$Z=0$”“$Z=1$”…“$Z=M$”出现的频数分别为 $m_0,m_1,\cdots,m_M(m_0+m_1+\cdots+m_M=N)$,那么此车间在 N 天中工作的机床台数的算术平均值

$$\overline{n}=\frac{\sum_{k=0}^{M}km_k}{N}=\sum_{k=0}^{M}k\frac{m_k}{N}. \tag{5.1}$$

显然,m_k/N 为“$Z=k$”在 N 天观察中出现的频率,即

$$f_N(Z=k)=m_k/N \quad (k=0,1,\cdots,M).$$

由于当 N 增大时,频率 $f_N(Z=k)$ 逐渐稳定于概率值 $P(Z=k)=p_k(k=0,1,\cdots,M)$,因而当 N 增大时,算术平均值 $\overline{n}$ 必逐渐稳定于数值 $\sum_{k=0}^{M}kp_k$,即有

$$\overline{n}=\sum_{k=0}^{M}k\frac{m_k}{N}\approx\sum_{k=0}^{M}kp_k. \tag{5.2}$$

$\overline{n}$ 是随试验结果而变的,而上式右端是个常数,不随试验结果而改变,它描述了 $\overline{n}$ 的理论值(真正的平均值),我们将称它为 Z 的**数学期望**. 对离散型随机变量的数学期望,一般定义如下:

定义 5.1.1 设离散型随机变量 X 的分布列

$$P(X=x_i)=p_i \quad (i=1,2,\cdots).$$

若级数 $\sum_{i=1}^{\infty}x_ip_i$ 绝对收敛,即 $\sum_{i=1}^{\infty}|x_i|p_i<+\infty$, 则称 $\sum_{i=1}^{\infty}x_ip_i$ 为 X 的**数学期望**或**均值**,记为 $E(X)$,即

$$E(X)=\sum_{i=1}^{\infty}x_ip_i. \tag{5.3}$$

当 $\sum_{i=1}^{\infty}|x_i|p_i$ 发散时,称 X 的数学期望不存在.

例如:$P(X=(-1)^i i)=\frac{1}{i(i+1)} \quad (i=1,2,\cdots)$,而 $\sum_{i=1}^{\infty}\left|(-1)^i i\frac{1}{i(i+1)}\right|$ 发散,所以 X 的数学期望不存在.

定义 5.1.1 中的绝对收敛条件是为了保证式(5.3)不受求和次

序的改变而影响其和的值.

如果把 $x_1,x_2,\cdots,x_i,\cdots$ 看成 x 轴上质点的坐标,而 $p_1,p_2,\cdots,p_i,\cdots$ 看成相应质点的质量,质量总和为 $\sum_{i=1}^{\infty} p_i=1$,则式(5.3)表示质点系的重心坐标.

下面来计算一些常用的离散型随机变量的数学期望.

例 5.1.1(0—1 分布)　设随机变量 X 的分布列

X	0	1
P	$1-p$	p

求 $E(X)$.

解　$E(X)=0\cdot(1-p)+1\cdot p=p.$

由 3.1 节可知,事件 A 的示性函数 I_A 服从 0—1 分布:

I_A	0	1
P	$1-P(A)$	$P(A)$

故 $E(I_A)=P(A)$,即任意事件的示性函数的数学期望等于它的概率.

例 5.1.2(二项分布)　设随机变量 X 的分布列

$$P(X=k)=\mathrm{C}_n^k p^k q^{n-k}\quad(k=0,1,2,\cdots,n).$$

求 $E(X)$.

解

$$\begin{aligned}E(X)&=\sum_{k=0}^{n} k\mathrm{C}_n^k p^k q^{n-k}\\&=\sum_{k=0}^{n} k\frac{n(n-1)(n-2)\cdots[n-(k-1)]}{k!}p^k q^{n-k}\\&=np\sum_{k=1}^{n}\frac{(n-1)(n-2)\cdots[n-1-(k-2)]}{(k-1)!}p^{k-1}q^{n-1-(k-1)}\\&=np\sum_{k-1=0}^{n-1}\mathrm{C}_{n-1}^{k-1}p^{k-1}q^{n-1-(k-1)}\\&=np(p+q)^{n-1}=np.\end{aligned}\tag{5.4}$$

例 5.1.3(泊松分布)　设随机变量 X 的分布列

$$P(X=k)=\frac{\lambda^k}{k!}\mathrm{e}^{-\lambda}\quad(k=0,1,2,\cdots),$$

求 $E(X)$.

解

$$E(X)=\sum_{k=0}^{\infty}k\frac{\lambda^k}{k!}e^{-\lambda}=\lambda e^{-\lambda}\sum_{k=1}^{\infty}\frac{\lambda^{k-1}}{(k-1)!}=\lambda e^{-\lambda}\cdot e^{\lambda}=\lambda. \tag{5.5}$$

由此看出,泊松分布的参数 λ 就是相应随机变量 X 的数学期望.

若随机变量 X 服从几何分布 $G(p)$,则 $E(X)=\frac{1}{p}$.(留作习题.)

5.1.2 连续型随机变量的数学期望

对以 $f(x)$ 为概率密度的连续型随机变量 X 而言,值 x 和 $f(x)\mathrm{d}x$ 分别相当于离散型随机变量情况下的“x_i”和“p_i”,故由式(5.3)可知,连续型随机变量的数学期望可定义如下:

定义 5.1.2 设 X 为连续型随机变量,其概率密度为 $f(x)$. 若积分 $\int_{-\infty}^{+\infty}xf(x)\mathrm{d}x$ 绝对收敛,即 $\int_{-\infty}^{+\infty}|x|f(x)\mathrm{d}x<+\infty$,则称积分 $\int_{-\infty}^{+\infty}xf(x)\mathrm{d}x$ 为 X 的**数学期望**或**均值**,记为 $E(X)$,即

$$E(X)=\int_{-\infty}^{+\infty}xf(x)\mathrm{d}x. \tag{5.6}$$

$E(X)$ 的物理意义,可理解为质量密度为 $f(x)$ 的一维连续质点系的重心坐标.

下面计算一些常用的连续型随机变量的数学期望.

例 5.1.4(均匀分布) 设随机变量 X 的概率密度

$$f(x)=\begin{cases}\frac{1}{b-a}, & a\leqslant x\leqslant b,\\ 0, & \text{其他},\end{cases}$$

求 $E(X)$.

解

$$E(X)=\int_{-\infty}^{+\infty}xf(x)\mathrm{d}x=\int_a^b\frac{x}{b-a}\mathrm{d}x=\frac{a+b}{2}. \tag{5.7}$$

这个结果是可以预料的,因为 X 在 $[a,b]$ 上均匀分布,它取值的平均值当然应该是 $[a,b]$ 的中点.

例 5.1.5(指数分布) 设随机变量 X 的概率密度

$$f(x)=\begin{cases}\lambda e^{-\lambda x}, & x>0,\\ 0, & \text{其他},\end{cases}$$

其中 $\lambda>0$,求 $E(X)$.

解

$$E(X)=\int_{-\infty}^{+\infty} xf(x)\mathrm{d}x=\int_{0}^{+\infty} x\lambda \mathrm{e}^{-\lambda x}\mathrm{d}x$$

$$=-\int_{0}^{+\infty} x\mathrm{d}\mathrm{e}^{-\lambda x}=\int_{0}^{+\infty} \mathrm{e}^{-\lambda x}\mathrm{d}x=\frac{1}{\lambda}.$$

例 5.1.6（正态分布）　设 $X\sim N(\mu,\sigma^2)$，求 $E(X)$.

解

$$E(X)=\int_{-\infty}^{+\infty} x\frac{1}{\sigma\sqrt{2\pi}}\mathrm{e}^{-\frac{(x-\mu)^2}{2\sigma^2}}\mathrm{d}x \xlongequal{令\ t=\frac{x-\mu}{\sigma}} \int_{-\infty}^{+\infty}\frac{\mu+\sigma t}{\sqrt{2\pi}}\mathrm{e}^{-\frac{t^2}{2}}\mathrm{d}t$$

$$=\frac{\mu}{\sqrt{2\pi}}\int_{-\infty}^{+\infty}\mathrm{e}^{-\frac{t^2}{2}}\mathrm{d}t+\frac{\sigma}{\sqrt{2\pi}}\int_{-\infty}^{+\infty} t\mathrm{e}^{-\frac{t^2}{2}}\mathrm{d}t=\mu. \tag{5.8}$$

故正态分布中的参数 μ 表示相应随机变量 X 的数学期望.

例 5.1.7（柯西（Cauchy）分布）　设随机变量 X 的概率密度

$$f(x)=\frac{1}{\pi}\frac{1}{1+x^2}\quad(-\infty<x<+\infty),$$

求 $E(X)$.

解　由于

$$\int_{-\infty}^{+\infty}|x|\frac{\mathrm{d}x}{\pi(1+x^2)}=2\int_{0}^{+\infty}\frac{x\mathrm{d}x}{\pi(1+x^2)}=\frac{1}{\pi}\ln(1+x^2)\Big|_0^{+\infty}=+\infty,$$

故 $E(X)$ 不存在.

5.1.3　随机变量函数的数学期望

关于一维随机变量函数的数学期望，给出下面的定理：

定理 5.1.1　设 $Y=g(X)$，$g(x)$ 是连续函数.

（i）若 X 是离散型随机变量，其分布列 $P(X=x_i)=p_i(i=1,2,\cdots)$，且 $\sum_{i=1}^{\infty}|g(x_i)|p_i<+\infty$，则

$$E(Y)=E[g(X)]=\sum_{i=1}^{\infty}g(x_i)p_i; \tag{5.9}$$

（ii）若 X 是连续型随机变量，其概率密度为 $f_X(x)$，且 $\int_{-\infty}^{+\infty}|g(x)|f_X(x)\mathrm{d}x<+\infty$，则

$$E(Y)=E[g(X)]=\int_{-\infty}^{+\infty}g(x)f_X(x)\mathrm{d}x. \tag{5.10}$$

证略.

根据定理 5.1.1 可知,当求 $Y=g(X)$ 的数学期望时,不必知道 Y 的分布,只需知道 X 的分布就可以了.

例 5.1.8 设随机变量 X 的概率密度

$$f(x)=\begin{cases}\dfrac{2x}{\pi^2}, & 0\leqslant x\leqslant \pi,\\ 0, & \text{其他},\end{cases}$$

求 $E(\sin X)$.

解

$$\begin{aligned}E(\sin X)&=\int_{-\infty}^{+\infty}\sin x\cdot f(x)\,\mathrm{d}x\\&=\int_0^{\pi}\sin x\cdot\frac{2x}{\pi^2}\mathrm{d}x=\frac{2}{\pi^2}\int_0^{\pi}x\sin x\,\mathrm{d}x=\frac{2}{\pi}.\end{aligned}$$

当然,也可先求出 $Y=\sin X$ 的概率密度 $f_Y(y)$,再由 $E(Y)=\int_{-\infty}^{+\infty}yf_Y(y)\,\mathrm{d}y$ 求出 $E(\sin X)$. 不过,这样计算要麻烦得多,读者可试试.

例 5.1.9 设在国际市场上每年对我国某种出口商品的需求量是随机变量 X(单位:t),它在[2 000,4 000]上是服从均匀分布的,又设每售出这种商品 1 t,可为国家挣得外汇 3 万元,但假如销售不出而囤积于仓库,则每吨需浪费保养费 1 万元. 问需要组织多少货源,才能使国家收益最大.

解 设 y 为预备出口的该商品的数量,这个数量可只考虑介于 2 000 与 4 000 之间的情况(因 X 在[2 000,4 000]上服从均匀分布). 用 Z 表示国家的收益(单位:万元),则由题设可得

$$Z=g(X)=\begin{cases}3y, & X\geqslant y,\\ 3X-(y-X), & X<y.\end{cases}$$

下面求 $E(Z)$,并求使 $E(Z)$ 达到最大的 y 值.

$$\begin{aligned}E(Z)&=\int_{-\infty}^{+\infty}g(x)f_X(x)\,\mathrm{d}x\\&=\int_{2\,000}^{y}(4x-y)\frac{1}{2\,000}\mathrm{d}x+\int_{y}^{4\,000}3y\frac{1}{2\,000}\mathrm{d}x\\&=-\frac{1}{1\,000}(y^2-7\,000y+4\cdot 10^6)\\&=-\frac{1}{1\,000}[(y-3\,500)^2-(3\,500^2-4\cdot 10^6)].\end{aligned}$$

故当 $y=3\,500$ 时,$E(Z)$ 达到最大值 8 250. 因此,组织 3 500 t 此种商品是最佳的决策.

定理 5.1.1 还可推广到二维及二维以上的随机变量函数的情况. 以二维随机变量函数 $Z=g(X,Y)$ 为例,有下面的定理:

定理 5.1.2 设 $Z=g(X,Y)$, $g(x,y)$ 为连续函数.

(i) 若(X,Y)是二维离散型随机变量,其分布列 $P(X=x_i,Y=y_i)=p_{ij}(i,j=1,2,\cdots)$,且

$$\sum_{i=1}^{\infty}\sum_{j=1}^{\infty}|g(x_i,y_j)|p_{ij}<+\infty,$$

则

$$E(Z)=E[g(X,Y)]=\sum_{i=1}^{\infty}\sum_{j=1}^{\infty}g(x_i,y_j)p_{ij};\qquad(5.11)$$

(ii) 若(X,Y)是二维连续型随机变量,其概率密度为 $f(x,y)$,且

$$\int_{-\infty}^{+\infty}\int_{-\infty}^{+\infty}|g(x,y)|f(x,y)\mathrm{d}x\mathrm{d}y<+\infty,$$

则

$$E(Z)=E[g(X,Y)]=\int_{-\infty}^{+\infty}\int_{-\infty}^{+\infty}g(x,y)f(x,y)\mathrm{d}x\mathrm{d}y.\qquad(5.12)$$

证略.

从式(5.12)可以得到由(X,Y)的概率密度 $f(x,y)$ 求 X 与 Y 的数学期望公式:

$$E(X)=\int_{-\infty}^{+\infty}\int_{-\infty}^{+\infty}xf(x,y)\mathrm{d}x\mathrm{d}y,$$

$$E(Y)=\int_{-\infty}^{+\infty}\int_{-\infty}^{+\infty}yf(x,y)\mathrm{d}x\mathrm{d}y.\qquad(5.13)$$

例 5.1.10 设 X,Y 是相互独立的随机变量,且都服从 $N(0,1)$ 分布,求 $E(\sqrt{X^2+Y^2})$.

解 由式(5.12),

$$E(\sqrt{X^2+Y^2})=\int_{-\infty}^{+\infty}\int_{-\infty}^{+\infty}\sqrt{x^2+y^2}\frac{1}{2\pi}\mathrm{e}^{-\frac{x^2+y^2}{2}}\mathrm{d}x\mathrm{d}y$$

$$=\int_0^{2\pi}\mathrm{d}\theta\int_0^{+\infty}\rho\frac{1}{2\pi}\mathrm{e}^{-\frac{\rho^2}{2}}\rho\mathrm{d}\rho=\frac{\sqrt{2\pi}}{2}.$$

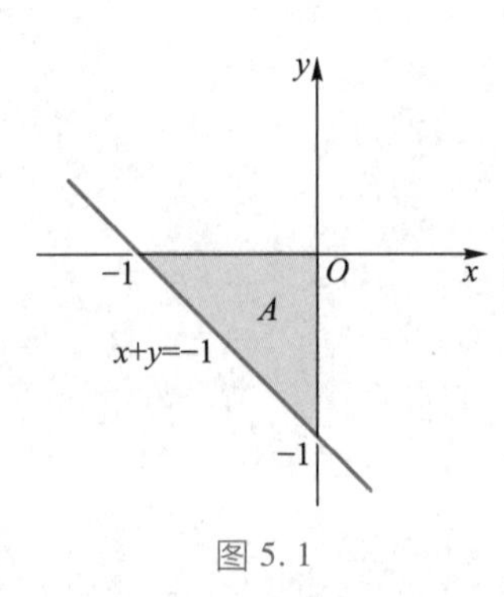

图 5.1

例 5.1.11 设二维随机变量(X,Y)在区域 A 上服从均匀分布,其中 A 为 x 轴、y 轴和直线 $x+y+1=0$ 所围成的区域(图 5.1),求 $E(X)$, $E(-3X+2Y)$, $E(XY)$.

解 (X,Y)的概率密度

$$f(x,y)=\begin{cases}2, & (x,y)\in A,\\ 0, & \text{其他}.\end{cases}$$

由式(5.12)得

$$E(X)=\int_{-1}^{0}\mathrm{d}x\int_{-x-1}^{0}x\cdot 2\mathrm{d}y=-\frac{1}{3},$$

$$E(-3X+2Y)=\int_{-1}^{0}\mathrm{d}x\int_{-x-1}^{0}(-3x+2y)2\mathrm{d}y=\frac{1}{3},$$

$$E(XY)=\int_{-1}^{0}\mathrm{d}x\int_{-x-1}^{0}xy\cdot 2\mathrm{d}y=\frac{1}{12}.$$

5.1.4 数学期望的性质

(i) $E(C)=C$,C 为常数;

(ii) $E(CX)=CE(X)$,C 为常数;

(iii) $E(X_1+X_2+\cdots+X_n)=E(X_1)+E(X_2)+\cdots+E(X_n)$;

(iv) 如果 $X_1,X_2,\cdots,X_n$ 相互独立,则

$$E(X_1X_2\cdots X_n)=E(X_1)E(X_2)\cdots E(X_n). \tag{5.14}$$

在上面的性质中,均假设数学期望是存在的.

证 由于积分知识所限,本书中只能分别对离散型和连续型随机变量的情形给出数学期望的定义及其性质的证明.

(i) 将 C 看成一个离散型随机变量,有分布列 $P(C=C)=1$. 于是,由式(5.3)得 $E(C)=C$.

(ii) 设 X 为连续型随机变量,概率密度为 $f(x)$. 在式(5.10)中令 $g(X)=CX$,则得

$$E(CX)=\int_{-\infty}^{+\infty}Cxf(x)\mathrm{d}x=C\int_{-\infty}^{+\infty}xf(x)\mathrm{d}x=CE(X).$$

离散型随机变量的情况,请读者自证.

(iii) 仅对 $n=2$ 的情况给出证明,一般情况下不难利用数学归纳法推得.

先考虑连续型随机变量的情况.

设 (X_1,X_2) 为二维连续型随机变量,概率密度为 $f(x_1,x_2)$,则由式(5.12)和式(5.13)立即可得

$$\begin{aligned}E(X_1+X_2)&=\int_{-\infty}^{+\infty}\int_{-\infty}^{+\infty}(x_1+x_2)f(x_1,x_2)\mathrm{d}x_1\mathrm{d}x_2\\&=\int_{-\infty}^{+\infty}\int_{-\infty}^{+\infty}x_1f(x_1,x_2)\mathrm{d}x_1\mathrm{d}x_2+\int_{-\infty}^{+\infty}\int_{-\infty}^{+\infty}x_2f(x_1,x_2)\mathrm{d}x_1\mathrm{d}x_2\\&=E(X_1)+E(X_2).\end{aligned}$$

下面考虑离散型随机变量的情况.

设(X_1,X_2)为二维离散型随机变量,分布列$P(X_1=x_{1i},X_2=x_{2j})=p_{ij}(i,j=1,2,\cdots)$,由式(5.11)可得

$$E(X_1+X_2)=\sum_{i=1}^{\infty}\sum_{j=1}^{\infty}(x_{1i}+x_{2j})p_{ij}=\sum_{i=1}^{\infty}\sum_{j=1}^{\infty}x_{1i}p_{ij}+\sum_{i=1}^{\infty}\sum_{j=1}^{\infty}x_{2j}p_{ij}$$

$$=\sum_{i=1}^{\infty}x_{1i}p_{i\cdot}+\sum_{j=1}^{\infty}x_{2j}p_{\cdot j}=E(X_1)+E(X_2).$$

(iv) 仅对两个连续型随机变量的情况给出证明,离散型情况留给读者自证.

设X_1,X_2为连续型的相互独立的随机变量,概率密度分别为$f_1(x_1),f_2(x_2)$.于是,由式(4.21)得

$$f(x_1,x_2)=f_1(x_1)f_2(x_2),$$

其中$f(x_1,x_2)$为二维随机变量(X_1,X_2)的概率密度.从而,由式(5.12)得到

$$E(X_1X_2)=\int_{-\infty}^{+\infty}\int_{-\infty}^{+\infty}x_1x_2f(x_1,x_2)\mathrm{d}x_1\mathrm{d}x_2$$

$$=\int_{-\infty}^{+\infty}\int_{-\infty}^{+\infty}x_1x_2f_1(x_1)f_2(x_2)\mathrm{d}x_1\mathrm{d}x_2$$

$$=\int_{-\infty}^{+\infty}x_1f_1(x_1)\mathrm{d}x_1\int_{-\infty}^{+\infty}x_2f_2(x_2)\mathrm{d}x_2$$

$$=E(X_1)E(X_2).$$

下面举几个应用上述性质的例子.

例5.1.12(续例5.1.2) 设$X\sim B(n,p)$,求$E(X)$.

解 在例5.1.2中已经直接用数学期望的定义求得了$E(X)=np$.现在利用数学期望的性质(iii)来求.

设在n重伯努利试验中成功的次数为Y,而在每次试验中成功的概率为p,则Y与X有相同的分布,从而有相同的数学期望.若设X_i表示在第i次伯努利试验中成功的次数,则$X_i(i=1,2,\cdots,n)$有分布列

X_i	0	1
P	$1-p$	p

且

$$Y=\sum_{i=1}^{n}X_i.$$

由X_i的分布列,知$E(X_i)=p$,于是由数学期望的性质(iii)得到

$$E(X)=E(Y)=\sum_{i=1}^{n}E(X_i)=np.$$

与例 5.1.2 中的求法比较,可见本例的求法简单得多.

例 5.1.13 r 个人在楼的底层进入电梯,楼上有 n 层,每个乘客在任一层下电梯的概率是相同的. 若到某一层无乘客下电梯,电梯就不停车,求直到乘客都下完时电梯停车次数 X 的数学期望.

解 设 X_i 表示在第 i 层电梯停车的次数,则

$$X_i=\begin{cases}0, & \text{第 } i \text{ 层没有人下电梯},\\ 1, & \text{第 } i \text{ 层有人下电梯},\end{cases}\quad i=1,2,\cdots,n.$$

易见

$$X=\sum_{i=1}^{n}X_i,\quad \text{且}\quad E(X)=\sum_{i=1}^{n}E(X_i).$$

下面求 X_i 的分布列($i=1,2,\cdots,n$).

由于每个人在任一层下电梯的概率均为$\frac{1}{n}$,故 r 个人同时不在第 i 层下电梯的概率为$\left(1-\frac{1}{n}\right)^r$,即

$$P(X_i=0)=\left(1-\frac{1}{n}\right)^r.$$

从而

$$P(X_i=1)=1-\left(1-\frac{1}{n}\right)^r.$$

于是

$$E(X_i)=0\cdot\left(1-\frac{1}{n}\right)^r+1\cdot\left[1-\left(1-\frac{1}{n}\right)^r\right]=1-\left(1-\frac{1}{n}\right)^r\quad(i=1,2,\cdots,n),$$

$$E(X)=\sum_{i=1}^{n}E(X_i)=n\left[1-\left(1-\frac{1}{n}\right)^r\right].$$

在此例中,把一个比较复杂的随机变量 X 拆成 n 个比较简单的随机变量 X_i 的和,然后通过这些比较简单的随机变量的数学期望,根据数学期望的性质(iii)求得了 X 的数学期望. 这是概率论中常采用的方法.

例 5.1.14 对 N 个人进行验血,有两种方案:(1)对每人的血液逐个化验,共需进行 N 次化验. (2)将采集的每个人的血分成两份,然后取出其中的一份,按 k 人一组混合后进行化验(设 N 为

k 的倍数). 若呈阴性反应,则认为 k 个人的血都是阴性反应,这时 k 个人的血只要化验一次;如果混合血液呈阳性反应,则需对 k 个人的另一份血液逐个进行化验,这时 k 个人的血总共要化验 $k+1$ 次. 假设所有人的血液呈阳性反应的概率都是 p,且各次化验结果是相互独立的,试说明适当选取 k 可使第二个方案减少化验次数.

解 设 X 表示第二种方案下的总化验次数,X_i 表示第 i 个分组的化验次数($i=1,2,\cdots,N/k$),则

$$X=\sum_{i=1}^{N/k} X_i,\quad E(X)=\sum_{i=1}^{N/k} E(X_i). \tag{5.15}$$

$E(X)$表示第二种方案下总的平均化验次数,$E(X_i)$表示第 i 个组的平均化验次数. 下面先求 $E(X_i)$.

按照方案(2)的规定,X_i 可能取两个值:混合血液呈阴性时,$X_i=1$;呈阳性时,$X_i=k+1$. 因为“$X_i=1$”表示“组内 k 个人每个人的血液都是阴性”这一事件,又由于各次化验结果是相互独立的,所以

$$P(X_i=1)=qq\cdots q=q^k \quad (q=1-p),$$

$$P(X_i=k+1)=1-q^k.$$

于是

$$E(X_i)=q^k+(k+1)(1-q^k)=k+1-kq^k \quad (i=1,2,\cdots,N/k).$$

代入式(5.15)得

$$E(X)=\frac{N}{k}(k+1-kq^k)=N\left(1+\frac{1}{k}-q^k\right).$$

这就是第二种方案的平均化验次数. 由此可知,只要选 k 使 $1+\frac{1}{k}-q^k<1$,即$\frac{1}{k}<q^k$,就可使第二种方案减少化验次数. 当 q 已知时,若选 k 使 $f(k)=1+\frac{1}{k}-q^k$ 取最小值,就可使化验次数最少.

例如,当 $q=0.9$ 时,可以证明,选 $k=4$ 可使 $f(k)$ 最小,这时

$$E(X)=N\left(1+\frac{1}{4}-0.9^4\right)=0.593\ 9N.$$

故当 $q=0.9,k=4$ 时,第二种方案的化验次数比第一种方案平均减少 40%.

5.2 方　　差

5.2.1 方差的概念

数学期望反映了随机变量的平均值,它是一个很重要的数字特征. 但是,在某些场合下只知道平均值是不够的. 例如研究灯泡的质量时,人们不仅要知道灯泡寿命 X 的平均值 $E(X)$ 的大小,而且还要知道这些灯泡的寿命 X 离开 $E(X)$ 的平均偏离程度如何. 如果平均偏离很小,那么说明这批灯泡的寿命大部分接近它的均值,这也说明灯泡厂的生产是稳定的,这时,如果 $E(X)$ 比较大,那么灯泡的质量就是比较好的. 相反,如果 X 离开 $E(X)$ 的平均偏离很大,那么即使均值较大,生产质量也是有问题的. 再如在打靶比赛中,不但要求射击准确,而且还要求稳定. 如果某射手射击 10 次,虽有 7 次正中靶心,但是另外 3 次却打歪了,弹孔离靶心很远,甚至把子弹射到靶外,这就不能说明此人的射击技术很好.

用什么量来衡量这种平均偏离程度呢? 人们自然会想到采用 $|X-E(X)|$ 的平均值 $E|X-E(X)|$. 但是此式带有绝对值符号,运算不便,故采用 $(X-E(X))^2$ 的平均值 $E[X-E(X)]^2$ 来代替. 显然,$E[X-E(X)]^2$ 的大小是完全能够反映 X 离开 $E(X)$ 的平均偏离大小的. 这个值就称为 X 的方差. 定义如下:

定义 5.2.1　设 X 是一个随机变量. 若 $E[X-E(X)]^2$ 存在,则称 $E[X-E(X)]^2$ 是 X 的**方差**,记作 $D(X)$,即

$$D(X)=E[X-E(X)]^2. \tag{5.16}$$

同时,称 $\sqrt{D(X)}$ 是 X 的**标准差**或**均方差**,记作 σ_X,即

$$\sigma_X=\sqrt{D(X)}.$$

由于 σ_X 与 X 具有相同的量纲,故在实际问题中常被采用.

根据式(5.9)和式(5.10),对于离散型和连续型随机变量的方差可分别得到如下的表达式:

(i) 离散型的情况

$$D(X)=\sum_{i=1}^{\infty}[x_i-E(X)]^2p_i, \tag{5.17}$$

其中 $p_i=P(X=x_i)(i=1,2,\cdots)$ 为 X 的分布列;

(ii) 连续型的情况

$$D(X)=\int_{-\infty}^{+\infty}[x-E(X)]^2 f(x)\,\mathrm{d}x, \tag{5.18}$$

其中 $f(x)$ 为 X 的概率密度.

关于方差的计算,常利用如下的公式:

$$D(X)=E(X^2)-[E(X)]^2. \tag{5.19}$$

这个公式,可用数学期望的性质来证明.

证

$$\begin{aligned}D(X)&=E[X-E(X)]^2=E\{X^2-2XE(X)+[E(X)]^2\}\\&=E(X^2)-2E(X)\cdot E(X)+[E(X)]^2=E(X^2)-[E(X)]^2.\end{aligned}$$

例 5.2.1 设 X 的分布列

X	0	1
P	q	p

其中 $q=1-p$,求 $D(X)$.

解

$$E(X)=0\cdot q+1\cdot p=p,\quad E(X^2)=0^2\cdot q+1^2\cdot p=p.$$

由式(5.19)得

$$D(X)=p-p^2=p(1-p)=pq. \tag{5.20}$$

例 5.2.2 设 $X\sim P(\lambda)$,求 $D(X)$.

解 由式(5.5)知

$$E(X)=\sum_{k=0}^{\infty}k\frac{\lambda^k}{k!}\mathrm{e}^{-\lambda}=\lambda,$$

而

$$\begin{aligned}E(X^2)&=\sum_{k=0}^{\infty}k^2\frac{\lambda^k}{k!}\mathrm{e}^{-\lambda}=\sum_{k=0}^{\infty}(k^2-k)\frac{\lambda^k}{k!}\mathrm{e}^{-\lambda}+\sum_{k=0}^{\infty}k\frac{\lambda^k}{k!}\mathrm{e}^{-\lambda}\\&=\sum_{k=0}^{\infty}k(k-1)\frac{\lambda^k}{k!}\mathrm{e}^{-\lambda}+\lambda=\lambda^2\sum_{k-2=0}^{\infty}\frac{\lambda^{k-2}}{(k-2)!}\mathrm{e}^{-\lambda}+\lambda\\&=\lambda^2+\lambda,\end{aligned}$$

故由式(5.19)得到

$$D(X)=E(X^2)-[E(X)]^2=\lambda. \tag{5.21}$$

由此看出,泊松分布中的参数 λ,既是相应随机变量 X 的数学期望又是它的方差.

若 $X\sim G(p)$,则 $D(X)=\dfrac{1-p}{p^2}$.(留作习题.)

例 5.2.3 设 $X\sim U[a,b]$,求 $D(X)$.

解 由式(5.7)知,$E(X)=(a+b)/2$,而

$$E(X^2)=\int_a^b x^2\frac{\mathrm{d}x}{b-a}=\frac{a^2+ab+b^2}{3},$$

故

$$D(X)=E(X^2)-[E(X)]^2=\frac{(b-a)^2}{12}. \tag{5.22}$$

由此看出,在 $[a,b]$ 上服从均匀分布的随机变量的方差与区间长度的平方成正比.

例 5.2.4 设 X 服从参数为 λ 的指数分布,求 $D(X)$.

解 由例 5.1.5 知,$E(X)=1/\lambda$,而

$$E(X^2)=\int_0^{+\infty}x^2\lambda\mathrm{e}^{-\lambda x}\mathrm{d}x=-\int_0^{+\infty}x^2\mathrm{d}\mathrm{e}^{-\lambda x}=\int_0^{+\infty}2x\mathrm{e}^{-\lambda x}\mathrm{d}x=\frac{2}{\lambda^2},$$

故

$$D(X)=\frac{2}{\lambda^2}-\left(\frac{1}{\lambda}\right)^2=\frac{1}{\lambda^2}.$$

例 5.2.5 设 $X\sim N(\mu,\sigma^2)$,求 $D(X)$.

解 此题可以直接应用式(5.18)来计算.

$$D(X)=\int_{-\infty}^{+\infty}(x-\mu)^2\frac{1}{\sigma\sqrt{2\pi}}\mathrm{e}^{-\frac{(x-\mu)^2}{2\sigma^2}}\mathrm{d}x,$$

令 $\dfrac{x-\mu}{\sigma}=t$,则得

$$D(X)=\frac{\sigma^2}{\sqrt{2\pi}}\int_{-\infty}^{+\infty}t^2\mathrm{e}^{-\frac{t^2}{2}}\mathrm{d}t=\frac{\sigma^2}{\sqrt{2\pi}}\left\{\left[-t\mathrm{e}^{-\frac{t^2}{2}}\right]_{-\infty}^{+\infty}+\int_{-\infty}^{+\infty}\mathrm{e}^{-\frac{t^2}{2}}\mathrm{d}t\right\}$$

$$=\frac{\sigma^2}{\sqrt{2\pi}}\int_{-\infty}^{+\infty}\mathrm{e}^{-\frac{t^2}{2}}\mathrm{d}t=\sigma^2. \tag{5.23}$$

由式(5.8)及式(5.23)可知,正态分布中的参数 μ 和 σ^2 分别表示相应随机变量 X 的数学期望和方差.

5.2.2 方差的性质

(i) $D(C)=0$,C 为常数;

(ii) $D(CX)=C^2D(X)$,C 为常数;

(iii) 若 $X_1,X_2,\cdots,X_n$ 相互独立,则

$$D(X_1+X_2+\cdots+X_n)=D(X_1)+D(X_2)+\cdots+D(X_n); \tag{5.24}$$

(iv) 若 X,Y 相互独立,则

$$D(XY)=D(X)D(Y)+D(X)[E(Y)]^2+D(Y)[E(X)]^2;$$

(v) $D(X)=0$ 的充要条件是 X 取某一常数值 a 的概率为 1,即

$$P(X=a)=1,\quad a=E(X).$$

在上面的性质中,均假设方差是存在的.

证 (i)

$$D(C)=E[C-E(C)]^2=E(C-C)^2=0.$$

(ii)

$$\begin{aligned}D(CX)&=E[(CX)^2]-[E(CX)]^2=C^2E(X^2)-C^2[E(X)]^2\\&=C^2\{E(X^2)-[E(X)]^2\}=C^2D(X).\end{aligned}$$

(iii) 仅对 $n=2$ 的情况给出证明,对一般情况,证法相同.

$$\begin{aligned}D(X_1+X_2)&=E[(X_1+X_2)-E(X_1+X_2)]^2\\&=E\{[X_1-E(X_1)]+[X_2-E(X_2)]\}^2\\&=E[X_1-E(X_1)]^2+E[X_2-E(X_2)]^2+\\&\quad 2E\{[X_1-E(X_1)][X_2-E(X_2)]\}.\end{aligned} \tag{5.25}$$

又

$$\begin{aligned}&E\{[X_1-E(X_1)][X_2-E(X_2)]\}\\&=E[X_1X_2-X_1E(X_2)-X_2E(X_1)+E(X_1)E(X_2)]\\&=E(X_1X_2)-E(X_1)E(X_2).\end{aligned} \tag{5.26}$$

因 X_1 与 X_2 独立,故由式(5.14)可知

$$E(X_1X_2)=E(X_1)E(X_2).$$

于是由式(5.26)得

$$E\{[X_1-E(X_1)][X_2-E(X_2)]\}=0. \tag{5.27}$$

代入式(5.25)即得

$$D(X_1+X_2)=D(X_1)+D(X_2).$$

同理,若 X_1,X_2 相互独立,则

$$D(X_1-X_2)=D(X_1)+D(X_2).$$

(iv) 因 X 与 Y 相互独立,故由式(5.19)可得

$$\begin{aligned}D(XY)&=E[(XY)^2]-[E(XY)]^2\\&=E(X^2)E(Y^2)-[E(X)]^2[E(Y)]^2-[E(X)]^2E(Y^2)+[E(X)]^2E(Y^2)\\&=D(X)E(Y^2)+D(Y)[E(X)]^2-D(X)[E(Y)]^2+D(X)[E(Y)]^2\\&=D(X)D(Y)+D(X)[E(Y)]^2+D(Y)[E(X)]^2.\end{aligned}$$

(v) 证略.

应用方差的性质计算方差,常能使运算简化,见下例.

例 5.2.6 设 $X \sim B(n,p)$,求 $D(X)$.

解 与例 5.1.12 的解法一样,设 Y 为 n 重伯努利试验中成功的次数,每次试验中成功的概率为 p,令 X_i 表示第 i 次伯努利试验中成功的次数,则 $X_i(i=1,2,\cdots,n)$ 的分布列为

X_i	0	1
P	q	p

其中 $q=1-p$. 又由式(5.20)可知

$$D(X_i)=pq \quad (i=1,2,\cdots,n).$$

显然,Y 可用 $X_i(i=1,2,\cdots,n)$ 表示如下:

$$Y=\sum_{i=1}^{n} X_i.$$

由于 $X_1,X_2,\cdots,X_n$ 相互独立,故由方差性质(iii),得

$$D(X)=D(Y)=\sum_{i=1}^{n} D(X_i)=npq.$$

此题若用式(5.17)直接计算,则比较麻烦.

现将七种常用分布及其数学期望和方差列表如下(表 5.1):

表 5.1 七种常用分布表

分布	分布列或概率密度	数学期望	方差
0—1 分布 $B(1,p)$	$P(X=k)=p^k q^{1-k}(k=0,1)$, $0<p<1,p+q=1$.	p	pq
二项分布 $B(n,p)$	$P(X=k)=C_n^k p^k q^{n-k}(k=0,1,\cdots,n)$, $0<p<1,p+q=1$.	np	npq
泊松分布 $P(\lambda)$	$P(X=k)=\frac{\lambda^k}{k!}e^{-\lambda}(k=0,1,2,\cdots)$, $\lambda>0$.	λ	λ
几何分布 $G(p)$	$P(X=k)=q^{k-1}p(k=1,2,\cdots)$, $0<p<1,p+q=1$.	$\frac{1}{p}$	$\frac{q}{p^2}$
均匀分布 $U[a,b]$	$f(x)=\begin{cases}\frac{1}{b-a}, & a\leqslant x\leqslant b,\\ 0, & \text{其他}.\end{cases}$	$\frac{a+b}{2}$	$\frac{(b-a)^2}{12}$
指数分布 $E(\lambda)$	$f(x)=\begin{cases}\lambda e^{-\lambda x}, & x>0,\\ 0, & x\leqslant 0,\end{cases}$ $\lambda>0$.	$\frac{1}{\lambda}$	$\frac{1}{\lambda^2}$

续表

分布	分布列或概率密度	数学期望	方差
正态分布 $N(\mu,\sigma^2)$	$f(x)=\frac{1}{\sigma\sqrt{2\pi}}e^{-\frac{(x-\mu)^2}{2\sigma^2}}$, $-\infty<\mu<+\infty,\sigma>0.$	μ	σ^2

5.3 协方差和相关系数、矩

对二维随机变量(X,Y)来说，数字特征$E(X),E(Y)$只反映了X与Y各自的平均值，而$D(X),D(Y)$只反映了X与Y各自离开平均值的偏离程度，它们对X与Y之间的相互联系没有提供任何信息. 自然，我们也希望有一个数字特征能够在一定程度上反映这种相互联系. 在 5.2.2 节中，在证明方差性质(iii)时曾得到式(5.27)，由此可知，若X与Y相互独立，则

$$E\{[X-E(X)][Y-E(Y)]\}=0.$$

这说明，当$E\{[X-E(X)][Y-E(Y)]\}\neq 0$时，$X$与$Y$肯定不独立. 进一步的研究表明，$E\{[X-E(X)][Y-E(Y)]\}$的数值在一定程度上反映了$X$与$Y$之间的相互联系，因而引入如下的定义：

定义 5.3.1 设(X,Y)是一个二维随机变量. 如果$E\{[X-E(X)][Y-E(Y)]\}$存在，则称它为X与Y的**协方差**，记作$\mathrm{Cov}(X,Y)$，即

$$\mathrm{Cov}(X,Y)=E\{[X-E(X)][Y-E(Y)]\}. \tag{5.28}$$

由定义 5.3.1 及式(5.25)可知，对任意两个随机变量X及Y，下式成立：

$$D(X+Y)=D(X)+D(Y)+2\mathrm{Cov}(X,Y). \tag{5.29}$$

又由式(5.26)可得协方差常用计算公式

$$\mathrm{Cov}(X,Y)=E(XY)-E(X)E(Y). \tag{5.30}$$

由协方差的定义，可得下面的性质：

(i) $\mathrm{Cov}(X,Y)=\mathrm{Cov}(Y,X)$；

(ii) $\mathrm{Cov}(aX,bY)=ab\mathrm{Cov}(X,Y)$，$a,b$是常数；

(iii) $\mathrm{Cov}(X_1+X_2,Y)=\mathrm{Cov}(X_1,Y)+\mathrm{Cov}(X_2,Y)$.

协方差虽然在一定程度上反映了两个随机变量X与Y之间的相互联系，但它有以下两个缺点：(1) 从性质(ii)可见，它的大小依赖于

计量单位;(2) 从式(5.28)可见,它的数值不仅与 X,Y 本身的取值有关,而且还与各随机变量关于它们的数学期望的偏差有关. 如果随机变量 X 或 Y 中的任何一个与其数学期望的偏差很小,那么无论 X,Y 之间联系如何密切,它们的协方差也会很小. 为了克服以上两个缺点,引入以下定义:

定义 5.3.2 设 (X,Y) 为一个二维随机变量. 若 X 与 Y 的协方差 $\mathrm{Cov}(X,Y)$ 存在,且 $D(X)>0,D(Y)>0$,则称 $\dfrac{\mathrm{Cov}(X,Y)}{\sqrt{D(X)}\sqrt{D(Y)}}$ 为 X 与 Y 的**相关系数**,记为 ρ,即

$$\rho=\frac{\mathrm{Cov}(X,Y)}{\sqrt{D(X)}\sqrt{D(Y)}}=\frac{E\{[X-E(X)][Y-E(Y)]\}}{\sqrt{D(X)}\sqrt{D(Y)}}. \tag{5.31}$$

下面研究相关系数 ρ 到底表示 X 与 Y 之间的什么联系,为此,介绍下面的定理.

定理 5.3.1(相关系数的性质) 设 ρ 为 X 与 Y 的相关系数,则

(i) $|\rho|\leqslant 1$;

(ii) $|\rho|=1$ 的充要条件是 $P(Y=a+bX)=1$,a,b 为常数.

证 (i) 为证 $|\rho|\leqslant 1$,只要证

$$[2\mathrm{Cov}(X,Y)]^2\leqslant 4D(X)D(Y). \tag{5.32}$$

利用初等代数中的典型方法,只要说明以 $D(X),2\mathrm{Cov}(X,Y),D(Y)$ 为系数的二次三项式非负即可. 事实上,对任意的实数 t,

$$t^2D(X)-2t\mathrm{Cov}(X,Y)+D(Y)=D(Y-tX)\geqslant 0. \tag{5.33}$$

可见,式(5.33)左端的二次三项式无相异二实根,故判别式非正,即式(5.32)成立,从而(i)得证.

(ii) $|\rho|=1$,即式(5.32)中等号成立的充要条件是式(5.33)左端二次三项式有重根 $t=b$,即存在实数 b,使得

$$D(Y-bX)=0. \tag{5.34}$$

由方差性质(v)知上式成立的充要条件是

$$P(Y-bX=a)=1, \tag{5.35}$$

其中 a 为常数,故(ii)成立.

由定理 5.3.1 可知,当 $|\rho|=1$ 时,Y 与 X 之间存在着线性关系,这个事件的概率为 1. 由本章习题的第 40 题还可看出,ρ 的绝对值越接近于 1,Y 与 X 越近似地有线性关系. X 和 Y 之间的相关系数 ρ 是刻画 X 和 Y 之间线性相关程度的一个数字特征. 同样协方差也是刻

画 X 和 Y 之间线性关系的一个数字特征.

定义 5.3.3 若 X 与 Y 的相关系数 $\rho=0$,则称 X 与 Y **不相关**.

以下的讨论中均假定随机变量 X 与 Y 的相关系数存在.

定理 5.3.2 随机变量 X 与 Y 不相关与下面的每一个结论都是等价的:

(i) $\mathrm{Cov}(X,Y)=0$;

(ii) $D(X+Y)=D(X)+D(Y)$;

(iii) $E(XY)=E(X)E(Y)$.

证 由式(5.31)知 $\rho=0$ 与 $\mathrm{Cov}(X,Y)=0$ 是等价的. 由式(5.29)可知 $\mathrm{Cov}(X,Y)=0$ 与 $D(X+Y)=D(X)+D(Y)$ 是等价的. 由式(5.30)可知 $\mathrm{Cov}(X,Y)=0$ 与 $E(XY)=E(X)E(Y)$ 是等价的.

注意,X 与 Y 不相关和 X 与 Y 相互独立是两个不相同的概念. X 与 Y 不相关是指 X 与 Y 之间不存在线性关系,不是说它们之间不存在其他关系. 即由 X 与 Y 不相关,推不出 X 与 Y 相互独立. 但是反过来,若 X 与 Y 在相关系数存在条件下相互独立,则 X 与 Y 一定不相关. 因为由式(5.30)可以看出,若 X 与 Y 独立,则 $\mathrm{Cov}(X,Y)=0$ 必然成立.

例 5.3.1 设 $X\sim N(0,1)$,$Y=X^2$,求 X 与 Y 的相关系数.

解 因 $X\sim N(0,1)$,故 $E(X)=0$,于是由式(5.30)得

$$\mathrm{Cov}(X,Y)=E(XY)=E(X^3).$$

而

$$E(X^3)=\int_{-\infty}^{+\infty}x^3\frac{1}{\sqrt{2\pi}}\mathrm{e}^{-\frac{x^2}{2}}\mathrm{d}x=0,$$

故 $\mathrm{Cov}(X,Y)=0$,即 $\rho=0$.

在此例中,虽然 X 与 Y 是不相关的,但是并不独立,事实上,因 $\{X^2\leqslant1\}\subset\{X\leqslant1\}$ 且 $P(X\leqslant1)<1$,故

$$P(X\leqslant1,Y\leqslant1)=P(Y\leqslant1)>P(X\leqslant1)P(Y\leqslant1).$$

可见,X 与 Y 不相互独立.

例 5.3.2 设二维随机变量 (X,Y) 的概率密度

$$f(x,y)=\begin{cases}\dfrac{1}{8}(x+y), & 0\leqslant x\leqslant2,\quad 0\leqslant y\leqslant2,\\ 0, & \text{其他}.\end{cases}$$

求 X 与 Y 的相关系数 ρ_{XY}.

解 $E(X)=\int_{-\infty}^{+\infty}\int_{-\infty}^{+\infty}xf(x,y)\,\mathrm{d}x\mathrm{d}y=\int_0^2\int_0^2\frac{1}{8}x(x+y)\,\mathrm{d}x\mathrm{d}y=\frac{7}{6}$,

$$E(X^2)=\int_{-\infty}^{+\infty}\int_{-\infty}^{+\infty}x^2f(x,y)\,\mathrm{d}x\mathrm{d}y=\int_0^2\int_0^2\frac{1}{8}x^2(x+y)\,\mathrm{d}x\mathrm{d}y=\frac{5}{3},$$

$$D(X)=E(X^2)-[E(X)]^2=\frac{5}{3}-\left(\frac{7}{6}\right)^2=\frac{11}{36}.$$

同理可得 $E(Y)=\frac{7}{6},E(Y^2)=\frac{5}{3},D(Y)=\frac{11}{36}$,

$$E(XY)=\int_{-\infty}^{+\infty}\int_{-\infty}^{+\infty}xyf(x,y)\,\mathrm{d}x\mathrm{d}y=\int_0^2\int_0^2\frac{1}{8}xy(x+y)\,\mathrm{d}x\mathrm{d}y=\frac{4}{3},$$

$$\mathrm{Cov}(X,Y)=E(XY)-E(X)E(Y)=\frac{4}{3}-\frac{7}{6}\times\frac{7}{6}=-\frac{1}{36},$$

$$\rho_{XY}=\frac{\mathrm{Cov}(X,Y)}{\sqrt{D(X)}\sqrt{D(Y)}}=\frac{-\frac{1}{36}}{\frac{11}{36}}=-\frac{1}{11}.$$

例 5.3.3 设 $(X,Y)\sim N(\mu_1,\mu_2;\sigma_1^2,\sigma_2^2;\rho)$,求 X 与 Y 的相关系数 ρ_{XY}.

解 因

$$\begin{aligned}\mathrm{Cov}(X,Y)&=E\{[X-E(X)][Y-E(Y)]\}\\&=\int_{-\infty}^{+\infty}\int_{-\infty}^{+\infty}(x-\mu_1)(y-\mu_2)f(x,y)\,\mathrm{d}x\mathrm{d}y\\&=\int_{-\infty}^{+\infty}\int_{-\infty}^{+\infty}(x-\mu_1)(y-\mu_2)\frac{1}{2\pi\sigma_1\sigma_2\sqrt{1-\rho^2}}\cdot\\&\quad\exp\left\{-\frac{1}{2(1-\rho^2)}\left[\left(\frac{x-\mu_1}{\sigma_1}\right)^2-2\rho\left(\frac{x-\mu_1}{\sigma_1}\right)\cdot\right.\right.\\&\quad\left.\left.\left(\frac{y-\mu_2}{\sigma_2}\right)+\left(\frac{y-\mu_2}{\sigma_2}\right)^2\right]\right\}\mathrm{d}x\mathrm{d}y\\&=\frac{1}{2\pi\sigma_1\sigma_2\sqrt{1-\rho^2}}\int_{-\infty}^{+\infty}\int_{-\infty}^{+\infty}(x-\mu_1)(y-\mu_2)\cdot\\&\quad\exp\left[-\frac{1}{2(1-\rho^2)}\left(\frac{x-\mu_1}{\sigma_1}-\rho\frac{y-\mu_2}{\sigma_2}\right)^2-\frac{1}{2}\left(\frac{y-\mu_2}{\sigma_2}\right)^2\right]\mathrm{d}x\mathrm{d}y\\&=\frac{1}{2\pi\sigma_1\sigma_2\sqrt{1-\rho^2}}\int_{-\infty}^{+\infty}(y-\mu_2)\exp\left[-\frac{1}{2}\left(\frac{y-\mu_2}{\sigma_2}\right)^2\right]\cdot\\&\quad\left\{\int_{-\infty}^{+\infty}(x-\mu_1)\exp\left[-\frac{1}{2(1-\rho^2)}\left(\frac{x-\mu_1}{\sigma_1}-\rho\frac{y-\mu_2}{\sigma_2}\right)^2\right]\mathrm{d}x\right\}\mathrm{d}y,\end{aligned}$$

令 $u=\dfrac{1}{\sqrt{1-\rho^2}}\left(\dfrac{x-\mu_1}{\sigma_1}-\rho\dfrac{y-\mu_2}{\sigma_2}\right)$, $v=\dfrac{y-\mu_2}{\sigma_2}$,得

$$\begin{aligned}\mathrm{Cov}(X,Y)&=\frac{\sigma_1\sigma_2}{2\pi}\int_{-\infty}^{+\infty}v\mathrm{e}^{-\frac{v^2}{2}}\left[\int_{-\infty}^{+\infty}(\rho v+u\sqrt{1-\rho^2})\mathrm{e}^{-\frac{u^2}{2}}\mathrm{d}u\right]\mathrm{d}v\\&=\frac{\sigma_1\sigma_2}{2\pi}\int_{-\infty}^{+\infty}v\mathrm{e}^{-\frac{v^2}{2}}(\rho v\sqrt{2\pi}+0)\,\mathrm{d}v\\&=\frac{\sigma_1\sigma_2}{\sqrt{2\pi}}\rho\int_{-\infty}^{+\infty}v^2\mathrm{e}^{-\frac{v^2}{2}}\mathrm{d}v=\sigma_1\sigma_2\rho,\end{aligned}$$

于是

$$\rho_{XY}=\frac{\mathrm{Cov}(X,Y)}{\sqrt{D(X)}\sqrt{D(Y)}}=\rho. \tag{5.36}$$

式(5.36)说明二维正态随机变量(X,Y)的概率密度$f(x,y)$中的参数ρ就是X与Y的相关系数.而二维正态分布五个参数中的μ_1,μ_2和σ_1^2,σ_2^2分别是X,Y的均值和方差.至此,已经全部了解了$f(x,y)$中各个参数的含义.

前面已讲过,若$(X,Y)\sim N(\mu_1,\mu_2;\sigma_1^2,\sigma_2^2;\rho)$,则$X$与$Y$相互独立的充要条件为$\rho=0$.因此,对服从二维正态分布的随机变量$(X,Y)$来说,$X$与$Y$不相关与相互独立是等价的.

例 5.3.4 设

$$\varphi(x)=\frac{1}{\sqrt{2\pi}}\mathrm{e}^{-\frac{x^2}{2}}\quad(-\infty<x<+\infty),$$

$$g(x)=\begin{cases}\cos x, & |x|<\pi,\\0, & |x|\geqslant\pi,\end{cases}$$

$$f(x,y)=\varphi(x)\varphi(y)+\frac{1}{2\pi}\mathrm{e}^{-\pi^2}g(x)g(y)\quad(-\infty<x,y<+\infty),$$

则(1) $f(x,y)$是概率密度函数(设二维随机变量(X,Y)的概率密度为$f(x,y)$);

(2) (X,Y)关于X,Y的边缘分布均为正态分布;

(3) X与Y的相关系数$\rho_{XY}=0$;

(4) X与Y不独立;

(5) (X,Y)不是二维正态随机变量.

证 (1) 当$|x|<\pi,|y|<\pi$时,

$$\begin{aligned}f(x,y)&=\frac{1}{2\pi}\mathrm{e}^{-\frac{x^2+y^2}{2}}+\frac{1}{2\pi}\mathrm{e}^{-\pi^2}\cos x\cos y\\&=\frac{1}{2\pi}\left(\mathrm{e}^{-\frac{x^2+y^2}{2}}+\mathrm{e}^{-\pi^2}\cos x\cos y\right)\geqslant 0\end{aligned}$$

（因为 $e^{-\frac{x^2+y^2}{2}}>e^{-\pi^2}$，而 $|\cos x\cos y|\leqslant 1$），而当 $|x|\geqslant\pi$，$|y|\geqslant\pi$ 或其他情况时，显然有 $f(x,y)\geqslant 0$. 且有

$$\begin{aligned}&\int_{-\infty}^{+\infty}\int_{-\infty}^{+\infty}f(x,y)\,\mathrm{d}x\mathrm{d}y\\&=\int_{-\infty}^{+\infty}\int_{-\infty}^{+\infty}\frac{1}{2\pi}e^{-\frac{x^2+y^2}{2}}\mathrm{d}x\mathrm{d}y+\int_{-\pi}^{\pi}\int_{-\pi}^{\pi}\frac{1}{2\pi}e^{-\pi^2}\cos x\cos y\,\mathrm{d}x\mathrm{d}y\\&=1+0=1.\end{aligned}$$

所以 $f(x,y)$ 是概率密度函数.

（2）因为

$$f_X(x)=\int_{-\infty}^{+\infty}f(x,y)\,\mathrm{d}y=\frac{1}{\sqrt{2\pi}}e^{-\frac{x^2}{2}}\quad(-\infty<x<+\infty),$$

同理

$$f_Y(y)=\frac{1}{\sqrt{2\pi}}e^{-\frac{y^2}{2}}\quad(-\infty<y<+\infty),$$

所以 $X\sim N(0,1)$，$Y\sim N(0,1)$.

（3）因为

$$\begin{aligned}\mathrm{Cov}(X,Y)&=E(XY)-E(X)E(Y)=E(XY)\\&=\int_{-\infty}^{+\infty}\int_{-\infty}^{+\infty}xyf(x,y)\,\mathrm{d}x\mathrm{d}y\\&=\int_{-\infty}^{+\infty}\int_{-\infty}^{+\infty}xy\left[\varphi(x)\varphi(y)+\frac{1}{2\pi}e^{-\pi^2}g(x)g(y)\right]\mathrm{d}x\mathrm{d}y\\&=0,\end{aligned}$$

所以 $\rho_{XY}=0$.

（4）因为当 $|x|<\pi$，$|y|<\pi$ 时，

$$f(x,y)\neq\varphi(x)\varphi(y)=f_X(x)f_Y(y)=\frac{1}{2\pi}e^{-\frac{x^2+y^2}{2}},$$

所以 X 与 Y 不独立.

（5）因为 $f(x,y)=\frac{1}{2\pi}e^{-\frac{x^2+y^2}{2}}+\frac{1}{2\pi}e^{-\pi^2}g(x)g(y)$ 不是二维正态随机变量概率密度函数形式，所以 (X,Y) 不是二维正态分布的随机变量.

本节最后介绍一下矩的概念，它将在数理统计矩估计法中得到应用.

定义 5.3.4　若 $E(X^k)\ (k=1,2,\cdots)$ 存在，则称 $E(X^k)$ 为随机变量 X 的 k 阶**原点矩**，常记为 $\alpha_k=E(X^k)$；若 $E[X-E(X)]^k\ (k=1,2,\cdots)$ 存在，则称 $E[X-E(X)]^k$ 为 X 的 k 阶**中心矩**，记为 $\beta_k=E[X-E(X)]^k$；

若 $E(X^kY^l)(k,l=1,2,\cdots)$ 存在,则称 $E(X^kY^l)$ 为 X 和 Y 的 $k+l$ 阶**混合原点矩**,记为 $\alpha_{k,l}=E(X^kX^l)$;若 $E\{[X-E(X)]^k[Y-E(Y)]^l\}$ $(k,l=1,2,\cdots)$ 存在,则称 $E\{[X-E(X)]^k[Y-E(Y)]^l\}$ 为 X 和 Y 的 $k+l$ 阶**混合中心矩**,记为 $\beta_{k,l}=E[(X-E(X)]^k[Y-E(Y)]^l$.

由定义 5.3.4 可知,数学期望是一阶原点矩,方差是二阶中心矩. 又一阶中心矩恒为 0. 协方差是 X 和 Y 的二阶混合中心矩. 矩的计算可利用随机变量函数的数学期望公式(5.9)—(5.12)进行.

5.4 大数定律

在 1.5 节中曾经讲过,一个事件 A 发生的频率具有稳定性,即当试验次数 n 增大时,频率接近于某个常数(A 的概率). 在 5.1 节中又讲过,随机变量 X 在 n 次试验中所取的 n 个值的平均值也具有稳定性,且稳定于 X 的数学期望.

这里所谓"稳定性",或当 n 很大时"接近一个常数"等,都是不确切的说法,只是一种直观的描述而已. 初学者常常把它理解为微积分中的变量与极限的关系,这是错误的. 因为事件的频率以及随机变量取的 n 个值的平均值是随着试验的结果而变的,是随机变量,不是微积分中所描述的变量. 那么究竟如何用确切的数学语言来描述频率与概率、平均值与数学期望之间的关系呢? 大数定律回答了这个问题.

为了讲大数定律,下面先讲一个重要的不等式,它在实际中和理论上都有重要的应用.

5.4.1 切比雪夫不等式

定理 5.4.1 对任意随机变量 X,若它的方差 $D(X)$ 存在,则对任意 $\varepsilon>0$ 有

$$P[\,|X-E(X)|\geqslant\varepsilon\,]\leqslant\frac{D(X)}{\varepsilon^2} \tag{5.37}$$

成立.

证 设 X 是一连续型随机变量,概率密度为 $f(x)$,则

$$\begin{aligned}P[\,|X-E(X)|\geqslant\varepsilon\,]&=\int_{|x-E(X)|\geqslant\varepsilon}f(x)\,\mathrm{d}x\leqslant\int_{|x-E(X)|\geqslant\varepsilon}\frac{[x-E(X)]^2}{\varepsilon^2}f(x)\,\mathrm{d}x\\&\leqslant\frac{1}{\varepsilon^2}\int_{-\infty}^{+\infty}[x-E(X)]^2f(x)\,\mathrm{d}x=\frac{D(X)}{\varepsilon^2}.\end{aligned}$$

当 X 是离散型随机变量时,只需在上述证明中把概率密度换成分布列,把积分号换成求和号即可.

由于

$$P[\,|X-E(X)|<\varepsilon\,]=1-P[\,|X-E(X)|\geqslant\varepsilon\,],$$

故式(5.37)与

$$P[\,|X-E(X)|<\varepsilon\,]\geqslant 1-\frac{D(X)}{\varepsilon^2} \tag{5.38}$$

等价. 式(5.37)和(5.38)都称为**切比雪夫不等式**.

切比雪夫不等式给出了在随机变量 X 的分布未知的情况下,利用 $E(X)$ 和 $D(X)$ 对 X 的概率分布进行估计的一种方法. 例如,由式(5.38)可以断言,不管 X 的分布是什么,对于任意正常数 k 都有

$$P[\,|X-E(X)|<k\sqrt{D(X)}\,]\geqslant 1-\frac{1}{k^2}. \tag{5.39}$$

当 $k=3$ 时,有

$$P[\,|X-E(X)|<3\sqrt{D(X)}\,]\geqslant 0.888\ 9. \tag{5.40}$$

由例 3.5.1 知,当 $X\sim N(\mu,\sigma^2)$ 时,

$$P(\,|X-\mu|<3\sigma)=0.997\ 3. \tag{5.41}$$

比较式(5.40)与式(5.41)可知,切比雪夫不等式给出的估计比较粗糙,但要注意,切比雪夫不等式只利用了数学期望与方差.

5.4.2 大数定律

定理 5.4.2(伯努利大数定律) 设在 n 重伯努利试验中,成功的次数为 Y_n,而在每次试验中成功的概率为 $p(0<p<1)$,则对任意 $\varepsilon>0$,有

$$\lim_{n\to\infty}P\left(\left|\frac{Y_n}{n}-p\right|\geqslant\varepsilon\right)=0. \tag{5.42}$$

证 由于 $Y_n\sim B(n,p)$,故 $E(Y_n)=np$,$D(Y_n)=npq\,(q=1-p)$,由此得

$$E\left(\frac{Y_n}{n}\right)=p,\quad D\left(\frac{Y_n}{n}\right)=\frac{1}{n^2}D(Y_n)=\frac{pq}{n}.$$

代入式(5.37)得

$$P\left(\left|\frac{Y_n}{n}-p\right|\geqslant\varepsilon\right)\leqslant\frac{pq}{n\varepsilon^2},$$

故

$$\lim_{n\to\infty} P\left(\left|\frac{Y_n}{n}-p\right|\geqslant\varepsilon\right)=0.$$

利用 $P\left(\left|\frac{Y_n}{n}-p\right|<\varepsilon\right)=1-P\left(\left|\frac{Y_n}{n}-p\right|\geqslant\varepsilon\right)$，显然可得式(5.42)的等价形式

$$\lim_{n\to\infty} P\left(\left|\frac{Y_n}{n}-p\right|<\varepsilon\right)=1. \tag{5.43}$$

在式(5.42)中，$\frac{Y_n}{n}$是在 n 重伯努利试验中成功的频率，而 p 是成功的概率. 因此伯努利大数定律告诉人们：当试验次数 n 足够大时，成功的频率与成功的概率之差的绝对值不小于任一指定的正数 ε 的概率可以小于任何预先指定的正数，这就是频率稳定性的一种较确切的解释. 利用式(5.43)可得到相应的等价解释. 根据伯努利大数定律，在实际应用中，当试验次数 n 很大时，可以用事件的频率来近似地代替事件的概率.

定义 5.4.1　称随机变量序列 $X_1,X_2,\cdots,X_n,\cdots$(或简记为 $\{X_n\}$)是相互独立的，如果对任意 $n\geqslant 2$，$X_1,X_2,\cdots,X_n$ 是相互独立的. 此时，若所有 X_i 又有相同的分布函数，则称 $X_1,X_2,\cdots,X_n,\cdots$ 是**独立同分布的随机变量序列**.

定理 5.4.3(切比雪夫大数定律)　设 $X_1,X_2,\cdots,X_n,\cdots$ 是相互独立的随机变量序列. 若存在常数 C，使得 $D(X_i)\leqslant C(i=1,2,\cdots)$，则对任意 $\varepsilon>0$，有

$$\lim_{n\to\infty} P\left[\left|\frac{1}{n}\sum_{i=1}^{n}X_i-\frac{1}{n}\sum_{i=1}^{n}E(X_i)\right|\geqslant\varepsilon\right]=0 \tag{5.44}$$

或

$$\lim_{n\to\infty} P\left[\left|\frac{1}{n}\sum_{i=1}^{n}X_i-\frac{1}{n}\sum_{i=1}^{n}E(X_i)\right|<\varepsilon\right]=1. \tag{5.45}$$

证　$E\left(\frac{1}{n}\sum_{i=1}^{n}X_i\right)=\frac{1}{n}\sum_{i=1}^{n}E(X_i)$，$D\left(\frac{1}{n}\sum_{i=1}^{n}X_i\right)=\frac{1}{n^2}\sum_{i=1}^{n}D(X_i)\leqslant\frac{C}{n}$. 由式(5.37)得

$$P\left[\left|\frac{1}{n}\sum_{i=1}^{n}X_i-\frac{1}{n}\sum_{i=1}^{n}E(X_i)\right|\geqslant\varepsilon\right]\leqslant\frac{C}{\varepsilon^2 n}.$$

令 $n\to\infty$，则得式(5.44). 利用式(5.38)可推得式(5.45).

在概率论中称满足式(5.44)或式(5.45)的随机变量序列 X_1, $X_2,\cdots,X_n,\cdots$**服从大数定律**.

推论 5.4.1 设 $X_1,X_2,\cdots,X_n,\cdots$是独立同分布的随机变量序列,具有有限的数学期望和方差,$E(X_i)=\mu,D(X_i)=\sigma^2(i=1,2,\cdots)$,则对任意 $\varepsilon>0$ 有

$$\lim_{n\to\infty}P\left(\left|\frac{1}{n}\sum_{i=1}^{n}X_i-\mu\right|\geqslant\varepsilon\right)=0 \tag{5.46}$$

或

$$\lim_{n\to\infty}P\left(\left|\frac{1}{n}\sum_{i=1}^{n}X_i-\mu\right|<\varepsilon\right)=1. \tag{5.47}$$

这是因为$\frac{1}{n}\sum_{i=1}^{n}E(X_i)=\mu$,故由式(5.44)和(5.45)立即可得式(5.46)和(5.47).

容易验证,伯努利大数定律的结论可由推论 5.4.1 得出.

在推论 5.4.1 中,假设所讨论的随机变量的方差是存在的,但实际上,方差存在这个条件并不是必要的,现不加证明地介绍下面的定理.

定理 5.4.4(辛钦大数定律) 设 $X_1,X_2,\cdots,X_n,\cdots$是独立同分布的随机变量序列,且具有有限的数学期望 $E(X_i)=\mu(i=1,2,\cdots)$,则对任意 $\varepsilon>0$ 有式(5.46)或(5.47)成立.

式(5.46)中,$\frac{1}{n}\sum_{i=1}^{n}X_i$ 可以看作随机变量 X 在 n 次重复独立试验中 n 个观测值的算术平均值,而 $\mu=E(X)$. 因此,辛钦大数定律告诉我们:当试验次数 n 足够大时,平均值$\frac{1}{n}\sum_{i=1}^{n}X_i$ 与数学期望 μ 之差的绝对值不小于任一指定的正数 ε 的概率可以小于任何预先指定的正数. 这就是随机变量序列的算术平均值稳定性的较确切的解释. 所以,在测量中常用多次重复测得的值的算术平均值来作为被测量量的近似值.

一般地,设 $Z_1,Z_2,\cdots,Z_n,\cdots$是一个随机变量序列,$a$ 是一个常数. 若对任意 $\varepsilon>0$ 有

$$\lim_{n\to\infty}P(|Z_n-a|<\varepsilon)=1,$$

则称序列 $Z_1,Z_2,\cdots,Z_n,\cdots$**依概率收敛**于 a,记为

$$\lim_{n\to\infty}Z_n\overset{P}{=\!=}a \quad 或 \quad Z_n\xrightarrow{P}a(n\to\infty).$$

按照这一定义，伯努利大数定律表明了频率$\frac{Y_n}{n}$依概率收敛于概率p，即

$$\frac{Y_n}{n}\xrightarrow{P}p\quad(n\to\infty).$$

式(5.46)或(5.47)所表示的关系为

$$\lim_{n\to\infty}\frac{1}{n}\sum_{i=1}^{n}X_i\overset{P}{=\!=}\mu\quad 或\quad \frac{1}{n}\sum_{i=1}^{n}X_i\xrightarrow{P}\mu\quad(n\to\infty).$$

例 5.4.1　设随机变量 X 和 Y 的数学期望分别为-2和2，方差分别为1和4，而相关系数为-0.5，试根据切比雪夫不等式估计$P(|X+Y|\geqslant 6)$.

解　由题意有$E(X+Y)=E(X)+E(Y)=-2+2=0$. 从而利用切比雪夫不等式

$$\begin{aligned}P(|X+Y|\geqslant 6)&=P[|X+Y-E(X+Y)|\geqslant 6]\leqslant\frac{D(X+Y)}{6^2}\\&=\frac{D(X)+D(Y)+2\mathrm{Cov}(X,Y)}{36}\\&=\frac{D(X)+D(Y)+2\sqrt{D(X)}\sqrt{D(Y)}\rho_{XY}}{36}\\&=\frac{1+4+2\cdot 1\cdot 2\cdot(-0.5)}{36}=\frac{1}{12},\end{aligned}$$

即$P(|X+Y|\geqslant 6)\leqslant\frac{1}{12}$.

例 5.4.2　设随机变量序列$X_1,X_2,\cdots,X_n,\cdots$是相互独立的，且均服从参数为2的指数分布. 则当$n\to\infty$时，$Y_n=\frac{1}{n}\sum_{i=1}^{n}X_i^2$依概率收敛于什么？

解　由题意知，$X_1^2,X_2^2,\cdots,X_n^2,\cdots$也是独立同分布的随机变量序列. 因$X_1,X_2,\cdots,X_n,\cdots$均服从参数为2的指数分布，所以

$$E(X_i)=\frac{1}{2},\ D(X_i)=\frac{1}{4},$$

$$E(X_i^2)=D(X_i)+[E(X_i)]^2=\frac{1}{4}+\left(\frac{1}{2}\right)^2=\frac{1}{2}(i=1,2,\cdots),$$

由辛钦大数定律，知

$$Y_n=\frac{1}{n}\sum_{i=1}^{n}X_i^2\xrightarrow{P}E(X_i^2)=\frac{1}{2}(n\to\infty).$$

5.5 中心极限定理

在 5.4 节中,我们讨论了独立随机变量的平均值$\frac{1}{n}\sum_{i=1}^{n}X_i(n=1,2,\cdots)$序列的依概率收敛问题,现在我们讨论独立随机变量和$\sum_{i=1}^{n}X_i$当$n\to\infty$时的分布问题.

在随机变量的各种分布中,正态分布占有特别重要的地位. 早在 19 世纪,德国数学家高斯在研究测量误差时,就引进了正态分布. 其后,人们又发现在实际问题中,许多随机变量都近似服从正态分布. 为什么正态分布如此广泛地存在,从而在概率论中占有如此重要地位? 数学家从关于独立随机变量和的极限分布的研究中找到了答案.

20 世纪前半叶,概率论研究的中心课题之一,就是寻求独立随机变量和的极限分布是正态分布的条件. 因此,把这一方面的定理统称为中心极限定理. 较一般的中心极限定理表明:若被研究的随机变量是大量独立随机变量的和,其中每一个随机变量对于总和只起微小作用,则可以认为这个随机变量近似服从于正态分布. 这就揭示了正态分布的重要性. 因为现实中许多随机变量都具有上述性质,例如测量误差、射击弹着点的横坐标、人的身高等都是由大量随机因素综合影响的结果,因而是近似服从正态分布的.

以下叙述一个常用的中心极限定理.

定理 5.5.1(独立同分布的中心极限定理) 如果随机变量序列$X_1,X_2,\cdots,X_n,\cdots$独立同分布,并且具有有限的数学期望和方差$E(X_i)=\mu,D(X_i)=\sigma^2>0(i=1,2,\cdots)$,则对一切$x\in\mathbf{R}$有

$$\lim_{n\to\infty}P\left(\frac{1}{\sqrt{n}\sigma}\left(\sum_{i=1}^{n}X_i-n\mu\right)\leqslant x\right)=\int_{-\infty}^{x}\frac{1}{\sqrt{2\pi}}\mathrm{e}^{-\frac{t^2}{2}}\mathrm{d}t. \tag{5.48}$$

证略.

从式(5.48)看出,不管$X_i(i=1,2,\cdots)$服从什么分布,只要n充分大,随机变量$\frac{1}{\sqrt{n}\sigma}\left(\sum_{i=1}^{n}X_i-n\mu\right)$就近似地服从$N(0,1)$,而随机变量$\sum_{i=1}^{n}X_i$近似地服从$N(n\mu,n\sigma^2)$. 此时,就称$\frac{1}{\sqrt{n}\sigma}\left(\sum_{i=1}^{n}X_i-n\mu\right)$**渐近地服从**$N(0,1)$.

定理5.5.1又称林德伯格-莱维(Lindeberg-Levi)中心极限定理.

例5.5.1 计算机在进行加法时,对每个被加数取整(取为最接近于它的整数),设所有的取整误差是相互独立的,且它们均在$(-0.5,0.5)$上服从均匀分布.若将1 500个数相加,问误差总和的绝对值不超过15的概率是多少?

解 设X_i为第i个数的误差$(i=1,2,\cdots,1\,500)$,则$X_i\sim U(-0.5,0.5)$且$X_1,X_2,\cdots,X_{1\,500}$相互独立,故

$$\mu=E(X_i)=0,\qquad \sigma^2=D(X_i)=1/12.$$

令$Z=X_1+X_2+\cdots+X_{1\,500}$,由式(5.48)得

$$\frac{Z-1\,500\cdot 0}{\sqrt{1\,500\cdot 1/12}}\overset{\text{近似}}{\sim}N(0,1).$$

于是,所求概率

$$\begin{aligned}P(|Z|\leqslant 15)&=P(-15\leqslant Z\leqslant 15)\\&=P\left(-\frac{15}{\sqrt{1\,500\cdot 1/12}}\leqslant\frac{Z}{\sqrt{1\,500\cdot 1/12}}\leqslant\frac{15}{\sqrt{1\,500\cdot 1/12}}\right)\\&\approx\Phi\left(\frac{15}{\sqrt{1\,500\cdot 1/12}}\right)-\Phi\left(-\frac{15}{\sqrt{1\,500\cdot 1/12}}\right)\\&=2\Phi(1.34)-1=0.819\,8.\end{aligned}$$

定理5.5.2(棣莫弗-拉普拉斯定理) 设在n重伯努利试验中,成功的次数为Y_n,而在每次试验中成功的概率为$p(0<p<1)$,$q=1-p$,则对一切x有

$$\lim_{n\to\infty}P\left(\frac{Y_n-np}{\sqrt{npq}}\leqslant x\right)=\int_{-\infty}^{x}\frac{1}{\sqrt{2\pi}}e^{-\frac{t^2}{2}}dt=\Phi(x).\tag{5.49}$$

证 令X_i表示第i次试验中成功的次数,则$X_i(i=1,2,\cdots)$的分布列

X_i	0	1
P	q	p

且

$$Y_n=\sum_{i=1}^{n}X_i.$$

由于$X_1,X_2,\cdots,X_n,\cdots$是独立同分布的随机变量序列,且$E(X_i)=p$,$D(X_i)=pq(i=1,2,\cdots)$有限,故满足定理5.5.1的条件,于是由式(5.48)得式(5.49).

定理 5.5.2 表明二项分布以正态分布为极限分布.

推论 5.5.1 对定理 5.5.2 中的 n 重伯努利试验，当 n 充分大时，

$$P(a<Y_n\leqslant b)\approx\Phi\left(\frac{b-np}{\sqrt{npq}}\right)-\Phi\left(\frac{a-np}{\sqrt{npq}}\right). \tag{5.50}$$

证 从

$$P(a<Y_n\leqslant b)=P\left(\frac{a-np}{\sqrt{npq}}<\frac{Y_n-np}{\sqrt{npq}}\leqslant\frac{b-np}{\sqrt{npq}}\right)$$

与式(5.49)即得式(5.50).

由推论 5.5.1 可知，当 n 很大时，二项分布的概率计算问题可以转化为正态分布来计算，这将使计算量大大减小. 例如，当 n 很大时，若要计算

$$P(a<Y_n\leqslant b)=\sum_{a<k\leqslant b}C_n^k p^k q^{n-k},$$

工作量是惊人的. 但是，用式(5.50)，只要查一下正态分布函数表就可轻松地求出 $P(a<Y_n\leqslant b)$ 的相当精确的近似值.

例 5.5.2 重复投掷硬币 100 次，设每次出现正面的概率均为 0.5，问“正面出现次数小于 61，大于 50”的概率是多少？

解 设出现正面次数为 Y_n. 现 $n=100, p=0.5, np=50, \sqrt{npq}=\sqrt{25}=5$，故由式(5.50)得

$$P(50<Y_n\leqslant 60)\approx\Phi\left(\frac{60-50}{5}\right)-\Phi\left(\frac{50-50}{5}\right)$$
$$=\Phi(2)-\Phi(0)=0.977\,2-0.5=0.477\,2.$$

应该指出：定理 5.5.2 及其推论 5.5.1 中的 Y_n 是仅取非负整数值 $0,1,\cdots,n$ 的随机变量，注意到正态分布为连续型分布，所以在求概率 $P(Y_n\leqslant m)$（m 为正整数）时，为了得到较好的近似值，可用下列近似公式：

$$P(Y_n\leqslant m)=P\left(Y_n\leqslant m+\frac{1}{2}\right)\approx\Phi\left(\frac{m+1/2-np}{\sqrt{npq}}\right).$$

例 5.5.3 以 X 表示将一枚均匀硬币重复投掷 40 次中出现正面的次数，试用正态分布求 $P(X=20)$ 的近似值，再与精确值比较.

解 这里 $n=40, p=1/2, q=1/2$，故

$$P(X=20)=P(19.5<X\leqslant 20.5)$$
$$\approx\Phi\left(\frac{20.5-20}{\sqrt{10}}\right)-\Phi\left(\frac{19.5-20}{\sqrt{10}}\right)$$
$$=\Phi(0.16)-\Phi(-0.16)=0.127\,2.$$

而精确解

$$P(X=20)=C_{40}^{20}\left(\frac{1}{2}\right)^{40}=0.126\,8.$$

当然,求例 5.5.3 这样的概率还可用棣莫弗-拉普拉斯局部极限定理,这里就不予以论述了.

由上可见,对二项分布,当 n 充分大,以致 npq 较大时,正态近似是很好的近似. 进一步的分析表明,当 p 接近于 0 或 1 时,用正态近似效果不好,这时就要用泊松近似了. 由定理 2.5.2,当 p(或 q)很小,而 np(或 nq)大小适中时,泊松近似是较好的. 在实际中,一般当 $0.1<p<0.9$ 且 $npq>9$ 时,用正态近似;当 $p\leqslant 0.1$(或 $p\geqslant 0.9$)且 $n\geqslant 10$ 时,用泊松近似.

*5.6 拓展例题

例 5.6.1 设服从麦克斯韦(Maxwell)分布的随机变量 X 具有下列概率密度,求其数学期望与方差.

$$f(x)=\begin{cases}\dfrac{4x^2}{a^3\sqrt{\pi}}e^{-\frac{x^2}{a^2}}, & x\geqslant 0,\\ 0, & \text{其他},\end{cases}\quad a>0.$$

解

$$E(X)=\int_{-\infty}^{+\infty}xf(x)\,dx=\int_0^{+\infty}x\,\frac{4x^2}{a^3\sqrt{\pi}}e^{-\frac{x^2}{a^2}}dx,$$

令 $t=\dfrac{x^2}{a^2}$,得①

$$E(X)=\frac{2a}{\sqrt{\pi}}\int_0^{+\infty}te^{-t}dt=\frac{2a}{\sqrt{\pi}},$$

$$E(X^2)=\int_{-\infty}^{+\infty}x^2f(x)\,dx=\int_0^{+\infty}x^2\,\frac{4x^2}{a^3\sqrt{\pi}}e^{-\frac{x^2}{a^2}}dx,$$

令 $t=\dfrac{x^2}{a^2}$,得

$$E(X^2)=\frac{2a^2}{\sqrt{\pi}}\int_0^{+\infty}t^{\frac{3}{2}}e^{-t}dt=\frac{2a^2}{\sqrt{\pi}}\Gamma\left(\frac{5}{2}\right)=\frac{3}{2}a^2,$$

$$D(X)=E(X^2)-[E(X)]^2=\left(\frac{3}{2}-\frac{4}{\pi}\right)a^2.$$

例 5.6.2 袋中有 a 个白球,b 个黑球,若依次有放回地一个一个取球,记随机变量 X 为第 r 次取出白球的总取球次数,求其数学期

① Γ 函数:$\Gamma(x)=\int_0^{+\infty}t^{x-1}e^{-t}dt,x>0$. Γ 函数的基本性质:(1) $\Gamma(x+1)=x\Gamma(x)$;(2) $\Gamma(1)=1$, $\Gamma\left(\frac{1}{2}\right)=\sqrt{\pi}$, $\Gamma(n)=(n-1)!$.

望与方差. $\left(注:帕斯卡(\text{Pascal})分布 X\sim P\left(r,\frac{a}{a+b}\right),P(X=k)=\right.$

$\left.C_{k-1}^{r-1}\left(\frac{a}{a+b}\right)^{r}\left(\frac{b}{a+b}\right)^{k-r},k=r,r+1,\cdots. 当 r=1 时,即为几何分布 X\sim G\left(\frac{a}{a+b}\right)\right).$

解 设 X_i 表示第 $i-1$ 次取出白球后直到下一次再取出白球所取球的次数, $i=1,2,\cdots,r$, 易见 $X=\sum\limits_{i=1}^{r}X_i$, 而 $X_i(i=1,2,\cdots,r)$ 均服从几何分布 $G\left(\frac{a}{a+b}\right)$, 且相互独立,

由于

$$E(X_i)=\frac{a+b}{a},\quad D(X_i)=\frac{b(a+b)}{a^2},$$

故

$$E(X)=\sum_{i=1}^{r}E(X_i)=r\cdot\frac{a+b}{a},$$

$$D(X)=\sum_{i=1}^{r}D(X_i)=rb(a+b)/a^2.$$

例 5.6.3 某人写了 n 封信,寄向不同地址,他再写出标有 n 个不同地址的 n 个信封,然后随意地向每个信封中装入一封信. 若一封信装入正确标有该信地址的信封,称为一个配对. 求信与地址配对个数 X 的数学期望与方差.

解 设把信编号为 $1,2,\cdots,n$. X_i 表示第 i 封信的配对数,则

$$X_i=\begin{cases}1, & 第 i 封信配对,\\ 0, & 第 i 封信不配对,\end{cases}\quad i=1,2,\cdots,n.$$

且

$$P(X_i=1)=\frac{1}{n},\quad P(X_i=0)=1-\frac{1}{n},$$

$$E(X_i)=\frac{1}{n},\quad E(X_i^2)=\frac{1}{n},\quad D(X_i)=\frac{n-1}{n^2}\quad (i=1,2,\cdots,n).$$

易见 $X=\sum\limits_{i=1}^{n}X_i$, 那么

$$E(X)=\sum_{i=1}^{n}E(X_i)=n\times\frac{1}{n}=1.$$

但 $X_1,X_2,\cdots,X_n$ 不是相互独立,只能利用方差常用计算公式.

$$E(X^2)=E(X_1+X_2+\cdots+X_n)^2=\sum_{i=1}^{n}E(X_i^2)+2\sum_{1\leqslant i<j\leqslant n}E(X_iX_j),$$

而

X_iX_j	0	1
P	$1-\frac{1}{n(n-1)}$	$\frac{1}{n(n-1)}$

$(i,j=1,2,\cdots,n;i\neq j)$，那么 $E(X_iX_j)=\dfrac{1}{n(n-1)}$，故

$$E(X^2)=n\cdot\frac{1}{n}+2\mathrm{C}_n^2\frac{1}{n(n-1)}=2,$$

所以

$$D(X)=E(X^2)-[E(X)]^2=2-1^2=1.$$

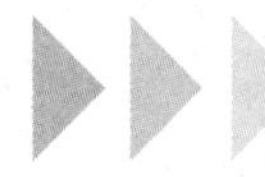

习题 5

1. 假设有 10 只同种电器元件，其中有两只废品. 从这批元件中任取一只，若是废品，则扔掉重新取一只，若仍是废品，则扔掉再取一只. 试求在取到正品之前，已取出的废品只数的数学期望和方差.
2. 假设一部机器在 1 天内发生故障的概率为 0.2，机器发生故障时全天停止工作. 若 1 周 5 个工作日里无故障，可获利润 10 万元；发生一次故障仍可获利润 5 万元；发生两次故障无利可获；发生三次或三次以上故障就要亏损 2 万元. 求 1 周内期望利润是多少？
3. 假设自动线加工的某种零件的内径 X(单位:mm)服从正态分布 $N(\mu,1)$，内径小于 10 或大于 12 的为不合格品，其余为合格品. 销售每件合格品获利，销售每件不合格品亏损，已知销售利润 T(单位:元)与销售零件的内径 X 有如下关系：
$$T=\begin{cases}-1, & X<10,\\ 20, & 10\leqslant X\leqslant 12,\\ -5, & X>12.\end{cases}$$
问平均内径 μ 取何值时，销售一个零件的平均利润最大？
4. 从学校乘汽车到火车站的途中有 3 个交通岗，假设在各个交通岗遇到红灯的事件是相互独立的，并且概率都是 $\frac{2}{5}$. 设 X 为途中遇到红灯的次数，求随机变量 X 的分布列、分布函数和数学期望.
5. 设随机变量 X 服从几何分布 $G(p)$，其分布列
$$P(X=k)=(1-p)^{k-1}p\quad(0<p<1,k=1,2,3,\cdots).$$
求 $E(X)$ 与 $D(X)$.
6. 设随机变量 X 分别具有下列概率密度，求其数学期望与方差：
(1) $f(x)=\dfrac{1}{2}\mathrm{e}^{-|x|}$；
(2) $f(x)=\begin{cases}1-|x|, & |x|\leqslant 1,\\ 0, & |x|>1;\end{cases}$
(3) $f(x)=\begin{cases}\dfrac{15}{16}x^2(x-2)^2, & 0\leqslant x\leqslant 2,\\ 0, & \text{其他};\end{cases}$
(4) $f(x)=\begin{cases}x, & 0\leqslant x<1,\\ 2-x, & 1\leqslant x\leqslant 2,\\ 0, & \text{其他}.\end{cases}$
7. 设 X 是取非负整数值的随机变量，且 X 的数学期望存在. 证明：
$$E(X)=\sum_{k=1}^{\infty}P(X\geqslant k).$$
8. 掷一枚非均匀的硬币，出现正面的概率为 $p(0<p<1)$. 若以 X 表示直至掷到正、反面都出现时为

止所需投掷次数，求随机变量 X 的数学期望（提示：利用习题 7）.

9. 设连续型随机变量 X 的所有可能取值在区间 $[a,b]$ 上，证明：

(1) $a \leqslant E(X) \leqslant b$；

(2) $D(X) \leqslant \dfrac{(b-a)^2}{4}$.

10. 在习题 3 的第 4 题中，求 $E\left(\dfrac{1}{1+X}\right)$.

11. 设随机变量 X 的概率密度

$$f(x)=\begin{cases} ax, & 0<x<2, \\ cx+b, & 2 \leqslant x \leqslant 4, \\ 0, & 其他. \end{cases}$$

已知 $E(X)=2, P(1<X<3)=3/4$，求：

(1) a,b,c 的值；

(2) 随机变量 $Y=\mathrm{e}^X$ 的数学期望与方差.

12. 已知甲、乙两箱中装有同种产品，其中甲箱中装有 3 件合格品和 3 件次品，乙箱中仅装有 3 件合格品. 从甲箱中任取 3 件产品放入乙箱后，求：

(1) 乙箱中次品件数 X 的数学期望；

(2) 从乙箱中任取一件产品是次品的概率.

13. 设随机变量 X 的概率密度

$$f(x)=\begin{cases} \dfrac{1}{2}\cos\dfrac{x}{2}, & 0 \leqslant x \leqslant \pi, \\ 0, & 其他. \end{cases}$$

对 X 独立地重复观测 4 次，用 Y 表示观测值大于 $\dfrac{\pi}{3}$ 的次数，求 Y^2 的数学期望.

14. （超几何分布的数学期望）设 N 件产品中有 M 件次品，从中任取 n 件进行检查. 求查得的次品数 X 的数学期望.

15. 对三台仪器进行检验，各台仪器产生故障的概率分别为 p_1,p_2,p_3. 求产生故障的仪器的台数 X 的数学期望与方差.

16. 一袋子中有 n 张卡片，分别记有号码 $1,2,\cdots,n$. 从中有放回地抽取出 k 张来，以 X 表示所得号码之和，求 $E(X),D(X)$.

17. 将 n 只球（编号为 $1,2,\cdots,n$）随机地放入 n 个盒子（编号为 $1,2,\cdots,n$）中去. 一个盒子放一只球，将一只球放入与球同号的盒子中算为一个配对，记 X 为配对的个数，求 $E(X)$.

18. 从 10 双不同的鞋子中任取 8 只，记 X 为这 8 只鞋子中成双的对数，求 $E(X)$.

19. 一商店经销某种商品，每周进货量 X 与顾客对该种商品的需求量 Y 是相互独立的随机变量，且都服从区间 $[10,20]$ 上的均匀分布. 商店每售出一单位商品可得利润 1 000 元；若需求量超过了进货量，商店可从其他商店调剂供应，这时每单位商品获利润为 500 元. 试计算此商店经销该种商品每周所得利润的期望值.

20. 游客乘电梯从底层到电视塔顶层观光，电梯于每个整点的第 5 分钟、25 分钟和 55 分钟从底层起行. 假设一游客在早 8 点的第 X 分钟到达底层候梯处，且 X 在 $[0,60]$ 上服从均匀分布，求该游客等候时间的数学期望.

21. 设某种商品每周的需求量 X 是服从区间 $[10,30]$ 上均匀分布的随机变量，而经销商店进货数量为区间 $[10,30]$ 中的某一整数. 商店每销售一单位商品可获利 500 元；若供大于求则削价处理，每处理一单位商品亏损 100 元；若供不应求，则从外部调剂供应，此时每一单位商品仅获利 300 元. 为使商品所获利润期望值不少于 9 280 元，试确定最少进货量.

22. 设随机变量 X 与 Y 同分布，且 X 的概率密度

$$f(x)=\begin{cases} \dfrac{3}{8}x^2, & 0<x<2, \\ 0, & 其他. \end{cases}$$

(1) 已知事件 $A=\{X>a\}$ 和事件 $B=\{Y>a\}$ 独立，且 $P(A\cup B)=\dfrac{3}{4}$，求常数 a；

(2) 求 $E\left(\dfrac{1}{X^2}\right)$.

23. 在习题 4 的第 15 题中，求 $Z=\sin\dfrac{\pi(X+Y)}{2}$ 的数

学期望.

24. 设二维随机变量(X,Y)的分布列为

X	Y		
	-1	0	1
1	0.2	0.1	0.1
2	0.1	0	0.1
3	0	0.3	0.1

(1) 求$E(X),E(Y)$;

(2) 设$Z=Y/X$,求$E(Z)$;

(3) 设$W=(X-Y)^2$,求$E(W)$.

25. 设二维离散型随机变量(X,Y)在点$(1,1)$,$\left(\frac{1}{2},\frac{1}{4}\right)$,$\left(-\frac{1}{2},-\frac{1}{4}\right)$,$(-1,-1)$取值的概率均为$\frac{1}{4}$,求$E(X),E(Y),D(X),D(Y),E(XY)$.

26. 设二维随机变量(X,Y)的概率密度

$$f(x,y)=\begin{cases}4xye^{-(x^2+y^2)}, & x>0,y>0,\\ 0, & \text{其他}.\end{cases}$$

求$Z=\sqrt{X^2+Y^2}$的数学期望.

27. 设二维随机变量(X,Y)的概率密度

$$f(x,y)=\begin{cases}1, & |y|<x,0<x<1,\\ 0, & \text{其他}.\end{cases}$$

求$E(X),E(Y),E(XY),D(2X+1)$.

28. 设随机变量Y服从参数为$\lambda=1$的指数分布,随机变量

$$X_k=\begin{cases}0, & Y\leqslant k,\\ 1, & Y>k\end{cases}\quad (k=1,2).$$

求:(1) X_1和X_2的联合概率分布;

(2) $E(X_1+X_2)$.

29. 设X,Y是两个相互独立的随机变量,其概率密度分别为

$$f_X(x)=\begin{cases}2x, & 0\leqslant x\leqslant 1,\\ 0, & \text{其他},\end{cases}\qquad f_Y(y)=\begin{cases}e^{-(y-5)}, & y>5,\\ 0, & y\leqslant 5.\end{cases}$$

求$E(XY),D(XY)$.

30. 在长为l的线段上,任取两点,求两点间距离的数学期望与方差.

31. 设随机变量X与Y独立,且X服从均值为1,标准差(均方差)为$\sqrt{2}$的正态分布,而Y服从标准正态分布,试求随机变量$Z=2X-Y+3$的概率密度.

32. 设X,Y是两个相互独立的且均服从正态分布$N\left(0,\frac{1}{2}\right)$的随机变量,求$E|X-Y|$与$D|X-Y|$.

33. 设随机变量X与Y相互独立,且都服从正态分布$N(\mu,\sigma^2)$,试证:

$$E[\max\{X,Y\}]=\mu+\frac{\sigma}{\sqrt{\pi}}.$$

34. 设随机变量$Z\sim U[-2,2]$,随机变量

$$X=\begin{cases}-1, & Z\leqslant -1,\\ 1, & Z>-1,\end{cases}\qquad Y=\begin{cases}-1, & Z\leqslant 1,\\ 1 & Z>1.\end{cases}$$

求:(1) X和Y的联合分布;

(2) $D(X+Y)$.

35. 已知$D(X)=25,D(Y)=36,\rho_{XY}=0.4$,求$D(X+Y)$及$D(X-Y)$.

36. 设X,Y,Z为三个随机变量,且$E(X)=E(Y)=1$,$E(Z)=-1,D(X)=D(Y)=D(Z)=1,\rho_{XY}=0$,$\rho_{XZ}=\frac{1}{2},\rho_{YZ}=-\frac{1}{2}$.若$W=X+Y+Z$,求$E(W)$,$D(W)$.

37. 设X,Y,Z是三个两两不相关的随机变量,数学期望都是0,方差都是1,求$X-Y$与$Y-Z$的相关系数.

38. 某箱装有100件产品,其中一、二和三等品分别为80、10和10件.现在从中随机抽取一件,记

$$X_i=\begin{cases}1, & \text{抽到 } i \text{ 等品},\\ 0, & \text{其他}\end{cases}\quad (i=1,2,3).$$

试求:(1) 随机变量X_1与X_2的联合分布;

(2) 随机变量X_1与X_2的相关系数ρ.

39. 设二维随机变量(X,Y)在矩形区域$G=\{(x,y)\mid 0\leqslant x\leqslant 2,0\leqslant y\leqslant 1\}$上服从均匀分布.记

$$U=\begin{cases}0, & X\leqslant Y,\\ 1, & X>Y,\end{cases}\qquad V=\begin{cases}0, & X\leqslant 2Y,\\ 1, & X>2Y.\end{cases}$$

求:(1) U和V的联合分布;

(2) U 和 V 的相关系数 ρ.

40. 设 X 与 Y 为具有二阶矩的随机变量，且记 $Q(a,b)=E[Y-(a+bX)]^2$，求 a,b，使得 $Q(a,b)$ 达到最小值 $Q_{\min}$，并证明：

$$Q_{\min}=D(Y)(1-\rho_{XY}^2).$$

41. 设随机变量 X 和 Y 在圆域 $x^2+y^2\leqslant r^2$ 上服从二维均匀分布.

(1) 求 X 与 Y 的相关系数 ρ；

(2) 问 X 与 Y 是否独立？为什么？

42. 设 A,B 是两个随机事件. 随机变量

$$X=\begin{cases}1, & A\text{ 出现},\\ -1, & A\text{ 不出现},\end{cases}\qquad Y=\begin{cases}1, & B\text{ 出现},\\ -1, & B\text{ 不出现}.\end{cases}$$

试证明：随机变量 X 与 Y 不相关的充要条件是 A 与 B 相互独立.

43. 设随机变量 X 的概率密度 $f(x)=\dfrac{1}{2}\mathrm{e}^{-|x|}(-\infty<x<+\infty)$，试证：$X$ 与 $|X|$ 不相关，也不独立.

44. 设 (X,Y) 为二维正态随机变量，$E(X)=1$，$E(Y)=0$，$D(X)=4$，$D(Y)=9$，$\mathrm{Cov}(X,Y)=3$，求 (X,Y) 的概率密度.

45. 设二维随机变量 (X,Y) 的概率密度

$$f(x,y)=\frac{1}{2}[\varphi_1(x,y)+\varphi_2(x,y)],$$

其中 $\varphi_1(x,y)$ 和 $\varphi_2(x,y)$ 都是二维正态概率密度，且它们对应的二维随机变量的相关系数分别为 $\dfrac{1}{3}$ 和 $-\dfrac{1}{3}$，它们的边缘概率密度所对应的随机变量的数学期望都是 0，方差都是 1.

(1) 求随机变量 X 和 Y 的密度 $f_1(x)$ 和 $f_2(y)$，以及 X 和 Y 的相关系数 ρ（提示：可以直接利用二维正态概率密度的性质）；

(2) 问 X 与 Y 是否独立？为什么？

46. 设 X 为随机变量，$E|X|^r(r>0)$ 存在，试证明：对任意 $\varepsilon>0$ 有

$$P(|X|\geqslant\varepsilon)\leqslant\frac{E|X|^r}{\varepsilon^r}.$$

47. 若 $D(X)=0.004$，利用切比雪夫不等式估计概率 $P(|X-E(X)|<0.2)$.

48. 给定 $P(|X-E(X)|<\varepsilon)\geqslant0.9$，$D(X)=0.009$，利用切比雪夫不等式估计 ε.

49. 用切比雪夫不等式确定掷一匀称硬币时，需掷多少次，才能保证正面出现的频率在 0.4 至 0.6 之间的概率不小于 0.9.

50. 若随机变量序列 $X_1,X_2,\cdots,X_n,\cdots$ 满足条件

$$\lim_{n\to\infty}\frac{1}{n^2}D\left(\sum_{i=1}^{n}X_i\right)=0,$$

试证明：$\{X_n\}$ 服从大数定律.

51. 设有 30 个电子器件 $D_1,D_2,\cdots,D_{30}$，它们的使用情况如下：D_1 损坏，D_2 立即使用；D_2 损坏，D_3 立即使用，等等. 设器件 D_i 的寿命（单位：h）是服从参数为 $\lambda=0.1$ 的指数分布的随机变量，令 T 为 30 个器件使用的总时间，问 T 超过 350 h 的概率是多少？

52. 某计算机系统有 100 个终端，每个终端有 20% 的时间在使用. 若各个终端使用与否是相互独立的，试求有 10 个或更多个终端在使用的概率.

53. 某保险公司多年的资料表明，在索赔户中，被盗索赔户占 20%. 以 X 表示在随机抽查的 100 个索赔户中因被盗而向保险公司索赔的户数，试求 $P(14\leqslant X\leqslant30)$.

测验题 5

参考答案

第 6 章 数理统计的基本概念

在前面的五章中,介绍了概率论的基本内容,从本章开始将介绍一些数理统计的基本知识和常用的数理统计方法.

数理统计以概率论为理论基础,根据试验或观测到的数据,研究如何利用有效的方法对这些已知数据进行整理、分析和推断,从而对研究对象的性质和统计规律作出合理、科学的估计和判断.

随着计算机技术的发展,数理统计方法的应用越来越广泛,已成为各学科从事科学研究及生产,经济等部门进行有效工作的必不可少的数学工具.

本章主要介绍数理统计的基本概念:总体、样本、统计量与抽样分布,然后介绍三种常用的统计分布:χ^2 分布、t 分布、F 分布的定义、性质及抽样分布的几个定理.

6.1 总体与样本

6.1.1 数理统计的基本问题

概率论中许多问题的讨论,常常是从已给的随机变量 X 出发来研究 X 的各种性质,此时 X 的概率分布都是已知的,或者假设是已知的. 但是在实际问题中,一般说来,人们事先并不知道随机事件的概率、随机变量的概率分布和数字特征,而需要对它们进行估计或作某种推断,这就产生了数理统计的问题. 下面看两个例子.

例 6.1.1 从 5 000 件产品中随机地抽检一件产品,结果可能合格,也可能不合格. 由概率论可知,这个随机现象可以用 0—1 分布来描述:

X	0	1
P	$1-p$	p

这里,"$X=0$"表示产品合格,"$X=1$"表示产品不合格,p 为不合格率. 但是,p 的值是未知的,也就是说 0—1 分布中参数是未知的. 试问:(1)如何求出或近似地求出 p 的值?(2)如果人们根据以往的生产经验提出假设:"$p<0.05$",那么,是同意这个假设还是否定这个假设呢?应该用什么方法来检验?

例 6.1.2 一工厂生产某种规格的圆柱齿轮. 由于原料和加工过程的种种随机因素,各个齿轮的径向综合误差 X 的数值一般是不相同的,因此加工出来的齿轮,它的径向综合误差 X 是一个随机变量. 但是 X 的分布函数 $F(x)$(或概率密度 $f(x)$)是什么,事前是未知的. 试问:(1) 如何求出或近似地求出 $F(x)$(或$f(x)$)?(2) 如果人们根据以往的生产经验提出假设:"X 服从正态分布 $N(\mu,\sigma^2)$"(μ 和 σ^2 已知或未知),那么是接受它还是否定它?用什么方法来判断?(3) 如果人们只需知道 X 的期望和方差,那么,如何估计它们的数值?

怎样解决这些问题呢?对例 6.1.1 来说,由于产品总数是有限的,人们可以对所有产品逐个检验,求出不合格产品所占的比例,就得到概率 p;同时,假设"$p<0.05$"是否成立的问题也就得到解决. 但是,这种普查的方法是不可取的,有时也是行不通的. 因为对 5 000 件产品逐个检验,一般来说要耗费很多人力、物力和时间. 特别地,当产品质量的检验是属于破坏性检验时,根本就不能逐个检验. 在数理统计中通常采用的办法是:从研究对象的全体元素中随机地抽取一小部分进行观测(或试验),然后以观测得到的资料(或数据)为出发点,以概率论的理论为基础来对上述问题进行估计或推断,这种方法称为**统计推断**.

统计推断的问题可分两类:一类是对未知参数以及对未知概率分布(分布函数、概率密度或分布列)的估计问题;另一类是对未知参数和概率分布的假设检验问题. 这些都是数理统计的基本问题. 当然,上述问题远未穷尽数理统计的所有基本问题. 例如,数理统计还要研究如何科学地安排试验,才能最经济、最有效地取得统计推断所必需的数据资料. 这部分内容,本书不讨论.

为了研究统计推断问题,下面依次介绍总体和样本的概念.

6.1.2 总体

在数理统计中,人们把所研究的全体元素构成的集合称为**总体**(或**母体**),而把组成总体的每个元素称为**个体**. 如果总体包含有限个个体,则称为**有限总体**(或**具体总体**);如果总体包含无限个个体,则称为**无限总体**(或**抽象总体**).

如在例 6.1.1 中,每件产品是个体,5 000 件产品就是一个总体,它是有限的;在例 6.1.2 中,每一件齿轮是个体,生产出来的全部齿轮是一个总体,它是无限的,这是因为我们可以设想,工厂生产这种齿轮可以在相同条件下无限地生产下去. 再如,某城市现有大学生组成的集合是有限总体,而该城市在一定条件下培养出来的大学生所组成的集合是无限总体.

当用数理统计方法研究总体时,人们主要关心的不是每个个体本身,而仅仅是每个个体的某种数量指标(或特征)的有关问题. 如在例 6.1.1 中,人们关心的是刻画产品合格与否的数量指标 X 的概率分布问题;在例 6.1.2 中,人们关心的是每个齿轮的径向综合误差 X 的概率分布问题. 因此,对总体的研究实际上就是对某一随机变量 X 的概率分布的研究. 为了便于叙述,一旦所考察的数量指标明确以后,就可把总体与数量指标及相应的概率分布等同起来,也就是说,**总体是一个概率分布或服从这个概率分布的随机变量**. 如在例 6.1.1 中,总体是 0—1 分布或服从这个分布的 X;在例 6.1.2 中,总体是描述齿轮径向综合误差的随机变量 X 或它所服从的分布.

以上所考察的总体的数量指标只有一个,即只需用一维随机变量来描述;如果同时要考察的数量指标不止一个,那么就需要用多维随机变量来描述. 例如,对上述大学生的总体,若要同时考察大学生的身高 X,体重 Y 和肺活量 Z,那么就需要研究三维随机变量 (X,Y,Z). 同样,为了叙述方便,人们把总体与 (X,Y,Z) 或它的分布等同起来,并称这样的总体为**三维总体**. 在本书中主要讨论一维总体,多维总体是多元统计分析主要研究的对象.

6.1.3 样本

在6.1.1节中已经说过，为了对例6.1.1和例6.1.2中所提的问题作出估计或推断，就必须从所研究对象的全部元素中随机地抽取一小部分进行观测. 所谓随机地是指总体中每个个体被观测到的机会是一样的，而所谓抽取一部分个体进行观测，其实就是对总体 X 重复进行若干次观测以获得 X 的若干个观测数值. 例如，若在例6.1.1中随机地抽检5件产品，结果分别是“合格”“不合格”“合格”“合格”和“不合格”，那么就得到 X 的5个观测值 0,1,0,0,1. 一般说来，从总体 X 中随机抽检 n 个个体，则可得到 X 的 n 个观测值 $x_1,x_2,\cdots,x_n$. 为了叙述方便，人们把从总体 X 中随机抽检（或观测）n 个个体的试验称为**随机抽样**，简称**抽样**，n 称为**容量**.

显然，对总体 X 的任何一个容量为 n 的抽样结果“$x_1,x_2,\cdots,x_n$”是 n 个完全确定的数值，但由于抽样是一个随机试验，所以这 n 个观测值是随每次抽样而改变的，它具有随机性. 换句话说，对具体某次抽样来说，抽样结果是 n 个确定的数值 $x_1,x_2,\cdots,x_n$；而离开了特定的某次抽样来说，抽样结果是 n 个随机变量 $X_1,X_2,\cdots,X_n$. 人们称这 n 个随机变量 $X_1,X_2,\cdots,X_n$ 为来自总体 X 的一个容量为 n 的**样本**（或**子样**），而 $x_1,x_2,\cdots,x_n$ 称为样本的一个**观测值**，简称**样本值**，有时也称为样本的一个**实现**. 容量为 n 的一个样本 $X_1,X_2,\cdots,X_n$ 可以看作 n 维随机变量$(X_1,X_2,\cdots,X_n)$，它的分布就称为**样本的分布**. 样本值 $x_1,x_2,\cdots,x_n$ 可以看作 n 维空间的一个点$(x_1,x_2,\cdots,x_n)$，称之为**样本点**. 样本点的全体称为**样本空间**，它是 n 维空间或其中的一个子集.

上面把抽样结果看作 n 维随机变量，并称之为样本，这一点是很重要的. 因为只有这样才能运用概率论的理论对总体 X 进行各种推断以及研究比较各种推断方法的好坏. **数理统计的主要任务之一就是研究如何根据样本来推断总体.**

为了使抽得的样本能很好地反映总体的特性，通常人们假设总体 X 的 n 次观测是在相同条件下独立重复进行的. 这样得到的样本 $X_1,X_2,\cdots,X_n$ 满足下面两个条件：

（1）$X_1,X_2,\cdots,X_n$ 相互独立；

（2）每个 $X_i(i=1,2,\cdots,n)$ 与总体 X 有相同的分布.

上面两个条件，实际上就是样本具有代表性的反映. 另外，有了独立性,就可以方便地应用概率论中有关独立随机变量的种种结论. 人们把满足这两个条件的抽样方法称为**简单随机抽样**,而得到的样本称为**简单随机样本**.

例如,若在例 6.1.1 中用有放回的抽样方法随机地检验 n 件产品,则得到的样本 $X_1,X_2,\cdots,X_n$ 就是独立的且与总体 X 有相同的分布,即

X_i	0	1
P	$1-p$	p

其中 $i=1,2,\cdots,n$,因此,这种抽样方法是简单随机抽样,而样本是简单随机样本.

若将分布列写成

$$P(X=x_i)=p^{x_i}(1-p)^{1-x_i} \quad (x_i=0 \text{ 或 } 1),$$

则由独立性,样本的分布可写成

$$\begin{aligned} &P(X_1=x_1,X_2=x_2,\cdots,X_n=x_n) \\ &=\prod_{i=1}^{n}P(X_i=x_i) \\ &=\prod_{i=1}^{n}p^{x_i}(1-p)^{1-x_i}=p^{\sum_{i=1}^{n}x_i}(1-p)^{n-\sum_{i=1}^{n}x_i}. \end{aligned} \tag{6.1}$$

今后,如果不作特殊声明,所说的抽样皆为简单随机抽样,所说的样本皆为简单随机样本.

最后,将以上讲的总体和样本的概念用定义的形式小结如下:

定义 6.1.1 (i) 称随机变量 X 的概率分布为一总体,或称随机变量 X 为一总体,而 X 的分布称为总体的分布;

(ii) 如果 $X_1,X_2,\cdots,X_n$ 是相互独立且与总体 X 有相同分布的 n 个随机变量,即如果它们的联合分布函数

$$F^*(x_1,x_2,\cdots,x_n)=F(x_1)F(x_2)\cdots F(x_n)$$

($F(x)$ 为 X 的分布函数),则称 $X_1,X_2,\cdots,X_n$ 为来自总体 X 的一个容量为 n 的简单随机样本,简称为 X 的一个样本,而 $F^*(x_1,x_2,\cdots,x_n)$ 就是这个样本的分布函数;

(iii) 样本 $(X_1,X_2,\cdots,X_n)$ 的每一个观测值 $(x_1,x_2,\cdots,x_n)$ 称为样本值(或样本的一次实现),样本值的集合称为总体 X 的容量为 n 的样本空间.

6.2 直方图与经验分布函数

根据总体 X 的样本观测值求 X 的概率分布是数理统计要解决的重要问题之一，本节将介绍利用样本的观测值近似地求总体的概率密度和分布函数的方法. 下面先考虑概率密度的近似求法.

设 $x_1,x_2,\cdots,x_n$ 是总体 X 的容量为 n 的一个样本观测值，并设它们都包含在区间 $(a,b]$ 之中. 用下列分点将区间分成 m 个子区间($m<n$，区间长度不一定相等)：

$$a=t_0<t_1<t_2<\cdots<t_{m-1}<t_m=b.$$

设每个子区间 $(t_i,t_{i+1}]$ 包含 n_i 个观测值，那么 n_i/n 表示事件“$t_i<X\leqslant t_{i+1}$”在 n 次试验中发生的频率($i=0,1,\cdots,m-1$). 由伯努利大数定律知，事件的频率依概率收敛于事件的概率，故当 n 适当大时，事件的概率可用事件频率来近似，即

$$n_i/n\approx P(t_i<X\leqslant t_{i+1})=\int_{t_i}^{t_{i+1}}f(x)\,\mathrm{d}x\quad(i=0,1,\cdots,m-1),$$

$f(x)$ 是总体 X 的概率密度，它是未知的. 若 $f(x)$ 连续，令 $\Delta t_i=t_{i+1}-t_i$，则有近似式

$$n_i/n\approx(t_{i+1}-t_i)f(t_i)=\Delta t_i f(t_i).$$

于是

$$f(t_i)\approx\frac{n_i}{n\Delta t_i}\quad(i=0,1,\cdots,m-1).$$

定义函数

$$\varphi_n(x)=\frac{n_i}{n\Delta t_i}\quad(t_i<x\leqslant t_{i+1},i=0,1,\cdots,m-1),$$

称 $\varphi_n(x)$ 的图形为总体 X 在 $(a,b]$ 上的**直方图**(图 6.1).

根据总体 X 的直方图就可以大致画出 X 的概率密度曲线，如图 6.1 中的光滑曲线所示. 如果 n 及 m 越大，则所得的曲线一般来说越接近 $f(x)$ 的图形.

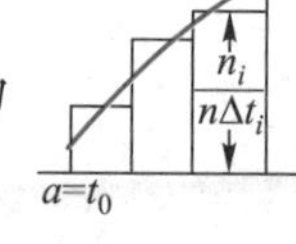

图 6.1

作直方图的步骤如下：

(1) 找出样本观测值 $x_1,x_2,\cdots,x_n$ 的最小值与最大值，分别记为 $x_{(1)},x_{(n)}$；

(2) 选 a(略小于 $x_{(1)}$)，b(略大于 $x_{(n)}$)，并将区间 $(a,b]$ 分为 $m(m<n)$ 个小区间，分点为

$$a=t_0<t_1<t_2<\cdots<t_{m-1}<t_m=b$$

(m 的大小没有硬性规定,当 n 较小时,m 也应小些,n 较大时,m 则应大些,但要注意每一小区间中都要包含若干个观测值;另外,分点要比观测值多取一位小数);

(3) 数出观测值落在区间$(t_i,t_{i+1}]$中的个数 n_i,同时算出 $n_i/n(i=0,1,\cdots,m-1)$;

(4) 在横坐标轴上标出各分点 t_i,然后以区间$(t_i,t_{i+1}]$为底边,画出高度为 $n_i/(n\Delta t_i)$的矩形,就得到直方图.

例 6.2.1　在齿轮加工中,齿轮的径向综合误差 X 是个随机变量.今对 200 件模数为 1 mm、分度圆直径为 60 mm 的圆柱齿轮,测得 X 的值(单位:mm)如表 6.1 所示,求作 X 的直方图.

表 6.1　齿轮的径向综合误差观测值

观测值	8	9	10	11	12	13	14	15	16
频数	4	1	7	8	6	12	9	10	17
观测值	17	18	19	20	21	22	23	24	25
频数	7	19	14	22	8	10	7	11	6
观测值	26	27	28	29	30	31	32	33	容量 n
频数	6	3	3	2	2	1	3	2	200

解　样本观测值的最小值为 8,最大值为 33,取 $a=7.5$,$b=33.5$.将区间(7.5,33.5]等分为 13 个小区间,并统计落在每个小区间中的样本观测值的频数和频率,汇总如下:

分组区间	频数 n_i	频率 n_i/n
7.5～9.5	5	0.025
9.5～11.5	15	0.075
11.5～13.5	18	0.090
13.5～15.5	19	0.095
15.5～17.5	24	0.120
17.5～19.5	33	0.165
19.5～21.5	30	0.150
21.5～23.5	17	0.085
23.5～25.5	17	0.085
25.5～27.5	9	0.045
27.5～29.5	5	0.025
29.5～31.5	3	0.015
31.5～33.5	5	0.025
$\sum$	$n=200$	1.00

以组距 2 为底,以$\frac{n_i}{2n}$为高作矩形($i=0,1,\cdots,12$),则得 X 的直方图(图 6.2).

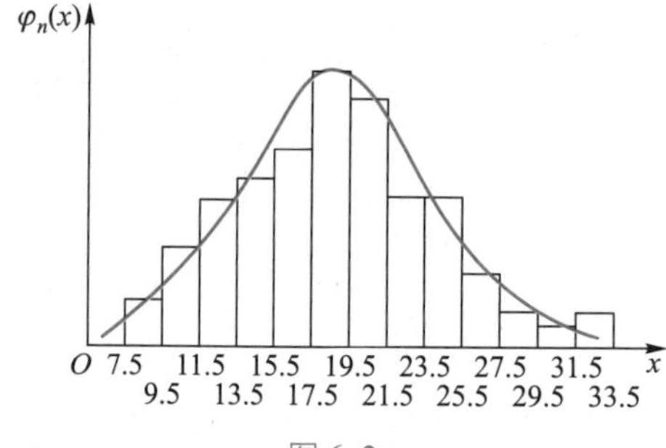

图 6.2

根据直方图可估计 X 的概率密度曲线大致如图 6.2 的曲线所示,它很像正态概率密度曲线. 但 X 是否服从正态分布? 检验方法见第 8 章.

下面介绍分布函数的近似求法.

设 $x_1,x_2,\cdots,x_n$ 是总体容量为 n 的样本观测值,将它们按大小次序排列如下:

$$x_{(1)} \leqslant x_{(2)} \leqslant \cdots \leqslant x_{(n)}.$$

定义函数

$$F_n(x)=\frac{N_n(x)}{n} \quad (-\infty<x<+\infty),$$

其中 $N_n(x)$ 为 $x_1,x_2,\cdots,x_n$ 中小于或等于 x 的个数. 对任意固定的 x, $F_n(x)$就是事件"$X\leqslant x$"在 n 次试验中出现的频率,而该事件的概率为 $P(X\leqslant x)=F(x)$. 由频率与概率的关系即伯努利大数定律知,当 n 很大时,$F_n(x)$可以作为未知分布函数$F(x)$的一个近似,n 越大,近似得越好. $F_n(x)$还可写成如下的形式:

$$F_n(x)=\begin{cases}0, & x<x_{(1)}, \\ k/n, & x_{(k)} \leqslant x<x_{(k+1)}, \quad k=1,2,\cdots,n-1, \\ 1, & x \geqslant x_{(n)},\end{cases} \tag{6.2}$$

称它为总体 X 的**经验分布函数**(或**样本分布函数**).

$F_n(x)$只有在 $x=x_{(k)}$($k=1,2,\cdots,n$)处有间断点,跃度是 $1/n$ 的倍数(如有 l 个观测值相同,$x_{(k-1)}<x_{(k)}=\cdots=x_{(k+l-1)}<x_{(k+l)}$,则在点 $x_{(k)}$ 处的跃度为 l/n).

在图 6.3 中,我们根据例 6.2.1 中 X 的 200 个观测值画出了 X 的经验分布函数的图形. 根据这个图形,可以看出 X 的分布函数曲线大体上如图 6.3 中的曲线所示.

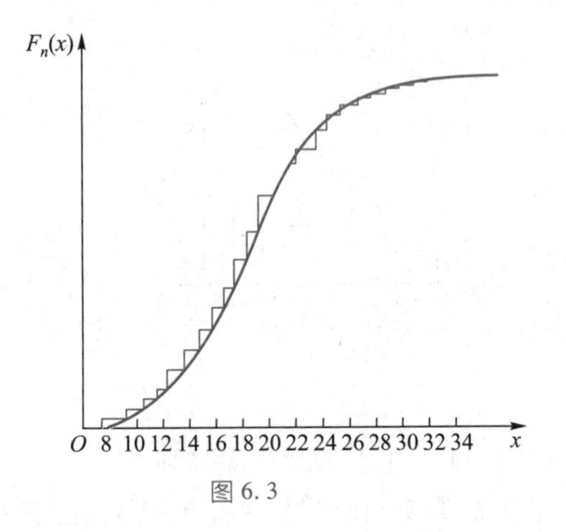

图 6.3

6.3 χ^2 分布, t 分布和 F 分布

为了本章及以后各章的需要,下面介绍数理统计中常用的三大分布,即 χ^2 分布, t 分布和 F 分布. 它们在数理统计中占有极重要的地位.

6.3.1 χ^2 分布

定义 6.3.1 设 $X_1, X_2, \cdots, X_n$ 为 n 个($n \geqslant 1$)相互独立的随机变量,它们都服从标准正态分布 $N(0,1)$. $Y=\sum_{i=1}^{n} X_i^2$,则随机变量 Y 的分布称为自由度为 n 的 χ^2 **分布**,记为 $\chi^2(n)$. 任何服从 $\chi^2(n)$ 分布的随机变量 X 称为自由度为 n 的 χ^2 **变量**,简称为 χ^2 **变量**,并记作 $X \sim \chi^2(n)$.

根据例 3.6.3 和 4.5 节中的卷积公式,用数学归纳法容易证明 $\chi^2(n)$ 的概率密度①

$$f(x)=\begin{cases}\dfrac{1}{2^{\frac{n}{2}}\Gamma\left(\dfrac{n}{2}\right)}x^{\frac{n}{2}-1}\mathrm{e}^{-\frac{x}{2}}, & x>0,\\ 0, & x \leqslant 0.\end{cases} \tag{6.3}$$

利用 Γ 函数的定义,容易验证

$$\int_{-\infty}^{+\infty} f(x)\,\mathrm{d}x=1.$$

① 式中 $\Gamma(\cdot)$ 表示伽马函数,其定义为

$$\Gamma(s)=\int_0^{+\infty} x^{s-1}\mathrm{e}^{-x}\,\mathrm{d}x\,(s>0).$$

容易证明: $\Gamma(1)=1$, $\Gamma(1/2)=\sqrt{\pi}$, $\Gamma(s+1)=s\Gamma(s)$, $\Gamma(n)=(n-1)!$ (n 为正整数).

图 6.4 描绘了当 $n=4,10,20$ 时 $f(x)$ 的曲线.

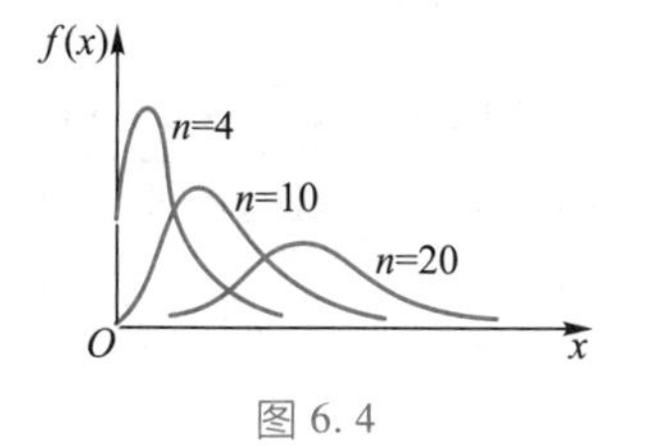

图 6.4

若 $Y=\sum\limits_{i=1}^{n} X_i^2 \sim \chi^2(n)$，则有

$$E(Y)=n, \quad D(Y)=2n.$$

事实上，因 $X_i \sim N(0,1)$，故

$E(X_i^2)=D(X_i)+[E(X_i)]^2=1$，

$D(X_i^2)=E(X_i^4)-[E(X_i^2)]^2=\int_{-\infty}^{+\infty} x^4 \frac{1}{\sqrt{2\pi}} \mathrm{e}^{-\frac{x^2}{2}} \mathrm{d}x-1=3-1=2$

$(i=1,2,\cdots,n)$.

于是

$$E(Y)=E\left(\sum_{i=1}^{n} X_i^2\right)=\sum_{i=1}^{n} E(X_i^2)=n,$$

$$D(Y)=D\left(\sum_{i=1}^{n} X_i^2\right)=\sum_{i=1}^{n} D(X_i^2)=2n.$$

定理 6.3.1 设 X 与 Y 是相互独立的随机变量，且 $X \sim \chi^2(m)$，$Y \sim \chi^2(n)$，则 $Z=X+Y \sim \chi^2(m+n)$.

证 设 $X_1,\cdots,X_m,Y_1,\cdots,Y_n$ 为 $m+n$ 个相互独立的标准正态随机变量. 因 X 与 $\sum\limits_{i=1}^{m} X_i^2$ 都服从 $\chi^2(m)$ 分布，Y 与 $\sum\limits_{j=1}^{n} Y_j^2$ 都服从 $\chi^2(n)$ 分布，且 $\sum\limits_{i=1}^{m} X_i^2$ 与 $\sum\limits_{j=1}^{n} Y_j^2$ 相互独立，故 $X+Y$ 与 $\sum\limits_{i=1}^{m} X_i^2+\sum\limits_{j=1}^{n} Y_j^2$ 同分布. 由 χ^2 分布的定义知，后者服从 $\chi^2(m+n)$ 分布，故 $X+Y \sim \chi^2(m+n)$.

定理 6.3.1 表明 χ^2 分布关于自由度具有可加性.

本书附表 3 对某些不同的自由度 n 及不同的数 $\alpha(0<\alpha<1)$ 给出了满足等式

$$P(\chi^2>\chi_\alpha^2(n))=\alpha$$

的临界值 $\chi_\alpha^2(n)$ 的数值（图 6.5），式中 $\chi^2 \sim \chi^2(n)$. 临界值 $\chi_\alpha^2(n)$ 也称为 $\chi^2(n)$ 的**上侧 α 分位数**. 由附表 3 可查得 $\chi_{0.05}^2(10)=18.307$，$\chi_{0.1}^2(25)=34.382$，等等.

图 6.5

6.3.2 t 分布

定义 6.3.2 设随机变量 X,Y 相互独立，且 $X \sim N(0,1)$，$Y \sim \chi^2(n)$，则称随机变量

$$T=\frac{X}{\sqrt{Y/n}}$$

服从自由度为 n 的 **t 分布**，又称**学生氏(Student)分布**[①]，记为$t(n)$. 任何服从 $t(n)$分布的随机变量 T 称为自由度为 n 的 **t 变量**，记为 $T\sim t(n)$.

① t 分布是英国统计学家和化学家戈塞特(Gosset)于 1908 年提出的. Student 是他当时用的笔名.

利用 3.6 节中的方法先求出 $Z=\sqrt{Y/n}$的概率密度. 因 X,Y 独立，故 X 与 Z 也独立. 再利用 4.7 节中所介绍的方法可得 **t 变量** $T=X/Z$ 的概率密度

$$f(t)=\frac{\Gamma\left(\frac{n+1}{2}\right)}{\sqrt{n\pi}\,\Gamma\left(\frac{n}{2}\right)}\left(1+\frac{t^2}{n}\right)^{-\frac{n+1}{2}}\quad(-\infty<t<+\infty). \tag{6.4}$$

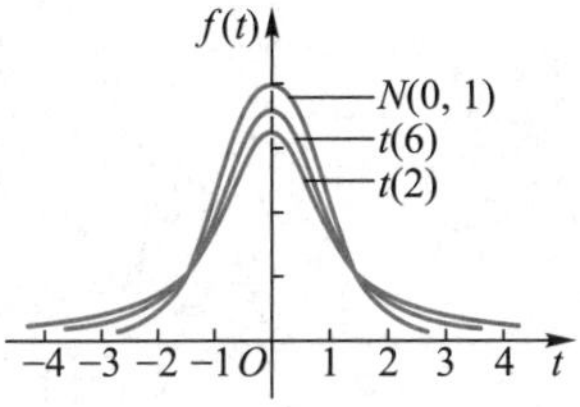

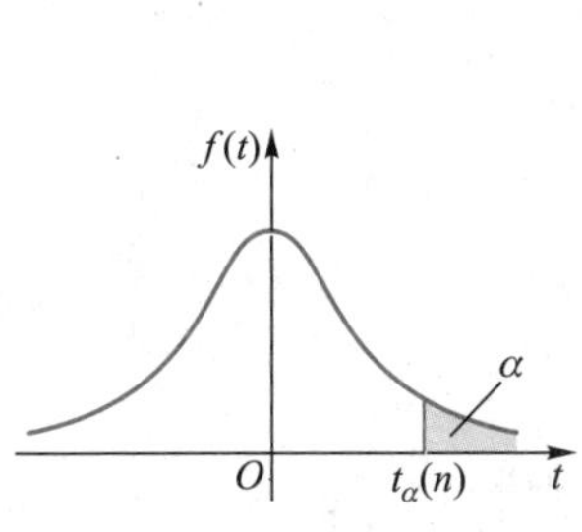

图 6.6

图 6.6 描绘了 $t(2)$，$t(6)$及 $N(0,1)$分布的概率密度曲线. 由图可见，t 分布曲线很像标准正态分布曲线. 可以证明，当 n 无限增大时，t 分布的极限分布就是标准正态分布. 实际上，当 $n\geqslant 30$ 时，t 分布与 $N(0,1)$分布的差别已经很小，但是，当 n 较小时，t 分布与 $N(0,1)$分布的差别是很显著的.

本书附表 4 对某些不同的自由度 n 以及不同的数 $\alpha(0<\alpha<1)$给出了满足等式

$$P(T>t_\alpha(n))=\alpha$$

的临界值 $t_\alpha(n)$的数值(图 6.7)，式中 $T\sim t(n)$. 临界值 $t_\alpha(n)$也称为 $t(n)$的**上侧 α 分位数**. 例如，由附表 4 查得 $t_{0.05}(10)=1.812\,5$，$t_{0.01}(12)=2.681\,0$，等等.

图 6.7

6.3.3 F 分布

定义 6.3.3 设随机变量 X,Y 相互独立，且 $X\sim\chi^2(n_1)$，$Y\sim\chi^2(n_2)$，则称随机变量

$$F=\frac{X/n_1}{Y/n_2}=\frac{n_2}{n_1}\frac{X}{Y} \tag{6.5}$$

服从第一自由度为 n_1，第二自由度为 n_2 的 **F 分布**，记为 $F(n_1,n_2)$. 任何服从 $F(n_1,n_2)$分布的随机变量 F 称为自由度为(n_1,n_2)的 **F 变量**，简称为 **F 变量**，记为 $F\sim F(n_1,n_2)$.

易知定义 6.3.3 中随机变量 F 的概率密度

$$f(u)=\begin{cases}\dfrac{\Gamma\left(\dfrac{n_1+n_2}{2}\right)}{\Gamma\left(\dfrac{n_1}{2}\right)\Gamma\left(\dfrac{n_2}{2}\right)}n_1^{\frac{n_1}{2}}n_2^{\frac{n_2}{2}}\dfrac{u^{\frac{n_1}{2}-1}}{(n_1u+n_2)^{\frac{n_1+n_2}{2}}}, & u>0,\\ 0, & u\leqslant 0.\end{cases}\tag{6.6}$$

图 6.8 描绘了 $F(n_1,n_2)$ 当 $n_1=10,n_2=40$ 和 $n_1=10,n_2=50$ 时的概率密度曲线.

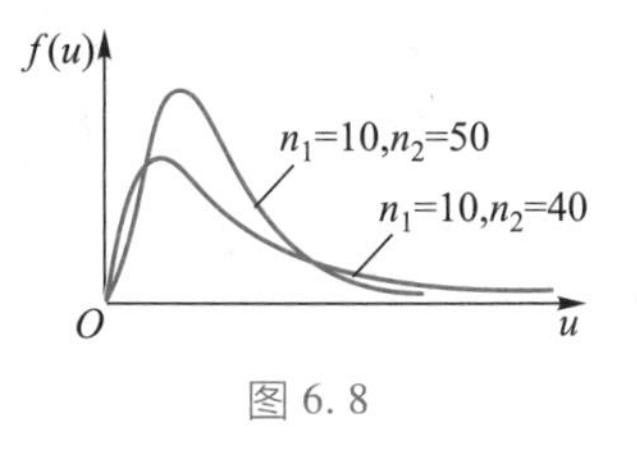

图 6.8

本书附表 5 对某些 n_1,n_2 及 $\alpha(0<\alpha<1)$ 给出了满足等式

$$P(F>F_\alpha(n_1,n_2))=\alpha$$

的临界值 $F_\alpha(n_1,n_2)$ 的数值(图 6.9),式中 $F\sim F(n_1,n_2)$. 临界值 $F_\alpha(n_1,n_2)$ 也称为 $F(n_1,n_2)$ 的**上侧 α 分位数**,它具有如下性质:

$$F_{1-\alpha}(n_1,n_2)=\frac{1}{F_\alpha(n_2,n_1)}.\tag{6.7}$$

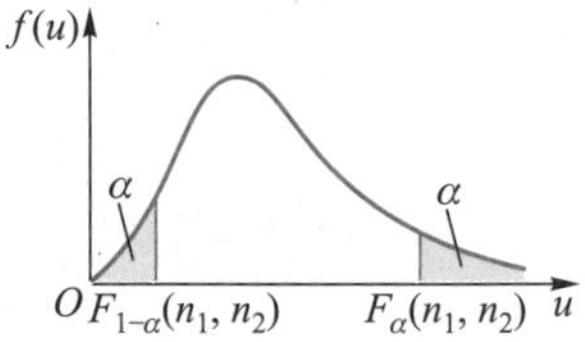

图 6.9

事实上,若 $X\sim\chi^2(n_1)$,$Y\sim\chi^2(n_2)$ 而且 X 与 Y 独立,则

$$\frac{X/n_1}{Y/n_2}\sim F(n_1,n_2),\quad \frac{Y/n_2}{X/n_1}\sim F(n_2,n_1).$$

于是,对任意 $\alpha(0<\alpha<1)$,存在上侧 α 分位数 $F_\alpha(n_2,n_1)$,使得

$$P\left(\frac{Y/n_2}{X/n_1}>F_\alpha(n_2,n_1)\right)=\alpha.$$

而

$$\begin{aligned}P\left(\frac{Y/n_2}{X/n_1}>F_\alpha(n_2,n_1)\right)&=P\left(\frac{X/n_1}{Y/n_2}<\frac{1}{F_\alpha(n_2,n_1)}\right)\\&=1-P\left(\frac{X/n_1}{Y/n_2}\geqslant\frac{1}{F_\alpha(n_2,n_1)}\right),\end{aligned}$$

故

$$P\left(\frac{X/n_1}{Y/n_2}\geqslant\frac{1}{F_\alpha(n_2,n_1)}\right)=1-\alpha.$$

由于 $\dfrac{X/n_1}{Y/n_2}\sim F(n_1,n_2)$,故 $\dfrac{1}{F_\alpha(n_2,n_1)}$ 表示 $F(n_1,n_2)$ 的上侧 $1-\alpha$ 分位数 $F_{1-\alpha}(n_1,n_2)$,从而式(6.7)成立.

利用式(6.7),可以从分位数 $F_\alpha(n_2,n_1)$ 求出分位数 $F_{1-\alpha}(n_1,n_2)$. 例如

$$F_{0.95}(12,8)=\frac{1}{F_{0.05}(8,12)}=\frac{1}{2.85}\approx 0.35.$$

例 6.3.1 设总体 $X\sim N(0,\sigma^2)$,而 $X_1,X_2,\cdots,X_8$ 是来自总体 X

的简单随机样本,求下列随机变量的分布:

(1) $T_1=\frac{1}{2\sigma^2}[(X_1+X_2)^2+(X_3-X_4)^2]$;

(2) $T_2=\frac{X_1+X_2+X_3}{\sqrt{X_4^2+X_5^2+X_6^2}}$;

(3) $T_3=[(X_1-X_2)^2+(X_3-X_4)^2]/[(X_5+X_6)^2+(X_7+X_8)^2]$.

解 由题意有 $X_i \sim N(0,\sigma^2)$ $(i=1,2,\cdots,8)$,而且 $X_1,X_2,\cdots,X_8$ 相互独立.

(1) 由 4.5 节可知,$\frac{X_1+X_2}{\sqrt{2}\sigma} \sim N(0,1)$,$\frac{X_3-X_4}{\sqrt{2}\sigma} \sim N(0,1)$且二者相互独立,故

$$T_1=\left(\frac{X_1+X_2}{\sqrt{2}\sigma}\right)^2+\left(\frac{X_3-X_4}{\sqrt{2}\sigma}\right)^2 \sim \chi^2(2).$$

(2) $\frac{X_1+X_2+X_3}{\sqrt{3}\sigma} \sim N(0,1)$,$\left(\frac{X_4}{\sigma}\right)^2+\left(\frac{X_5}{\sigma}\right)^2+\left(\frac{X_6}{\sigma}\right)^2 \sim \chi^2(3)$且二者相互独立,故

$$T_2=\frac{X_1+X_2+X_3}{\sqrt{3}\sigma}\Bigg/\sqrt{\left[\left(\frac{X_4}{\sigma}\right)^2+\left(\frac{X_5}{\sigma}\right)^2+\left(\frac{X_6}{\sigma}\right)^2\right]\Big/3} \sim t(3).$$

(3) $\left(\frac{X_1-X_2}{\sqrt{2}\sigma}\right)^2+\left(\frac{X_3-X_4}{\sqrt{2}\sigma}\right)^2 \sim \chi^2(2)$,$\left(\frac{X_5+X_6}{\sqrt{2}\sigma}\right)^2+\left(\frac{X_7+X_8}{\sqrt{2}\sigma}\right)^2 \sim \chi^2(2)$

且二者相互独立,故

$$T_3=\frac{\left[\left(\frac{X_1-X_2}{\sqrt{2}\sigma}\right)^2+\left(\frac{X_3-X_4}{\sqrt{2}\sigma}\right)^2\right]\Big/2}{\left[\left(\frac{X_5+X_6}{\sqrt{2}\sigma}\right)^2+\left(\frac{X_7+X_8}{\sqrt{2}\sigma}\right)^2\right]\Big/2} \sim F(2,2).$$

例 6.3.2 设随机变量 $X \sim t(n)$,$Y=\frac{1}{X^2}$,求 Y 的分布.

解 因为 $X \sim t(n)$,所以 $X=U\Big/\sqrt{\frac{V}{n}}$,且 $U \sim N(0,1)$,$V \sim \chi^2(n)$,而 U 与 V 独立. 故

$$Y=\frac{1}{X^2}=1\Bigg/\left(\frac{U}{\sqrt{\frac{V}{n}}}\right)^2=\frac{V/n}{U^2/1} \sim F(n,1)$$

(利用 F 分布定义).

6.4 统计量及抽样分布

数理统计的任务是通过样本推断总体,但样本中包含了关于总体的各方面信息,在实际处理问题时,很少直接利用样本进行推断.往往需要针对不同的问题构造出样本的某种函数 $T=T(X_1,X_2,\cdots,X_n)$,以便把样本中所包含的有关问题的信息提取出来,然后再利用这种信息进行推断.这种函数仍然为随机变量.人们称它为**统计量**.其定义如下:

定义 6.4.1 设 $X_1,X_2,\cdots,X_n$ 为总体 X 的容量为 n 的样本,$T(x_1,x_2,\cdots,x_n)$是定义在样本空间上不依赖于未知参数的一个连续函数,则称随机变量$T(X_1,X_2,\cdots,X_n)$为一个**统计量**.

例如,$X_1,X_2,\cdots,X_n$ 为总体 $N(\mu,\sigma^2)$的一个容量为 n 的样本,且 μ 未知,σ^2 已知,那么,$T_1(X_1,X_2,\cdots,X_n)=\left(\sum\limits_{i=1}^{n}X_i\right)/\sigma^2$,$T_2(X_1,X_2,\cdots,X_n)=X_1+1$ 都是统计量,而 $T_3(X_1,X_2,\cdots,X_n)=\dfrac{1}{n}\sum\limits_{i=1}^{n}(X_i-\mu)^2$ 不是统计量,因为它依赖于未知参数 μ.

下面定义一些重要的统计量.

定义 6.4.2 设 $X_1,X_2,\cdots,X_n$ 为总体的一个样本,则统计量

$$\overline{X}=\frac{1}{n}\sum_{i=1}^{n}X_i \tag{6.8}$$

称为**样本均值**,而统计量

$$S^2=\frac{1}{n-1}\sum_{i=1}^{n}(X_i-\overline{X})^2=\frac{1}{n-1}\left(\sum_{i=1}^{n}X_i^2-n\,\overline{X}^2\right) \tag{6.9}$$

称为**样本方差**.

若 $x_1,x_2,\cdots,x_n$ 为样本 $X_1,X_2,\cdots,X_n$ 的观测值,那么代入式(6.8)和式(6.9),则可得到 $\overline{X}$ 和 S^2 相应的观测值 $\bar{x}$ 和 s^2.

定义 6.4.3 设 $X_1,X_2,\cdots,X_n$ 为总体 X 的一个样本,k 为任何正整数,则统计量$\dfrac{1}{n}\sum\limits_{i=1}^{n}X_i^k$ 和$\dfrac{1}{n}\sum\limits_{i=1}^{n}(X_i-\overline{X})^k$ 分别称为**样本 k 阶原点矩**和**样本 k 阶中心矩**.常记为 $A_k=\dfrac{1}{n}\sum\limits_{i=1}^{n}X_i^k$ 和 $B_k=\dfrac{1}{n}\sum\limits_{i=1}^{n}(X_i-\overline{X})^k$.

显然,样本均值是样本的一阶原点矩,它常用来估计总体的均

值. 样本方差和样本二阶中心矩有点差异,下面用 S^{*2} 表示样本二阶中心矩,即

$$S^{*2}=\frac{1}{n}\sum_{i=1}^{n}(X_i-\overline{X})^2=\frac{1}{n}\sum_{i=1}^{n}X_i^2-\overline{X}^2.$$

S^2 与 S^{*2} 常用来估计总体的方差,至于它们在这方面的差异,下一章讲述.

定义 6.4.4(顺序统计量) 设 $X_1,X_2,\cdots,X_n$ 为总体 X 的一个样本,$x_1,x_2,\cdots,x_n$ 是样本的一个观测值,将它们按大小次序排列,得到

$$x_{(1)}\leqslant x_{(2)}\leqslant\cdots\leqslant x_{(n)}.$$

称 $X_{(i)}$ 为**第 i 个顺序统计量**,如果不论样本 $X_1,X_2,\cdots,X_n$ 取怎样一组观测值 $x_1,x_2,\cdots,x_n$, $X_{(i)}$ 总是取其中的 $x_{(i)}$ 为观测值($i=1,2,\cdots,n$).

显然,$X_{(1)}\leqslant X_{(2)}\leqslant\cdots\leqslant X_{(n)}$,$X_{(1)}$ 和 $X_{(n)}$ 常分别称为**最小和最大顺序统计量**.

由下式决定的

$$M=\begin{cases}X_{\left(\frac{n+1}{2}\right)}, & n\text{ 为奇数},\\ \dfrac{1}{2}\left[X_{\left(\frac{n}{2}\right)}+X_{\left(\frac{n}{2}+1\right)}\right], & n\text{ 为偶数}\end{cases}$$

称为**样本中位数**,而将

$$R=X_{(n)}-X_{(1)}$$

称为**样本极差**.

样本中位数常用来作为对总体中位数或总体均值的估计,而样本极差可用于估计总体分布的分散程度,它们的计算比较简便,但是估计结果比较粗糙.

当用统计量推断总体时,必须知道统计量的分布,统计量的分布实际属于一种样本函数的分布. 一般说来,样本函数的分布能算出简单的表达式的情况为数不多,所幸的是当总体分布为正态分布时,许多样本函数的分布已经得出. 下面讨论关于正态总体的几个样本函数的分布问题,其中多数与 χ^2 分布,t 分布和 F 分布有密切的关系. 人们把样本函数的分布统称为**抽样分布**.

定理 6.4.1(样本均值的分布) 设 $X_1,X_2,\cdots,X_n$ 为总体 $N(\mu,\sigma^2)$ 的一个样本,则样本均值

$$\overline{X} \sim N\left(\mu, \frac{\sigma^2}{n}\right). \tag{6.10}$$

证 由4.5节可知，n个独立正态随机变量的线性组合仍为正态变量，故$\overline{X}=\frac{1}{n}\sum_{i=1}^{n}X_i$服从正态分布. 而

$$E(\overline{X})=\mu, \quad D(\overline{X})=\frac{1}{n}\sigma^2,$$

故

$$\overline{X} \sim N\left(\mu, \frac{1}{n}\sigma^2\right).$$

推论6.4.1 设$\overline{X}$为正态总体$N(\mu,\sigma^2)$的样本均值，则

$$\frac{\overline{X}-\mu}{\sigma/\sqrt{n}}=\frac{\overline{X}-\mu}{\sigma}\sqrt{n} \sim N(0,1). \tag{6.11}$$

定理6.4.2（样本方差的分布） 设$X_1,X_2,\cdots,X_n$为总体$N(\mu,\sigma^2)$的一个样本，则样本方差S^2与样本均值$\overline{X}$相互独立，且

$$\frac{n-1}{\sigma^2}S^2 \sim \chi^2(n-1). \tag{6.12}$$

证明见6.5节拓展例题.

定理6.4.3 设$X_1,X_2,\cdots,X_n$为总体$N(\mu,\sigma^2)$的一个样本，$\overline{X}$与S^2分别为样本均值和样本方差，则

$$\frac{(\overline{X}-\mu)\sqrt{n}}{S} \sim t(n-1), \tag{6.13}$$

其中$S=\sqrt{S^2}$称为**样本标准差**.

证 由式(6.11)知

$$\frac{\overline{X}-\mu}{\sigma/\sqrt{n}} \sim N(0,1),$$

由定理6.4.2知

$$\frac{(n-1)S^2}{\sigma^2} \sim \chi^2(n-1),$$

且$\overline{X}$与S^2独立，由此可知$\frac{\overline{X}-\mu}{\sigma/\sqrt{n}}$，$\frac{(n-1)S^2}{\sigma^2}$相互独立. 从而由$t$分布的定义得

$$\frac{(\overline{X}-\mu)\sqrt{n}}{S}=\frac{\overline{X}-\mu}{\sigma/\sqrt{n}}\Bigg/\sqrt{\frac{(n-1)S^2}{\sigma^2(n-1)}} \sim t(n-1).$$

定理6.4.4 设$X_1,X_2,\cdots,X_{n_1}$和$Y_1,Y_2,\cdots,Y_{n_2}$分别是来自总体

$N(\mu_1,\sigma^2)$ 和 $N(\mu_2,\sigma^2)$ 的两个样本,它们相互独立,则

$$\frac{\overline{X}-\overline{Y}-(\mu_1-\mu_2)}{S_w\sqrt{\dfrac{1}{n_1}+\dfrac{1}{n_2}}}\sim t(n_1+n_2-2), \tag{6.14}$$

其中

$$S_w=\sqrt{\frac{(n_1-1)S_1^2+(n_2-1)S_2^2}{n_1+n_2-2}},$$

$\overline{X}$ 和 $\overline{Y}$ 分别为两个样本的样本均值,S_1^2 和 S_2^2 分别为两个样本的样本方差.

证 由定理 6.4.1 知

$$\overline{X}\sim N\left(\mu_1,\frac{\sigma^2}{n_1}\right),\quad \overline{Y}\sim N\left(\mu_2,\frac{\sigma^2}{n_2}\right).$$

因$\overline{X}$与$\overline{Y}$独立,故

$$\overline{X}-\overline{Y}\sim N\left(\mu_1-\mu_2,\frac{\sigma^2}{n_1}+\frac{\sigma^2}{n_2}\right),$$

从而

$$\frac{\overline{X}-\overline{Y}-(\mu_1-\mu_2)}{\sigma\sqrt{\dfrac{1}{n_1}+\dfrac{1}{n_2}}}\sim N(0,1). \tag{6.15}$$

由定理 6.4.2 得

$$\frac{(n_1-1)S_1^2}{\sigma^2}\sim\chi^2(n_1-1),\quad \frac{(n_2-1)S_2^2}{\sigma^2}\sim\chi^2(n_2-1),$$

又因二者独立,故由 χ^2 分布的可加性(定理 6.3.1)得

$$\frac{(n_1-1)S_1^2+(n_2-1)S_2^2}{\sigma^2}\sim\chi^2(n_1+n_2-2). \tag{6.16}$$

由定理条件可知,式(6.15)和式(6.16)所表示的两个随机变量是相互独立的,故由 t 分布的定义得

$$\frac{(\overline{X}-\overline{Y})-(\mu_1-\mu_2)}{S_w\sqrt{\dfrac{1}{n_1}+\dfrac{1}{n_2}}}=\frac{[(\overline{X}-\overline{Y})-(\mu_1-\mu_2)]\Big/\left(\sigma\sqrt{\dfrac{1}{n_1}+\dfrac{1}{n_2}}\right)}{\sqrt{\dfrac{(n_1-1)S_1^2+(n_2-1)S_2^2}{\sigma^2(n_1+n_2-2)}}}\sim t(n_1+n_2-2).$$

定理 6.4.5 设 $X_1,X_2,\cdots,X_{n_1}$ 和 $Y_1,Y_2,\cdots,Y_{n_2}$ 分别是总体 $N(\mu_1,\sigma_1^2)$ 和 $N(\mu_2,\sigma_2^2)$ 的两个样本,它们相互独立,则

$$\frac{S_1^2/\sigma_1^2}{S_2^2/\sigma_2^2}\sim F(n_1-1,n_2-1), \tag{6.17}$$

其中 S_1^2 和 S_2^2 分别是两个样本的样本方差.

证 由定理 6.4.2 得

$$\frac{(n_1-1)S_1^2}{\sigma_1^2}\sim\chi^2(n_1-1),\quad \frac{(n_2-1)S_2^2}{\sigma_2^2}\sim\chi^2(n_2-1).$$

因为它们相互独立,故由 F 分布的定义得

$$\frac{S_1^2/\sigma_1^2}{S_2^2/\sigma_2^2}=\frac{\dfrac{(n_1-1)S_1^2}{\sigma_1^2}\Big/(n_1-1)}{\dfrac{(n_2-1)S_2^2}{\sigma_2^2}\Big/(n_2-1)}\sim F(n_1-1,n_2-1).$$

例 6.4.1 设 $X_1,X_2,\cdots,X_9$ 是来自正态总体 X 的简单随机样本,$Y_1=\frac{1}{6}(X_1+X_2+\cdots+X_6)$,$Y_2=\frac{1}{3}(X_7+X_8+X_9)$,$S^2=\frac{1}{2}\sum_{i=7}^{9}(X_i-Y_2)^2$,$Z=\frac{\sqrt{2}(Y_1-Y_2)}{S}$. 证明:统计量 Z 服从自由度为 2 的 t 分布.

证 设总体 $X\sim N(\mu,\sigma^2)$,由已知 $X_1,X_2,\cdots,X_9$ 相互独立同分布,$X_i\sim N(\mu,\sigma^2)(i=1,2,\cdots,9)$,由定理 6.4.1 知 $Y_1\sim N\left(\mu,\frac{\sigma^2}{6}\right)$,$Y_2\sim N\left(\mu,\frac{\sigma^2}{3}\right)$ 且二者相互独立,

$$Y_1-Y_2\sim N\left(0,\frac{\sigma^2}{2}\right),$$

故 $\frac{Y_1-Y_2}{\sigma}\sqrt{2}\sim N(0,1)$.

由定理 6.4.2 知 $\frac{(3-1)S^2}{\sigma^2}\sim\chi^2(2)$ 且 $\frac{2S^2}{\sigma^2}$ 与 $\frac{Y_1-Y_2}{\sigma}\sqrt{2}$ 相互独立,

$$Z=\frac{Y_1-Y_2}{\sigma}\sqrt{2}\Big/\sqrt{\frac{2S^2}{\sigma^2}\Big/2}\sim t(2).$$

例 6.4.2 设 X 为任意总体,$E(X)=\mu$,$D(X)=\sigma^2>0$,$X_1,X_2,\cdots,X_n$

是来自总体 X 的简单随机样本，$\overline{X}, S^2$ 分别为样本均值和样本方差.(1) 求 $E(\overline{X}), D(\overline{X}), E(S^2)$；(2) 特别地 $X \sim N(\mu, \sigma^2)$，求 $D(S^2)$.

解　由已知 $X_1, X_2, \cdots, X_n$ 相互独立，每一个 $X_i(i=1,2,\cdots,n)$ 与总体 X 同分布，因而　$E(X_i)=\mu, D(X_i)=\sigma^2 \quad (i=1,2,\cdots,n)$，

$$(1)\ E(\overline{X})=E\left(\frac{1}{n}\sum_{i=1}^{n} X_i\right)=\frac{1}{n}\sum_{i=1}^{n} E(X_i)=\mu,$$

$$D(\overline{X})=D\left(\frac{1}{n}\sum_{i=1}^{n} X_i\right)=\frac{1}{n^2}\sum_{i=1}^{n} D(X_i)=\frac{\sigma^2}{n},$$

故由式(6.9)得

$$E(S^2)=\frac{1}{n-1}E\left(\sum_{i=1}^{n} X_i^2-n\overline{X}^2\right)=\frac{1}{n-1}\left[\sum_{i=1}^{n} E(X_i^2)-nE(\overline{X}^2)\right]$$

$$=\frac{1}{n-1}\left[n(\sigma^2+\mu^2)-n\left(\frac{\sigma^2}{n}+\mu^2\right)\right]=\sigma^2.$$

(2) 由定理 6.4.2 知　$\frac{(n-1)S^2}{\sigma^2} \sim \chi^2(n-1)$，故

$$D\left[\frac{(n-1)S^2}{\sigma^2}\right]=2(n-1),$$

所以 $D(S^2)=\frac{2\sigma^4}{n-1}$.

*6.5　拓 展 例 题

例 6.5.1　定理 6.4.2 的证明.

证　令 $Y_i=\frac{X_i-\mu}{\sigma}(i=1,2,\cdots,n)$，则 $Y_1, Y_2, \cdots, Y_n$ 相互独立且都服从标准正态分布，可以把 $Y_1, Y_2, \cdots, Y_n$ 看成取自于总体 $Y \sim N(0,1)$ 的简单随机样本，那么

$$\overline{Y}=\frac{1}{n}\sum_{i=1}^{n} Y_i=\frac{\overline{X}-\mu}{\sigma},$$

$$\frac{(n-1)S^2}{\sigma^2}=\frac{\sum_{i=1}^{n}(X_i-\overline{X})^2}{\sigma^2}=\sum_{i=1}^{n}\left[\left(\frac{X_i-\mu}{\sigma}\right)-\left(\frac{\overline{X}-\mu}{\sigma}\right)\right]^2$$

$$=\sum_{i=1}^{n} Y_i^2-n\overline{Y}^2. \tag{6.18}$$

取一 n 阶正交矩阵

$$\boldsymbol{A}=\begin{pmatrix}\frac{1}{\sqrt{n}} & \frac{1}{\sqrt{n}} & \frac{1}{\sqrt{n}} & \cdots & \frac{1}{\sqrt{n}}\\ \frac{1}{\sqrt{1\cdot 2}} & -\frac{1}{\sqrt{1\cdot 2}} & 0 & \cdots & 0\\ \frac{1}{\sqrt{2\cdot 3}} & \frac{1}{\sqrt{2\cdot 3}} & -\frac{2}{\sqrt{2\cdot 3}} & \cdots & 0\\ \vdots & \vdots & \vdots & & \vdots\\ \frac{1}{\sqrt{(n-1)n}} & \frac{1}{\sqrt{(n-1)n}} & \frac{1}{\sqrt{(n-1)n}} & \cdots & -\frac{n-1}{\sqrt{(n-1)n}}\end{pmatrix}.$$

令 $\boldsymbol{Z}=(Z_1,Z_2,\cdots,Z_n)^{\mathrm{T}},\boldsymbol{Y}=(Y_1,Y_2,\cdots,Y_n)^{\mathrm{T}}$，使 $\boldsymbol{Z}=\boldsymbol{AY}$，由于

$$Z_i=\sum_{j=1}^{n}a_{ij}Y_j\quad(i=1,2,\cdots,n),$$

故 $Z_1,Z_2,\cdots,Z_n$ 相互独立且 $Z_i\sim N(0,1)(i=1,2,\cdots,n)$.

特别地 $Z_1=\frac{1}{\sqrt{n}}\sum_{i=1}^{n}Y_i=\sqrt{n}\,\overline{Y}$.

由式(6.18)知

$$\frac{(n-1)S^2}{\sigma^2}=\boldsymbol{Y}^{\mathrm{T}}\boldsymbol{Y}-n\overline{Y}^2=\boldsymbol{Z}^{\mathrm{T}}\boldsymbol{AA}^{\mathrm{T}}\boldsymbol{Z}-n\overline{Y}^2=\boldsymbol{Z}^{\mathrm{T}}\boldsymbol{Z}-Z_1^2=\sum_{i=2}^{n}Z_i^2\sim\chi^2(n-1).$$

因为 $Z_1,Z_2,\cdots,Z_n$ 相互独立，所以 $\overline{X}=\sigma\,\overline{Y}+\mu=\frac{\sigma}{\sqrt{n}}Z_1+\mu$ 与 $\frac{(n-1)S^2}{\sigma^2}=\sum_{i=2}^{n}Z_i^2$ 相互独立.

例 6.5.2 设 X_1,X_2,X_3,X_4 为来自总体 $N(1,\sigma^2)(\sigma>0)$ 的简单随机样本，求统计量 $\frac{X_1-X_2}{|X_3+X_4-2|}$ 的分布.

解 由已知 X_1,X_2,X_3,X_4 相互独立且都服从 $N(1,\sigma^2)$，则

$$\frac{X_1-X_2}{\sqrt{2}\sigma}\sim N(0,1),\quad\frac{X_3+X_4-2}{\sqrt{2}\sigma}\sim N(0,1),\quad\left(\frac{X_3+X_4-2}{\sqrt{2}\sigma}\right)^2\sim\chi^2(1),$$

又因为 $\frac{X_1-X_2}{\sqrt{2}\sigma}$ 与 $\left(\frac{X_3+X_4-2}{\sqrt{2}\sigma}\right)^2$ 独立，故

$$\frac{X_1-X_2}{|X_3+X_4-2|}=\frac{X_1-X_2}{\sqrt{2}\sigma}\Bigg/\sqrt{\left(\frac{X_3+X_4-2}{\sqrt{2}\sigma}\right)^2\Big/1}\sim t(1).$$

重要结论：(1) 若 $T\sim t(n)$，则 $E(T)=0(n>1)$；$D(T)=\frac{n}{n-2}(n>2)$.

（2）若 $F\sim F(m,n)$，则

$$E(F)=\frac{n}{n-2}(n>2);D(F)=\frac{2n^2(m+n-2)}{m(n-2)^2(n-4)}(n>4).$$

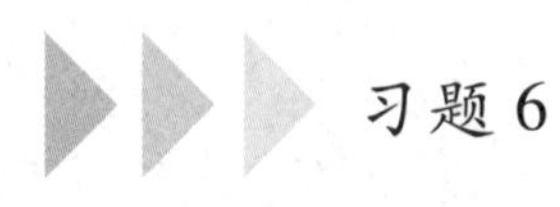

习题 6

1. 某厂生产玻璃板，以每块玻璃上的泡疵点个数为数量指标，已知它服从均值为 λ 的泊松分布．从产品中抽一个容量为 n 的样本 $X_1,X_2,\cdots,X_n$，求样本的分布．

2. 加工某种零件时，每一件需要的时间服从均值为 $1/\lambda$ 的指数分布．今以加工时间为零件的数量指标，任取 n 件零件构成一个容量为 n 的样本，求样本分布．

3. 一批产品中有成品 L 个，次品 M 个，总计 $N=L+M$ 个．今从中取容量为 2 的样本（非简单样本），求样本分布，并验证：当 $N\to\infty$，$M/N\to p$ 时，样本分布为式(6.1)中 $n=2$ 的情况．

4. 设总体 X 的容量为 100 的样本观测值如下：

15　20　15　20　25　25　30　15　30　25
15　30　25　35　30　35　20　35　30　25
20　30　20　25　35　30　25　20　30　25
35　25　15　25　35　25　25　30　35　25
35　20　30　30　15　30　40　30　40　15
25　40　20　25　20　15　20　25　25　40
25　25　40　35　25　30　20　35　20　15
35　25　25　30　25　30　25　30　43　25
43　22　20　23　20　25　15　25　20　25
30　43　35　45　30　45　30　45　45　35

作总体 X 的直方图．

5. 某射手独立重复地进行 20 次打靶试验，击中靶子的环数如表 6.2 所示．用 X 表示此射手对靶射击一次所命中的环数，求 X 的经验分布函数，并作出其图像．

表 6.2　打靶试验数据

环数	10	9	8	7	6	5	4
频数	2	3	0	9	4	0	2

6. 设 $X_1,X_2,\cdots,X_n$ 是来自总体 X 的简单随机样本，已知 $E(X^k)=\alpha_k(k=1,2,3,4)$，证明：当 n 充分大时，随机变量 $Z_n=\frac{1}{n}\sum_{i=1}^{n}X_i^2$ 近似服从正态分布，并指出其分布参数．

7. 设 $X_1,\cdots,X_n$ 是来自总体 X 的一个样本，X 服从参数为 λ 的指数分布．证明：$2\lambda\sum_{i=1}^{n}X_i\sim\chi^2(2n)$．

8. 由附表查下列各值：$\chi^2_{0.05}(20)$，$\chi^2_{0.95}(20)$，$t_{0.01}(10)$，$F_{0.05}(12,15)$，$F_{0.95}(15,12)$，$u_{0.1}$．

9. 设 X_1,X_2,X_3,X_4 是来自正态总体 $N(0,2^2)$ 的简单随机样本，$X=a(X_1-2X_2)^2+b(3X_3-4X_4)^2$，求常数 a,b，使得 $X\sim\chi^2(2)$．

10. 设 $X_1,\cdots,X_n,X_{n+1},\cdots,X_{n+m}$ 是总体 $N(0,\sigma^2)$ 的容量为 $n+m$ 的样本，试求下列统计量的分布：

（1）$Y_1=\dfrac{\sqrt{m}\sum_{i=1}^{n}X_i}{\sqrt{n}\sqrt{\sum_{i=n+1}^{n+m}X_i^2}}$；　（2）$Y_2=\dfrac{m\sum_{i=1}^{n}X_i^2}{n\sum_{i=n+1}^{n+m}X_i^2}$．

11. 设 $X_1,\cdots,X_n,X_{n+1}$ 是来自总体 $N(\mu,\sigma^2)$ 的样本，$\overline{X}=\frac{1}{n}\sum_{i=1}^{n}X_i$，$S^{*2}=\frac{1}{n}\sum_{i=1}^{n}(X_i-\overline{X})^2$，试求统计量

$$T=\frac{X_{n+1}-\overline{X}}{S^*}\cdot\sqrt{\frac{n-1}{n+1}}$$

的分布．

12. 设样本 $X_1,\cdots,X_{n_1}$ 和 $Y_1,\cdots,Y_{n_2}$ 分别来自相互独立的总体 $N(\mu_1,\sigma_1^2)$ 和 $N(\mu_2,\sigma_2^2)$，已知 $\sigma_1=\sigma_2$，α 和 β 是两个实数．求随机变量

$$\frac{\alpha(\overline{X}-\mu_1)+\beta(\overline{Y}-\mu_2)}{\sqrt{\dfrac{(n_1-1)S_1^2+(n_2-1)S_2^2}{n_1+n_2-2}\left(\dfrac{\alpha^2}{n_1}+\dfrac{\beta^2}{n_2}\right)}}$$

的分布．

13. 从正态总体 $N(3.4,6^2)$ 中抽取容量为 n 的样本，如果要求样本均值位于区间 $(1.4,5.4)$ 内的概率不小于 0.95，问样本容量 n 至少应多大？

14. 设总体 $X \sim N(80,20^2)$，从总体 X 中抽取一个容量为 100 的样本，问样本均值与总体均值之差的绝对值大于 3 的概率是多少？

15. 求总体 $N(20,3)$ 的容量分别为 10,15 的两个独立样本均值差的绝对值大于 0.3 的概率.

16. 设在总体 $N(\mu,\sigma^2)$ 中抽取一容量为 16 的样本，这里 μ,σ^2 均为未知，求：(1) $P(S^2/\sigma^2 \leqslant 2.041)$；(2) $D(S^2)$.

17. 设总体 $X \sim N(\mu,\sigma^2)(\sigma>0)$，从该总体中抽取简单随机样本 $X_1,X_2,\cdots,X_{2n}(n \geqslant 2)$，其样本均值 $\overline{X}=\frac{1}{2n}\sum_{i=1}^{2n}X_i$，求统计量 $Y=\sum_{i=1}^{n}(X_i+X_{n+i}-2\overline{X})^2$ 的数学期望 $E(Y)$.

18. 设总体 $X \sim N(\mu_1,\sigma^2)$，$Y \sim N(\mu_2,\sigma^2)$，$X_1,X_2,\cdots,X_{n_1}$ 和 $Y_1,Y_2,\cdots,Y_{n_2}$ 分别是来自总体 X 和 Y 的简单随机样本，计算 $E\left[\frac{\sum_{i=1}^{n_1}(X_i-\overline{X})^2+\sum_{j=1}^{n_2}(Y_j-\overline{Y})^2}{n_1+n_2-2}\right]$.

测验题 6

参考答案

第7章 参数估计

在实际问题中,所研究的总体分布类型往往是已知的,但依赖于一个或几个未知参数.这时,求总体分布的问题就归结为求一个或几个未知参数的问题.例如,某灯泡厂在稳定的生产条件下生产的灯泡的使用寿命 X 是一个随机变量,由实际经验知道它服从 $N(\mu,\sigma^2)$ 分布.要了解该厂生产的灯泡的质量就要估计参数 μ 和 σ^2 的值.又如在一定时间间隔内某电话交换台接到的呼叫次数 X 是一个随机变量,由泊松流的性质推知它是服从泊松分布的.要了解该交换台在一定时间间隔内接到 k 次呼叫的概率就要估计参数 λ 的值.因此,在总体分布类型已知的情况下,如何从样本估计总体分布中的未知参数就成为数理统计的基本问题之一.如上这一类问题就是参数估计问题.另外,在有些实际问题中,人们并不关心总体分布的形式,而只想知道它的某些数字特征(例如均值与方差).对这些数字特征的估计问题,也称为参数估计问题.

参数估计有点估计与区间估计两方面问题,下面分别予以介绍.

7.1 点估计

设 θ 是总体 X 的未知参数,可以用样本 $X_1,X_2,\cdots,X_n$ 构成的一个统计量 $\hat{\theta}=\hat{\theta}(X_1,X_2,\cdots,X_n)$ 来估计 θ,称 $\hat{\theta}$ 为 θ 的**估计量**.对于具体的样本值 $x_1,x_2,\cdots,x_n$,估计量 $\hat{\theta}$ 的值 $\hat{\theta}(x_1,x_2,\cdots,x_n)$ 称为 θ 的**估计**

值,仍简记为 $\hat{\theta}$. 在没有必要强调估计量或估计值的时候,常把二者都简称为**估计**. 如果总体有 m 个未知参数需要估计,我们就要构造 m 个统计量分别作为对每一参数的估计.

点估计就是寻求未知参数的估计量与估计值. 由于抽样的随机性,人们不能单靠一次抽样结果所确定的估计值去评价这个估计的好坏,应该寻求统计量 $\hat{\theta}(X_1,X_2,\cdots,X_n)$ 作为 θ 的估计量,考虑到抽样的一切可能结果,使得在某种统计意义下 $\hat{\theta}$ 是 θ 的好的估计. 有了 θ 的一个好的估计量与样本值,只要经过计算就可以得到 θ 的估计值. 因此,现在的主要问题是建立求估计量的方法和评定估计量的标准.

7.1.1 矩估计法

众所周知,随机变量的矩是描写随机变量统计规律的最简单、最基本的数字特征. 随机变量的一些参数往往本身就是随机变量的矩或者是某些矩的函数. 于是,在进行点估计时,人们自然想到,如果可以把未知参数 θ 用总体矩 $\alpha_k=E(X^k)(k=1,2,\cdots,m)$ 的函数表示为 $\theta=h(\alpha_1,\alpha_2,\cdots,\alpha_m)$,那么就可以用样本矩 $A_k=\dfrac{1}{n}\sum\limits_{i=1}^{n}X_i^k$ 估计总体矩 α_k,进而用样本矩的函数 $\hat{\theta}=h(A_1,A_2,\cdots,A_m)$ 作为未知参数 θ 的估计,这就是所谓的**矩估计法**. 这种估计法的优良性在下面的 7.1.3 节中将会看到. 现在就连续型总体来具体说明这一估计法. 离散型总体情况完全类似,不予重复.

设总体 X 的概率密度为 $f(x;\theta_1,\theta_2,\cdots,\theta_m)$,其中 $\theta_1,\theta_2,\cdots,\theta_m$ 为未知参数. 假定 X 的前 m 阶矩 $\alpha_k=E(X^k)(k=1,2,\cdots,m)$ 都存在,它们是 $\theta_1,\theta_2,\cdots,\theta_m$ 的函数,记为 $q_k(\theta_1,\theta_2,\cdots,\theta_m)(k=1,2,\cdots,m)$,即

$$\alpha_k=\int_{-\infty}^{+\infty}x^kf(x;\theta_1,\theta_2,\cdots,\theta_m)\,\mathrm{d}x=q_k(\theta_1,\theta_2,\cdots,\theta_m)\quad(k=1,2,\cdots,m).\tag{7.1}$$

如果从此方程(组)可解出

$$\theta_j=h_j(\alpha_1,\alpha_2,\cdots,\alpha_m)\quad(j=1,2,\cdots,m),\tag{7.2}$$

那么,当 $\alpha_1,\alpha_2,\cdots,\alpha_m$ 均未知时,用样本矩 A_k 估计总体矩 α_k,作替换得

$$\hat{\theta}_j=h_j(A_1,A_2,\cdots,A_m)\quad(j=1,2,\cdots,m)\tag{7.3}$$

就是 θ_j 的矩估计,其中 $A_k=\dfrac{1}{n}\sum\limits_{i=1}^{n}X_i^k$ 为样本 k 阶原点矩.

例 7.1.1　设 $X_1,X_2,\cdots,X_n$ 为总体 X 的样本,总体 X 的概率密度

$$f(x;\theta)=\begin{cases}\dfrac{1}{\theta}, & 0\leqslant x\leqslant \theta,\theta>0,\\ 0, & \text{其他}.\end{cases}$$

试求未知参数 θ 的矩估计.

解　因 $\alpha_1=E(X)=\int_0^{\theta}x\dfrac{1}{\theta}\mathrm{d}x=\dfrac{\theta}{2}$,即 $\theta=2\alpha_1$,故 θ 的矩估计为

$$\hat{\theta}=2A_1=2\overline{X}.$$

例 7.1.2　求总体均值 $\mu=E(X)$ 与方差 $\sigma^2=D(X)$ 的矩估计.

解　由矩估计法得到方程组

$$\alpha_1=E(X)=\mu,$$

$$\alpha_2=E(X^2)=D(X)+[E(X)]^2=\sigma^2+\mu^2.$$

解出

$$\mu=\alpha_1,\sigma^2=\alpha_2-\alpha_1^2.$$

于是 μ,σ^2 的矩估计为

$$\hat{\mu}=A_1=\overline{X},$$

$$\hat{\sigma}^2=A_2-A_1^2=\frac{1}{n}\sum_{i=1}^{n}X_i^2-\overline{X}^2=\frac{1}{n}\sum_{i=1}^{n}(X_i-\overline{X})^2.$$

例 7.1.3　设总体 $X\sim B(1,p)$,$0<p<1$,$X_1,X_2,\cdots,X_n$ 为总体 X 的样本. 试求未知参数 p 的矩估计.

解　因 $p=E(X)$,故 p 的矩估计

$$\hat{p}=\overline{X}=\frac{1}{n}\sum_{i=1}^{n}X_i.$$

这里 $\hat{p}$ 实际上是事件的频率,而 p 为事件的概率. 所以,人们得到的矩估计就是用事件的频率估计事件的概率.

例 7.1.4　设总体 X 服从正态分布 $N(3,\sigma^2)$,σ^2 为未知参数,$X_1,X_2,\cdots,X_n$ 为总体 X 的样本. 试求 σ^2 及 $p=P(X\leqslant 5)$ 的矩估计.

解

$$\alpha_1=E(X)=3.$$

注意,这里一阶矩 $\alpha_1=3$ 是已知的,不需估计,而未知参数 σ^2 涉及二阶矩,所以还要计算二阶矩

$$\alpha_2=E(X^2)=D(X)+[E(X)]^2=\sigma^2+3^2,$$

解出

$$\sigma^2=\alpha_2-9,$$

故得 σ^2 的矩估计

$$\hat{\sigma}^2=A_2-9=\frac{1}{n}\sum_{i=1}^{n}X_i^2-9.$$

由于

$$p=P(X\leqslant 5)=P\left(\frac{X-3}{\sigma}\leqslant\frac{5-3}{\sigma}\right)=\Phi\left(\frac{2}{\sigma}\right).$$

其中 $\Phi(x)$ 为标准正态分布的分布函数. 故得 $p=P(X\leqslant 5)$ 的矩估计为

$$\hat{p}=\Phi\left(\frac{2}{\sqrt{\frac{1}{n}\sum_{i=1}^{n}X_i^2-9}}\right).$$

例 7.1.5 设总体 X 的概率分布为

X	0	1	2	3
P	θ^2	$2\theta(1-\theta)$	θ^2	$1-2\theta$

其中 $\theta\left(0<\theta<\frac{1}{2}\right)$ 是未知参数,利用总体 X 的样本值 3,1,3,0,3,1,2,3,求 θ 的矩估计值.

解 $\alpha_1=E(X)=2\theta(1-\theta)+2\theta^2+3(1-2\theta)=3-4\theta$,解出 $\theta=\frac{3-\alpha_1}{4}$.

用样本均值 $\overline{X}$ 估计总体均值 α_1,故得 θ 的矩估计量

$$\hat{\theta}=\frac{3-\overline{X}}{4},$$

把样本值 3,1,3,0,3,1,2,3 代入样本均值,得 $\bar{x}=2$. 所以 θ 的矩估计值为 $\hat{\theta}=\frac{1}{4}$.

例 7.1.6 设 $X_1,X_2,\cdots,X_n$ 是来自两个参数指数分布的一个样本. 总体 X 的概率密度为

$$f(x;\theta_1,\theta_2)=\begin{cases}\frac{1}{\theta_2}e^{-\frac{x-\theta_1}{\theta_2}}, & x\geqslant\theta_1,\theta_2>0,\\ 0, & 其他,\end{cases}$$

其中 θ_1,θ_2 为未知参数,求 θ_1,θ_2 的矩估计.

解 由矩估计法得到方程组

$$\alpha_1=E(X)=\int_{\theta_1}^{+\infty}\frac{x}{\theta_2}e^{-\frac{x-\theta_1}{\theta_2}}dx=\theta_1+\theta_2,$$

$$\alpha_2=E(X^2)=\int_{\theta_1}^{+\infty}\frac{x^2}{\theta_2}e^{-\frac{x-\theta_1}{\theta_2}}dx=2\theta_2^2+2\theta_1\theta_2+\theta_1^2,$$

解出
$$\theta_2=\sqrt{\alpha_2-\alpha_1^2},$$

$$\theta_1=\alpha_1-\sqrt{\alpha_2-\alpha_1^2},$$

用 $\overline{X}$ 估计 α_1，$A_2=\frac{1}{n}\sum_{i=1}^{n}X_i^2$ 估计 α_2，故 θ_1,θ_2 的矩估计为

$$\hat{\theta}_1=\overline{X}-\sqrt{A_2-\overline{X}^2}=\overline{X}-S^*,$$

$$\hat{\theta}_2=\sqrt{A_2-\overline{X}^2}=S^*.$$

7.1.2 最大似然估计法

最大似然估计法的直观想法是：一个试验有若干个可能结果 A_1，A_2，…，如果在一次试验中 A_1 发生了，那么一般说来作出的估计应该有利于 A_1 的出现，使 A_1 出现的概率最大. 例如，设甲箱中有 99 个白球 1 个黑球，乙箱中有 1 个白球 99 个黑球，今随机取出一箱，再从该箱中任取一球，结果取出的是白球. 我们自然估计这球是从甲箱内取出的，因为从甲箱中取得白球的概率为 99%，远大于自乙箱中取得白球的概率 1%. 又如，甲（国家级射手）、乙（普通射手）两人射击同一目标，每人各打一发，结果有一人击中目标，我们当然估计是甲射中的.

设总体 X 的概率密度为 $f(x;\theta_1,\theta_2,\cdots,\theta_m)$，$\theta_1,\theta_2,\cdots,\theta_m$ 为未知参数，$x_1,x_2,\cdots,x_n$ 是取自总体 X 的样本值. 现在用上述直观想法来估计 $\theta_1,\theta_2,\cdots,\theta_m$.

我们知道 $f(x;\theta_1,\theta_2,\cdots,\theta_m)$ 在 x 处的值越大，总体 X 在 x 附近取值的概率也越大，而样本 $(X_1,X_2,\cdots,X_n)$ 的概率密度

$$\prod_{i=1}^{n}f(x_i;\theta_1,\theta_2,\cdots,\theta_m)$$

在 $(x_1,x_2,\cdots,x_n)$ 处的值越大，样本 $(X_1,X_2,\cdots,X_n)$ 在 $(x_1,x_2,\cdots,x_n)$ 附近取值的概率也越大. 现在抽样结果是样本值为 $(x_1,x_2,\cdots,x_n)$，就是说在一次试验中样本 $(X_1,X_2,\cdots,X_n)$ 取样本值 $(x_1,x_2,\cdots,x_n)$ 这一事件发生了. 所以人们作出对 $\theta_1,\theta_2,\cdots,\theta_m$ 的估计时，应有利于这一

事件的发生，即取使 $\prod_{i=1}^{n} f(x_i;\theta_1,\theta_2,\cdots,\theta_m)$ 达到最大的 $\hat{\theta}_1,\hat{\theta}_2,\cdots,\hat{\theta}_m$ 作为对 $\theta_1,\theta_2,\cdots,\theta_m$ 的估计. 根据这一朴素想法，英国统计学家费希尔提出了最大似然估计的概念并严格证明了这一估计的某些优良性. 下面称

$$L=L(\theta_1,\theta_2,\cdots,\theta_m)=\prod_{i=1}^{n} f(x_i;\theta_1,\theta_2,\cdots,\theta_m) \tag{7.4}$$

为**似然函数**，对确定的样本值 $x_1,x_2,\cdots,x_n$，它是 $\theta_1,\theta_2,\cdots,\theta_m$ 的函数. 若有 $\hat{\theta}_j=\hat{\theta}_j(x_1,x_2,\cdots,x_n)$ 使得

$$L(\hat{\theta}_1,\hat{\theta}_2,\cdots,\hat{\theta}_m)=\max_{\theta_1,\cdots,\theta_m} L(\theta_1,\theta_2,\cdots,\theta_m), \tag{7.5}$$

则称 $\hat{\theta}_j=\hat{\theta}_j(x_1,x_2,\cdots,x_n)$ 为 $\theta_j(j=1,2,\cdots,m)$ 的**最大似然估计值**，而对应的统计量 $\hat{\theta}_j(X_1,X_2,\cdots,X_n)$ 称为 θ_j 的**最大似然估计量**.

由于 $\ln x$ 是 x 的严格单调递增函数，使

$$\ln L(\hat{\theta}_1,\hat{\theta}_2,\cdots,\hat{\theta}_m)=\max_{\theta_1,\cdots,\theta_m} \ln L(\theta_1,\theta_2,\cdots,\theta_m) \tag{7.6}$$

成立的 $\hat{\theta}_j$ 也使式(7.5)成立. 为计算方便，常从式(7.6)求 $\hat{\theta}_j$. 通常采用微积分学求函数极值的一般方法，即从方程(组)

$$\frac{\partial \ln L}{\partial \theta_j}=0 \quad (j=1,2,\cdots,m) \tag{7.7}$$

求得 $\ln L$ 的驻点，然后再从这些驻点中找出满足式(7.6)的 $\hat{\theta}_j$. 称式(7.7)为**似然方程(组)**.

例 7.1.7 正态总体 $N(\mu,\sigma^2)$，参数 μ,σ^2 未知，求它们的最大似然估计.

解 设 $x_1,x_2,\cdots,x_n$ 为样本 $X_1,X_2,\cdots,X_n$ 的一个样本值，则似然函数

$$L(\mu,\sigma^2)=\prod_{i=1}^{n}\left[\frac{1}{\sigma\sqrt{2\pi}}e^{-\frac{(x_i-\mu)^2}{2\sigma^2}}\right]=(2\pi\sigma^2)^{-\frac{n}{2}}\exp\left[-\frac{1}{2\sigma^2}\sum_{i=1}^{n}(x_i-\mu)^2\right],$$

于是

$$\ln L=-\frac{n}{2}\ln(2\pi\sigma^2)-\frac{1}{2\sigma^2}\sum_{i=1}^{n}(x_i-\mu)^2.$$

似然方程组为

$$\begin{cases}\dfrac{\partial \ln L}{\partial \mu}=\dfrac{1}{\sigma^2}\sum\limits_{i=1}^{n}(x_i-\mu)=0, \\ \dfrac{\partial \ln L}{\partial \sigma^2}=-\dfrac{n}{2\sigma^2}+\dfrac{1}{2\sigma^4}\sum\limits_{i=1}^{n}(x_i-\mu)^2=0,\end{cases}$$

解得

$$\begin{cases}\hat{\mu}=\frac{1}{n}\sum_{i=1}^{n}x_i=\bar{x},\\ \hat{\sigma}^2=\frac{1}{n}\sum_{i=1}^{n}(x_i-\bar{x})^2.\end{cases}$$

这就是 μ 和 σ^2 的最大似然估计值. $\begin{cases}\hat{\mu}=\bar{X},\\ \hat{\sigma}^2=\frac{1}{n}\sum_{i=1}^{n}(X_i-\bar{X})^2=S^{*2}\end{cases}$ 分别为 μ,σ^2 的最大似然估计量,它们与例 7.1.2 中求得的矩估计是相同的.

例 7.1.8 对例 7.1.1 求未知参数 θ 的最大似然估计.

解 设 $x_1,x_2,\cdots,x_n$ 为样本 $X_1,X_2,\cdots,X_n$ 的一个样本值,则似然函数

$$L(\theta)=\begin{cases}\frac{1}{\theta^n}, & 0\leqslant x_{(1)}\leqslant x_{(n)}\leqslant\theta,\\ 0, & \text{其他}.\end{cases}$$

此处似然函数作为 θ 的函数不连续,因此不能从解似然方程得到 θ 的最大似然估计,即不能采用微积分学求函数极值的一般方法. 易知 L 在 $\theta=x_{(n)}$ 处取极大值,故 $\hat{\theta}=X_{(n)}=\max\{X_1,X_2,\cdots,X_n\}$ 为 θ 的最大似然估计量.

对于离散型总体,似然函数式(7.4)

$$L=L(\theta_1,\theta_2,\cdots,\theta_m)=\prod_{i=1}^{n}P(X_i=x_i). \tag{7.8}$$

同样地取使式(7.5)或式(7.6)成立的 $\hat{\theta}_1,\hat{\theta}_2,\cdots,\hat{\theta}_m$ 作为 $\theta_1,\theta_2,\cdots,\theta_m$ 的估计.

例 7.1.9 设总体 $X\sim B(1,p)$, $0<p<1$,试求未知参数 p 的最大似然估计.

解 设 $X_1,X_2,\cdots,X_n$ 为 X 的一个样本,那么 X_i 的概率分布为

X_i	1	0
P	p	$1-p$

$(i=1,2,\cdots,n)$.

记 $x_1,x_2,\cdots,x_n$ 为样本 $X_1,X_2,\cdots,X_n$ 的一个样本值,于是由式(7.8)知似然函数

$$L(p)=p^{\sum_{i=1}^{n}x_i}(1-p)^{n-\sum_{i=1}^{n}x_i}=p^{n\bar{x}}(1-p)^{n(1-\bar{x})}\quad(0<p<1),$$

取对数得

$$\ln L=n\,\bar{x}\ln p+n(1-\bar{x})\ln(1-p).$$

似然方程为

$$\frac{\mathrm{d}(\ln L)}{\mathrm{d}p}=\frac{n\,\bar{x}}{p}-\frac{n(1-\bar{x})}{1-p}=0,$$

解得

$$\hat{p}=\bar{x}=\frac{1}{n}\sum_{i=1}^{n}x_i.$$

此即为未知参数 p 的最大似然估计值，和例 7.1.3 比较，它与矩估计也是相同的.

例 7.1.10　续例 7.1.5，求 θ 的最大似然估计值.

解　由已知的样本值得似然函数

$$L(\theta)=\theta^2[2\theta(1-\theta)]^2\theta^2(1-2\theta)^4=4\theta^6(1-\theta)^2(1-2\theta)^4,$$

取对数得

$$\ln L=\ln 4+6\ln\theta+2\ln(1-\theta)+4\ln(1-2\theta).$$

似然方程为

$$\frac{\mathrm{d}(\ln L)}{\mathrm{d}\theta}=\frac{6}{\theta}-\frac{2}{1-\theta}-\frac{8}{1-2\theta}=0,$$

解得 $\hat{\theta}=\frac{7-\sqrt{13}}{12}<\frac{1}{2}$.

此即为未知参数 θ 的最大似然估计值，和例 7.1.5 比较，它与矩估计值是不同的.

例 7.1.11　续例 7.1.6，求 θ_1,θ_2 的最大似然估计.

解　设 $x_1,x_2,\cdots,x_n$ 为样本 $X_1,X_2,\cdots,X_n$ 的一个样本值，则似然函数

$$L(\theta_1,\theta_2)=\begin{cases}\prod\limits_{i=1}^{n}\frac{1}{\theta_2}\mathrm{e}^{-\frac{x_i-\theta_1}{\theta_2}}, & \theta_1\leqslant x_{(1)}\leqslant\cdots\leqslant x_{(n)},\\ 0, & \text{其他}\end{cases}$$

$$=\begin{cases}\frac{1}{\theta_2^n}\mathrm{e}^{-\frac{\sum\limits_{i=1}^{n}x_i-n\theta_1}{\theta_2}}, & \theta_1\leqslant x_{(1)}\leqslant\cdots\leqslant x_{(n)},\\ 0, & \text{其他}.\end{cases}$$

取对数

$$\ln L(\theta_1,\theta_2)=-n\ln\theta_2-\frac{1}{\theta_2}\sum_{i=1}^{n}x_i+\frac{n\theta_1}{\theta_2},$$

似然方程组为

$$\begin{cases}\dfrac{\partial\ln L(\theta_1,\theta_2)}{\partial\theta_1}=\dfrac{n}{\theta_2}\neq 0,\\[2ex]\dfrac{\partial\ln L(\theta_1,\theta_2)}{\partial\theta_2}=-\dfrac{n}{\theta_2}+\dfrac{1}{\theta_2^2}\left(\sum\limits_{i=1}^{n}x_i-n\theta_1\right)=0,\end{cases}$$

解得 $\hat{\theta}_2=\dfrac{1}{n}\sum\limits_{i=1}^{n}x_i-\hat{\theta}_1$.

由最大似然估计定义,取 $\hat{\theta}_1=x_{(1)}$ 为 θ_1 的最大似然估计值,则 $\hat{\theta}_2=\bar{x}-x_{(1)}$ 为 θ_2 的最大似然估计值. 故 $\hat{\theta}_1=X_{(1)}$,$\hat{\theta}_2=\overline{X}-X_{(1)}$ 分别为 θ_1,θ_2 的最大似然估计量,和例 7.1.6 比较,它们与矩估计量是不同的.

例 7.1.12 设总体的分布函数

$$F(x;\alpha,\beta)=\begin{cases}1-\left(\dfrac{\alpha}{x}\right)^{\beta}, & x>\alpha,\\ 0, & x\leqslant\alpha,\end{cases}$$

$\alpha>0,\beta>1$ 为常数,$X_1,X_2,\cdots,X_n$ 为来自总体 X 的样本.

(1) 当 $\alpha=1$ 时,求 β 的矩估计量;

(2) 当 $\alpha=1$ 时,求 β 的最大似然估计量;

(3) 当 $\beta=2$ 时,求 α 的最大似然估计量.

解 当 $\alpha=1$ 时,总体 X 的概率密度

$$f(x;1,\beta)=\begin{cases}\dfrac{\beta}{x^{\beta+1}}, & x>1,\\ 0, & x\leqslant 1.\end{cases}$$

(1)
$$\alpha_1=E(X)=\int_1^{+\infty}x\beta x^{-(\beta+1)}\,\mathrm{d}x=\frac{\beta}{\beta-1},$$

解出 $\beta=\dfrac{\alpha_1}{\alpha_1-1}$. 用样本均值 $\overline{X}$ 估计总体均值 α_1,故得 β 的矩估计量

$$\hat{\beta}=\frac{\overline{X}}{\overline{X}-1}.$$

(2) 设 $x_1,x_2,\cdots,x_n$ 为样本 $X_1,X_2,\cdots,X_n$ 的一个样本值,则似然函数

$$L(\beta)=\begin{cases}\dfrac{\beta^n}{(x_1x_2\cdots x_n)^{\beta+1}}, & x_i>1\,(i=1,2,\cdots,n),\\ 0, & \text{其他}.\end{cases}$$

当 $x_i>1(i=1,2,\cdots,n)$ 时,取对数

$$\ln L(\beta)=n\ln\beta-(\beta+1)\sum_{i=1}^{n}\ln x_i,$$

似然方程为

$$\frac{\mathrm{d}\ln L(\beta)}{\mathrm{d}\beta}=\frac{n}{\beta}-\sum_{i=1}^{n}\ln x_i=0,$$

解得 $\hat{\beta}=\dfrac{n}{\sum\limits_{i=1}^{n}\ln x_i}$.

此即为 β 的最大似然估计值,故 $\hat{\beta}=\dfrac{n}{\sum\limits_{i=1}^{n}\ln X_i}$ 为 β 的最大似然估计量.

(3) 当 $\beta=2$ 时,总体 X 的概率密度 $f(x;\alpha,2)=\begin{cases}2\alpha^2x^{-3}, & x>\alpha,\\ 0, & x\leqslant\alpha.\end{cases}$

设 $x_1,x_2,\cdots,x_n$ 为样本 $X_1,X_2,\cdots,X_n$ 的一个样本值,则似然函数

$$L(\alpha)=\begin{cases}\dfrac{2^n\alpha^{2n}}{(x_1x_2\cdots x_n)^3}, & \alpha<x_{(1)}\leqslant\cdots\leqslant x_{(n)},\\ 0, & \text{其他}.\end{cases}$$

取对数

$$\ln L(\alpha)=n\ln 2+2n\ln\alpha-3\sum_{i=1}^{n}\ln x_i,$$

似然方程

$$\frac{\mathrm{d}\ln L(\alpha)}{\mathrm{d}\alpha}=\frac{2n}{\alpha}\neq 0.$$

由最大似然估计定义,取 $\hat{\alpha}=x_{(1)}$ 为 α 的最大似然估计值,故 $\hat{\alpha}=X_{(1)}$ 为 α 的最大似然估计量.

上面介绍了未知参数的两种估计方法,用矩估计法估计参数通常比较方便,便于实际应用,但所得估计的优良性有时比较差. 最大似然估计法使用时常常要进行比较复杂的计算,然而得到的估计在许多情形下具有各种优良性,它是目前仍然得到广泛应用的一种估计方法.

7.1.3 评定估计量的标准

对同一未知参数用不同的估计方法得到的估计量可能是不同的,甚至于都用矩估计法或都用最大似然估计法也可能得到不同的

估计量. 例如总体 X 服从参数为 λ 的泊松分布,由于 λ 可用总体矩的不同函数来表示:$\lambda=E(X)=\alpha_1$ 及 $\lambda=D(X)=\alpha_2-\alpha_1^2$,故用矩估计法也可能得到两种不同的估计量:

$$\hat{\lambda}=\overline{X} \text{ 及 } \hat{\lambda}=\frac{1}{n}\sum_{i=1}^{n}(X_i-\overline{X})^2.$$

既然对同一未知参数可以找到多种不同的估计量(实际上,从估计量的定义可知,原则上任何统计量都可以作为未知参数的估计量),那么它们中哪一个是较好的估计呢? 好的标准又是什么? 下面介绍最常用的三条标准.

1. 无偏性

设 $\hat{\theta}=\hat{\theta}(X_1,X_2,\cdots,X_n)$ 是 θ 的估计量,若对任何可能的参数值 θ 都有

$$E_\theta[\hat{\theta}(X_1,X_2,\cdots,X_n)]=\theta,$$

则称 $\hat{\theta}$ 是未知参数 θ 的**无偏估计量**. 无偏性表示 $\hat{\theta}$ 围绕被估计参数 θ 而摆动,以致平均误差为零,即用 $\hat{\theta}$ 估计 θ 时没有系统性误差.

这里和以后将用 $E_\theta(T)$ 和 $D_\theta(T)$ 分别表示随机变量 T 的概率分布中的参数值为 θ 时,随机变量 T 的数学期望和方差.

例 7.1.13 样本 k 阶原点矩 $A_k=\frac{1}{n}\sum_{i=1}^{n}X_i^k$ 是总体 k 阶原点矩 $\alpha_k=E(X^k)$ 的无偏估计($k\geqslant1$). 特别地,样本均值是总体均值的无偏估计.

例 7.1.14 样本方差

$$S^2=\frac{1}{n-1}\sum_{i=1}^{n}(X_i-\overline{X})^2 \quad (n\geqslant2)$$

是总体方差 $\sigma^2=D(X)$ 的无偏估计.

证 $X_1,X_2,\cdots,X_n$ 独立,每一个 X_i 与 X 同分布,因而

$$E(X_i)=\mu,\quad D(X_i)=\sigma^2\quad(i=1,2,\cdots,n),$$

且

$$D(\overline{X})=\frac{\sigma^2}{n}.$$

故由式(6.9)得

$$E(S^2)=\frac{1}{n-1}E\Big[\sum_{i=1}^{n}(X_i-\overline{X})^2\Big]=\frac{1}{n-1}\Big[\sum_{i=1}^{n}E(X_i^2)-nE(\overline{X}^2)\Big]$$

$$=\frac{1}{n-1}\left[n(\sigma^2+\mu^2)-n\left(\frac{\sigma^2}{n}+\mu^2\right)\right]=\sigma^2.$$

由例 7.1.14 可见,样本二阶中心矩

$$S^{*2}=\frac{1}{n}\sum_{i=1}^{n}(X_i-\overline{X})^2$$

作为 σ^2 的矩估计量和某些情况下的最大似然估计量是有偏的,这就是引进样本方差 S^2 的原因. 通常用 S^2 作为总体方差的估计. 当然,当样本容量较大时,S^{*2} 与 S^2 之间相差是很小的.

由例 7.1.13 和例 7.1.14 可见,用样本原点矩估计总体原点矩有无偏性,但一般矩估计不一定具有无偏性.

虽然无偏性只是表示平均误差为零,但从实际应用的角度看无偏估计的意义还在于,如果使用这一估计量 $\hat{\theta}(X_1,X_2,\cdots,X_n)$ 反复计算出 N 个估计值 $\hat{\theta}_1,\hat{\theta}_2,\cdots,\hat{\theta}_N$,那么根据大数定律,当 N 很大时,它们的平均值 $\sum_{i=1}^{N}\hat{\theta}_i/N$ 可以给出非常接近于真值的估计. 从这一意义上说,无偏性是衡量估计量好坏的一个重要标准. 但在实际应用问题中,并不是都能进行反复抽样的. 通常只是由一个容量为 n 的样本值,根据估计量来计算出一个估计值,就以此作为对未知参数的估计. 这样,要想得到准确的估计值,自然要在无偏估计中选择有较小方差的估计.

2. 有效性

设 $\hat{\theta}=\hat{\theta}(X_1,X_2,\cdots,X_n)$ 与 $\hat{\theta}'=\hat{\theta}'(X_1,X_2,\cdots,X_n)$ 都是 θ 的无偏估计,如果对任何可能的参数值 θ 都有

$$D_\theta(\hat{\theta})\leqslant D_\theta(\hat{\theta}'),$$

且至少对某个参数值 θ_0 使小于号成立,则称 $\hat{\theta}$ 较 $\hat{\theta}'$**有效**.

例 7.1.15　若取 $\hat{\mu}=\overline{X}=\frac{1}{n}\sum_{i=1}^{n}X_i$,$\hat{\mu}'=\sum_{i=1}^{n}(c_iX_i)$ (其中 $\sum_{i=1}^{n}c_i=1$,$\hat{\mu}'$ 也称为总体均值 μ 的线性无偏估计). 显然,它们都是总体均值 μ 的无偏估计.

$$D(\hat{\mu}')=\sum_{i=1}^{n}[c_i^2D(X_i)]=\left(\sum_{i=1}^{n}c_i^2\right)D(X),$$

利用柯西不等式

$$1\leqslant\left(\sum_{i=1}^{n}|c_i|\right)^2\leqslant\left(\sum_{i=1}^{n}c_i^2\right)\left(\sum_{i=1}^{n}1^2\right)=n\sum_{i=1}^{n}c_i^2,$$

得

$$D(\hat{\mu}')\geqslant\frac{D(X)}{n}=D(\hat{\mu}).$$

可见,作为 μ 的无偏估计,$\overline{X}$ 较 $\sum_{i=1}^{n}(c_iX_i)$ 有效$\left(\text{其中}\sum_{i=1}^{n}c_i=1\right)$,除非 $c_1=c_2=\cdots=c_n=\frac{1}{n}$. 特别地,取 $c_1=1,c_2=\cdots=c_n=0$,即知 $\overline{X}$ 较 X_1 有效.

3. 相合性

人们自然希望样本容量越大,越能精确地估计出未知参数,也就是说,随着样本容量的增大,一个好的估计量与被估计参数任意接近的可能性就随之增大. 这就产生了相合性(或称一致性)的概念.

如果 $\hat{\theta}_n=\hat{\theta}_n(X_1,X_2,\cdots,X_n)$ 依概率收敛于 θ,即对任意的 $\varepsilon>0$ 有

$$\lim_{n\to\infty}P(|\hat{\theta}_n-\theta|\geqslant\varepsilon)=0,\tag{7.9}$$

则称估计量 $\hat{\theta}_n$ 是未知参数 θ 的**相合(或一致)估计量**.

例 7.1.16　样本原点矩 $A_k=\frac{1}{n}\sum_{i=1}^{n}X_i^k$ 是总体原点矩 $\alpha_k=E(X^k)(k\geqslant1)$ 的相合估计.

证　由 $X_1,X_2,\cdots,X_n$ 的独立同分布性,可见对任意 $k\geqslant1$,$X_1^k,X_2^k,\cdots,X_n^k$ 也相互独立且与 X^k 同分布. 因此,由大数定律,对任意 $\varepsilon>0$ 有

$$\lim_{n\to\infty}P\left[\left|\frac{1}{n}\sum_{i=1}^{n}X_i^k-E(X^k)\right|\geqslant\varepsilon\right]=0,\tag{7.10}$$

这说明 A_k 是 α_k 的相合估计.

可以证明样本方差 S^2 及样本二阶中心矩 $S^{*2}=\frac{1}{n}\sum_{i=1}^{n}(X_i-\overline{X})^2$ 是总体方差 σ^2 的相合估计. 由于样本 k 阶原点矩与样本方差分别作为总体 k 阶原点矩与总体方差的估计是无偏的、相合的,因此是较好的估计,在实际中常常使用它们.

还可以证明:若 $h(t_1,t_2,\cdots,t_m)$ 是连续函数,那么 $h(A_1,A_2,\cdots,A_m)$ 是 $h(\alpha_1,\alpha_2,\cdots,\alpha_m)$ 的相合估计,所以用矩估计法确定的统计量一般是相合估计. 人们还证明了在相当广泛的条件下,最大似然估计也是相合估计. 由大数定律,通常相合性对一个估计量来说是容易满足的,然而在很多情况下,证明一个估计的相合性并不容易,而且有的估计并不具有相合性.

7.2 区间估计

参数的点估计是用一个数 $\hat{\theta}$ 来估计未知参数 θ. 在评价近似式 $\hat{\theta}\approx\theta$ 的质量时,主要是用估计量的数字特征来表征估计的优劣(无偏性、有效性),仅在样本容量充分大时,对近似等式的误差作了一般性的说明(相合性). 实际上,点估计对估计的精度与可靠度并没有作明确的回答. 例如用样本均值估计总体均值,有多大的误差和以多大的可靠度可以期望误差不超过某一限度等问题都未讲述. 这些问题在样本容量较小时,显得尤其重要. 估计的精度用置信区间表示,可靠性用置信水平表示,下边就说明这个问题.

为叙述方便,今后在上下文能辨别清楚的情况下,常常把样本与样本值统称为样本,并用小写字母 $x_1,x_2,\cdots,x_n$ 表示,并把样本均值和样本方差与它们的观测值也分别用小写字母 $\overline{x}$ 和 s^2 表示.

对未知参数 θ,如果两个统计量 $\hat{\theta}_1=\hat{\theta}_1(x_1,x_2,\cdots,x_n)$,$\hat{\theta}_2=\hat{\theta}_2(x_1,x_2,\cdots,x_n)$对给定的 $\alpha(0<\alpha<1)$有

$$P(\hat{\theta}_1<\theta<\hat{\theta}_2)=1-\alpha, \tag{7.11}$$

则称$(\hat{\theta}_1,\hat{\theta}_2)$为 θ 的**置信区间**,$1-\alpha$ 为**置信水平(亦称置信度)**,$\hat{\theta}_1$ 和 $\hat{\theta}_2$ 分别为**置信下限**和**置信上限**.

置信水平 $1-\alpha$ 要根据具体问题选定,为查表方便,常取 $\alpha=0.1$,0.05,0.01.

现对式(7.11)的含义解释一下. 初看起来,式(7.11)似乎表示未知参数 θ 落在区间$(\hat{\theta}_1,\hat{\theta}_2)$内的概率为 $1-\alpha$. 这种看法是不对的. 因为 θ 是一个完全确定的数,而$(\hat{\theta}_1,\hat{\theta}_2)$是随机区间,故式(7.11)的正确含义为随机区间$(\hat{\theta}_1,\hat{\theta}_2)$包含 θ 的概率为 $1-\alpha$.

在对未知参数作具体估计时,人们把由样本值算出的一个完全确定的区间$(\hat{\theta}_1,\hat{\theta}_2)$也称为 θ 的置信区间. 这时,$(\hat{\theta}_1,\hat{\theta}_2)$不再是随机区间了. 当取 $\alpha=0.05$ 时,如果取 100 个容量为 n 的样本值,可以得到 100 个置信区间,那么其中大约有 95 个是包含 θ 的. 所以,如果只抽取一个容量为 n 的样本,得到一个具体的置信区间$(\hat{\theta}_1,\hat{\theta}_2)$,就认为它包含 θ. 当然,这样的判断可能是错误的,即实际上$(\hat{\theta}_1,\hat{\theta}_2)$并不包含 θ. 但只要 α 很小,判断错了的可能性是很小的.

构造置信区间的一般方法如下(枢轴量法)：

(1) 设法构造一个含有未知参数 θ 而不含其他未知参数的随机变量 $T(x_1,x_2,\cdots,x_n;\theta)$(枢轴量)，使其分布为已知且与未知参数无关；

(2) 对给定的 α，根据 T 的分布找出两个临界值 c 与 d，使得

$$P(c<T(x_1,x_2,\cdots,x_n;\theta)<d)=1-\alpha;$$

(3) 将不等式 $c<T(x_1,x_2,\cdots,x_n;\theta)<d$ 转化为等价形式

$$\hat{\theta}_1(x_1,x_2,\cdots,x_n)<\theta<\hat{\theta}_2(x_1,x_2,\cdots,x_n),$$

则有

$$P(\hat{\theta}_1(x_1,x_2,\cdots,x_n)<\theta<\hat{\theta}_2(x_1,x_2,\cdots,x_n))=1-\alpha,$$

于是$(\hat{\theta}_1,\hat{\theta}_2)$即为 θ 的一个置信水平 $1-\alpha$ 的置信区间.

7.2.1　单个正态总体参数的区间估计

设 $x_1,x_2,\cdots,x_n$ 为取自正态总体 $N(\mu,\sigma^2)$ 的一个样本，$\bar{x}$，s^2 分别表示样本均值和样本方差. 现在考虑以下区间估计问题：

1. σ^2 已知，求 μ 的置信区间

由式(6.11)，

$$u=\frac{\bar{x}-\mu}{\sigma}\sqrt{n}\sim N(0,1).$$

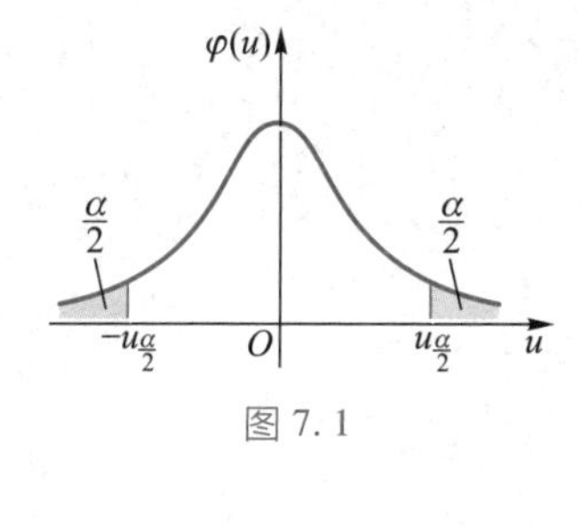

图 7.1

对给定的 α，查附表 2 得临界值 $u_{\frac{\alpha}{2}}$(图 7.1)使得

$$P(-u_{\frac{\alpha}{2}}<u<u_{\frac{\alpha}{2}})=1-\alpha. \tag{7.12}$$

将上式括号内不等式

$$-u_{\frac{\alpha}{2}}<\frac{\bar{x}-\mu}{\sigma}\sqrt{n}<u_{\frac{\alpha}{2}}$$

转化为等价形式

$$\bar{x}-u_{\frac{\alpha}{2}}\frac{\sigma}{\sqrt{n}}<\mu<\bar{x}+u_{\frac{\alpha}{2}}\frac{\sigma}{\sqrt{n}},$$

故得 μ 的一个置信区间为

$$\left(\bar{x}-u_{\frac{\alpha}{2}}\frac{\sigma}{\sqrt{n}},\quad \bar{x}+u_{\frac{\alpha}{2}}\frac{\sigma}{\sqrt{n}}\right). \tag{7.13}$$

例 7.2.1　设在正常条件下，某机床加工的小孔的孔径 X(单位：cm)服从$N(\mu,\sigma^2)$分布. 长期积累的资料表明 $\sigma=0.048$. 今从加工的小孔中，测得 10 个孔径的平均值为 1.416. 试求 μ 的置信区间(置信水平为 0.95).

解 $\bar{x}=1.416,\sigma=0.048,n=10,\alpha=0.05$,从附表 2 查出 $u_{\frac{\alpha}{2}}=u_{0.025}=1.96$,故置信限为

$$\bar{x}\pm u_{\frac{\alpha}{2}}\frac{\sigma}{\sqrt{n}}=1.416\pm1.96\times\frac{0.048}{\sqrt{10}}=1.416\pm0.030,$$

μ 的一个置信区间为(1.386,1.446).

2. σ^2 未知,求 μ 的置信区间

由式(6.13),

$$t=\frac{\bar{x}-\mu}{s}\sqrt{n}\sim t(n-1).$$

对给定的 α,查附表 4 得临界值 $t_{\frac{\alpha}{2}}(n-1)$ 使得

$$P\left(-t_{\frac{\alpha}{2}}(n-1)<t<t_{\frac{\alpha}{2}}(n-1)\right)=1-\alpha. \tag{7.14}$$

将上式括号内不等式

$$-t_{\frac{\alpha}{2}}(n-1)<\frac{\bar{x}-\mu}{s}\sqrt{n}<t_{\frac{\alpha}{2}}(n-1)$$

转化为等价形式

$$\bar{x}-t_{\frac{\alpha}{2}}(n-1)\frac{s}{\sqrt{n}}<\mu<\bar{x}+t_{\frac{\alpha}{2}}(n-1)\frac{s}{\sqrt{n}},$$

则得 μ 的一个置信区间为

$$\left(\bar{x}-t_{\frac{\alpha}{2}}(n-1)\frac{s}{\sqrt{n}},\quad \bar{x}+t_{\frac{\alpha}{2}}(n-1)\frac{s}{\sqrt{n}}\right). \tag{7.15}$$

例 7.2.2 设有一批胡椒粉,每袋净重 X(单位:g)服从 $N(\mu,\sigma^2)$ 分布. 今任取 8 袋测得净重是 12.1,11.9,12.4,12.3,11.9,12.1,12.4,12.1. 试求 μ 的置信区间($\alpha=0.01$).

解 经计算 $\bar{x}=\frac{1}{8}(12.1+\cdots+12.1)=12.15$,$s^2=\frac{1}{7}[(12.1-12.15)^2+\cdots+(12.1-12.15)^2]=0.04$,$s=0.2$;又 $n=8$,$t_{\alpha/2}(n-1)=t_{0.005}(7)=3.4995$,故得置信限为

$$\bar{x}\pm t_{\frac{\alpha}{2}}(n-1)\frac{s}{\sqrt{n}}=12.15\pm3.4995\times\frac{0.2}{\sqrt{8}}=12.15\pm0.25,$$

μ 的一个置信区间为(11.90,12.40).

3. 求 σ^2 的置信区间

由式(6.12),

$$\chi^2=\frac{(n-1)s^2}{\sigma^2}\sim\chi^2(n-1).$$

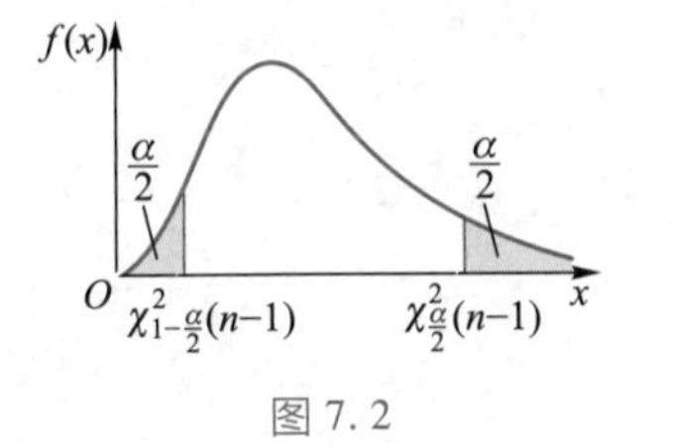

图 7.2

对给定的 α 查附表 3 得临界值$\chi^2_{1-\frac{\alpha}{2}}(n-1)$与$\chi^2_{\frac{\alpha}{2}}(n-1)$(图 7.2)使得

$$P\left(\chi^2_{1-\frac{\alpha}{2}}(n-1)<\chi^2<\chi^2_{\frac{\alpha}{2}}(n-1)\right)=1-\alpha. \tag{7.16}$$

将上式括号内不等式

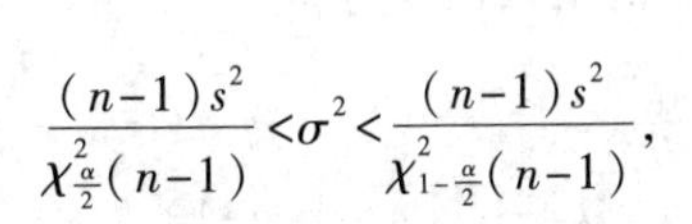

$$\chi^2_{1-\frac{\alpha}{2}}(n-1)<\frac{(n-1)s^2}{\sigma^2}<\chi^2_{\frac{\alpha}{2}}(n-1)$$

转化为等价形式

$$\frac{(n-1)s^2}{\chi^2_{\frac{\alpha}{2}}(n-1)}<\sigma^2<\frac{(n-1)s^2}{\chi^2_{1-\frac{\alpha}{2}}(n-1)},$$

则得 σ^2 的一个置信区间为

$$\left(\frac{(n-1)s^2}{\chi^2_{\frac{\alpha}{2}}(n-1)},\quad \frac{(n-1)s^2}{\chi^2_{1-\frac{\alpha}{2}}(n-1)}\right), \tag{7.17}$$

σ 的一个置信区间为

$$\left(s\sqrt{\frac{n-1}{\chi^2_{\frac{\alpha}{2}}(n-1)}},s\sqrt{\frac{n-1}{\chi^2_{1-\frac{\alpha}{2}}(n-1)}}\right). \tag{7.18}$$

例 7.2.3　求例 7.2.2 中 σ^2 的置信区间.

解　$\chi^2_{\frac{\alpha}{2}}(n-1)=\chi^2_{0.005}(7)=20.278$，$\chi^2_{1-\frac{\alpha}{2}}(n-1)=\chi^2_{0.995}(7)=0.989$，置信限为

$$\frac{(n-1)s^2}{\chi^2_{\frac{\alpha}{2}}(n-1)}=\frac{7\times 0.2^2}{20.278}=0.014,$$

$$\frac{(n-1)s^2}{\chi^2_{1-\frac{\alpha}{2}}(n-1)}=\frac{7\times 0.2^2}{0.989}=0.283,$$

故 σ^2 的一个置信区间为(0.014,0.283).

如本节开头所述，区间估计有两个要素：一是其精度，二是其可靠度，分别用置信区间与置信水平表示. 在进行区间估计时，人们自然希望置信区间短一些，置信水平大一些. 但在样本容量一定的情况下，二者是不可兼得的. 不难看出，样本容量一定，置信水平越大，置信区间越长，估计的意义也就越小. 所以，在置信区间的定义中，限制置信水平小于 1，而绝不能要求达到 1. 实际上，因为抽样具有随机性，人们不能以百分之百的可靠度对未知参数作出任何有意义的估计. 例如在小节 1,2 中，如果硬性要求绝对可靠，那么只能用区间 $(-\infty,+\infty)$ 来估计 μ，这显然是毫无意义的. 但只要给定了置信水平 $1-\alpha(0<\alpha<1)$，不管它多么接近 1，人们总可以对未知参数作出估计，

而且可以用增大样本容量的办法来缩短置信区间的长度.这正是统计方法可以发挥作用之处.当然,在实际问题中,样本容量太大是很难办到的,所以人们要确定合适的 α 与 n.

对给定置信水平 $1-\alpha$ 和同一未知参数 θ,即使用同一随机变量 $T(x_1,x_2,\cdots,x_n;\theta)$,也可以构造出许多不同的置信区间.例如在小节 3 中,如果从附表 3 查出临界值 $\chi^2_{1-\alpha_1}(n-1)$ 与 $\chi^2_{\alpha_2}(n-1)$ 满足

$$P(\chi^2\leqslant\chi^2_{1-\alpha_1}(n-1))=\alpha_1,$$

$$P(\chi^2\geqslant\chi^2_{\alpha_2}(n-1))=\alpha_2,$$

那么,只要 $\alpha_1\geqslant0,\alpha_2\geqslant0,\alpha_1+\alpha_2=\alpha$ 成立,

$$\left(\frac{(n-1)s^2}{\chi^2_{\alpha_2}(n-1)},\quad\frac{(n-1)s^2}{\chi^2_{1-\alpha_1}(n-1)}\right)$$

即是 σ^2 的一个置信水平为 $1-\alpha$ 的置信区间.

一般说来,在进行区间估计时,总是先规定一个置信水平,以保证其可靠度达到一定要求.在这个前提下,精度越高越好.对确定的样本容量,在一定置信水平下,置信区间长度的均值 $E(\hat{\theta}_2-\hat{\theta}_1)$ 越小越好.对这一问题的讨论,已超出本书的范围.在小节 3 中选择 $\alpha_1=\alpha_2=\dfrac{\alpha}{2}$,主要是为查表方便,而不是基于如上考虑.因为在这种情况下,求长度最短的置信区间是较复杂的事情,不便于实际计算.

7.2.2 两个正态总体参数的区间估计

设总体 $X\sim N(\mu_1,\sigma_1^2)$,总体 $Y\sim N(\mu_2,\sigma_2^2)$. $x_1,x_2,\cdots,x_{n_1}$ 为取自总体 X 的容量为 n_1 的样本,$\bar{x}$ 和 s_1^2 分别为 X 的样本均值与样本方差;$y_1,y_2,\cdots,y_{n_2}$ 为取自总体 Y 的容量为 n_2 的样本,$\bar{y}$ 和 s_2^2 分别为 Y 的样本均值和样本方差.又设这两个样本相互独立,考虑以下区间估计问题:

1. 已知 $\sigma_1^2=\sigma_2^2$,求 $\mu_1-\mu_2$ 的置信区间

由式(6.14),

$$t=\frac{\bar{x}-\bar{y}-(\mu_1-\mu_2)}{s_w\sqrt{\dfrac{1}{n_1}+\dfrac{1}{n_2}}}\sim t(n_1+n_2-2),$$

其中 $s_w=\sqrt{\dfrac{(n_1-1)s_1^2+(n_2-1)s_2^2}{n_1+n_2-2}}$. 对给定的 α,查附表 4 得临界值

$t_{\frac{\alpha}{2}}(n_1+n_2-2)$使得

$$P(-t_{\frac{\alpha}{2}}(n_1+n_2-2)<t<t_{\frac{\alpha}{2}}(n_1+n_2-2))=1-\alpha. \tag{7.19}$$

将上式括号中不等式变形，容易得到$\mu_1-\mu_2$的一个置信区间为

$$\left(\bar{x}-\bar{y}-t_{\frac{\alpha}{2}}(n_1+n_2-2)s_w\sqrt{\frac{1}{n_1}+\frac{1}{n_2}},\quad \bar{x}-\bar{y}+t_{\frac{\alpha}{2}}(n_1+n_2-2)s_w\sqrt{\frac{1}{n_1}+\frac{1}{n_2}}\right). \tag{7.20}$$

2. 求$\frac{\sigma_1^2}{\sigma_2^2}$的置信区间

由式(6.17)，

$$F=\frac{s_1^2}{s_2^2}\frac{\sigma_2^2}{\sigma_1^2}\sim F(n_1-1,n_2-1).$$

对给定的α，查附表5得临界值$F_{1-\frac{\alpha}{2}}(n_1-1,n_2-1)$和$F_{\frac{\alpha}{2}}(n_1-1,n_2-1)$使得

$$P(F_{1-\frac{\alpha}{2}}(n_1-1,n_2-1)<F<F_{\frac{\alpha}{2}}(n_1-1,n_2-1))=1-\alpha. \tag{7.21}$$

将上式括号中不等式变形，容易得到$\frac{\sigma_1^2}{\sigma_2^2}$的一个置信区间为

$$\left(\frac{s_1^2}{s_2^2}\cdot\frac{1}{F_{\frac{\alpha}{2}}(n_1-1,n_2-1)},\quad \frac{s_1^2}{s_2^2}\cdot\frac{1}{F_{1-\frac{\alpha}{2}}(n_1-1,n_2-1)}\right). \tag{7.22}$$

例7.2.4　设从正态总体$N(\mu_1,\sigma_1^2)$与正态总体$N(\mu_2,\sigma_2^2)$中独立地各抽取容量为10的样本，其样本方差依次为0.541 9与0.606 5. 求方差比$\frac{\sigma_1^2}{\sigma_2^2}$的置信区间（置信水平为0.90）.

解　$s_1^2=0.541\,9, s_2^2=0.606\,5, n_1=n_2=10, \alpha=0.10, F_{\frac{\alpha}{2}}(n_1-1,n_2-1)=F_{0.05}(9,9)=3.18, F_{1-\frac{\alpha}{2}}(n_1-1,n_2-1)=F_{0.95}(9,9)=\frac{1}{F_{0.05}(9,9)}=\frac{1}{3.18}$.

置信限为

$$\frac{s_1^2}{s_2^2}\frac{1}{F_{\frac{\alpha}{2}}(n_1-1,n_2-1)}=\frac{0.541\,9}{0.606\,5}\cdot\frac{1}{3.18}=0.281,$$

$$\frac{s_1^2}{s_2^2}\frac{1}{F_{1-\frac{\alpha}{2}}(n_1-1,n_2-1)}=\frac{0.541\,9}{0.606\,5}\cdot 3.18=2.841,$$

故$\frac{\sigma_1^2}{\sigma_2^2}$的一个置信区间为(0.281,2.841).

*7.2.3　大样本区间估计

7.2.1节与7.2.2节中的结果，无论样本容量n多大都适用，因

为那里构造置信区间时所用随机变量的精确分布都已知,这是在正态总体的大前提下才得到的. 对于非正态总体,通常精确分布很难找到,为对未知参数进行区间估计,只好利用中心极限定理来处理. 这样,就需要样本容量 n 充分大.

1. 一般总体均值的区间估计

设总体 X 均值为 μ,方差 σ^2 已知. 今从总体 X 中不断抽取样本,随着样本容量增大,得到一个独立同分布的随机变量序列 $x_1,x_2,\cdots,x_n,\cdots$. 由中心极限定理,对任何实数 x 有

$$\lim_{n\to\infty}P\left(\frac{\sum_{i=1}^{n}x_i-n\mu}{\sqrt{n}\sigma}\leqslant x\right)=\int_{-\infty}^{x}\frac{1}{\sqrt{2\pi}}\mathrm{e}^{-\frac{t^2}{2}}\mathrm{d}t,$$

即当 n 充分大时,

$$u=\frac{\overline{x}-\mu}{\sigma}\sqrt{n}\text{近似地服从 }N(0,1).$$

对给定的 α,查附表 2 得 $u_{\frac{\alpha}{2}}$,有

$$P(-u_{\frac{\alpha}{2}}<u<u_{\frac{\alpha}{2}})\approx 1-\alpha. \tag{7.23}$$

将上式括号中不等式变形,得 μ 的一个置信区间为

$$\left(\overline{x}-u_{\frac{\alpha}{2}}\frac{\sigma}{\sqrt{n}},\quad \overline{x}+u_{\frac{\alpha}{2}}\frac{\sigma}{\sqrt{n}}\right), \tag{7.24}$$

置信水平近似为 $1-\alpha$.

如果 σ 未知,可用样本标准差 s 代替 σ 而得 μ 的一个置信区间. 实际上,可以证明,当 n 充分大时,有 $u=\frac{\overline{x}-\mu}{s}\sqrt{n}$ 近似地服从 $N(0,1)$,故得 μ 的一个置信区间为

$$\left(\overline{x}-u_{\frac{\alpha}{2}}\frac{s}{\sqrt{n}},\quad \overline{x}+u_{\frac{\alpha}{2}}\frac{s}{\sqrt{n}}\right), \tag{7.25}$$

置信水平近似为 $1-\alpha$.

2. 0—1 分布参数的区间估计

设总体 $X\sim B(1,p)(0<p<1)$,显然 $\mu=p,\sigma^2=p(1-p)$. 为估计 p,取容量 n 充分大的样本 $x_1,x_2,\cdots,x_n$. 由中心极限定理,$u=\frac{\overline{x}-\mu}{\sigma}\sqrt{n}=\frac{\overline{x}-p}{\sqrt{p(1-p)}}\sqrt{n}$ 近似地服从 $N(0,1)$. 对给定的 α,有

$$P(|u|<u_{\frac{\alpha}{2}})\approx 1-\alpha. \tag{7.26}$$

上式括号内不等式

$$\left|\frac{\overline{x}-p}{\sqrt{p(1-p)}}\sqrt{n}\right|<u_{\frac{\alpha}{2}} \tag{7.27}$$

等价于

$$\frac{n(\overline{x}-p)^2}{p(1-p)}<u_{\frac{\alpha}{2}}^2,$$

即

$$(n+u_{\frac{\alpha}{2}}^2)p^2-(2n\,\overline{x}+u_{\frac{\alpha}{2}}^2)p+n\,\overline{x}^2<0. \tag{7.28}$$

令 $a=n+u_{\frac{\alpha}{2}}^2, b=-(2n\,\overline{x}+u_{\frac{\alpha}{2}}^2), c=n\,\overline{x}^2$,知式(7.28)的等价形式为

$$\hat{p}_1<p<\hat{p}_2, \tag{7.29}$$

其中

$$\hat{p}_1=\frac{1}{2a}(-b-\sqrt{b^2-4ac}),$$

$$\hat{p}_2=\frac{1}{2a}(-b+\sqrt{b^2-4ac}).$$

从式(7.27)与(7.29)的等价性得 p 的一个置信区间为$(\hat{p}_1,\hat{p}_2)$,置信水平近似为 $1-\alpha$.

由于 $0\leqslant\overline{x}\leqslant1, 4n\,\overline{x}\geqslant4n\,\overline{x}^2$,故

$$b^2-4ac=u_{\frac{\alpha}{2}}^2[(u_{\frac{\alpha}{2}}^2+4n\overline{x})-4n\overline{x}^2]>0,$$

因此 $\hat{p}_1,\hat{p}_2$ 总是存在的.

例 7.2.5 为估计一批齿轮的一级品率 p,从中抽取 100 个进行检验,发现有 60 个一级品.若取 $\alpha=0.05$,试求 p 的置信区间.

解 $n=100, \overline{x}=0.6, \frac{\alpha}{2}=0.025, u_{\frac{\alpha}{2}}=1.96, u_{\frac{\alpha}{2}}^2=3.84, a=103.84, b=-123.84, c=36, \hat{p}_1=0.50, \hat{p}_2=0.69$,得 p 的一个置信区间为 $(0.50,0.69)$.

*7.3 拓展例题

例 7.3.1 设 $X_1,X_2,\cdots,X_n$ 为来自均匀分布总体 $U(\theta,\theta+1)$ 的一个样本,其中 θ 为未知参数,求 θ 的最大似然估计.

解 设 $x_1,x_2,\cdots,x_n$ 为样本 $X_1,X_2,\cdots,X_n$ 的一个样本值,则似然函数

$$L(\theta)=\begin{cases}1, & \theta \leqslant x_{(1)} \leqslant x_{(n)} \leqslant \theta+1, \\ 0, & \text{其他}.\end{cases}$$

该似然函数在其不为零的区域上是常数 1，只要 θ 不超过 $x_{(1)}$ 或 $\theta+1$ 不小于 $x_{(n)}$ 都可使 $L(\theta)$ 达到最大，即

$$\hat{\theta}_1=X_{(1)}, \quad \hat{\theta}_2=X_{(n)}-1$$

都是 θ 的最大似然估计，对任意实数 $\alpha(0<\alpha<1)$，

$$\hat{\theta}_\alpha=\alpha \hat{\theta}_1+(1-\alpha)\hat{\theta}_2=\alpha X_{(1)}+(1-\alpha)(X_{(n)}-1)$$

都是 θ 的最大似然估计.

由例 7.3.1 可见参数的最大似然估计可能不唯一.

例 7.3.2 设总体 X 的概率密度

$$f(x_i\boldsymbol{\theta})=p\frac{1}{\sqrt{2\pi}\sigma}\exp\left\{-\frac{(x-\mu)^2}{2\sigma^2}\right\}+(1-p)\frac{1}{\sqrt{2\pi}\tau}\exp\left\{-\frac{(x-\nu)^2}{2\tau^2}\right\}$$

其中 $\boldsymbol{\theta}=(p,\mu,\sigma,\nu,\tau)$ 为参数向量，$0<p<1,\sigma>0,\tau>0,\mu,\nu$ 为任意实数.（混合正态分布）$X_1,X_2,\cdots,X_n$ 为来自总体 X 的样本. 当 $p=\frac{1}{2}$，$\upsilon=0,\tau=1$ 时，求 (μ,σ) 的最大似然估计.

解 由已知

$$f(x;\boldsymbol{\theta})=\frac{1}{2}\varphi(x)+\frac{1}{2\sigma}\varphi\left(\frac{x-\mu}{\sigma}\right),$$

其中 $\varphi(x)=\frac{1}{\sqrt{2\pi}}\mathrm{e}^{-\frac{x^2}{2}}$ 为标准正态分布的概率密度.

设 $x_1,x_2,\cdots,x_n$ 为样本 $X_1,X_2,\cdots,X_n$ 的一个样本值，取 $(\mu,\sigma)=(x_1,\sigma)$ 时，

$$L(\sigma)=2^{-n}[\varphi(x_1)+\varphi(0)/\sigma]\cdot\prod_{i=2}^{n}\left[\varphi(x_i)+\frac{1}{\sigma}\varphi\left(\frac{x_i-x_1}{\sigma}\right)\right],$$

当 $\sigma\to 0$ 时，$L(\sigma)$ 趋于无穷，因此，对所有样本值 $x_1,x_2,\cdots,x_n$ 有 $\max L(\sigma)=\infty$，所以 (μ,σ) 的最大似然估计不存在.

由例 7.3.2 可见某些分布的参数的最大似然估计可能不存在.

无偏性是估计的一个优良性质，但不能由此认为，无偏估计已是十全十美的估计，而有偏估计无可取之处. 为深入考察这个问题，引入均方误差准则，用此尺度可对任一估计的优劣作出评价.

定义 7.3.1 设 $\hat{\theta}$ 为参数 θ 的估计量，若 $E(\hat{\theta}-\theta)^2$ 存在，则称 $E(\hat{\theta}-\theta)^2$ 为 $\hat{\theta}$ 的均方误差，常记为 $\mathrm{MSE}(\hat{\theta})$，即

$$\mathrm{MSE}(\hat{\theta})=E(\hat{\theta}-\theta)^2. \tag{7.30}$$

设 $\hat{\theta}_1$ 和 $\hat{\theta}_2$ 为参数 θ 的两个估计量,若对任何参数值 θ 都有

$$E(\hat{\theta}_1-\theta)^2\leqslant E(\hat{\theta}_2-\theta)^2,$$

且至少对某个参数值 θ_0 使小于号成立,则称在均方误差意义下 $\hat{\theta}_1$ 优于 $\hat{\theta}_2$.

$$\begin{aligned}\mathrm{MSE}(\hat{\theta})&=E(\hat{\theta}-\theta)^2=E\{[\hat{\theta}-E(\hat{\theta})]+[E(\hat{\theta})-\theta]\}^2\\&=E[\hat{\theta}-E(\hat{\theta})]^2+[E(\hat{\theta})-\theta]^2\\&=D(\hat{\theta})+|E(\hat{\theta})-\theta|^2.\end{aligned}$$

若 $\hat{\theta}$ 是 θ 的无偏估计,则其均方误差即为方差,即 $\mathrm{MSE}(\hat{\theta})=D(\hat{\theta})$.

习题 7

1. 对某一距离进行5次测量,结果(单位:m)如下:2 781,2 836,2 807,2 763,2 858. 已知测量结果服从 $N(\mu,\sigma^2)$,求参数 μ 和 σ^2 的矩估计值.

2. 设 $X_1,X_2,\cdots,X_n$ 是来自对数级数分布
$$P(X=k)=-\frac{1}{\ln(1-p)}\cdot\frac{p^k}{k}\quad(0<p<1,k=1,2,\cdots)$$
的一个样本,求参数 p 的矩估计量.

3. 设总体 X 服从参数为 N 和 p 的二项分布,$X_1,X_2,\cdots,X_n$ 为取自 X 的样本,试求参数 N 和 p 的矩估计量.

4. 设总体 X 的概率密度
$$f(x;\theta)=\begin{cases}c^{\frac{1}{\theta}}\dfrac{1}{\theta}x^{-\left(1+\frac{1}{\theta}\right)}, & x\geqslant c,\\0, & \text{其他},\end{cases}$$
其中参数 $0<\theta<1$,c 为已知常数,且 $c>0$. 从中抽得一个样本 $x_1,x_2,\cdots,x_n$,求 θ 的矩估计.

5. 设总体 X 的概率密度
$$f(x;\alpha)=\begin{cases}(\alpha+1)x^{\alpha}, & 0<x<1,\\0, & \text{其他}\end{cases}\quad(\alpha>-1).$$
试用样本 $x_1,x_2,\cdots,x_n$ 求参数 α 的矩估计和最大似然估计.

6. 已知总体 X 在 $[\theta_1,\theta_2]$ 上服从均匀分布,$x_1,x_2,\cdots,x_n$ 是取自 X 的一个样本,求 θ_1,θ_2 的矩估计和最大似然估计.

7. 设总体的概率密度如下,试利用样本 $x_1,x_2,\cdots,x_n$ 求参数 θ 的最大似然估计:

(1) $f(x;\theta)=\begin{cases}(\theta\alpha)x^{\alpha-1}\mathrm{e}^{-\theta x^{\alpha}}, & x>0,\alpha\text{ 已知},\\0, & \text{其他};\end{cases}$

(2) $f(x;\theta)=\dfrac{1}{2}\mathrm{e}^{-|x-\theta|}\quad(-\infty<\theta<+\infty,-\infty<x<+\infty)$.

8. 设总体 X 服从指数分布
$$f(x;\theta)=\begin{cases}\mathrm{e}^{-(x-\theta)}, & x\geqslant\theta,\\0, & \text{其他}.\end{cases}$$
试利用样本 $x_1,x_2,\cdots,x_n$ 求参数 θ 的最大似然估计.

9. 设总体 X 服从几何分布
$$P(X=k)=p(1-p)^{k-1}\quad(k=1,2,\cdots;0<p<1),$$
试利用样本 $x_1,x_2,\cdots,x_n$ 求未知参数 p 的最大似然估计.

10. 罐中有 N 个硬币,其中有 θ 个是普通的硬币(掷出正面与反面的概率各为0.5),其余 $N-\theta$ 个硬币两面都是正面. 从罐中随机取出一个硬币,把它连掷两次,记下结果,但不去查看它属于哪一种硬币,又把它放回罐中,如此重复 n 次. 若掷出0次、1次、2次正面的次数分别为 n_0,n_1,n_2,利用(1)矩估计法;(2)最大似然估计法去估计

参数 θ.

11. 设总体 X 的概率密度

$$f(x)=\begin{cases}\dfrac{6x}{\theta^3}(\theta-x), & 0<x<\theta,\\ 0, & \text{其他},\end{cases}$$

$X_1,X_2,\cdots,X_n$ 是取自总体 X 的简单随机样本,求:

(1) θ 的矩估计量 $\hat{\theta}$;

(2) $\hat{\theta}$ 的方差 $D(\hat{\theta})$.

12. 设总体 X 的概率密度

$$f(x;\theta)=\begin{cases}\theta, & 0<x<1,\\ 1-\theta, & 1\leqslant x<2,\\ 0, & \text{其他},\end{cases}$$

其中 θ 是未知参数$(0<\theta<1)$. $X_1,X_2,\cdots,X_n$ 为来自总体 X 的简单随机样本,记 N 为样本值 $x_1,x_2,\cdots,x_n$ 中小于 1 的个数,求:

(1) θ 的矩估计; (2) θ 的最大似然估计.

13. 设总体的分布为截尾几何分布

$$P(X=k)=\theta^{k-1}(1-\theta)\quad(k=1,2,\cdots,r),$$
$$P(X=r+1)=\theta^r,$$

从中抽得样本 $X_1,X_2,\cdots,X_n$,其中有 M 个取值为 $r+1$,求 θ 的最大似然估计.

14. 设总体 X 的概率密度

$$f(x)=\begin{cases}2\mathrm{e}^{-2(x-\theta)}, & x>\theta,\\ 0, & x\leqslant\theta,\end{cases}$$

其中 $\theta>0$ 是未知参数. 从总体 X 中抽取简单随机样本 $X_1,X_2,\cdots,X_n$,记 $\hat{\theta}=\min\{X_1,X_2,\cdots,X_n\}$.

(1) 求总体 X 的分布函数 $F(x)$;

(2) 求统计量 $\hat{\theta}$ 的分布函数 $F_{\hat{\theta}}(x)$;

(3) 若用 $\hat{\theta}$ 作为 θ 的估计量,讨论它是否具有无偏性.

15. 设 $X_1,X_2,\cdots,X_n(n>2)$ 为来自总体 $N(0,\sigma^2)$ 的简单随机样本,其样本均值为 $\overline{X}$. 记 $Y_i=X_i-\overline{X}(i=1,2,\cdots,n)$. 若 $C(Y_1+Y_n)^2$ 是 σ^2 的无偏估计量,求常数 C.

16. 设总体 X 服从正态分布 $N(\mu,\sigma^2)$,$X_1,X_2,\cdots,X_n$ 是其样本. (1) 求 c 使得 $\hat{\sigma}^2=c\sum\limits_{i=1}^{n-1}(X_{i+1}-X_i)^2$ 为 σ^2 的无偏估计量;(2) 求 k 使得 $\hat{\sigma}=k\sum\limits_{i=1}^{n}|X_i-\overline{X}|$ 为 σ 的无偏估计量.

17. 设 $X_1,X_2,\cdots,X_n$ 是来自参数为 λ 的泊松分布总体的样本,试证:对任意常数 k,统计量 $k\overline{X}+(1-k)S^2$ 是 λ 的无偏估计量.

18. 设总体 X 有期望 μ,$X_1,X_2,\cdots,X_n$ 为一个样本,问下列统计量是否为 μ 的无偏估计量:(1) $\frac{1}{2}(X_1+X_2)$;(2) $-X_1+2X_2$;(3) $\frac{1}{10}(2X_1+3X_2+3X_{n-1}+2X_n)$;(4) $X_{(1)}$;(5) $X_{(n)}$;(6) $\frac{1}{2}(X_{(1)}+X_{(n)})$.

19. 设 $\hat{\theta}$ 是参数 θ 的无偏估计量,且有 $D(\hat{\theta})>0$,试证:$\hat{\theta^2}=(\hat{\theta})^2$ 不是 θ^2 的无偏估计量.

20. 设总体 $X\sim N(\mu,\sigma^2)$,X_1,X_2,X_3 是来自 X 的样本,试证:估计量

$$\hat{\mu}_1=\frac{1}{5}X_1+\frac{3}{10}X_2+\frac{1}{2}X_3,$$
$$\hat{\mu}_2=\frac{1}{3}X_1+\frac{1}{4}X_2+\frac{5}{12}X_3,$$
$$\hat{\mu}_3=\frac{1}{3}X_1+\frac{1}{6}X_2+\frac{1}{2}X_3,$$

都是 μ 的无偏估计,并指出它们中哪一个最有效.

21. 设总体 X 服从区间$[1,\theta]$上的均匀分布,$\theta>1$ 未知,$X_1,X_2,\cdots,X_n$ 是取自 X 的样本. (1) 求 θ 的矩估计和最大似然估计量;(2) 上述两个估计量是否为无偏估计量,若不是请修正为无偏估计量;(3) 问在(2)中的两个无偏估计量哪一个更有效?

22. 设总体 X 的数学期望 $\mu=E(X)$已知,试证:统计量 $\frac{1}{n}\sum\limits_{i=1}^{n}(X_i-\mu)^2$ 是总体方差 $\sigma^2=D(X)$的无偏估计.

23. 设总体 $X\sim N(\mu,\sigma^2)$,$X_1,X_2,\cdots,X_n$ 为来自 X 的样本,试证:$S^2=\frac{1}{n-1}\sum\limits_{i=1}^{n}(X_i-\overline{X})^2$ 是 σ^2 的相合(一致)估计.

24. 设 $X_1,X_2,\cdots,X_n$ 是来自总体 $F(x;\theta)$ 的一个样本，$\hat{\theta}_n(X_1,X_2,\cdots,X_n)$ 是 θ 的一个估计量. 若 $E(\hat{\theta}_n)=\theta+k_n, D(\hat{\theta}_n)=\sigma_n^2$，且

$$\lim_{n\to\infty} k_n=\lim_{n\to\infty}\sigma_n^2=0,$$

试证：$\hat{\theta}_n$ 是 θ 的相合（一致）估计量.

25. 设 $X_1,X_2,\cdots,X_n$ 是取自均匀分布在 $(0,\theta)$ 上的一个样本，试证：$T_n=\max\{X_1,X_2,\cdots,X_n\}$ 是 θ 的相合（一致）估计.

26. 从一批钉子中抽取16枚，测得其长度（单位：cm）为2.14，2.10，2.13，2.15，2.13，2.12，2.13，2.10，2.15，2.12，2.14，2.10，2.13，2.11，2.14，2.11. 设钉长分布为正态，试在下列情况下求总体期望 μ 的置信水平为0.90的置信区间：

(1) 已知 $\sigma=0.01$；　(2) σ 为未知.

27. 生产一个零件所需时间（单位：s）$X\sim N(\mu,\sigma^2)$，观察25个零件的生产时间得 $\bar{x}=5.5, s=1.73$，试以0.95的可靠性求 μ 和 σ^2 的置信区间.

28. 零件的尺寸与规定尺寸的偏差 $X\sim N(\mu,\sigma^2)$，今测得10个零件，得偏差值（单位：μm）2，1，−2，3，2，4，−2，5，3，4. 试求 μ 和 σ^2 的无偏估计值和置信水平为0.90的置信区间.

29. 对某农作物两个品种计算了8个地区的单位面积产量如下：

品种 A　86，87，56，93，84，93，75，79；

品种 B　80，79，58，91，77，82，74，66.

假定两个品种的单位面积产量分别服从正态分布，且方差相等. 试求平均单位面积产量之差置信水平为0.95的置信区间.

30. 设 A 和 B 两批导线是用不同工艺生产的，今随机地从每批导线中抽取5根测量电阻算得 $s_1^2=s_A^2=1.07\cdot 10^{-7}, s_2^2=s_B^2=5.3\cdot 10^{-6}$. 若 A 批导线的电阻服从 $N(\mu_1,\sigma_1^2)$，B 批导线的电阻服从 $N(\mu_2,\sigma_2^2)$，求 $\dfrac{\sigma_1^2}{\sigma_2^2}$ 的置信水平为0.90的置信区间.

31. 两台机床加工同一种零件，分别抽取6个和9个零件，测零件长度计算得 $s_1^2=0.245, s_2^2=0.375$. 假定各台机床零件长度服从正态分布，试求两个总体方差比 $\dfrac{\sigma_1^2}{\sigma_2^2}$ 的置信区间（置信水平为0.95）.

32. 设 $X_1,X_2,\cdots,X_n$ 是来自参数为 λ 的指数分布总体的一个样本. 试求 λ 的置信水平为 $1-\alpha$ 的置信区间.

33. 设总体 X 服从区间 $[0,\theta]$ 上均匀分布 $(\theta>0)$，$X_1,X_2,\cdots,X_n$ 为来自 X 的一个样本. 试利用 $\dfrac{X_{(n)}}{\theta}$ 的分布导出未知参数 θ 的置信水平为 $1-\alpha$ 的置信区间.

34. 设0.50，1.25，0.80，2.00是来自总体 X 的一个样本值，已知 $Y=\ln X$ 服从正态分布 $N(\mu,1)$.

(1) 求 X 的数学期望 $E(X)$（记为 b）；

(2) 求 μ 的置信水平为0.95的置信区间；

(3) 利用上述结果求 b 的置信水平为0.95的置信区间.

35. 从一台机床加工的轴中随机取200根，测量其椭圆度. 由测量值（单位：mm）计算得平均值 $\bar{x}=0.081$，标准差 $s=0.025$. 求此机床加工的轴平均椭圆度的置信水平为0.95的置信区间.

36. 在一批货物的容量为100的样本中，经检验发现16个次品，试求这批货物次品率的置信区间（置信水平近似为0.95）.

37. 设 $x_1,x_2,\cdots,x_n$ 为来自参数为 λ 的泊松分布的样本. 试求 λ 的置信水平近似为0.95的置信区间.

测验题7

参考答案

第8章 假设检验

08

同参数估计一样,假设检验是数理统计的主要内容之一.在总体的分布未知或只知其形式,但不知其中的参数的情况下,为了推断总体的某些性质,提出关于总体的分布或总体分布中的参数的某种假设,然后根据抽样得到的样本观测值,运用统计分析的方法,检验这种假设是否正确,从而决定接受或拒绝所提出的假设,这就是本章要讨论的假设检验问题.

8.1 假设检验的基本概念

8.1.1 问题的提出

在6.1.1节中,讨论过对总体分布中的某些未知参数或分布的形式作某种假设,然后通过抽取的样本,对假设的正确性进行判断的问题,称为**假设检验**问题.为了说明假设检验的基本思想和基本概念,我们先看几个实际例子.

例8.1.1 某药厂生产一种抗菌素,已知在正常生产情况下,每瓶抗菌素的某项主要指标服从均值为23.0的正态分布.某日开工后,测得5瓶的数据如下:

$$22.3 \quad 21.5 \quad 22.0 \quad 21.8 \quad 21.4$$

问该日生产是否正常?

用X表示该日生产的一瓶抗菌素的某项主要指标.如果已知随机变量X服从$N(\mu,\sigma^2)$分布,那么问题就是要检验假设“$\mu=23$”是否成立.

例 8.1.2 为了研究一种新化肥对种植小麦的效力,选用 13 块条件相同面积相等的土地进行试验,各块产量(单位:kg)如下:

施肥的 34 35 30 33 34 32

未施肥的 29 27 32 28 32 31 31

问这种化肥对小麦产量是否有显著影响?

用 X 与 Y 分别表示在一块土地上施肥与未施肥情况下小麦的产量. 如果已知它们分别服从 $N(\mu_1,\sigma_1^2)$ 与 $N(\mu_2,\sigma_2^2)$ 分布,那么问题就是检验假设“$\mu_1=\mu_2$”是否成立?

例 8.1.3 在齿轮加工中,齿轮的径向综合误差 X 是一个随机变量. 在例 6.2.1 中给出了测得的 X 的 200 个数据并作出了直方图,根据直方图,就可估计 X 服从正态分布. 判断这一估计是否正确的问题就是检验假设“X 服从正态分布”是否成立的问题.

这些例子所代表的问题是很广泛的,其共同点就是先对总体分布中某些参数或对总体分布的类型作某种假设,然后根据抽取的样本值作出接受还是拒绝所作假设的结论. 今后,把对总体的分布所作的假设用 H_0 表示,并称为**原假设**或**零假设**. 在对假设 H_0 的检验中,需要从样本出发,建立一个法则,一旦样本值确定后,利用所制定的法则,即可作出是接受还是拒绝 H_0 的结论. 这种法则就称为一个**检验**.

例 8.1.1 和例 8.1.2 这样一类假设是在总体分布类型已知的情况下,仅仅涉及总体分布中未知参数的统计假设,称为**参数假设**. 例 8.1.3 这样一类假设是在总体分布类型未知的情形下,对总体分布类型或者总体分布的某些特性提出的统计假设,称为**非参数假设**.

在例 8.1.1 ~ 例 8.1.3 中,只提出一个统计假设,而且目的也仅仅是判断这一个统计假设是否成立,并不同时研究其他统计假设,这类假设检验又称为**显著性检验**. 本章将讨论参数假设与非参数假设的一些显著性检验方法.

对假设检验问题进一步深入讨论时,往往需要提出两个甚至多个统计假设,而且假设检验的目的是需要判断多个假设中哪一个是正确的. 例如,为了评价一个检验的好坏,除了要考虑原假设 H_0 外,还需要同时考虑另外一个备选的假设 H_1,H_1 称为**备择假设**. 有两个假设的检验问题的一般提法是,在给定的备择假设 H_1 下对原假设 H_0

作出判断,若拒绝原假设 H_0,那就意味着接受备择假设 H_1,否则就接受原假设 H_0. 实际上这类假设检验问题就是要在原假设 H_0 和备择假设 H_1 中作出拒绝哪一个接受哪一个的判断. 由于本书不考虑评价检验好坏的问题,对这类假设检验问题,不予讨论,也就是说只研究显著性检验问题.

8.1.2　假设检验的基本思想

根据大数定律,在大量重复试验中,某事件 A 出现的频率依概率接近于事件 A 的概率,因而若某事件 A 的概率 α 很小,则在大量重复试验中,它出现的频率应该很小. 例如 $\alpha=0.001$,则大约在 1 000 次试验中,事件 A 才出现一次. 因此,概率很小的事件在一次试验中实际上几乎不可能出现. 人们称这样的事件为**实际不可能事件**. 在概率统计的应用中,人们总是根据所研究的具体问题,规定一个界限 α $(0<\alpha<1)$,把概率不超过 α 的事件看成是实际不可能事件,认为这样的事件在一次试验中是不会出现的. 这就是所谓“**小概率原理**”.

假设检验的基本思想是以小概率原理作为拒绝假设 H_0 的依据. 具体一点说,设要检验某个假设 H_0,先假定 H_0 是正确的,在此假定下,构造一个概率不超过 $\alpha(0<\alpha<1)$ 的小概率事件 A. 如果经过一次试验(一次抽样),事件 A 出现了,那么人们自然怀疑假设 H_0 的正确性,因而拒绝(否定)H_0;如果事件 A 不出现,那么表明原假设 H_0 与试验结果不矛盾,不能拒绝 H_0,当然人们也没有理由肯定 H_0 是真实的. 这时,需要通过再次试验或其他方法作进一步研究. 不过,因为给出假设 H_0 是经过周密的调查和研究才作出的,是有一定依据的,所以对原假设 H_0 需要加以保护,也就是说拒绝它要慎重;而当不能拒绝它时,一般实际上是接受了它,除非进一步的研究表明应该拒绝它.

如上所述,在假设检验中要指定一个很小的正数 α,把概率不超过 α 的小概率事件 A 认为是实际不可能事件. 这个数 α 称为**显著性水平**,对于各种不同的问题,显著性水平 α 可以选取不一样. 为查表方便起见,常选取 $\alpha=0.01,0.05$ 和 0.10 等.

8.1.3　假设检验中的两类错误

从上面的讨论可以看出,处理假设检验问题的推理方法类似于数学中的反证法,即假设命题 H_0 成立,如果推出了矛盾,则否定命题

H_0. 但是,这里又区别于数学中的反证法. 因为作出拒绝 H_0 的结论时,所依据的矛盾并不是形式逻辑下绝对的矛盾,而是基于小概率原理,即认为在一次试验中小概率事件 A 实际不可能出现. 而小概率事件 A 是否出现又是由一次抽样的结果来判断的,由于抽样的随机性,人们无论拒绝 H_0,还是接受 H_0,都不会百分之百正确,有可能犯以下两类错误:

第一类错误是拒绝了真实的假设,即 H_0 本来正确,却被拒绝了,这种"弃真"的错误称为**第一类错误**. 由于人们只在事件 A 出现时才拒绝 H_0,故犯这一类错误的概率为在 H_0 成立的条件下,A 的概率 $P(A \mid H_0)$. 它不超过显著性水平 α.

第二类错误是接受了不真实的假设,即 H_0 本来不正确,却被接受了,这种"取伪"的错误称为**第二类错误**. 犯第二类错误的概率记为 β.

在进行假设检验时,当然应力求犯两类错误的概率都尽可能地小. 然而当样本容量 n 固定时,建立犯两类错误的概率都最小的检验是不可能的. 考虑到原假设 H_0 的提出是有一定依据的,对它要加以保护,拒绝它要慎重,所以通常控制犯第一类错误的概率,即选定显著性水平 $\alpha(0<\alpha<1)$,对固定的 n 和 α 建立检验法则,使犯第一类错误的概率不大于 α. 下面就对各种参数假设、非参数假设问题建立相应的检验法则,当然进一步的讨论会发现对同一假设检验问题,犯第一类错误的概率不大于 α 的检验法则是很多的,应该在这些不同的检验法则中寻求犯第二类错误的概率尽可能小的检验法,这就是最优势检验问题,本书不予讨论.

8.2 单个正态总体参数的显著性检验

由上述看到,对假设 H_0 的一个检验法完全决定于小概率事件 A 的选择. 下面对各种假设检验问题,分别通过各自选择的统计量,来构造相应的小概率事件 A,从而给出具体的检验法.

设 $x_1,x_2,\cdots,x_n$ 为取自正态总体 $N(\mu,\sigma^2)$ 的一个容量为 n 的样本,$\bar{x}$ 与 s^2 分别为样本均值与样本方差,μ_0,σ_0 为已知常数,$\sigma_0>0$. 现在来讨论关于未知参数 μ,σ^2 的各种假设检验法.

8.2.1 u 检验

1. 已知 $\sigma^2=\sigma_0^2$，检验 $H_0:\mu=\mu_0$

选择统计量

$$u=\frac{\bar{x}-\mu_0}{\sigma_0}\sqrt{n}, \tag{8.1}$$

在 H_0 成立的假定下，由式(6.11)，u 服从 $N(0,1)$ 分布. 对给定的显著性水平 α，查附表 2 可得临界值 $u_{\frac{\alpha}{2}}$，使得

$$P(|u|\geqslant u_{\frac{\alpha}{2}})=\alpha, \tag{8.2}$$

这说明

$$A=\{|u|\geqslant u_{\frac{\alpha}{2}}\} \tag{8.3}$$

为小概率事件(图 8.1). 将样本值代入式(8.1)算出统计量的值 u. 如果 $|u|\geqslant u_{\frac{\alpha}{2}}$，则表明在一次试验中小概率事件 A 出现了，因而拒绝 H_0. 这种检验法称为 ***u* 检验**.

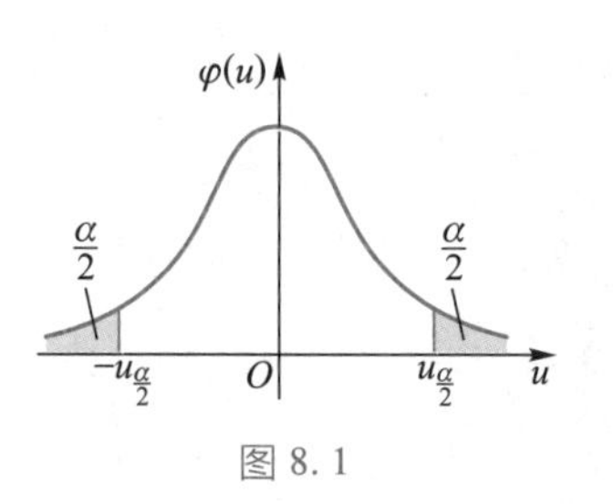

图 8.1

例 8.2.1　某测距仪在 500 m 范围内，测距精度 $\sigma=10$ m. 今对距离 500 m 的目标，测量 9 次，得到平均距离 $\bar{x}=510$ m. 问该测距仪是否存在系统误差($\alpha=0.05$)？

解　(1) 用 X 表示测距仪对目标一次测量得到的距离，设 $X\sim N(\mu,\sigma^2)$. 由题设 $\sigma=10$，如果测距仪无系统误差，则应有 $\mu=500$. 于是我们的问题是检验"$H_0:\mu=500$"是否成立.

(2) 由 $n=9,\bar{x}=510,\mu_0=500,\sigma_0=10$ 计算统计量的值

$$u=\frac{\bar{x}-\mu_0}{\sigma_0}\sqrt{n}=\frac{510-500}{10}\sqrt{9}=3;$$

(3) 对给定的 $\alpha=0.05$，从附表 2 查得临界值 $u_{\frac{\alpha}{2}}=u_{0.025}=1.96$；

(4) 由于 $|u|=3>1.96=u_{\frac{\alpha}{2}}$，所以拒绝 H_0，即认为测距仪存在系统误差.

通过上面的分析，可以把已知方差时对正态总体均值的显著性检验归纳为以下几个步骤：

(1) 提出统计假设 $H_0:\mu=\mu_0$；

(2) 选择统计量 $u=\frac{\bar{x}-\mu_0}{\sigma_0}\sqrt{n}$，并从样本值计算出统计量的值 u；

(3) 对给定的显著性水平 α，从附表 2 查出在 H_0 成立的条件下，满足等式$P(|u|\geqslant u_{\frac{\alpha}{2}})=\alpha$的临界值 $u_{\frac{\alpha}{2}}$；

(4) 作结论:如果 $|u| \geqslant u_{\frac{\alpha}{2}}$,则拒绝 H_0;反之,可接受 H_0.

今后,对统计假设的各种显著性检验都按照以上类似的四个步骤进行,只是不同的问题中要选择不同的统计量,从不同的分布表中查找临界值来构造相应的小概率事件,从而决定具体的检验法. 我们注意到一个检验法则的本质,就是根据所选择的统计量及由此构造的小概率事件,把样本空间划分为两个互不相交的子集 W 与 $\overline{W}$. 当样本值 $(x_1,x_2,\cdots,x_n) \in W$ 时,拒绝 H_0;反之,则接受 H_0. 称 W 为 H_0 的一个**拒绝域**或**否定域**. 实际上,为了给出原假设 H_0 的一种检验法,只要给出它的一个拒绝域就可以了. 对上面的 u 检验来说,拒绝域为

$$W=\{(x_1,x_2,\cdots,x_n) \mid |u| \geqslant u_{\frac{\alpha}{2}}\},$$

其中 $u=\dfrac{\overline{x}-\mu_0}{\sigma_0}\sqrt{n}$. 为简单起见,我们直接说上述 u 检验的拒绝域为 $|u| \geqslant u_{\frac{\alpha}{2}}$.

在以上的假设检验问题中,当构造小概率事件时,利用了统计量 u 的概率密度曲线两侧的尾部面积(图 8.1),这样的检验称为**双侧检验**. 这里采用双侧检验有直观的解释:因为任何情况下,$\overline{x}$ 都是未知参数 μ 的无偏估计,所以当 H_0 成立时,即 $\mu=\mu_0$ 时,$\overline{x}$ 与 μ_0 不应相差太大. 因此,对固定的样本容量 n,如果 $|u|$ 太大,则有理由怀疑 H_0 的正确性,从而认为 μ 与 μ_0 有显著差别. $|u|$ 大到什么程度才有足够的理由拒绝 H_0 呢? 这需由给定的显著性水平 α 查得的临界值 $u_{\frac{\alpha}{2}}$ 来决定.

2. 已知 $\sigma^2=\sigma_0^2$,检验 $H_0:\mu \leqslant \mu_0$

选取统计量

$$u=\frac{\overline{x}-\mu_0}{\sigma_0}\sqrt{n}, \tag{8.4}$$

并令

$$\widetilde{u}=\frac{\overline{x}-\mu}{\sigma_0}\sqrt{n},$$

则 $\widetilde{u} \sim N(0,1)$,若 H_0 成立,还有

$$u \leqslant \widetilde{u}. \tag{8.5}$$

对给定的 α,由附表 2 可查得临界值 u_α,使得

$$P(\widetilde{u} \geqslant u_\alpha)=\alpha.$$

由式(8.5)可得

$$P(u \geqslant u_\alpha) \leqslant P(\tilde{u} \geqslant u_\alpha) = \alpha,$$

这说明事件“$u \geqslant u_\alpha$”是小概率事件，因此 H_0 的拒绝域为 $u \geqslant u_\alpha$. 将样本值代入式(8.4)算出统计量的值 u，若 $u \geqslant u_\alpha$，则拒绝 H_0；否则可接受 H_0.

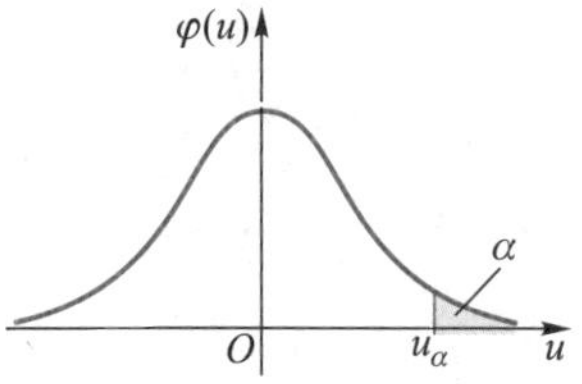

注意：这里在构造小概率事件时，利用了 $N(0,1)$ 分布概率密度曲线的单侧尾部的面积(图 8.2)，这样的检验称为**单侧检验**. 直观解释是：如果 H_0 成立，那么 $\bar{x}$ 比 μ_0 的值就不能大得太多. 因此，对固定的 n，如果 u 太大，则有理由怀疑 H_0 的正确性. 至于 u 大到什么程度才有足够的理由拒绝 H_0 呢？这需由给定的显著性水平 α 从附表 2 查得的临界值 u_α 来决定.

图 8.2

例 8.2.2 某厂生产一种灯管，其寿命(单位：h) $X \sim N(\mu, 200^2)$，从过去经验看，$\mu \leqslant 1\ 500$. 今采用新工艺进行生产后，再从产品中随机抽 25 只进行测试，得到寿命的平均值为 1 675，问采用新工艺后，灯管质量是否有显著提高($\alpha = 0.05$)？

解 (1) 从过去经验看 $\mu \leqslant 1\ 500$，而测试的结果为 $\bar{x} = 1\ 675 > 1\ 500$，但我们只有在拒绝了假设 $H_0: \mu \leqslant 1\ 500$ 后才能作出灯管质量有显著提高的结论，故要检验假设 $H_0: \mu \leqslant 1\ 500$；

(2) 取统计量 $u = \dfrac{\bar{x} - \mu_0}{\sigma_0}\sqrt{n}$，根据 $\mu_0 = 1\ 500$，$\sigma_0 = 200$，$n = 25$，$\bar{x} = 1\ 675$ 算出 $u = 4.375$；

(3) 由附表 2 查得临界值 $u_\alpha = u_{0.05} = 1.65$；

(4) 由于 $4.375 > 1.65$，故拒绝 H_0，即认为采用新工艺后，灯管质量提高了.

关于在 $\sigma^2 = \sigma_0^2$ 的条件下，检验 $H_0: \mu \geqslant \mu_0$ 的问题，请读者自作，其拒绝域可从表 8.2 查到.

8.2.2 t 检验

1. σ^2 未知，检验 $H_0: \mu = \mu_0$

选择统计量

$$t = \frac{\bar{x} - \mu_0}{s}\sqrt{n}, \tag{8.6}$$

在 H_0 成立的假定下，由式(6.13)知，t 服从 $t(n-1)$ 分布. 对给定的 α，从附表 4 查临界值 $t_{\frac{\alpha}{2}}(n-1)$，使得

$$P(|t| \geqslant t_{\frac{\alpha}{2}}(n-1))=\alpha, \tag{8.7}$$

这说明 $A=\{|t| \geqslant t_{\frac{\alpha}{2}}(n-1)\}$ 是小概率事件. 可见 H_0 的拒绝域为 $|t| \geqslant t_{\frac{\alpha}{2}}(n-1)$. 于是将样本值代入式(8.6)算出统计量的值 t, 如果 $|t| \geqslant t_{\frac{\alpha}{2}}(n-1)$, 则拒绝 H_0; 反之, 可接受 H_0. 由于这个检验法选择的统计量服从 t 分布, 所以称为 **t 检验**. 这里采用了双侧检验.

例 8.2.3 试解决例 8.1.1 所提出的问题, 设 $\alpha=0.05$.

解 (1) 根据题意, 待检验的假设是 $H_0: \mu=23$;

(2) 由于 σ^2 未知, 故采用统计量 t, 将 $n=5, \bar{x}=21.8, s^2=0.135$ 代入式(8.6)得

$$t=\frac{21.8-23.0}{\sqrt{0.135}} \sqrt{5}=-7.30;$$

(3) 查附表 4 得 $t_{\frac{\alpha}{2}}(n-1)=t_{0.025}(4)=2.7764$;

(4) 由于 $|-7.30|>2.7764$, 故拒绝 H_0, 即认为该日生产不正常.

2. σ^2 未知, 检验 $H_0: \mu \geqslant \mu_0$

选取统计量

$$t=\frac{\bar{x}-\mu_0}{s} \sqrt{n}, \tag{8.8}$$

并令

$$\tilde{t}=\frac{\bar{x}-\mu}{s} \sqrt{n},$$

则由式(6.13)知 $\tilde{t} \sim t(n-1)$. 若 H_0 成立, 还有

$$t \geqslant \tilde{t}. \tag{8.9}$$

对给定的 α, 由附表 4 查临界值 $t_\alpha(n-1)$, 使得

$$P(\tilde{t} \leqslant -t_\alpha(n-1))=\alpha.$$

由式(8.9)可得

$$P(t \leqslant -t_\alpha(n-1)) \leqslant P(\tilde{t} \leqslant -t_\alpha(n-1))=\alpha,$$

故事件 $A=\{t \leqslant -t_\alpha(n-1)\}$ 是小概率事件, 因此 H_0 的拒绝域为 $t \leqslant -t_\alpha(n-1)$. 将样本值代入式(8.8)算得 t 值, 如果 $t \leqslant -t_\alpha(n-1)$, 则拒绝 H_0; 否则可接受 H_0.

例 8.2.4 设木材的小头直径(单位: cm) $X \sim N(\mu, \sigma^2)$, $\mu \geqslant 12$ 为合格. 今抽出 12 根测得小头直径的样本均值为 $\bar{x}=11.2$, 样本方差

为 $s^2=1.44$,问该批木材是否合格($\alpha=0.05$)?

解 (1) $\mu\geqslant 12$ 为合格,而今测得 $\bar{x}=11.2<12$,这引起人们对木材质量的怀疑,但由于不能轻率地否定这批木材是合格的,故令原假设为 $H_0:\mu\geqslant 12$;

(2) 取统计量 $t=\dfrac{\bar{x}-\mu_0}{s}\sqrt{n}$,根据 $\bar{x}=11.2,\mu_0=12,s=1.2,n=12$ 算出 $t=-2.309\,4$;

(3) 根据 $\alpha=0.05$ 查附表 4 得 $-t_\alpha(n-1)=-t_{0.05}(11)=-1.795\,9$;

(4) 由于 $-2.309\,4<-1.795\,9$,故拒绝 H_0,即认为该批木材是不合格的.

关于 σ^2 未知条件下,检验 $H_0:\mu\leqslant\mu_0$ 的问题,请读者自作,其拒绝域可见表 8.2.

8.2.3 χ^2 检验

1. μ 未知,检验 $H_0:\sigma^2=\sigma_0^2$

选择统计量

$$\chi^2=\frac{(n-1)s^2}{\sigma_0^2}. \tag{8.10}$$

在 H_0 成立的假定下,由式(6.12)知,χ^2 服从 $\chi^2(n-1)$ 分布. 对给定的 α,查附表 3,可得临界值 $\chi^2_{1-\frac{\alpha}{2}}(n-1)$ 与 $\chi^2_{\frac{\alpha}{2}}(n-1)$,使得

$$\begin{gathered}P(\chi^2\leqslant\chi^2_{1-\frac{\alpha}{2}}(n-1))=\frac{\alpha}{2},\\ P(\chi^2\geqslant\chi^2_{\frac{\alpha}{2}}(n-1))=\frac{\alpha}{2}.\end{gathered} \tag{8.11}$$

这说明

$$A=\{\chi^2\leqslant\chi^2_{1-\frac{\alpha}{2}}(n-1)\}\cup\{\chi^2\geqslant\chi^2_{\frac{\alpha}{2}}(n-1)\}$$

是小概率事件. 因此,H_0 的拒绝域为 $\chi^2\leqslant\chi^2_{1-\frac{\alpha}{2}}(n-1)$ 或 $\chi^2\geqslant\chi^2_{\frac{\alpha}{2}}(n-1)$. 由于这个检验法所用统计量服从 χ^2 分布,所以称为 χ^2 **检验**.

这里也采用了双侧检验. 直观地看:因为 s^2 是 σ^2 的无偏估计,所以在 H_0 成立的条件下,s^2/σ_0^2 与 1 相差不应太大. 对固定的 n,$\chi^2=(n-1)s^2/\sigma_0^2$ 之值不应太大也不应太小. 至于大到什么程度和小到什么程度才可以拒绝 H_0 呢? 这由上面的检验法找到的两个临界值 $\chi^2_{\frac{\alpha}{2}}(n-1)$ 与 $\chi^2_{1-\frac{\alpha}{2}}(n-1)$ 来决定(图 8.3).

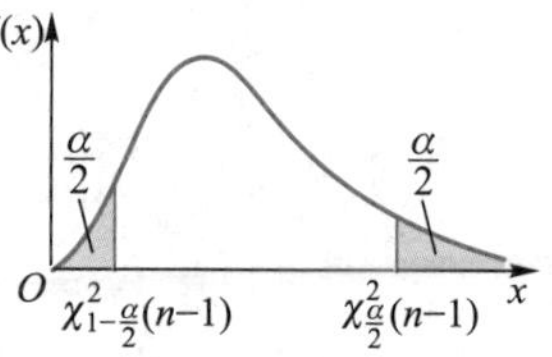

图 8.3

不难看出,如果从附表 3 查出临界值$\chi^2_{1-\alpha_1}(n-1)$与$\chi^2_{\alpha_2}(n-1)$满足

$$P(\chi^2 \leqslant \chi^2_{1-\alpha_1}(n-1)) = \alpha_1,$$

$$P(\chi^2 \geqslant \chi^2_{\alpha_2}(n-1)) = \alpha_2,$$

那么,只要 $\alpha_1 \geqslant 0, \alpha_2 \geqslant 0, \alpha_1+\alpha_2=\alpha$,则事件

$$A=\{\chi^2 \leqslant \chi^2_{1-\alpha_1}(n-1)\} \cup \{\chi^2 \geqslant \chi^2_{\alpha_2}(n-1)\}$$

就是小概率事件,可见对选定的不同的 α_1 和 α_2 可决定不同的检验法则. 因此,对同一检验统计量,检验法则也是很多的. 上面采用 $\alpha_1 = \alpha_2 = \dfrac{\alpha}{2}$的形式主要是为查表方便,而且这种检验法也是较好的.

例 8.2.5 已知维尼纶纤度在正常条件下服从正态分布 $N(1.405, 0.048^2)$. 某日抽取 5 根纤维,测得其纤度为 1.32,1.55,1.36,1.40,1.44,问这一天纤度的总体标准差是否正常($\alpha=0.05$)?

解 (1) 以 X 表示这一天生产的维尼纶纤度,则 $X \sim N(\mu, \sigma^2)$. 如果总体标准差正常,则应有 $\sigma^2=0.048^2$. 因而问题是检验 $H_0: \sigma^2 = 0.048^2$;

(2) 不难算出 $\bar{x}=1.414, (n-1)s^2=0.031\ 12$,

$$\chi^2=(n-1)s^2/\sigma_0^2=0.031\ 12/0.048^2=13.507;$$

(3) 查附表 3 得 $\chi^2_{\frac{\alpha}{2}}(n-1)=\chi^2_{0.025}(4)=11.143$;

(4) 由于 $13.507>11.143$,故拒绝 H_0,即认为这天维尼纶纤度的总体标准差有显著的变化.

2. μ 未知,检验 $H_0: \sigma^2 \leqslant \sigma_0^2$

选择统计量

$$\chi^2=\frac{(n-1)s^2}{\sigma_0^2}, \tag{8.12}$$

并令

$$\tilde{\chi}^2=\frac{(n-1)s^2}{\sigma^2},$$

则由式(6.12)知$\tilde{\chi}^2 \sim \chi^2(n-1)$. 若 H_0 成立,还有

$$\chi^2 \leqslant \tilde{\chi}^2,$$

故

$$P(\chi^2 \geqslant \chi^2_\alpha(n-1)) \leqslant P(\tilde{\chi}^2 \geqslant \chi^2_\alpha(n-1)) = \alpha,$$

其中$\chi^2_\alpha(n-1)$为$\chi^2(n-1)$分布的临界值,可从附表 3 查找. 由上可见,

事件 $A=\{\chi^2\geqslant\chi_\alpha^2(n-1)\}$ 是小概率事件，故 H_0 的拒绝域为 $\chi^2\geqslant\chi_\alpha^2(n-1)$. 这里采用了单侧检验，读者不妨给以直观的解释.

例 8.2.6　某种导线，要求其电阻的标准差不得超过 0.005 Ω. 今在生产的一批导线中取样品 9 根，测得 $s=0.007$ Ω. 设总体为正态分布，问在显著性水平 $\alpha=0.05$ 下能认为这批导线电阻的标准差显著地偏大吗？

解　(1) 设这批导线电阻为 X Ω，则 $X\sim N(\mu,\sigma^2)$. 按题意，我们要检验 $H_0:\sigma^2\leqslant0.005^2$；

(2) 计算统计量的值：$n=9, s=0.007, \sigma_0^2=0.005^2$，故

$$\chi^2=\frac{(n-1)s^2}{\sigma_0^2}=\frac{8\times0.007^2}{0.005^2}=15.68;$$

(3) 查附表 3 得 $\chi_\alpha^2(n-1)=\chi_{0.05}^2(8)=15.507$；

(4) 由于 $15.68>15.507$，故拒绝 H_0，即认为这批导线电阻的标准差显著地偏大.

关于 μ 未知条件下，检验 $H_0:\sigma^2\geqslant\sigma_0^2$ 的问题，请读者自作，其拒绝域可见表 8.2.

8.3　两个正态总体参数的显著性检验

设有总体 $X\sim N(\mu_1,\sigma_1^2)$，总体 $Y\sim N(\mu_2,\sigma_2^2)$. $x_1,x_2,\cdots,x_{n_1}$ 为来自总体 X 的容量为 n_1 的样本，$\bar{x}$ 和 s_1^2 分别为它的样本均值与样本方差；$y_1,y_2,\cdots,y_{n_2}$ 为来自总体 Y 的容量为 n_2 的样本，$\bar{y}$ 和 s_2^2 分别为它的样本均值和样本方差. 又设这两个样本相互独立，考虑以下参数的各种假设检验问题.

8.3.1　t 检验(续)

1. σ_1^2,σ_2^2 未知，但已知 $\sigma_1^2=\sigma_2^2$，检验 $H_0:\mu_1=\mu_2$

选择统计量

$$t=\frac{\bar{x}-\bar{y}}{s_W\sqrt{\frac{1}{n_1}+\frac{1}{n_2}}},\qquad(8.13)$$

其中

$$s_W=\sqrt{\frac{(n_1-1)s_1^2+(n_2-1)s_2^2}{n_1+n_2-2}},\tag{8.14}$$

在 H_0 成立的条件下,由式(6.14)知统计量 t 服从 $t(n_1+n_2-2)$ 分布.对给定的 α,由附表4查临界值 $t_{\frac{\alpha}{2}}(n_1+n_2-2)$,不难看出,$H_0$ 的拒绝域为 $|t|\geqslant t_{\frac{\alpha}{2}}(n_1+n_2-2)$.

例8.3.1 在例8.1.2中,用 X 与 Y 分别表示在一块土地上施肥与不施肥两种情况下小麦的产量,并设 $X\sim N(\mu_1,\sigma_1^2)$,$Y\sim N(\mu_2,\sigma_2^2)$.如果知道 $\sigma_1^2=\sigma_2^2$,试检验假设 $H_0:\mu_1=\mu_2(\alpha=0.05)$.

解 首先按式(8.13)计算 t 的值.因 $n_1=6,n_2=7,\bar{x}=33,(n_1-1)s_1^2=16,\bar{y}=30,(n_2-1)s_2^2=24$,所以

$$t=\frac{33-30}{\sqrt{\frac{16+24}{6+7-2}\left(\frac{1}{6}+\frac{1}{7}\right)}}=2.828,$$

查附表4得 $t_{\frac{\alpha}{2}}(n_1+n_2-2)=t_{0.025}(11)=2.2010$.由于 $2.828>2.2010$,故拒绝 H_0,即认为该种化肥对小麦产量的影响是显著的.

2. σ_1^2,σ_2^2 未知,但已知 $\sigma_1^2=\sigma_2^2$,检验 $H_0:\mu_1\leqslant\mu_2$

选择统计量

$$t=\frac{\bar{x}-\bar{y}}{s_W\sqrt{\frac{1}{n_1}+\frac{1}{n_2}}},\tag{8.15}$$

其中 s_W 如式(8.14)所示.对给定的 α,查附表4可得临界值 $t_\alpha(n_1+n_2-2)$,不难找到 H_0 的拒绝域为 $t\geqslant t_\alpha(n_1+n_2-2)$.

关于 σ_1^2,σ_2^2 未知,但 $\sigma_1^2=\sigma_2^2$ 条件下,检验 $H_0:\mu_1\geqslant\mu_2$ 的问题,请读者自作,其拒绝域可见表8.2.

3. σ_1^2,σ_2^2 未知,$n_1=n_2=n$,检验 $H_0:\mu_1=\mu_2$

我们采用**配对试验的 t 检验法**.令

$$z_i=x_i-y_i(i=1,2,\cdots,n),$$

则 $z_1,z_2,\cdots,z_n$ 独立同分布,$z_i\sim N(d,\sigma^2)$,其中 $d=\mu_1-\mu_2,\sigma^2=\sigma_1^2+\sigma_2^2$.于是,$z_1,z_2,\cdots,z_n$ 可看作来自正态总体 $N(d,\sigma^2)$ 的样本.此时,检验 μ_1 与 μ_2 是否相等,就等价于检验假设 $H_0:d=0$.

可用统计量

$$t=\frac{\bar{z}}{s}\sqrt{n},$$

其中

$$\bar{z}=\frac{1}{n}\sum_{i=1}^{n} z_i,\quad s=\sqrt{\frac{1}{n-1}\sum_{i=1}^{n}(z_i-\bar{z})^2},$$

拒绝域为 $|t|\geqslant t_{\frac{\alpha}{2}}(n-1)$.

例 8.3.2 为判断两种工艺方法对产品的某性能指标有无显著性差异,将 9 批材料用两种工艺方法进行生产,得到该指标的 9 对数据见表 8.1. 问:根据以下数据,能否说明在两种不同工艺方法下产品的该性能指标有显著性差异($\alpha=0.05$)?

表 8.1 产品的某性能指标数据

x_i	0.20	0.30	0.40	0.50	0.60	0.70	0.80	0.90	1.00
y_i	0.10	0.21	0.52	0.32	0.78	0.59	0.68	0.77	0.89

解 将 9 对数据作差 $z_i=x_i-y_i$ 得 0.10, 0.09, −0.12, 0.18, −0.18, 0.11, 0.12, 0.13, 0.11, 由上可得 $\bar{z}=0.06$, $s^2=0.015$, 故

$$t=\frac{\bar{z}}{s}\sqrt{n}=1.470.$$

查表知 $t_{\frac{\alpha}{2}}(n-1)=t_{0.025}(8)=2.306$. 由于 $1.470<2.306$,故不能认为在两种不同工艺方法下产品的该性能指标有显著性差异.

8.3.2 F 检验

1. μ_1,μ_2 未知,检验 $H_0:\sigma_1^2=\sigma_2^2$

选择统计量

$$F=\frac{s_1^2}{s_2^2}, \tag{8.16}$$

在 H_0 成立的假定下,由式(6.17)知 F 服从 $F(n_1-1,n_2-1)$ 分布. 对给定的 α,查附表 5 可得临界值 $F_{1-\frac{\alpha}{2}}(n_1-1,n_2-1)$ 与 $F_{\frac{\alpha}{2}}(n_1-1,n_2-1)$,使得

$$P(F\leqslant F_{1-\frac{\alpha}{2}}(n_1-1,n_2-1))=\frac{\alpha}{2},$$

$$P(F\geqslant F_{\frac{\alpha}{2}}(n_1-1,n_2-1))=\frac{\alpha}{2}.$$

不难看出,H_0 的拒绝域为 $F\leqslant F_{1-\frac{\alpha}{2}}(n_1-1,n_2-1)$ 或 $F\geqslant F_{\frac{\alpha}{2}}(n_1-1,n_2-1)$,这种检验法称为 **F 检验**.

例 8.3.3 在例 8.3.1 中试检验 $H_0:\sigma_1^2=\sigma_2^2$, $\alpha=0.05$.

解 从例 8.3.1 中已算出的结果知 $s_1^2=16/5$, $s_2^2=24/6$,故

$$F=\frac{16/5}{24/6}=0.8.$$

查得

$$F_{1-\frac{\alpha}{2}}(n_1-1,n_2-1)=F_{0.975}(5,6)=\frac{1}{F_{0.025}(6,5)}=0.143,$$

$$F_{\frac{\alpha}{2}}(n_1-1,n_2-1)=F_{0.025}(5,6)=5.99.$$

由于 $0.143<0.8<5.99$,故接受 H_0.

2. μ_1,μ_2 未知,检验 $H_0:\sigma_1^2\leqslant\sigma_2^2$

选择统计量

$$F=\frac{s_1^2}{s_2^2},\tag{8.17}$$

对给定的 α,从附表 5 查临界值 $F_\alpha(n_1-1,n_2-1)$,不难得到 H_0 拒绝域为$F\geqslant F_\alpha(n_1-1,n_2-1)$.

关于 μ_1,μ_2 未知条件下,检验 $H_0:\sigma_1^2\geqslant\sigma_2^2$ 的问题,请读者自作,其拒绝域可见表 8.2.

现在把正态总体各种参数假设的显著性检验法列成表 8.2,以便查用.

表 8.2 正态总体参数显著性检验表

名称	条件	原假设 H_0	拒绝域	统计量
u 检验	$X\sim N(\mu,\sigma^2)$ σ^2 已知	$\mu=\mu_0$	$\lvert u\rvert\geqslant u_{\alpha/2}$	$u=\frac{\bar{x}-\mu_0}{\sigma}\sqrt{n}$
		$\mu\leqslant\mu_0$	$u\geqslant u_\alpha$	
		$\mu\geqslant\mu_0$	$u\leqslant -u_\alpha$	
t 检验	$X\sim N(\mu,\sigma^2)$ σ^2 未知	$\mu=\mu_0$	$\lvert t\rvert\geqslant t_{\alpha/2}(n-1)$	$t=\frac{\bar{x}-\mu_0}{s}\sqrt{n}$
		$\mu\leqslant\mu_0$	$t\geqslant t_\alpha(n-1)$	
		$\mu\geqslant\mu_0$	$t\leqslant -t_\alpha(n-1)$	
	$X\sim N(\mu_1,\sigma^2)$ $Y\sim N(\mu_2,\sigma^2)$ σ^2 未知	$\mu_1=\mu_2$	$\lvert t\rvert\geqslant t_{\alpha/2}(n_1+n_2-2)$	$t=\frac{\bar{x}-\bar{y}}{s_W\sqrt{\frac{1}{n_1}+\frac{1}{n_2}}}$
		$\mu_1\leqslant\mu_2$	$t\geqslant t_\alpha(n_1+n_2-2)$	
		$\mu_1\geqslant\mu_2$	$t\leqslant -t_\alpha(n_1+n_2-2)$	
χ^2 检验	$X\sim N(\mu,\sigma^2)$ μ 未知	$\sigma^2=\sigma_0^2$	$\chi^2\leqslant\chi_{1-\alpha/2}^2(n-1)$ 或 $\chi^2\geqslant\chi_{\alpha/2}^2(n-1)$	$\chi^2=\frac{(n-1)s^2}{\sigma_0^2}$
		$\sigma^2\leqslant\sigma_0^2$	$\chi^2\geqslant\chi_\alpha^2(n-1)$	
		$\sigma^2\geqslant\sigma_0^2$	$\chi^2\leqslant\chi_{1-\alpha}^2(n-1)$	
F 检验	$X\sim N(\mu_1,\sigma_1^2)$ $Y\sim N(\mu_2,\sigma_2^2)$ μ_1,μ_2 未知	$\sigma_1^2=\sigma_2^2$	$F\leqslant F_{1-\alpha/2}(n_1-1,n_2-1)$ 或 $F\geqslant F_{\alpha/2}(n_1-1,n_2-1)$	$F=\frac{s_1^2}{s_2^2}$
		$\sigma_1^2\leqslant\sigma_2^2$	$F\geqslant F_\alpha(n_1-1,n_2-1)$	
		$\sigma_1^2\geqslant\sigma_2^2$	$F\leqslant F_{1-\alpha}(n_1-1,n_2-1)$	

8.4 非参数假设检验

前两节讨论了总体分布类型已知(为正态总体)时的参数假设检验问题.一般在进行参数估计或参数假设检验之前,需要对总体分布的类型进行正确的判断.但在实际问题中常常不能确知总体分布,这时就需要从样本来检验关于总体分布的各种假设,这就是**非参数假设检验**.

本节介绍**χ^2 拟合优度检验**.它是一种重要的非参数假设检验.拟合优度检验是检验得到的观测数据是否与某种类型的理论分布相符合.因χ^2 拟合优度检验采用的检验统计量其极限分布是χ^2 分布,故得名.它属于大样本检验,一般要求样本容量 $n\geqslant 50$.

设总体 X 的分布函数为 $F(x)$. $F_0(x)$是某一完全已知或类型已知但依赖于若干未知参数的分布函数.人们要检验的假设是

$$H_0:F(x)=F_0(x),$$

其中 $F_0(x)$所描述的分布称为理论分布.先考虑 $F_0(x)$完全已知的情况.

(1) 设总体 X 仅在 k 个互不相交的实数集 $A_1,A_2,\cdots,A_k$ 中取值,并令

$$p_i=P(X\in A_i)\quad(i=1,2,\cdots,k). \tag{8.18}$$

这里不妨设 $p_i>0(i=1,2,\cdots,k)$.显然,$\sum\limits_i p_i=1$.现在要检验假设

$$H_0:p_i=p_{i0}\quad(i=1,2,\cdots,k), \tag{8.19}$$

其中 p_{i0}为已知常数.

用 n_i 表示样本 $x_1,x_2,\cdots,x_n$ 落入 A_i 中的个数($i=1,2,\cdots,k$),即事件"$X\in A_i$"的频数.由大数定律,在 H_0 成立时,频率 n_i/n 与概率 $p_i=p_{i0}$差异不应太大.根据这一想法,英国统计学家皮尔逊构造了统计量

$$\chi^2=\sum_{i=1}^{k}\frac{(n_i-np_{i0})^2}{np_{i0}}. \tag{8.20}$$

直观上看,χ^2 值表示实际观测结果与理论期望结果的相对差异的总和,当它的取值大于临界值时,应拒绝 H_0.理论上已经证明,当 $n\to\infty$ 时,χ^2 的极限分布是自由度为 $k-1$ 的χ^2 分布.因此,对给定的 α,从附表 3 查出临界值$\chi^2_\alpha(k-1)$,当 n 充分大时,有近似式

$$P(\chi^2 \geqslant \chi_\alpha^2(k-1)) \approx \alpha,$$

于是，H_0 的拒绝域为 $\chi^2 \geqslant \chi_\alpha^2(k-1)$.

例 8.4.1 至 1984 年年底，南京市开办有奖储蓄以来，13 期兑奖号码中各个数码的频数汇总见表 8.3. 试检验器械或操作方法是否有问题($\alpha=0.05$).

表 8.3 数码频数表

数码 i	0	1	2	3	4	5	6	7	8	9	总数
频数 n_i	21	28	37	36	31	45	30	37	33	52	350

解 每抽一个数码，其值用 X 表示，它的可能取值为 $0,1,\cdots,9$. 这里要检验假设 $H_0:p_i=P(X=i)=\frac{1}{10}(i=0,1,\cdots,9)$. 令 $k=10, p_{i0}=\frac{1}{10}, n=350, np_{i0}=35, A_i=\{i\}$，故

$$\chi^2=\sum_{i=0}^{9}\frac{(n_i-35)^2}{35}=\frac{688}{35}=19.657.$$

查附表 3 得临界值 $\chi_\alpha^2(k-1)=\chi_{0.05}^2(9)=16.919$. 由于 $19.657>16.919$，故拒绝 H_0，即认为器械或操作方法有问题.

(2) 设总体分布函数为 $F(x)$，$F_0(x)$ 为一完全已知的分布函数(不含未知参数)，要检验假设

$$H_0:F(x)=F_0(x) \quad (-\infty<x<+\infty).$$

取 $k-1$ 个实数

$$-\infty<y_1<y_2<\cdots<y_{k-1}<+\infty,$$

它们将实轴分为 k 个互不相交的区间，记

$$A_1=(-\infty,y_1], A_i=(y_{i-1},y_i](i=2,3,\cdots,k-1), \qquad A_k=(y_{k-1},+\infty);$$

$$p_1=P(X\in A_1)=F(y_1),$$

$$p_i=P(X\in A_i)=F(y_i)-F(y_{i-1})(i=2,3,\cdots,k-1), \tag{8.21}$$

$$p_k=P(X\in A_k)=1-F(y_{k-1}).$$

如果 H_0 正确，则 $p_i=p_{i0}(i=1,2,\cdots,k)$，其中 p_{i0} 为将式(8.21)中 $F(x)$ 用 $F_0(x)$ 代替算出的 p_i 值. 由(1)中结果，可以先数出样本值 $x_1,x_2,\cdots,x_n$ 落入 A_i 中的个数 n_i，然后计算皮尔逊统计量之值

$$\chi^2=\sum_{i=1}^{k}\frac{(n_i-np_{i0})^2}{np_{i0}}. \tag{8.22}$$

如果$\chi^2 \geqslant \chi_\alpha^2(k-1)$，则拒绝 H_0；否则可接受 H_0.

在以上假设检验问题中，$F_0(x)$不仅类型已知，而且参数也已知. 在实际问题中，常常只知道 $F_0(x)$的函数类型，而不知道其中的参数，因而通常假设 H_0 只给出分布函数的类型，其中含未知参数. 例如要检验“总体分布为正态分布”，这里是 $H_0:F(x)=\Phi\left(\dfrac{x-\mu}{\sigma}\right)$，$\mu$ 和 σ^2 未知. 这就不能从这一假设成立出发计算式(8.21)中各个 p_i 值，因而也无法计算式(8.22)中皮尔逊统计量之值. 对这种情况，自然考虑用未知参数的估计值去代替它们. 现在给出一般情形下分布的χ^2拟合优度检验.

(3) 设总体分布函数为 $F(x)$，考虑假设检验问题

$$H_0:F(x)=F_0(x;\theta_1,\theta_2,\cdots,\theta_m)\quad(-\infty<x<+\infty),$$

其中 $F_0(\cdot)$类型已知，但含未知参数 $\theta_1,\theta_2,\cdots,\theta_m$.

设 $\hat{\theta}_1,\hat{\theta}_2,\cdots,\hat{\theta}_m$ 为未知参数 $\theta_1,\theta_2,\cdots,\theta_m$ 的点估计. 将式(8.21)中的 $F(x)$用 $F_0(x;\hat{\theta}_1,\hat{\theta}_2,\cdots,\hat{\theta}_m)$代替得

$$\hat{p}_1=F_0(y_1;\hat{\theta}_1,\hat{\theta}_2,\cdots,\hat{\theta}_m),$$

$$\hat{p}_i=F_0(y_i;\hat{\theta}_1,\hat{\theta}_2,\cdots,\hat{\theta}_m)-F_0(y_{i-1};\hat{\theta}_1,\hat{\theta}_2,\cdots,\hat{\theta}_m)\quad(i=2,3,\cdots,k-1),$$

$$\hat{p}_k=1-F_0(y_{k-1};\hat{\theta}_1,\hat{\theta}_2,\cdots,\hat{\theta}_m).\tag{8.23}$$

用 $\hat{p}_i$ 代替式(8.20)中 p_{i0}，而得皮尔逊统计量

$$\chi^2=\sum_{i=1}^{k}\frac{(n_i-n\hat{p}_i)^2}{n\hat{p}_i}.\tag{8.24}$$

费希尔证明了对满足一定条件的点估计 $\hat{\theta}_1,\hat{\theta}_2,\cdots,\hat{\theta}_m$，上述统计量的分布当$n\to\infty$ 时趋向于$\chi^2(k-m-1)$分布. 于是立即得到 H_0 的拒绝域为$\chi^2\geqslant\chi_\alpha^2(k-m-1)$. 由于按照费希尔的条件去求点估计$\hat{\theta}_1,\hat{\theta}_2,\cdots,\hat{\theta}_m$是很麻烦的，所以常改用最大似然估计去代替它们. 这里仍然认为 H_0 的拒绝域是$\chi^2\geqslant\chi_\alpha^2(k-m-1)$.

总结一下利用χ^2 拟合优度检验来检验关于总体分布的假设，步骤如下：

(1) 将总体 X 的值域划分为 k 个互不相交的区间 $A_i(i=1,2,\cdots,k)$，k 值的选取和作直方图时一致. 注意使每个 np_{i0}或 $n\hat{p}_i\geqslant 5$，否则可将区间适当调整；

(2) H_0 成立下,求出未知参数的最大似然估计值;

(3) H_0 成立下,计算式(8.23)中各 $\hat{p}_i$ 值;

(4) 数出 A_i 中含样本值个数 n_i,并计算式(8.24)中皮尔逊统计量的值χ^2;

(5) 查χ^2 分布表,找出临界值$\chi^2_\alpha(k-m-1)$;

(6) 若$\chi^2 \geqslant \chi^2_\alpha(k-m-1)$,则拒绝 H_0;否则可接受 H_0.

例 8.4.2　在一实验中,每隔一定时间观察一次由某种铀所放射的到达计数器上的 α 粒子数 X,共观察了 100 次,结果如表 8.4 所示,其中 n_i 是观察到有 i 个 α 粒子的次数.问上述实验数据与 X 服从泊松分布的理论结果是否相符($\alpha=0.05$)?

表 8.4　实验数据

i	0	1	2	3	4	5	6	7	8	9	10	11	≥12
n_i	1	5	16	17	26	11	9	9	2	1	2	1	0

解　要检验假设

$$H_0: P(X=i)=\frac{\lambda^i}{i!}e^{-\lambda} \quad (i=0,1,2,\cdots).$$

先求出 λ 的最大似然估计 $\hat{\lambda}=\bar{x}=4.2$. 若 H_0 成立,则 $P(X=i)$有估计

$$\hat{p}_i=\hat{P}(X=i)=\frac{4.2^i}{i!}e^{-4.2} \quad (i=0,1,\cdots,11),$$

$$\hat{p}_{12}=\hat{P}(X\geqslant 12)=1-\sum_{i=0}^{11}\hat{p}_i.$$

计算结果列于表 8.5.

注意到有些 $n\hat{p}_i<5$ 的组要与相邻组适当合并,使新的一组内 $n\hat{p}_i\geqslant 5$. 合并情况如表 8.5 中第 4 列花括号所示,并组后 $k=8$, $m=1$, $\chi^2_\alpha(k-m-1)=\chi^2_{0.05}(6)=12.592$. 由于 $6.282<12.592$,故接受 H_0,即认为实验数据与理论结果相符.

表 8.5　实验数据相关数值表

i	n_i	$\hat{p}_i$	$n\hat{p}_i$	$n_i-n\hat{p}_i$	$\frac{(n_i-n\hat{p}_i)^2}{n\hat{p}_i}$
0	1	0.015	1.5 }	-1.8	0.415
1	5	0.063	6.3 }		
2	16	0.132	13.2	2.8	0.594

续表

i	n_i	$\hat{p}_i$	$n\hat{p}_i$	$n_i-n\hat{p}_i$	$\frac{(n_i-n\hat{p}_i)^2}{n\hat{p}_i}$
3	17	0.185	18.5	-1.5	0.122
4	26	0.194	19.4	6.6	2.245
5	11	0.163	16.3	-5.3	1.723
6	9	0.114	11.4	-2.4	0.505
7	9	0.069	6.9	2.1	0.639
8	2	0.036	3.6		
9	1	0.017	1.7		
10	2	0.007	0.7	-0.5	0.039
11	1	0.003	0.3		
12	0	0.002	0.2		
$\sum$					6.282

例 8.4.3　今由例 6.2.1 提供的数据用 χ^2 拟合优度检验来检验假设 H_0:X 服从正态分布($\alpha=0.05$).

解　选取 $y_1=9.5, y_2=11.5, y_3=13.5, y_4=15.5, y_5=17.5, y_6=19.5, y_7=21.5, y_8=23.5, y_9=25.5, y_{10}=27.5$,它们将实轴分成 11 个互不相交的区间,从而将样本值分成 11 组.

在 H_0 成立之下参数 μ 和 σ^2 的最大似然估计值为 $\hat{\mu}=18.69$, $\hat{\sigma}^2=29.5758$, $\hat{\sigma}=5.44$. 计算式(8.23)中各 $\hat{p}_i$ 值:

$$\hat{p}_1=\Phi\left(\frac{9.5-18.69}{5.44}\right)=\Phi(-1.69)=0.0455,$$

$$\hat{p}_2=\Phi\left(\frac{11.5-18.69}{5.44}\right)-0.0455=\Phi(-1.32)-0.0455=0.0479,$$

$$\cdots$$

$$\hat{p}_{11}=1-\Phi\left(\frac{27.5-18.69}{5.44}\right)=0.0526.$$

数出各区间中含样本值个数 n_i 并列于表 8.6.

表 8.6

i	$(y_{i-1}, y_i]$	n_i	$\hat{p}_i$	$200\hat{p}_i$	$\frac{(n_i-200\hat{p}_i)^2}{200\hat{p}_i}$
1	$(-\infty, 9.5]$	5	0.0455	9.10	1.847
2	$(9.5, 11.5]$	15	0.0479	9.58	3.066

续表

i	$(y_{i-1},y_i]$	n_i	$\hat{p}_i$	$200\hat{p}_i$	$\frac{(n_i-200\hat{p}_i)^2}{200\hat{p}_i}$
3	(11.5,13.5]	18	0.077 7	15.54	0.389
4	(13.5,15.5]	19	0.106 5	21.30	0.248
5	(15.5,17.5]	24	0.135 3	27.06	0.346
6	(17.5,19.5]	33	0.146 7	29.34	0.457
7	(19.5,21.5]	30	0.138 9	27.78	0.177
8	(21.5,23.5]	17	0.112 1	22.42	1.310
9	(23.5,25.5]	17	0.083 8	16.76	0.003
10	(25.5,27.5]	9	0.053 0	10.60	0.242
11	(27.5,+∞)	13	0.052 6	10.52	0.585
		Σ			8.670

从表 8.6 中可见 $\chi^2=8.670$. 令 $k=11,m=2,\alpha=0.05$,查附表 3 得$\chi_{\alpha}^2(k-m-1)=\chi_{0.05}^2(8)=15.507$. 由于 $8.67<15.507$,故接受 H_0,即认为 X 服从正态分布.

*8.5 拓展例题

例 8.5.1 设总体 $X\sim N(\mu,4)$,$X_1,X_2,\cdots,X_{16}$为来自总体 X 的一个简单随机样本,检验如下问题:

$$H_0:\mu=0,\quad H_1:\mu=-1.$$

设 $W_1=\{2\overline{X}\leqslant-1.645\}$,$W_2=\{|2\overline{X}|\geqslant1.96\}$.

(1) 试证上面两个检验犯第一类错误的概率均为 $\alpha=0.05$;

(2) 试求两个检验犯第二类错误的概率,并说明哪个检验好些.

解 (1) 对检验 W_1,设显著性水平为 α_1,

当 H_0 真时,$u=\frac{\overline{X}-0}{\sigma}\sqrt{n}=2\overline{X}\sim N(0,1)$,则

$\alpha_1=P($拒绝 $H_0\mid H_0$ 真$)=P(2\overline{X}\leqslant-u_{\alpha_1})=P(2\overline{X}\leqslant-1.645)$,

由于 $u_{\alpha_1}=1.645$,查附表 2 得 $\alpha_1=0.05$.

对检验 W_2,设显著性水平为 α_2,当 H_0 为真时,同样有 $u=\frac{\overline{X}-0}{\sigma}\sqrt{n}=2\overline{X}\sim N(0,1)$. 则

$\alpha_2=P(拒绝 H_0 \mid H_0 真)=P(|2\overline{X}|\geqslant u_{\alpha_2/2})=P(|2\overline{X}|\geqslant 1.96)$,

由于 $u_{\alpha_2/2}=1.96$,查附表 2 得 $\alpha_2=0.05$.

(2) 对检验 W_1,设犯第二类错误的概率为 β_1,当 H_1 真时,

$\frac{\overline{X}+1}{\sigma}\sqrt{n}=2(\overline{X}+1)\sim N(0,1)$,则

$$\begin{aligned}\beta_1&=P(接受 H_0 \mid H_0 伪)=P(接受 H_0 \mid H_1 真)\\&=P(2\overline{X}>-1.645)=P(2(\overline{X}+1)>0.355)\\&=1-\Phi(0.355)=1-0.638\ 7=0.361\ 3.\end{aligned}$$

对检验 W_2,设犯第二类错误的概率为 β_2,当 H_1 真时,同样有 $2(\overline{X}+1)\sim N(0,1)$,则

$$\begin{aligned}\beta_2=P(接受 H_0 \mid H_1 真)&=P(|2\overline{X}|<1.96)\\&=P(0.04<2(\overline{X}+1)<3.96)\\&=\Phi(3.96)-\Phi(0.04)=0.484.\end{aligned}$$

由于 $\beta_1<\beta_2$,说明在显著性水平 0.05 下,第一种检验比第二种检验好.

例 8.5.2 为比较两种谷物种子 A,B 的平均产量的高低,特选取 10 块土地,每块按面积均分为两小块分别种植 A,B 两种种子. 生产期间施肥等田间管理在 20 块土地上都一样,表 8.7 列出各小块土地上种子的单位产量. 试问,两种种子 A,B 的单位产量在显著性水平 $\alpha=0.05$ 下有无显著差异(假定产量都服从正态分布).

表 8.7 各块土地上的种子单位产量

土地号	A 单位产量 x_i	B 单位产量 y_i	差 $d_i=x_i-y_i$
1	23	30	−7
2	35	39	−4
3	29	35	−6
4	42	40	2
5	39	38	1
6	29	34	−5
7	37	36	1
8	34	33	1
9	35	41	−6
10	28	31	−3
样本均值	$\overline{x}=33.1$	$\overline{y}=35.7$	$\overline{d}=-2.6$
样本方差	$s_1^2=33.211\ 0$	$s_2^2=14.233\ 3$	$s_d^2=12.266\ 8$

解 设 A 种子产量 $X\sim N(\mu_1,\sigma_1^2)$，$B$ 种子产量 $Y\sim N(\mu_2,\sigma_2^2)$. 对表 8.7 上数据处理得样本均值与样本方差. 检验

$$H_0:\mu_1=\mu_2,\quad H_1:\mu_1\neq\mu_2.$$

解一 σ_1^2,σ_2^2 未知且不知是否相等，故使用 t 统计量，取

$$t^*=\frac{\bar{x}-\bar{y}}{\sqrt{\dfrac{s_1^2}{n_1}+\dfrac{s_2^2}{n_2}}},\tag{8.25}$$

$$l=\left(\frac{s_1^2}{n_1}+\frac{s_2^2}{n_2}\right)\Bigg/\left[\frac{s_1^4}{n_1^2(n_1-1)}+\frac{s_2^4}{n_2^2(n_2-1)}\right].\tag{8.26}$$

令 l^* 为 l 最接近的整数，则 t^* 近似服从自由度为 l^* 的 t 分布，即 $t^*\overset{\text{近似}}{\sim}t(l^*)$.

由已知 $n_1=n_2=10$，计算 $t^*=-1.193\ 6$，$l=15.517$，取 $l^*=16$，$\alpha=0.05$ 下，拒绝域

$$W=\{|t^*|\geqslant t_{\frac{\alpha}{2}}(l^*)=t_{0.025}(16)=2.119\ 9\}.$$

由于 $|-1.193\ 6|<2.119\ 9$，故接受 H_0，即认为两种种子的单位产量无显著性差异.

解二 采用配对试验的 t 检验法.

作差 $d_i=x_i-y_i,i=1,2,\cdots,10$，列入表 8.7，并计算样本均值 $\bar{d}$ 和样本方差 s_d^2. 总体 $Z=X-Y\sim N(\mu_d,\sigma_d^2)$，其中 $\mu_d=\mu_1-\mu_2$. 则检验问题

$$H_0:\mu_1=\mu_2\Leftrightarrow\mu_d=0$$

$$H_1:\mu_1\neq\mu_2\Leftrightarrow\mu_d\neq0$$

取检验统计量

$$t=\frac{\bar{d}}{s_d/\sqrt{n}}.$$

由已知 $n=10,\alpha=0.05$ 下，拒绝域

$$W=\{|t|\geqslant t_{\frac{\alpha}{2}}(n-1)=t_{0.025}(9)=2.262\ 2\}，由表 8.7 得$$

$$t=\frac{-2.6}{3.502\ 4}\sqrt{10}=-2.347\ 5,$$

由于 $|-2.347\ 5|>2.262\ 2$，故拒绝 H_0，即认为两种种子的单位产量有显著性差异.

为什么会导致不同结论？哪个结论更可信？

分析两个统计量：

$$t^*=\frac{\bar{x}-\bar{y}}{\sqrt{\frac{s_1^2}{n_1}+\frac{s_2^2}{n_2}}},\quad t=\frac{\bar{d}}{s_d/\sqrt{n}}=\frac{\bar{x}-\bar{y}}{s_d/\sqrt{n}}.$$

两者的分子相同,差别在于分母的标准差上. t^* 的标准差 $\hat{\sigma}_{t^*}=\sqrt{\frac{s_1^2}{n_1}+\frac{s_2^2}{n_2}}$中既含有不同种子 A,B 引起的差异,又含有 10 块土地间的差异;t 的标准差 $\hat{\sigma}_t=\sqrt{\frac{s_d^2}{n}}$仅含有不同种子 A,B 引起的差异,而 10 块土地间的差异在其中已不复存在了,或者说土地差异的干扰已排除了. 由此可见,在例 8.5.2 中使用配对 t 检验合理,结论也可信.

习题 8

1. 设 $X_1,X_2,\cdots,X_n$ 是从总体 X 中抽出的样本. 假设 X 服从参数为 λ 的指数分布,λ 未知,给定 $\lambda_0>0$ 和显著性水平 $\alpha(0<\alpha<1)$. 试求假设 $H_0:\lambda\geqslant\lambda_0$ 的 χ^2 检验统计量及拒绝域.

2. 某种零件的尺寸方差 $\sigma^2=1.21$,对一批这类零件检查 6 件得尺寸数据(单位:mm):如下

   32.56　29.66　31.64

   30.00　21.87　31.03

   设零件尺寸服从正态分布,问这批零件的平均尺寸能否认为是 32.50 mm($\alpha=0.05$)?

3. 设某产品的指标服从正态分布,它的标准差 $\sigma=100$,今抽了一个容量为 26 的样本,计算得平均值为 1 580. 问在显著性水平 $\alpha=0.05$ 下,能否认为这批产品的指标的期望值 μ 不低于 1 600?

4. 一种元件,要求其使用寿命不得低于 1 000 h. 现在从一批这种元件中任取 25 件,测得其寿命平均值为 950 h. 已知该种元件寿命服从标准差 $\sigma=100$ h 的正态分布,问这批元件是否合格($\alpha=0.05$)?

5. 某批矿砂的 5 个样品中镍含量(单位:%)经测定为

   3.25　3.27　3.24　3.26　3.24

   设测定值服从正态分布,问能否认为这批矿砂的镍的含量为 3.25%($\alpha=0.01$)?

6. 糖厂用自动打包机打包. 每包标准质量为100 kg. 每天开工后需要检验一次打包机工作是否正常. 某日开工后测得 9 包的质量(单位:kg)如下:

   99.3　98.7　100.5　101.2

   98.3　99.7　99.5　102.1　100.5

   问该日打包机工作是否正常($\alpha=0.05$,已知包的质量服从正态分布)?

7. 按照规定,每 100 g 的罐头番茄汁,维生素 C 的含量不得少于 21 mg,现从某厂生产的一批罐头中抽取 17 个,测得维生素 C 的含量(单位:mg)如下:

   16　22　21　20　23　21　19　15

   13　23　17　20　29　18　22　16　25

   已知维生素 C 的含量服从正态分布,试检验这种罐头的维生素含量是否合格($\alpha=0.025$).

8. 某种合金弦的抗拉强度 $X\sim N(\mu,\sigma^2)$,过去经验 $\mu\leqslant 10\ 560$ kg/cm^2,今用新工艺生产了一批弦线,随机取 10 根作抗拉试验,测得数据(单位:kg/cm^2)如下:

10 512　10 632　10 668　10 554　10 776

10 707　10 557　10 581　10 666　10 670

问这批弦线的抗拉强度是否提高了($\alpha=0.05$)?

9. 从一批轴料中取 15 件测量其椭圆度,计算得 $s=0.025$,问该批轴料椭圆度的总体方差与规定的 $\sigma^2=0.000\ 4$ 有无显著差异($\alpha=0.05$,椭圆度服从正态分布)?

10. 从一批保险丝中抽取 10 根试验其熔化时间,结果为

42　65　75　78　71

59　57　68　54　55

问是否可认为这批保险丝的熔化时间的方差 $\sigma^2\leqslant 80$($\alpha=0.05$,熔化时间服从正态分布)?

11. 对两种羊毛织品的强度进行试验所得结果如下:

第一种　138　127　134　125

第二种　134　137　135　140　130　134

问是否一种羊毛较另一种好($\alpha=0.05$,设两种羊毛织品的强度都服从方差相同的正态分布)?

12. 在 20 块条件相同的土地上,同时试种新旧两种品种的作物各 10 块地,其产量(单位:kg)分别为:

旧品种

78.1　72.4　76.2　74.3　77.4

78.4　76.0　75.5　76.7　77.3

新品种

79.1　81.0　77.3　79.1　80.0

79.1　79.1　77.3　80.2　82.1

设这两个样本相互独立,并都来自正态总体(方差相等),问新品种的产量是否高于旧品种($\alpha=0.01$)?

13. 两台机床加工同一种零件,分别取 6 个和 9 个零件,量其长度得 $s_1^2=0.345$,$s_2^2=0.357$,假定零件长度服从正态分布,问是否可认为两台机床加工的零件长度的方差无显著差异($\alpha=0.05$)?

14. 一骰子被掷了 120 次,所得结果如表 8.8 所示.问骰子是否匀称($\alpha=0.05$)?

表 8.8　掷骰子结果

点数	1	2	3	4	5	6
出现次数	23	26	21	20	15	15

15. 从一批滚珠中随机抽取了 50 个,测得它们的直径(单位:mm)为

15.0　15.8　15.2　15.1　15.9

14.7　14.8　15.5　15.6　15.3

15.1　15.3　15.0　15.6　15.7

14.8　14.5　14.2　14.9　14.9

15.2　15.0　15.3　15.6　15.1

14.9　14.2　14.6　15.8　15.2

15.9　15.2　15.0　14.9　14.8

14.5　15.1　15.5　15.5　15.1

15.1　15.0　15.3　14.7　14.5

15.5　15.0　14.7　14.6　14.2

是否可认为这批滚珠直径服从正态分布($\alpha=0.05$)?

16. 设 $A_i=\left(\frac{i-1}{2},\frac{i}{2}\right]\ (i=1,2,3)$,$A_4=\left(\frac{3}{2},2\right)$,假设随机变量在(0,2)上是均匀分布的.今对 X 进行 100 次的独立观察,发现其值落入 $A_i(i=1,2,3,4)$ 的频数分别为 30,20,36,14.问均匀分布的假设在显著性水平为 0.05 下是否可信?

测验题 8

参考答案

* 第 9 章

09

单因素试验的方差分析及一元正态回归分析

方差分析和回归分析是在数理统计学中应用很广泛的分支.其共同的特点是:都是研究变量之间的关系.不同之处在于:方差分析是基于样本方差的分解、分析鉴别一个变量或一些变量对一个特定变量的影响程度的统计分析方法;回归分析则着重在寻求变量之间的函数关系并进行统计推断的统计分析方法.

本章仅介绍单因素试验的方差分析及一元正态回归分析.

9.1 单因素试验的方差分析

在 8.3 节中,我们讨论了两个正态总体在方差相同的条件下数学期望是否相等的假设检验问题.现在把它推广一下,研究多个(大于2)正态总体在方差相同的条件下数学期望是否相等的假设检验问题.即,设有 m 个相互独立的具有相同方差的正态变量 $X_i \sim N(\mu_i,\sigma^2)(i=1,2,\cdots,m)$,检验假设

$$H_0:\mu_1=\mu_2=\cdots=\mu_m \tag{9.1}$$

是否成立.

在实际中,有许多问题的研究都归结到(9.1)的检验问题.

例如,某药厂有 m 种不同的农药 $A_1,A_2,\cdots,A_m$.为了比较它们的杀虫率有没有明显的差别,在相同条件下对它们进行杀虫试验.设对农药 A_i 独立进行 n_i 次试验,得到杀虫率数据为 $x_{i1},x_{i2},\cdots,x_{in_i}(i=1,$

$2,\cdots,m)$,列于表 9.1.

表 9.1　不同农药的杀虫率数据

A_1	$\cdots$	A_i	$\cdots$	A_m
x_{11}	$\cdots$	x_{i1}	$\cdots$	x_{m1}
x_{12}	$\cdots$	x_{i2}	$\cdots$	x_{m2}
$\vdots$		$\vdots$		$\vdots$
x_{1n_1}	$\cdots$	x_{in_i}	$\cdots$	x_{mn_m}

由经验可知,对农药 A_i,即使每次试验的条件完全相同,数据 x_{i1},$x_{i2},\cdots,x_{in_i}$ 也是不会完全相同的. 这是因为在试验中还有许多不可控制的随机因素在起作用. 因此,应当把对 A_i 的试验结果(杀虫率)看作随机变量,记为 $X_i(i=1,2,\cdots,m)$. 为了一般地讨论问题,下面不把表 9.1 中的数据看作特定的某次抽样结果,即不把 $x_{ij}(j=1,2,\cdots,n_i;i=1,2,\cdots,m)$ 看作具体的数值,而将它们看作随机变量. 于是 x_{i1},$x_{i2},\cdots,x_{in_i}$ 就成为总体 $X_i(i=1,2,\cdots,m)$ 的容量为 n_i 的一个样本. 为了方便,样本与样本值的记号不加区别,都用 $x_{ij}(j=1,2,\cdots,n_i;i=1,2,\cdots,m)$ 表示.

假设总体 $X_i\sim N(\mu_i,\sigma^2)(i=1,2,\cdots,m)$ 并且独立,其中数学期望 μ_i 表示在无干扰的理想条件下,A_i 的理论杀虫率,那么考察农药 $A_1,A_2,\cdots,A_m$ 在杀虫率方面有无明显差别就要看 $\mu_1,\mu_2,\cdots,\mu_m$ 是否相同,这就是式(9.1)的检验问题了.

再如,设有 m 个厂都生产 1.5 V 的 3 号干电池,为了调查干电池的寿命是否由于生产工厂的不同而不同,就要从每个工厂抽取若干个电池测试它们的寿命. 设测试结果也如表 9.1 所示,那么仿照上面的讨论,也可将问题归结为式(9.1)的检验问题.

在上两例中,我们把影响试验结果的农药和工厂都称为试验的**因素**,而不同的农药和不同的工厂称为相应因素的不同**水平**,它们表示在试验中因素所取的不同状态或等级. 因素常用字母 A,B 等表示,因素 A 的 m 个不同水平用 $A_1,A_2,\cdots,A_m$ 表示. 由于表 9.1 所示的试验只有一个因素 A 在改变,它取 m 个不同的水平,而其他条件保持不变,因此这种试验称为**单因素试验**.

前面我们假设在每个水平 A_i 下,总体 $X_i\sim N(\mu_i,\sigma^2)(i=1,2,\cdots,m)$,这里 m 个总体的方差是相同的,它是方差分析的前提. 此外,方差分析也只有在正态分布的情况下才得到圆满的解决.

根据以上的讨论,下面考虑单因素试验方差分析的数学模型.

由假设 $X_i \sim N(\mu_i,\sigma^2)$ 且 $x_{i1},x_{i2},\cdots,x_{in_i}$ 是总体 X_i 容量为 n_i 的样本,故 $x_{ij} \sim N(\mu_i,\sigma^2)(j=1,2,\cdots,n_i;i=1,2,\cdots,m)$ 且独立. 显然 x_{ij} 与 μ_i 之差可以看成一个随机误差 ε_{ij},$\varepsilon_{ij} \sim N(0,\sigma^2)$. 这样,可以假定 x_{ij} 具有下面的形式:

$$x_{ij}=\mu_i+\varepsilon_{ij},\varepsilon_{ij} \sim N(0,\sigma^2) \quad (j=1,2,\cdots,n_i;i=1,2,\cdots,m), \tag{9.2}$$

其中 ε_{ij} 独立,$\mu_1,\mu_2,\cdots,\mu_m,\sigma^2$ 都是未知参数. 称式(9.2)为**单因素试验方差分析的数学模型**.

为了导出检验假设式(9.1)的统计量,我们首先分析一下引起 x_{ij} 波动的原因. 这里原因有两个:一个是当 H_0 为真时,x_{ij} 的波动完全由随机因素引起的;另一个是当 H_0 不真时,x_{ij} 的波动不仅由随机因素而且由于 μ_i 的不同而引起的. 因此,我们想用一个量来描述 x_{ij} 之间的总的波动,并能将上述两个原因引起的波动分解出来. 这就是方差分析中所用的偏差平方和分解的方法,下面来叙述它.

我们作一统计量

$$S=\sum_{i=1}^{m}\sum_{j=1}^{n_i}(x_{ij}-\bar{x})^2, \tag{9.3}$$

其中

$$\bar{x}=\frac{1}{n}\sum_{i=1}^{m}\sum_{j=1}^{n_i}x_{ij}, \quad n=\sum_{i=1}^{m}n_i.$$

这个统计量是 x_{ij} 与样本总平均 $\bar{x}$ 的偏差平方和,反映了 x_{ij} 之间的总的波动. 我们称为**总平方和**. 一般说来,如果 H_0 不成立,那么 $x_{ij}(j=1,2,\cdots,n_i;i=1,2,\cdots,m)$ 取值的差别就要大些,这时 S 就要变大,但是我们不能只从 S 值比较大,就断定 H_0 不成立. 因为即使 H_0 为真,由于抽样的随机性,S 也可能取较大的值. 为了区别这两种情况,将 S 做一个分解. 记

$$\bar{x}_{i\cdot}=\frac{1}{n_i}\sum_{j=1}^{n_i}x_{ij} \quad (i=1,2,\cdots,m),$$

并注意

$$\sum_{i=1}^{m}\sum_{j=1}^{n_i}(x_{ij}-\bar{x}_{i\cdot})(\bar{x}_{i\cdot}-\bar{x})$$

$$= \sum_{i=1}^{m} (\bar{x}_{i\cdot} - \bar{x}) \sum_{j=1}^{n_i} (x_{ij} - \bar{x}_{i\cdot}) = 0,$$

可得

$$\begin{aligned} S &= \sum_{i=1}^{m} \sum_{j=1}^{n_i} (x_{ij} - \bar{x})^2 \\ &= \sum_{i=1}^{m} \sum_{j=1}^{n_i} (x_{ij} - \bar{x}_{i\cdot} + \bar{x}_{i\cdot} - \bar{x})^2 \\ &= \sum_{i=1}^{m} \sum_{j=1}^{n_i} (x_{ij} - \bar{x}_{i\cdot})^2 + \sum_{i=1}^{m} \sum_{j=1}^{n_i} (\bar{x}_{i\cdot} - \bar{x})^2. \end{aligned}$$

于是有

$$S = S_e + S_A, \tag{9.4}$$

其中

$$S_e = \sum_{i=1}^{m} \sum_{j=1}^{n_i} (x_{ij} - \bar{x}_{i\cdot})^2, \tag{9.5}$$

$$S_A = \sum_{i=1}^{m} \sum_{j=1}^{n_i} (\bar{x}_{i\cdot} - \bar{x})^2 = \sum_{i=1}^{m} n_i (\bar{x}_{i\cdot} - \bar{x})^2. \tag{9.6}$$

由式(9.5)可见,S_e 是各个总体的样本 $x_{i1}, x_{i2}, \cdots, x_{in_i}$ 与样本均值 $\bar{x}_{i\cdot}$ $(i=1,2,\cdots,m)$ 的偏差平方和的总和,它反映了抽样的随机性引起的波动. 今后称 S_e 为**组内平方和**或**误差平方和**. 由式(9.6)可见,S_A 是各总体的样本均值 $\bar{x}_{i\cdot}$ 与样本总平均 $\bar{x}$ 的偏差的平方构成的平方和,称为**组间平方和**. 它在一定程度上反映了各个总体均值 μ_i 之间的差异所引起的波动. 为了更清楚地说明这个事实,分别计算它们的数学期望如下:

$$\begin{aligned} E(S_e) &= \sum_{i=1}^{m} E\left[\sum_{j=1}^{n_i} (x_{ij} - \bar{x}_{i\cdot})^2 \right] \\ &= \sum_{i=1}^{m} (n_i - 1) E\left[\frac{1}{n_i - 1} \sum_{j=1}^{n_i} (x_{ij} - \bar{x}_{i\cdot})^2 \right] \\ &= \sum_{i=1}^{m} (n_i - 1)\sigma^2 = (n-m)\sigma^2, \end{aligned} \tag{9.7}$$

$$\begin{aligned} E(S_A) &= E\left[\sum_{i=1}^{m} n_i (\bar{x}_{i\cdot} - \bar{x})^2 \right] = E\left(\sum_{i=1}^{m} n_i \bar{x}_{i\cdot}^2 - n\bar{x}^2 \right) \\ &= \sum_{i=1}^{m} n_i E(\bar{x}_{i\cdot}^2) - nE(\bar{x}^2). \end{aligned} \tag{9.8}$$

由于 $\bar{x}_{i\cdot} \sim N\left(\mu_i, \dfrac{\sigma^2}{n_i}\right)$, $\bar{x} \sim N\left(\mu, \dfrac{\sigma^2}{n}\right)$,其中 $\mu = \dfrac{1}{n} \sum_{i=1}^{m} n_i \mu_i$,故得

$$E(S_A)=\sum_{i=1}^{m}n_i\left(\frac{\sigma^2}{n_i}+\mu_i^2\right)-n\left(\frac{\sigma^2}{n}+\mu^2\right)$$

$$=(m-1)\sigma^2+\sum_{i=1}^{m}n_i\mu_i^2-n\mu^2$$

$$=(m-1)\sigma^2+\sum_{i=1}^{m}n_i(\mu_i-\mu)^2. \tag{9.9}$$

我们知道 σ^2 是表示试验误差的数字特征，而

$$\alpha_i=\mu_i-\mu \quad (i=1,2,\cdots,m)$$

表示第 i 个总体的均值与各总体的总平均值之差，我们称它为**第 i 个水平 A_i 的效应**. 因此，$\sum_{i=1}^{m}n_i(\mu_i-\mu)^2=\sum_{i=1}^{m}n_i\alpha_i^2$ 反映了各个总体之间的差异程度. 由此可见，我们已将 S 分成了两个部分 S_e 和 S_A，S_e 只反映了随机因素所引起的波动，而 S_A 则反映了各个总体之间的差异引起的波动，也包含了随机因素所引起的波动.

由式(9.7)和(9.9)可得

$$E\left(\frac{S_e}{n-m}\right)=\sigma^2, \tag{9.10}$$

$$E\left(\frac{S_A}{m-1}\right)=\sigma^2+\frac{\sum_{i=1}^{m}n_i(\mu_i-\mu)^2}{m-1}. \tag{9.11}$$

这表明，不管对 $\mu_i(i=1,2,\cdots,m)$ 的假设如何，$S_e/(n-m)$ 总是 σ^2 的无偏估计，而 $S_A/(m-1)$ 仅当假设式(9.1)成立时才是 σ^2 的一个无偏估计；否则它的期望都要大于 σ^2，这说明比值

$$F=\frac{S_A/(m-1)}{S_e/(n-m)}=\frac{(n-m)S_A}{(m-1)S_e} \tag{9.12}$$

太大时，则可以认为 μ_i 之间的差异是显著的，从而拒绝 H_0，故用 F 作为检验 H_0 的统计量. 但是 F 服从什么分布是个重要问题，下面讨论它.

定理 9.1.1 在模型式(9.2)中，

(i) $S_e/\sigma^2\sim\chi^2(n-m)$； (9.13)

(ii) S_A 与 S_e 相互独立；

(iii) 当式(9.1)成立时

$$S_A/\sigma^2\sim\chi^2(m-1). \tag{9.14}$$

证 (i) $\frac{S_e}{\sigma^2}=\frac{1}{\sigma^2}\sum_{i=1}^{m}\sum_{j=1}^{n_i}(x_{ij}-\bar{x}_{i\cdot})^2$. 记

$$s_i^2=\frac{1}{n_i-1}\sum_{j=1}^{n_i}(x_{ij}-\bar{x}_{i\cdot})^2 \quad (i=1,2,\cdots,m),$$

由定理 6.4.2 得

$$\chi_i^2=\frac{n_i-1}{\sigma^2}s_i^2=\frac{1}{\sigma^2}\sum_{j=1}^{n_i}(x_{ij}-\bar{x}_{i\cdot})^2\sim\chi^2(n_i-1) \quad (i=1,2,\cdots,m).$$

又由 $x_{ij}(j=1,2,\cdots,n_i;i=1,2,\cdots,m)$ 的独立性知 $s_1^2,s_2^2,\cdots,s_m^2$ 独立，即 $\chi_1^2,\chi_2^2,\cdots,\chi_m^2$ 独立，故根据 χ^2 分布的可加性得到

$$\frac{S_e}{\sigma^2}=\sum_{i=1}^{m}\chi_i^2\sim\chi^2(n-m).$$

(ii)，(iii)的证明见 9.3 节拓展例题.

利用这个定理及 F 分布的定义知，在 H_0 成立的条件下，统计量

$$F=\frac{(n-m)S_A}{(m-1)S_e}=\frac{\frac{S_A}{\sigma^2}\Big/(m-1)}{\frac{S_e}{\sigma^2}\Big/(n-m)}\sim F(m-1,n-m). \tag{9.15}$$

因此，对模型(9.2)可利用统计量 F 来检验假设 H_0，即对给定的显著性水平 α，从附表 5 查临界值 $F_\alpha(m-1,n-m)$. 当 $F\geqslant F_\alpha(m-1,n-m)$ 时，拒绝 H_0；否则可接受 H_0.

上述分析的结果常排成表 9.2 的形式，称为**方差分析表**.

表 9.2 单因素试验方差分析表

方差来源	平方和	自由度	均方	F 值
因素 A	S_A	$m-1$	$\bar{S}_A=\frac{S_A}{m-1}$	$\bar{S}_A/\bar{S}_e$
误差	S_e	$n-m$	$\bar{S}_e=\frac{S_e}{n-m}$	
总和	$S=S_A+S_e$	$n-1$		

为计算方便，令

$$\begin{aligned} P&=\frac{1}{n}\left(\sum_{i=1}^{m}\sum_{j=1}^{n_i}x_{ij}\right)^2,\\ Q&=\sum_{i=1}^{m}\frac{1}{n_i}\left(\sum_{j=1}^{n_i}x_{ij}\right)^2,\\ R&=\sum_{i=1}^{m}\sum_{j=1}^{n_i}x_{ij}^2. \end{aligned} \tag{9.16}$$

不难验证

$$S_e=R-Q,\quad S_A=Q-P,\quad S=R-P. \tag{9.17}$$

事实上，

$$\begin{aligned}S_e&=\sum_{i=1}^{m}\sum_{j=1}^{n_i}(x_{ij}-\bar{x}_{i\cdot})^2=\sum_{i=1}^{m}\left(\sum_{j=1}^{n_i}x_{ij}^2-n_i\bar{x}_{i\cdot}^2\right)\\&=\sum_{i=1}^{m}\sum_{j=1}^{n_i}x_{ij}^2-\sum_{i=1}^{m}\frac{1}{n_i}\left(\sum_{j=1}^{n_i}x_{ij}\right)^2=R-Q,\end{aligned}$$

$$\begin{aligned}S_A&=\sum_{i=1}^{m}n_i(\bar{x}_{i\cdot}-\bar{x})^2=\sum_{i=1}^{m}n_i\bar{x}_{i\cdot}^2-n\bar{x}^2\\&=\sum_{i=1}^{m}\frac{1}{n_i}\left(\sum_{j=1}^{n_i}x_{ij}\right)^2-\frac{1}{n}\left(\sum_{i=1}^{m}\sum_{j=1}^{n_i}x_{ij}\right)^2=Q-P.\end{aligned}$$

由式(9.4)得

$$S=R-P.$$

在实际计算中，为了简便，对 x_{ij} 作如下的变换：

$$y_{ij}=b(x_{ij}-a),$$

a,b 是适当的常数，使 y_{ij} 变得简单些. 易得

$$\bar{x}_{i\cdot}=a+\frac{1}{b}\bar{y}_{i\cdot},$$

$$\bar{x}=a+\frac{1}{b}\bar{y}. \tag{9.18}$$

于是

$$S_e=\sum_{i=1}^{m}\sum_{j=1}^{n_i}(x_{ij}-\bar{x}_{i\cdot})^2=\frac{1}{b^2}\sum_{i=1}^{m}\sum_{j=1}^{n_i}(y_{ij}-\bar{y}_{i\cdot})^2=\frac{1}{b^2}S_e',$$

$$S_A=\sum_{i=1}^{m}n_i(\bar{x}_{i\cdot}-\bar{x})^2=\frac{1}{b^2}\sum_{i=1}^{m}n_i(\bar{y}_{i\cdot}-\bar{y})^2=\frac{1}{b^2}S_A', \tag{9.19}$$

从而

$$F=\frac{(n-m)S_A}{(m-1)S_e}=\frac{(n-m)S_A'}{(m-1)S_e'}=F'.$$

这表明用变换后的数据代替原数据计算的 F 值相同. 所以，可以用变换后的数据 y_{ij} 进行方差分析. 但需注意，为作出参数估计（见习题 9 的第 3 题与第 4 题），则应将对应的量按式(9.18)与(9.19)化回去.

例 9.1.1 对 6 种不同的农药在相同条件下分别进行杀虫试验，试验结果见表 9.3. 问杀虫率（单位：%）是否因不同的农药而有显著的差异（$\alpha=0.01$）？

表 9.3 不同农药的杀虫试验结果

试验号	杀虫率					
	A_1	A_2	A_3	A_4	A_5	A_6
1	87	90	56	55	92	75
2	85	88	62	48	99	72
3	80	87			95	81
4		94			91	

解 $m=6, n_1=3, n_2=4, n_3=n_4=2, n_5=4, n_6=3, n=\sum_{i=1}^{6} n_i=18$. 查附表 5 得到 $F_{0.01}(m-1,n-m)=F_{0.01}(5,12)=5.06$.

为了简化计算,从表 9.3 的试验结果中都减去 80,得到表 9.4.

表 9.4 变换后的试验数据

A_1	A_2	A_3	A_4	A_5	A_6
7	10	-24	-25	12	-5
5	8	-18	-32	19	-8
0	7			15	1
	14			11	

根据表 9.4 利用式(9.16)算得 $P=0.5, Q=3\ 795, R=3\ 973$,代入式(9.17)得 $S_e=178, S_A=3\ 794.5$. 从而

$$\overline{S}_e=S_e/(n-m)=178/12=14.83,$$

$$\overline{S}_A=S_A/(m-1)=3\ 794.5/5=758.9,$$

$$F=\overline{S}_A/\overline{S}_e=51.17.$$

因 $F>F_{0.01}(5,12)$,故拒绝 H_0. 即不同农药对杀虫率的影响是很显著的.

比较表 9.3 中各种农药杀虫率的平均值 $\overline{x}_{i\cdot}\ (i=1,2,\cdots,6)$,可得

$$\overline{x}_{1\cdot}=84,\quad \overline{x}_{2\cdot}=89.75,\quad \overline{x}_{3\cdot}=59,$$

$$\overline{x}_{4\cdot}=51.5,\quad \overline{x}_{5\cdot}=94.25,\quad \overline{x}_{6\cdot}=76.$$

由此可知,第 5 种农药杀虫率最大,平均达到 94.25%. 方差分析表如表 9.5 所示.

表 9.5 方差分析表

方差来源	平方和	自由度	均方	F 值
农药	3 794.5	5	758.9	51.17**
误差	178	12	14.83	
总和	3 972.5	17		

注：一般在 F 值栏内，对 $\alpha=0.05$ 显著的，用“*”标出，表示检验结果是显著的；对 $\alpha=0.01$ 显著的，用“**”标出，意指特别显著，不作记号的表示不显著.

例 9.1.2 从 5 个制造 1.5 V 的 3 号干电池的工厂分别取 5 个电池，测得它们的寿命（单位：h）如表 9.6 所示. 问干电池的寿命是否由于工厂的不同而有显著差异（$\alpha=0.05$）？

表 9.6 不同工厂生产的电池的寿命

试验号	寿命				
	A_1	A_2	A_3	A_4	A_5
1	24.7	30.8	17.9	23.1	25.2
2	24.3	19.0	30.4	33.0	37.5
3	21.6	18.8	34.9	23.0	31.6
4	19.3	29.7	34.1	26.4	26.8
5	20.3	25.1	15.9	18.1	27.5

解 $m=5, n_1=n_2=n_3=n_4=n_5=5, n=25$. 查附表 5 得 $F_{0.05}(m-1, n-m)=F_{0.05}(4,20)=2.87$.

将表 9.6 的每个数据都减去 25，再乘 10，得表 9.7.

表 9.7 变换后的电池寿命数据

A_1	A_2	A_3	A_4	A_5
-3	58	-71	-19	2
-7	-60	54	80	125
-34	-62	99	-20	66
-57	47	91	14	18
-47	1	-91	-69	25

利用此表由式（9.16）算得

$$P=784, \quad Q=16\,955.2, \quad R=87\,062.$$

代入式（9.17）得

$$S_e=70\,106.8, \quad S_A=16\,171.2.$$

于是

$$\overline{S}_e=\frac{S_e}{n-m}=70\ 106.8/20=3\ 505.34,$$

$$\overline{S}_A=\frac{S_A}{m-1}=16\ 171.2/4=4\ 042.8,$$

$$F=\frac{\overline{S}_A}{\overline{S}_e}=1.15.$$

因为 $F<F_{0.05}(4,20)=2.87$，故接受 H_0，即认为干电池的寿命不因制造工厂的不同而有显著差异. 方差分析表如表 9.8 所示.

表 9.8　方差分析表

方差来源	平方和	自由度	均方	F 值
工厂	16 171.2	4	4 042.8	1.15
误差	70 106.8	20	3 505.34	
总和	86 278	24		

9.2　一元正态回归分析

9.2.1　一元正态线性回归的数学模型

1. 问题的提出

在实际工作中，我们会经常碰到一些相互联系、相互制约的变量，它们之间存在着一定的关系. 这种关系一般可分为两大类：一类是确定性的函数关系，这是大家所熟知的；另一类是非确定性的关系，称为**相关关系**. 例如，小麦的单位面积施肥量 x 与单位面积产量 Y 之间的关系是不确定性的. 在一定范围内 x 越大，Y 也越大，因而 Y 依赖于 x，但 x 一确定，Y 并不完全确定，它是一个随机变量. 这里我们有两个变量 x 与 Y，其中 x 是一般变量，它的值可以精确测量或严格控制，Y 是依赖于 x 的一个随机变量，Y 与 x 之间的关系就是相关关系. 还可以举出很多具有相关关系的例子. 例如，人的年龄 x 与血压 Y；铁水的冶炼时间 x 与铁水含碳量 Y；纤维的拉伸倍数 x 与纤维强力 Y，等等.

反映 Y 与 x 之间关系的最重要的数字特征当然是 Y 的数学期望

与 x 之间的关系. 我们称 $\mu(x)=E(Y)$ 为 Y 对 x 的**回归函数**. 回归分析的一个重要内容就是估计 $\mu(x)$,然后利用估计结果作预测和控制. 为估计 $\mu(x)$,通常是指定 n 个 x 的值 $x_1,x_2,\cdots,x_n$,做 n 次独立试验,取得 Y 的相应的观测值 $y_1,y_2,\cdots,y_n$,再由 n 对数据 (x_1,y_1), $(x_2,y_2),\cdots,(x_n,y_n)$ 来估计 $\mu(x)$.

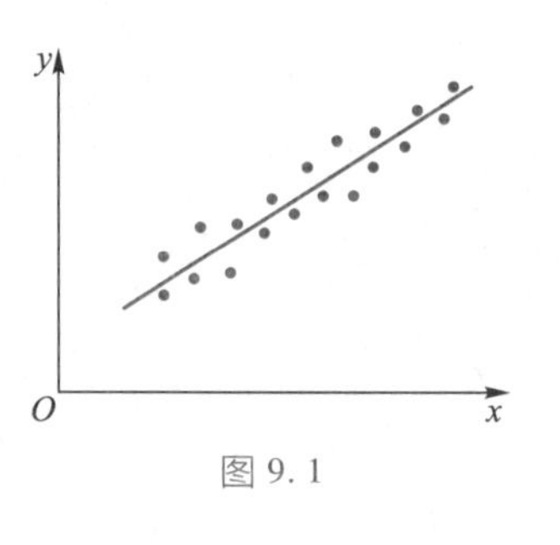

图 9.1

实际中常先用近似作图法描绘 $\mu(x)$ 的图形. 将 n 对观测数据 $(x_i,y_i)(i=1,2,\cdots,n)$ 看成 n 个点,并把它们表示在坐标平面 xOy 上,这种图称为**散点图**;然后在平面上引一条直线或曲线,使它最好地与这些散点的分布相符合(图 9.1). 这一直线或曲线就近似地描绘了 $y=\mu(x)$ 的图形. 当然,这是很粗糙的描述方法,回归分析为我们提供了研究回归函数 $y=\mu(x)$ 的精确的统计推断方法. 本节将讨论最简单的但经常遇到的一元正态线性回归分析. 这里 Y 为正态变量,回归函数 $\mu(x)=a+bx$ 为 x 的线性函数.

2. 数学模型

设 Y 是可观测的随机变量,x 是一般变量,它们之间存在着如下的关系:

$$Y=a+bx+\varepsilon,\quad \varepsilon\sim N(0,\sigma^2),\tag{9.20}$$

其中未知参数 a,b,σ^2 不依赖于 x. 称线性函数

$$y=\mu(x)=a+bx\tag{9.21}$$

为随机变量 Y 对 x 的**线性回归**,称变量 x 为**回归变量**,a 和 b 为**回归系数**. 由模型(9.20)可知,随机变量 Y 服从正态分布 $N(a+bx,\sigma^2)$,它依赖于 x 的值. 假设 $x_1,x_2,\cdots,x_n$ 是 x 的任意 n 个值(可以有相同的,但假定不完全相同),而 $y_1,y_2,\cdots,y_n$ 分别是 $x_1,x_2,\cdots,x_n$ 处对 Y 独立观测的结果,那么,$y_i\sim N(a+bx_i,\sigma^2)(i=1,2,\cdots,n)$ 且相互独立. 由此可得

$$y_i=a+bx_i+\varepsilon_i,\quad \varepsilon_i\sim N(0,\sigma^2)\quad (i=1,2,\cdots,n),\tag{9.22}$$

且 $\varepsilon_1,\varepsilon_2,\cdots,\varepsilon_n$ 相互独立.

式(9.20)和式(9.22)都称为**一元正态线性回归模型**. 今后也称 $y_1,y_2,\cdots,y_n$ 为来自随机变量 Y 的独立随机样本,但需注意,它不是简单随机样本,因为 $y_1,y_2,\cdots,y_n$ 不是同分布的.

9.2.2 未知参数的估计

我们采用最大似然估计法来估计线性回归模型中的未知参数 a,

b 和 σ^2.

由式(9.20)可知,y_i 的概率密度为

$$\frac{1}{\sqrt{2\pi}\,\sigma}\exp\left[-\frac{1}{2\sigma^2}(y_i-a-bx_i)^2\right]\quad(i=1,2,\cdots,n),$$

故似然函数

$$L=\prod_{i=1}^{n}\frac{1}{\sqrt{2\pi}\,\sigma}\exp\left[-\frac{1}{2\sigma^2}(y_i-a-bx_i)^2\right]$$

$$=\left(\frac{1}{2\pi\sigma^2}\right)^{\frac{n}{2}}\exp\left[-\frac{1}{2\sigma^2}\sum_{i=1}^{n}(y_i-a-bx_i)^2\right].$$

于是

$$\ln L=-\frac{n}{2}\ln(2\pi\sigma^2)-\frac{1}{2\sigma^2}\sum_{i=1}^{n}(y_i-a-bx_i)^2.$$

回归系数 a 和 b 的最大似然估计是下列似然方程组的解[①]:

$$\begin{cases}\dfrac{\partial \ln L}{\partial a}=\dfrac{1}{\sigma^2}\displaystyle\sum_{i=1}^{n}(y_i-a-bx_i)=0,\\ \dfrac{\partial \ln L}{\partial b}=\dfrac{1}{\sigma^2}\displaystyle\sum_{i=1}^{n}(y_i-a-bx_i)x_i=0.\end{cases}\tag{9.23}$$

由此得方程组

$$\begin{cases}na+n\bar{x}b=n\bar{y},\\ n\bar{x}a+\displaystyle\sum_{i=1}^{n}x_i^2b=\sum_{i=1}^{n}x_iy_i,\end{cases}\tag{9.24}$$

称为**正规方程组**,其中

$$\begin{cases}\bar{x}=\dfrac{1}{n}\displaystyle\sum_{i=1}^{n}x_i,\\ \bar{y}=\dfrac{1}{n}\displaystyle\sum_{i=1}^{n}y_i.\end{cases}$$

由式(9.24)得 a,b 的最大似然估计为

$$\hat{a}=\bar{y}-\hat{b}\bar{x},\quad \hat{b}=\frac{\sum_{i=1}^{n}(x_i-\bar{x})y_i}{\sum_{i=1}^{n}(x_i-\bar{x})^2}=\frac{\sum_{i=1}^{n}(x_i-\bar{x})(y_i-\bar{y})}{\sum_{i=1}^{n}(x_i-\bar{x})^2}.\tag{9.25}$$

由于 $x_1,x_2,\cdots,x_n$ 不全相同,式(9.24)的解式(9.25)总是存在的,未知参数 σ^2 的最大似然估计可由似然方程

$$\frac{\partial \ln L}{\partial \sigma^2}=-\frac{n}{2\sigma^2}+\frac{1}{2\sigma^4}\sum_{i=1}^{n}(y_i-a-bx_i)^2=0$$

① 对一般的一元线性回归模型 $Y=a+bx+\varepsilon$, $E(\varepsilon)=0$, 可用使 $\sum_{i=1}^{n}(y_i-a-bx_i)^2$ 为最小的 a,b 来估计未知参数 a,b,这种估计称为**最小二乘估计**. 不难看出,对一元正态线性回归模型,最大似然估计与最小二乘估计是一致的.

与式(9.23)联立解出

$$\hat{\sigma}^2=\frac{1}{n}\sum_{i=1}^{n}(y_i-\hat{a}-\hat{b}x_i)^2, \tag{9.26}$$

其中 $\hat{a},\hat{b}$ 由式(9.25)确定. 如果把线性回归函数式(9.21)中的系数 a,b 换成相应的估计值 $\hat{a},\hat{b}$ 则得

$$\hat{y}=\hat{a}+\hat{b}x. \tag{9.27}$$

我们称此方程为 Y 对 x 的**经验回归方程**,简称**回归方程**,其图形称为**回归直线**. 回归方程式(9.27)是回归函数 $y=a+bx$ 的估计. 在实际应用中,回归方程就是 Y 与 x 之间相关关系的经验公式.

为今后计算方便,引入记号

$$\begin{aligned} l_{xx}&=\sum_{i=1}^{n}(x_i-\bar{x})^2=\sum_{i=1}^{n}x_i^2-n\bar{x}^2,\\ l_{xy}&=\sum_{i=1}^{n}(x_i-\bar{x})(y_i-\bar{y})=\sum_{i=1}^{n}x_iy_i-n\,\bar{x}\,\bar{y},\\ l_{yy}&=\sum_{i=1}^{n}(y_i-\bar{y})^2=\sum_{i=1}^{n}y_i^2-n\bar{y}^2.\end{aligned} \tag{9.28}$$

利用这些记号,由式(9.25)和式(9.26)可得

$$\begin{aligned}\hat{b}&=\frac{l_{xy}}{l_{xx}},\\ \hat{\sigma}^2&=\frac{1}{n}(l_{yy}-\hat{b}l_{xy}).\end{aligned} \tag{9.29}$$

后一式是由于

$$\begin{aligned}\sum_{i=1}^{n}(y_i-\hat{a}-\hat{b}x_i)^2&=\sum_{i=1}^{n}[(y_i-\bar{y})-\hat{b}(x_i-\bar{x})]^2\\ &=\sum_{i=1}^{n}(y_i-\bar{y})^2-2\hat{b}\sum_{i=1}^{n}(x_i-\bar{x})(y_i-\bar{y})+\hat{b}^2\sum_{i=1}^{n}(x_i-\bar{x})^2\\ &=l_{yy}-2\hat{b}l_{xy}+\hat{b}^2l_{xx}\\ &=l_{yy}-2\hat{b}l_{xy}+\hat{b}l_{xy}=l_{yy}-\hat{b}l_{xy}.\end{aligned} \tag{9.30}$$

9.2.3 $\hat{a}$ 和 $\hat{b}$ 的数学期望与方差以及 σ^2 的无偏估计

$$\begin{aligned}&E(\hat{a})=a,\quad E(\hat{b})=b,\\ &D(\hat{a})=\sigma^2\left(\frac{1}{n}+\frac{\bar{x}^2}{l_{xx}}\right),\quad D(\hat{b})=\frac{\sigma^2}{l_{xx}}.\end{aligned} \tag{9.31}$$

事实上,令

$$\lambda_i=\frac{x_i-\bar{x}}{l_{xx}}\quad(i=1,2,\cdots,n),\tag{9.32}$$

则有

$$\sum_{i=1}^{n}\lambda_i=0,\quad \sum_{i=1}^{n}\lambda_i^2=\frac{1}{l_{xx}},$$
$$\sum_{i=1}^{n}\lambda_i x_i=1,\quad \sum_{i=1}^{n}\lambda_i y_i=\hat{b}.\tag{9.33}$$

于是

$$E(\hat{b})=\sum_{i=1}^{n}\lambda_i E(y_i)=\sum_{i=1}^{n}\lambda_i(a+bx_i)=b,$$

$$E(\hat{a})=E(\bar{y})-E(\hat{b}\bar{x})=a+b\bar{x}-b\bar{x}=a,$$

$$D(\hat{b})=\sum_{i=1}^{n}\lambda_i^2 D(y_i)=\sum_{i=1}^{n}\lambda_i^2\sigma^2=\sigma^2/l_{xx},$$

$$\begin{aligned}D(\hat{a})&=D(\bar{y}-\hat{b}\bar{x})=D\left[\sum_{i=1}^{n}\left(\frac{1}{n}-\lambda_i\bar{x}\right)y_i\right]\\&=\sum_{i=1}^{n}\left(\frac{1}{n}-\lambda_i\bar{x}\right)^2 D(y_i)=\sigma^2\left(\frac{1}{n}+\sum_{i=1}^{n}\lambda_i^2\bar{x}^2\right)\\&=\sigma^2\left(\frac{1}{n}+\frac{\bar{x}^2}{l_{xx}}\right).\end{aligned}$$

由式(9.31)可知 $\hat{a},\hat{b}$ 分别是 a,b 的无偏估计,而且它们波动大小不仅与随机变量 Y 的方差 σ^2 有关,而且还与回归变量 x 取值的分散程度有关.如果 x 取值的分散程度较大,那么它们的波动就较小,也就是估计比较精确;反之,若 x 在一个比较小的范围内取值,那么对 a,b 的估计就不会精确.此外,还可以看出,观测数据的个数 n 越大,则 $D(\hat{a})$ 越小.这些对安排试验都有一定的指导意义.

上面提到估计量 $\hat{a},\hat{b}$ 分别是 a 和 b 的无偏估计,但是估计量 $\hat{\sigma}^2$ 不是 σ^2 的无偏估计,而它的修正量

$$s^2=\frac{n}{n-2}\hat{\sigma}^2=\frac{1}{n-2}\sum_{i=1}^{n}(y_i-\hat{a}-\hat{b}x_i)^2=\frac{1}{n-2}(l_{yy}-\hat{b}l_{xy})\tag{9.34}$$

才是 σ^2 的无偏估计.因而在实际中常用 s^2 估计 σ^2.关于 $E(s^2)=\sigma^2$ 的证明,将在定理9.2.1之后进行.

为了进一步研究,需要知道 $\hat{a},\hat{b}$ 和 s^2 的精确分布,我们给出下面的定理.

定理 9.2.1 (i) $\hat{b} \sim N\left(b, \frac{\sigma^2}{l_{xx}}\right)$；

(ii) $\hat{a} \sim N\left(a, \sigma^2\left(\frac{1}{n} + \frac{\bar{x}^2}{l_{xx}}\right)\right)$；

(iii) $\frac{(n-2)s^2}{\sigma^2} \sim \chi^2(n-2)$；

(iv) $\bar{y}, \hat{b}$ 和 s^2 三者独立.

证 由式(9.25)，$\hat{b}$ 和 $\hat{a}$ 都是独立的正态变量 $y_1, y_2, \cdots, y_n$ 的线性函数，故 $\hat{b}, \hat{a}$ 皆为正态变量；再从式(9.31)即知(i)，(ii)成立.

(iii)，(iv)的证明见 9.3 节拓展例题.

从本定理不难看出 $\hat{a}$ 与 s^2，$\hat{y}=\hat{a}+\hat{b}x$ 与 s^2 也都独立.

现在来证明 s^2 是 σ^2 的无偏估计.

事实上，从定理 9.2.1 的(iii)及 χ^2 分布的数学期望得到

$$E\left[\frac{(n-2)s^2}{\sigma^2}\right] = n-2,$$

即

$$E(s^2) = \sigma^2. \tag{9.35}$$

例 9.2.1 设 x 为一般变量，Y 为与 x 有关的随机变量，它们之间满足线性回归模型式(9.20)，观测数据见表 9.9. 求回归方程 $\hat{y}=\hat{a}+\hat{b}x$ 及 σ^2 的无偏估计 s^2.

表 9.9 观测数据表

x_i	y_i	x_i	y_i
0.09	18.0	0.43	40.5
0.12	26.0	0.62	57.5
0.29	32.0	0.96	67.3
0.31	36.0	1.26	84.0
0.33	44.5	1.61	67.0
0.39	35.6	2.58	87.5

解 先计算 $\bar{x}, \bar{y}, \sum_{i=1}^{n} x_i^2, \sum_{i=1}^{n} x_i y_i, \sum_{i=1}^{n} y_i^2$，然后由式(9.28)算出 l_{xx}, l_{xy}, l_{yy}，再分别代入式(9.29)和式(9.34)即可求得结果. 计算结果汇总如下：

序号	x_i	y_i	x_i^2	y_i^2	$x_i y_i$
1	0.09	18.0	0.008 1	324.00	1.620
2	0.12	26.0	0.014 4	676.00	3.120

续表

序号	x_i	y_i	x_i^2	y_i^2	x_iy_i
3	0.29	32.0	0.084 1	1 024.00	9.280
4	0.31	36.0	0.096 1	1 296.00	11.160
5	0.33	44.5	0.108 9	1 980.25	14.685
6	0.39	35.6	0.152 1	1 267.36	13.884
7	0.43	40.5	0.184 9	1 640.25	17.415
8	0.62	57.5	0.384 4	3 306.25	35.650
9	0.96	67.3	0.921 6	4 529.29	64.608
10	1.26	84.0	1.587 6	7 056.00	105.840
11	1.61	67.0	2.592 1	4 489.00	107.870
12	2.58	87.5	6.656 4	7 656.25	225.750
$\sum$	8.99	595.9	12.790 7	35 244.65	610.882

由以上数据计算得

$$\bar{x}=8.99/12=0.749,\bar{y}=595.9/12=49.658,$$

$$l_{xx}=\sum_{i=1}^{n}x_i^2-n\bar{x}^2=12.790\ 7-8.99^2/12=6.056,$$

$$l_{yy}=\sum_{i=1}^{n}y_i^2-n\bar{y}^2=35\ 244.65-595.9^2/12=5\ 653.249,$$

$$l_{xy}=\sum_{i=1}^{n}x_iy_i-n\bar{x}\bar{y}=610.882-8.99\times595.9/12=164.454,$$

$$\hat{b}=l_{xy}/l_{xx}=164.454/6.056=27.156,$$

$$\hat{a}=\bar{y}-\hat{b}\bar{x}=49.658-27.156\times0.749=29.318,$$

故得

$$\hat{y}=\hat{a}+\hat{b}x=29.318+27.156x,$$

而

$$\begin{aligned}s^2&=(l_{yy}-\hat{b}l_{xy})/(n-2)\\&=(5\ 653.249-27.156\times164.454)/10\\&=118.734.\end{aligned}$$

9.2.4　回归方程的显著性检验

应用上述方法求 Y 对 x 的回归方程时，首先需要考虑 Y 与 x 之间是否存在式(9.20)的线性关系. 这除了根据有关的专业知识来判断外，还要根据实际观测数据用统计方法来检验.

由式(9.20)可知，若 $b=0$，则 Y 就不依赖于 x，从而应该认为它们之间不存在线性关系;若 $b\neq 0$,则说 Y 与 x 之间有式(9.20)的线性关系.因此,问题归结于检验假设 $H_0:b=0$.

为了检验这个假设,和方差分析一样,我们来考虑独立随机样本 $y_1,y_2,\cdots,y_n$ 与总平均 $\bar{y}=\frac{1}{n}\sum_{i=1}^{n}y_i$ 的偏差平方和.这个和式就是式(9.28)中的第 3 式,即

$$l_{yy}=\sum_{i=1}^{n}(y_i-\bar{y})^2,$$

以后称它为**总平方和**.显然,l_{yy}反映了 $y_1,y_2,\cdots,y_n$ 波动的大小.引起这个波动的原因有两个,一个是当 Y 与 x 之间有线性关系时,由于 x 的波动会引起 Y 的波动;另一个是其他因素引起的,包括 x 对 Y 的非线性影响,以及一切未加控制的因素的影响.为了把 l_{yy} 中这两种原因所引起的部分区分开来,我们将 l_{yy}进行分解.

$$\begin{aligned}l_{yy}&=\sum_{i=1}^{n}(y_i-\bar{y})^2=\sum_{i=1}^{n}(y_i-\hat{y}_i+\hat{y}_i-\bar{y})^2\\&=\sum_{i=1}^{n}(y_i-\hat{y}_i)^2+\sum_{i=1}^{n}(\hat{y}_i-\bar{y})^2+2\sum_{i=1}^{n}(y_i-\hat{y}_i)(\hat{y}_i-\bar{y}).\end{aligned}$$

由于 $\sum_{i=1}^{n}(y_i-\hat{y}_i)=0$,$\sum_{i=1}^{n}(y_i-\hat{y}_i)x_i=0$,从而可得 $\sum_{i=1}^{n}(y_i-\hat{y}_i)(\hat{y}_i-\bar{y})=0$,故有

$$l_{yy}=\sum_{i=1}^{n}(y_i-\bar{y})^2=\sum_{i=1}^{n}(y_i-\hat{y}_i)^2+\sum_{i=1}^{n}(\hat{y}_i-\bar{y})^2. \qquad (9.36)$$

上式就是总平方和 l_{yy}的分解公式,常简记为

$$l_{yy}=Q+U,$$

其中 $Q=\sum_{i=1}^{n}(y_i-\hat{y}_i)^2$ 称为**剩余平方和**或**残差平方和**,$U=\sum_{i=1}^{n}(\hat{y}_i-\bar{y})^2$ 称为**回归平方和**.

由式(9.34)知,$Q/(n-2)=s^2$,再由式(9.35)知

$$E\left(\frac{Q}{n-2}\right)=\sigma^2.$$

这表明剩余平方和 Q 是反映了除 x 对 Y 的线性影响之外的一切随机因素对 Y 的作用.

比较式(9.30)与式(9.36),容易得到

$$U=\sum_{i=1}^{n}(\hat{y}_i-\bar{y})^2=\hat{b}l_{xy}=\hat{b}^2l_{xx}. \tag{9.37}$$

由此,利用式(9.31)有

$$E(U)=l_{xx}E(\hat{b}^2)=l_{xx}\{D(\hat{b})+[E(\hat{b})]^2\}=\sigma^2+b^2l_{xx}. \tag{9.38}$$

因而,只有当假设 $H_0:b=0$ 成立时,U 才是 σ^2 的无偏估计. 由此可知,回归平方和 U 除反映随机因素对 Y 的作用外,还反映了 $b\neq0$ 时变量 x 对 Y 的作用. 因而,用它和 $Q/(n-2)$ 相比较就可判断假设 H_0 是否成立. 若 U 超出 $Q/(n-2)$ 太大,则可认为 $b\neq0$,从而拒绝 H_0;相反则可接受 H_0. 故用

$$F=\frac{U}{Q/(n-2)} \tag{9.39}$$

作为检验 H_0 的统计量. 下面研究它的分布.

根据定理 9.2.1,

$$\hat{b}\sim N(b,\sigma^2/l_{xx}),$$

于是

$$\frac{\hat{b}-b}{\sigma/\sqrt{l_{xx}}}\sim N(0,1).$$

当 H_0 成立时,有

$$\frac{\hat{b}\sqrt{l_{xx}}}{\sigma}\sim N(0,1),$$

从而,由式(9.37)得到

$$\frac{U}{\sigma^2}=\left(\frac{\hat{b}\sqrt{l_{xx}}}{\sigma}\right)^2\sim\chi^2(1).$$

再根据定理 9.2.1,$Q/\sigma^2\sim\chi^2(n-2)$ 且 Q 与 $\hat{b}$ 相互独立,故

$$F=\frac{u}{Q/(n-2)}\sim F(1,n-2). \tag{9.40}$$

于是,对给定显著性水平 α,当 $F\geqslant F_\alpha(1,n-2)$ 时,则拒绝 H_0,即认为 Y 与 x 之间具有式(9.20)的线性关系. 这时我们称所得的**回归方程**式(9.27)**是显著的**;反之,则称**回归方程不显著**. 回归方程不显著的原因可能有以下几种:一是影响 Y 的因素除 x 外,还有其他重要因素;二是 Y 与 x 不存在式(9.20)的线性关系,而是存在着其他的关系;三是 Y 与 x 无关. 因此,当回归方程不显著时,需进一步查明原因,分别处理.

关于显著性检验的计算,与 9.1 节方差分析所讲的一样,可排成

方差分析表(表 9.10).

表 9.10 方差分析表

方差来源	平方和	自由度	均方	F 值
回归	U	1	U	$\dfrac{U}{Q/(n-2)}$
剩余	Q	$n-2$	$Q/(n-2)$	
总和	l_{yy}	$n-1$		

对 l_{yy},U,Q 的具体计算常用下面的公式:

$$l_{yy}=\sum_{i=1}^{n} y_i^2-n\bar{y}^2,\quad U=\hat{b}^2 l_{xx}=\hat{b}l_{xy},\quad Q=l_{yy}-\hat{b}l_{xy}. \tag{9.41}$$

由此可见,对回归方程作显著性检验,完全可以利用回归系数计算过程中的一些结果.

例 9.2.2(续例 9.2.1) 检验回归方程是否显著,取显著性水平 $\alpha=0.01$.

解 $U=\hat{b}l_{xy}=27.156\times164.454=4\ 465.91$,

$$Q=l_{yy}-\hat{b}l_{xy}=5\ 653.249-4\ 465.91=1\ 187.339.$$

列方差分析表如下:

方差来源	平方和	自由度	均方	F 值
回归	4 465.910	1	4 465.910	$\dfrac{4\ 465.910}{118.734}=37.613^{**}$
剩余	1 187.339	10	118.734	
总和	5 653.249	11		

查 F 分布表,$F_{0.01}(1,10)=10.04$,由于 $37.613>10.04$,故回归方程高度显著.

关于回归方程的显著性检验,在实际应用中,除 F 检验法外,还常采用 t 检验法和 r 检验法. 关于 t 检验法,我们放在习题中(习题 9 的第 6 题),留给读者思考. 下面介绍 r 检验法.

我们知道,回归平方和 U 主要反映了 x 对 Y 的影响,U 的值越大,这种影响就越大,也就是 Y 与 x 的线性关系越密切. 因此,在 l_{yy} 固定的条件下,比值

$$\frac{U}{l_{yy}}=\frac{U}{Q+U}$$

就是衡量 x 与 Y 之间线性相关程度的一个量. 由式(9.29)和式(9.37)可得

$$\frac{U}{l_{yy}}=\frac{\hat{b}^2 l_{xx}}{l_{yy}}=\left(\frac{l_{xy}}{l_{xx}}\right)^2\frac{l_{xx}}{l_{yy}}$$

$$=\left(\frac{l_{xy}}{\sqrt{l_{xx}l_{yy}}}\right)^2=\left(\frac{\sum_{i=1}^{n}(x_i-\bar{x})(y_i-\bar{y})}{\sqrt{\sum_{i=1}^{n}(x_i-\bar{x})^2\sum_{i=1}^{n}(y_i-\bar{y})^2}}\right)^2,$$

括号中的式子称为**样本相关系数**,简称**相关系数**,记作

$$r=\frac{\sum_{i=1}^{n}(x_i-\bar{x})(y_i-\bar{y})}{\sqrt{\sum_{i=1}^{n}(x_i-\bar{x})^2\sum_{i=1}^{n}(y_i-\bar{y})^2}}. \tag{9.42}$$

比较式(9.25)和式(9.42)可知 r 的正负号与回归系数 $\hat{b}$ 的符号是一致的. 又因

$$r^2=\frac{U}{l_{yy}}=\frac{l_{yy}-Q}{l_{yy}},$$

故得

$$Q=l_{yy}(1-r^2).$$

这表明 $|r|\leqslant 1$,且当 l_{yy} 固定时,$|r|$ 越接近 1,Q 越小. 特别当 $|r|=1$ 时,$Q=0$,$U=l_{yy}$,即 Y 的变化完全是由 Y 与 x 的线性关系所引起的.

由此可知,统计量 r 可用来表示 Y 与 x 之间线性相关的密切程度. 因此也可用统计量 r 来检验假设 $H_0:b=0$. 但是,这个检验与统计量 F 所作的检验只是形式上的不同,实质上是一回事. 这是因为

$$F=\frac{U}{Q/(n-2)}=\frac{U/(Q+U)}{[1-U/(Q+U)]/(n-2)}=\frac{(n-2)r^2}{1-r^2}.$$

关于 r 的临界值表,可利用上式根据 F 的临界值表反算过来. 因为对 F 的临界值 $F_\alpha(1,n-2)$ 有

$$P\left[\frac{(n-2)r^2}{1-r^2}\geqslant F_\alpha(1,n-2)\right]=\alpha,$$

从而可得

$$P(|r|\geqslant r_\alpha(n-2))=\alpha,$$

其中

$$r_\alpha(n-2)=\sqrt{\frac{F_\alpha(1,n-2)}{F_\alpha(1,n-2)+n-2}}.$$

利用此式即可定出统计量 r 的临界值 $r_\alpha(n-2)$ 的数值表(附表 6).

对例 9.2.2,用 r 检验法如下:

计算统计量 r 的值

$$r=\frac{l_{xy}}{\sqrt{l_{xx}l_{yy}}}=\frac{164.454}{\sqrt{6.056\times 5\ 653.249}}=0.889,$$

查附表 6 得 $r_\alpha(n-2)=r_{0.01}(10)=0.708$,由于 $0.889>0.708$,故拒绝假设 H_0. 这与用 F 检验所得的结论是一致的.

9.2.5 利用回归方程进行预测和控制

现在讨论如何利用求得的回归方程进行预测和控制的问题. 所谓预测问题,就是对固定的 x 值预测 Y 的值. 所谓控制问题,是指通过控制 x 的值以便把 Y 的值控制在指定的范围内. 下面先考虑预测问题.

1. 预测

设 Y 与 x 满足线性模型式(9.20),根据观测值 (x_1,y_1), (x_2,y_2), $\cdots$, (x_n,y_n) 求得的回归方程为 $\hat{y}=\hat{a}+\hat{b}x$,令 x_0 表示 x 的某个固定值,且 $y_0=a+bx_0+\varepsilon_0$, $\varepsilon_0\sim N(0,\sigma^2)$. 假设 $y_0,y_1,\cdots,y_n$ 相互独立,求 y_0 的预测值及预测区间.

根据回归方程的意义,很自然我们用 $\hat{y}_0=\hat{a}+\hat{b}x_0$ 作为 y_0 的预测值. 因为 $E(\hat{y}_0)=E(\hat{a}+\hat{b}x_0)=a+bx_0=E(y_0)$,故预测值 $\hat{y}_0$ 是 $E(y_0)$ 的无偏估计. 下面讨论 y_0 的预测区间问题,也就是 y_0 的区间估计问题.

可以证明,对任意固定的 x_0,统计量

$$t=\frac{y_0-\hat{y}_0}{s\sqrt{1+\frac{1}{n}+\frac{(x_0-\bar{x})^2}{l_{xx}}}}\sim t(n-2), \tag{9.43}$$

其中 $s=\sqrt{Q/(n-2)}$ 常称为**剩余标准差**.

这里给出证明. 首先讨论 $y_0-\hat{y}_0$ 的分布. $\hat{y}_0=\bar{y}+\hat{b}(x_0-\bar{x})$,由定理 9.2.1 知,$\hat{b}$ 是正态变量,又 $\bar{y}$ 是独立正态变量的线性组合且 $\hat{b}$,$\bar{y}$ 独立,故 $\hat{y}_0$ 是正态变量,而 $y_0\sim N(a+bx_0,\sigma^2)$ 且 y_0 与 $\hat{y}_0$ 独立,故 $y_0-\hat{y}_0$ 也是正态变量,且 $E(y_0-\hat{y}_0)=0$. 下面求 $D(y_0-\hat{y}_0)=D[y_0-\bar{y}-\hat{b}(x_0-\bar{x})]$.

根据定理 9.2.1,$\overline{y}$ 与 $\hat{b}$ 相互独立,又因 $y_0,y_1,\cdots,y_n$ 相互独立,故得 $y_0,\overline{y},\hat{b}$ 相互独立,从而

$$D(y_0-\hat{y}_0)=D(y_0)+D(\overline{y})+(x_0-\overline{x})^2D(\hat{b})$$
$$=\sigma^2\left[1+\frac{1}{n}+\frac{(x_0-\overline{x})^2}{l_{xx}}\right].$$

于是

$$y_0-\hat{y}_0\sim N\left(0,\sigma^2\left[1+\frac{1}{n}+\frac{(x_0-\overline{x})^2}{l_{xx}}\right]\right),\tag{9.44}$$

即

$$\frac{y_0-\hat{y}_0}{\sigma\sqrt{1+\frac{1}{n}+\frac{(x_0-\overline{x})^2}{l_{xx}}}}\sim N(0,1).$$

再由定理 9.2.1 知,$Q/\sigma^2\sim\chi^2(n-2)$,且 $y_0,\hat{y}_0,Q$ 相互独立,从而可得 $y_0-\hat{y}_0$ 与 Q 相互独立. 故由 t 分布的定义

$$t=\frac{y_0-\hat{y}_0}{s\sqrt{1+\frac{1}{n}+\frac{(x_0-\overline{x})^2}{l_{xx}}}}$$
$$=\frac{y_0-\hat{y}_0}{\sigma\sqrt{1+\frac{1}{n}+\frac{(x_0-\overline{x})^2}{l_{xx}}}}\Bigg/\sqrt{\frac{Q}{\sigma^2(n-2)}}\sim t(n-2).$$

证毕.

利用式(9.43)很容易求得 y_0 的预测区间. 因为对任意 $\alpha(0<\alpha<1)$,有

$$P\left[-t_{\frac{\alpha}{2}}(n-2)<\frac{y_0-\hat{y}_0}{s\sqrt{1+\frac{1}{n}+\frac{(x_0-\overline{x})^2}{l_{xx}}}}<t_{\frac{\alpha}{2}}(n-2)\right]=1-\alpha,$$

若令

$$\delta(x_0)=t_{\frac{\alpha}{2}}(n-2)s\sqrt{1+\frac{1}{n}+\frac{(x_0-\overline{x})^2}{l_{xx}}},\tag{9.45}$$

则得

$$P(\hat{y}_0-\delta(x_0)<y_0<\hat{y}_0+\delta(x_0))=1-\alpha.$$

这样，对于任意 x_0，有 $y_0=a+bx_0+\varepsilon_0$ 的置信水平为 $1-\alpha$ 的预测区间为

$$(\hat{y}_0-\delta(x_0),\hat{y}_0+\delta(x_0)), \tag{9.46}$$

其中 $\hat{y}_0=\hat{a}+\hat{b}x_0$，$\delta(x_0)$ 由式(9.45)决定.

由上可知，剩余标准差 s 越小，预测区间越窄，即预测越精确. 另外，对于给定的样本观测值及置信水平而言，当 x_0 愈靠近 $\bar{x}$ 时，预测精度也愈高.

若对给定的样本观测值作曲线

$$y_1(x)=\hat{y}-\delta(x), \quad y_2(x)=\hat{y}+\delta(x), \tag{9.47}$$

则夹在这两条曲线之间的部分就是 $Y=a+bx+\varepsilon$ 的置信水平为 $1-\alpha$ 的预测带，它以 $1-\alpha$ 的概率包含 Y 的值，且当 x 愈靠近 $\bar{x}$ 时，预测区间愈窄，预测愈精确(图 9.2，图中 $\hat{y}(x)=\hat{a}+\hat{b}x$).

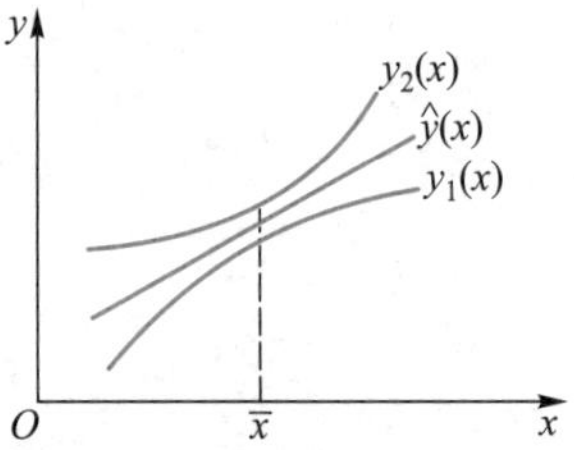

图 9.2

例 9.2.3(续例 9.2.1) 设 $x_0=0.85$，求 Y 的置信水平为 0.90 的预测区间.

解 由例 9.2.1 可知，$n=12$，$\bar{x}=0.749$，$l_{xx}=6.056$，$s^2=118.734$，$s=10.896$，回归方程为 $\hat{y}=29.318+27.156x$，从而

$$\hat{y}_0=29.318+27.156\times0.85=52.401.$$

查 t 分布表得 $t_{\frac{\alpha}{2}}(n-2)=t_{0.05}(10)=1.812\ 5$，于是由式(9.45)得

$$\delta(0.85)=1.812\ 5\times10.896\times\sqrt{1+\frac{1}{12}+\frac{(0.85-0.749)^2}{6.056}}=20.571.$$

故由式(9.46)，当 $x_0=0.85$ 时，y_0 的一个预测区间为

$$(52.401-20.571,52.401+20.571)=(31.830,72.972),$$

置信水平为 0.90.

由上可知 $\delta(x)$ 的计算是很烦琐的，但对下述情况，则可进行简化.

当 x_0 取值在 $\bar{x}$ 附近而且 n 较大时，有

$$1+\frac{1}{n}+\frac{(x_0-\bar{x})^2}{l_{xx}}\approx1,$$

$$t_{\alpha/2}(n-2)\approx u_{\alpha/2},$$

于是 $\delta(x_0)\approx u_{\alpha/2}s$，式(9.46)变为

$$(\hat{y}_0-u_{\alpha/2}s,\ \hat{y}_0+u_{\alpha/2}s), \tag{9.48}$$

故可得 y_0 的置信水平为 0.95 和 0.99 的预测区间分别为

$$(\hat{y}_0-1.96s,\hat{y}_0+1.96s), \tag{9.49}$$

$$(\hat{y}_0-2.58s,\hat{y}_0+2.58s).$$

利用上式进行预测是很方便的,因为只需要计算出 $\hat{y}_0$ 及剩余标准差 s 即可. 若作直线

$$y_1=\hat{y}-1.96s=\hat{a}-1.96s+\hat{b}x,$$

$$y_2=\hat{y}+1.96s=\hat{a}+1.96s+\hat{b}x,$$

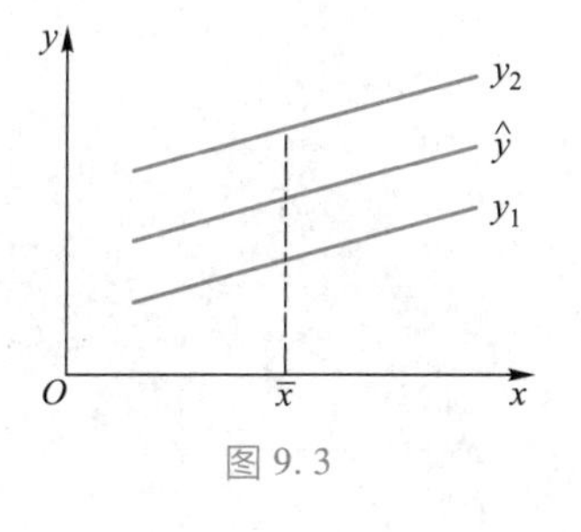

图 9.3

则当 x 在 $\bar{x}$ 附近取值且 n 较大时,$Y=a+bx+\varepsilon$ 的值将有 95% 落在这两条直线所夹的区域中(图 9.3). 这里剩余标准差 s 起了重要的作用,它决定了预测精度的大小.

2. 控制

控制问题是预测问题的反问题,即若要 $Y=a+bx+\varepsilon$ 的值以 $1-\alpha$ 的概率落在指定区间(y',y'')之中,那么回归变量 x 应控制在什么范围内. 也就是说,要求出区间(x',x''),使得当 $x'<x<x''$时,对应的 Y 值以 $1-\alpha$ 的概率落在(y',y'')之中.

在图 9.2 中,由于二曲线 $y_1(x)=\hat{y}-\delta(x)$ 及 $y_2(x)=\hat{y}+\delta(x)$ 所夹的部分就是 $Y=a+bx+\varepsilon$ 的置信水平为 $1-\alpha$ 的预测带,故若要 Y 的观测值以 $1-\alpha$ 的概率落在(y',y'')中,只需控制 x 满足以下两个不等式:

$$\hat{y}-\delta(x)\geqslant y',\quad \hat{y}+\delta(x)\leqslant y''.$$

若由等式

$$\hat{y}-\delta(x)=y',\quad \hat{y}+\delta(x)=y''$$

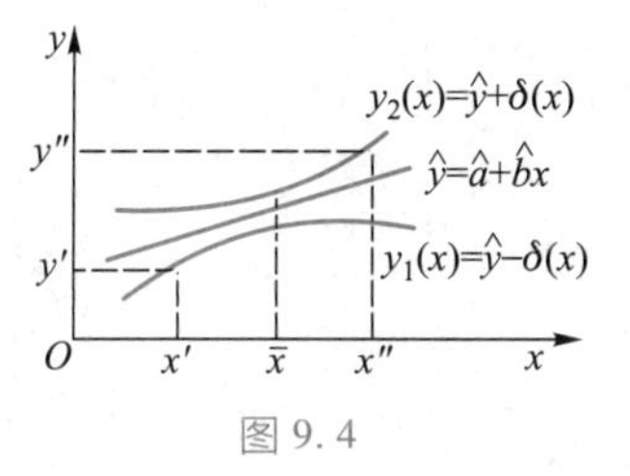

图 9.4

分别解出 x',x'',那么(x',x'')就是所求的 x 的控制区间(图 9.4).

当 x 在 $\bar{x}$ 附近取值且 n 较大时,我们可以利用式(9.48)进行控制. 例如,若要控制 $Y=a+bx+\varepsilon$ 在(y',y'')之中,置信水平为 0.95,那么就利用式(9.49)求回归变量 x 的控制区间. 为此,令

$$y'=\hat{y}-1.96s=\hat{a}-1.96s+\hat{b}x,$$

$$y''=\hat{y}+1.96s=\hat{a}+1.96s+\hat{b}x.$$

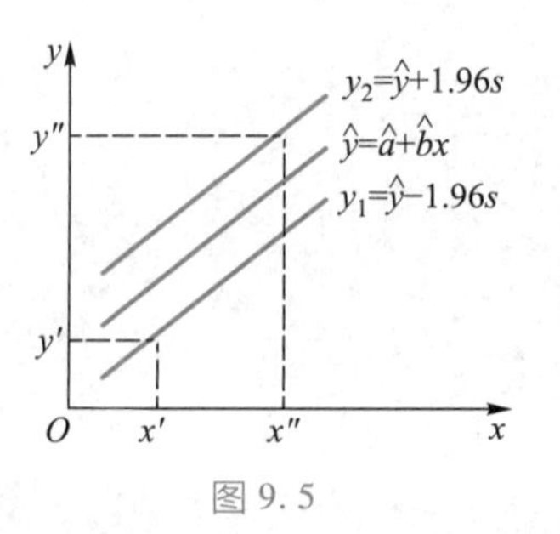

图 9.5

分别由上面两个方程求解 x' 和 x'',则当 $\hat{b}>0$ 时,x 的控制区间为(x',x'')(图 9.5);当 $\hat{b}<0$ 时,x 的控制区间为(x'',x')(图 9.6). 显然,为了实现上述控制,必须使区间(y',y'')的长度大于 $3.92s$.

9.2.6 一元非线性回归

前面我们讨论了当回归函数为线性函数 $y=a+bx$ 时,求它的估计

式——回归方程 $\hat{y}=\hat{a}+\hat{b}x$ 的问题. 但在实际问题中, y 与 x 的关系未必是线性的, 这时就必须研究非线性回归的问题.

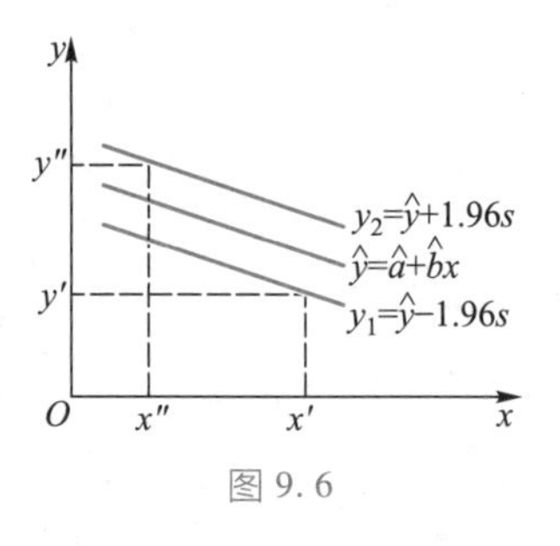

图 9.6

设 y 与 x 的关系不是线性的, 但经过整理后可以化为如下的形式:

$$g(y)=a+bh(x),$$

那么, 通过变换 $z=g(y)$, $t=h(x)$, 上式就变成线性关系

$$z=a+bt.$$

如果利用一元线性回归的方法求出上式的估计

$$\hat{z}=\hat{a}+\hat{b}t,$$

再将 x,y 代回, 就可求得 y 与 x 非线性关系式的估计了.

例如, 设 y 与 x 的关系

$$y=ax^{b}(a>0),$$

两边取对数, 上式变成

$$\ln y=\ln a+b\ln x.$$

令 $z=\ln y$, $A=\ln a$, $t=\ln x$, 则得线性关系

$$z=A+bt.$$

若求得回归方程 $\hat{z}=\hat{A}+\hat{b}t$, 则通过 $\hat{z}=\ln\hat{y}$, $\hat{A}=\ln\hat{a}$, $t=\ln x$, 就可得到

$$\hat{y}=\hat{a}x^{\hat{b}}.$$

下面看一个具体的例子.

例 9.2.4 出钢时所用的盛钢水的钢包, 由于钢水对耐火材料的浸蚀, 容积不断增大. 我们希望找出使用次数与增大的容积之间的关系. 试验数据如下:

x	2	3	4	5	6	7	8	9
y	6.42	8.20	9.58	9.50	9.70	10.00	9.93	9.99
x	10	11	12	13	14	15	16	
y	10.49	10.59	10.60	10.80	10.60	10.90	10.76	

图 9.7

解 首先我们确定 Y 与 x 存在关系的函数类型. 为此, 根据实测数据作散点图(图 9.7), 从图中看出最初容积增加很快, 以后逐渐减慢趋于稳定, 根据这个特点我们可用双曲线来表示容积 Y 与使用次数 x 之间的关系. 令

$$\frac{1}{y}=a+\frac{b}{x},$$

$$z=\frac{1}{y},\quad t=\frac{1}{x},$$

则得线性关系

$$z=a+bt.$$

由 x,y 的数据分别取倒数,即可得到 t 和 z 的数据,如下所示:

t	0.500	0.333 3	0.250 0	0.200 0	0.166 7	0.142 9	0.125 0	0.111 1
z	0.155 8	0.122 0	0.104 4	0.105 3	0.103 1	0.100 0	0.100 7	0.100 1
t	0.100 0	0.090 9	0.083 3	0.076 9	0.071 4	0.066 7	0.062 5	
z	0.095 3	0.094 4	0.094 3	0.092 6	0.094 3	0.091 7	0.092 9	

利用以上数据,按线性回归公式可算得

$$\bar{t}=0.158\,7,\quad \bar{z}=0.103\,1,$$

$$l_{tt}=0.206\,5,\quad l_{zz}=0.003\,79,\quad l_{tz}=0.027\,09,$$

$$\hat{b}=\frac{l_{tz}}{l_{tt}}=0.131\,2,$$

$$\hat{a}=\bar{z}-\hat{b}\bar{t}=0.103\,1-0.131\,2\times0.158\,7=0.082\,3,$$

$$\hat{z}=\hat{a}+\hat{b}t=0.082\,3+0.131\,2t,\tag{9.50}$$

$$r=\frac{l_{tz}}{\sqrt{l_{tt}l_{zz}}}=\frac{0.027\,09}{\sqrt{0.206\,5\times0.003\,79}}=0.968\,3.$$

所以回归方程(9.50)是高度显著的.

将 $\hat{z}=\frac{1}{\hat{y}},t=\frac{1}{x}$ 代入式(9.50),则得

$$\frac{1}{\hat{y}}=0.082\,3+\frac{0.131\,2}{x}$$

或

$$\hat{y}=\frac{x}{0.082\,3x+0.131\,2}.$$

把这条曲线画在图9.7中,可见基本上反映了 y 与 x 之间的变化规律.

*9.3 拓展例题

例9.3.1 定理9.1.1(ii)、(iii)的证明.

证 (ii) $S_A=\sum\limits_{i=1}^{m}\sum\limits_{j=1}^{n_i}(\bar{x}_{i\cdot}-\bar{x})^2=\sum\limits_{i=1}^{m}n_i(\bar{x}_{i\cdot}-\bar{x})^2,$

由定理 6.4.2 知，对每个 i，平方和 $\sum_{j=1}^{n_i}(x_{ij}-\bar{x}_{i\cdot})^2$ 与样本均值 $\bar{x}_{i\cdot}$ 相互独立，从而 $\bar{x}_{1\cdot},\bar{x}_{2\cdot},\cdots,\bar{x}_{m\cdot}$ 与 S_e 独立，而 S_A 只是 $\bar{x}_{1\cdot},\bar{x}_{2\cdot},\cdots,\bar{x}_{m\cdot}$ 的函数. 故 S_A 与 S_e 相互独立.

(iii) 当式(9.1)成立时，则 $\mu_1=\mu_2=\cdots=\mu_m=\mu$，$x_{11},x_{12},\cdots,x_{1n_1},\cdots,x_{m1},x_{m2},\cdots,x_{mn_m}$ 可视为来自总体 $N(\mu,\sigma^2)$ 的样本容量为 $n=\sum_{i=1}^{m}n_i$ 的简单随机样本，

$$\bar{x}=\frac{1}{n}\sum_{i=1}^{m}\sum_{j=1}^{n_i}x_{ij}$$

为样本均值，

$$\frac{1}{n-1}S=\frac{1}{n-1}\sum_{i=1}^{m}\sum_{j=1}^{n_i}(x_{ij}-\bar{x})^2$$

为样本方差.

由定理 6.4.2 知 $\frac{S}{\sigma_2}\sim\chi^2(n-1)$，而

$$\frac{S}{\sigma^2}=\frac{S_A}{\sigma^2}+\frac{S_e}{\sigma^2},$$

由 χ^2 分布的可加性得 $\frac{S_A}{\sigma^2}\sim\chi^2(m-1)$.

例 9.3.2　定理 9.2.1(iii)、(iv)的证明.

证　取 n 阶正交矩阵 $\boldsymbol{A}$ 如下：

$$\boldsymbol{A}=\begin{pmatrix} a_{11} & a_{12} & \cdots & a_{1n} \\ \vdots & \vdots & & \vdots \\ a_{n-2,1} & a_{n-2,2} & \cdots & a_{n-2,n} \\ \frac{x_1-\bar{x}}{\sqrt{l_{xx}}} & \frac{x_2-\bar{x}}{\sqrt{l_{xx}}} & \cdots & \frac{x_n-\bar{x}}{\sqrt{l_{xx}}} \\ \frac{1}{\sqrt{n}} & \frac{1}{\sqrt{n}} & \cdots & \frac{1}{\sqrt{n}} \end{pmatrix}$$

由正交性，可得如下约束条件：

$$\sum_{j=1}^{n}a_{ij}=0,\quad \sum_{j=1}^{n}a_{ij}x_j=0,\quad \sum_{j=1}^{n}a_{ij}^2=1,\quad i=1,2,\cdots,n-2,$$

$$\sum_{k=1}^{n}a_{ik}a_{jk}=0,\quad 1\leqslant i<j\leqslant n-2,$$

矩阵 $\boldsymbol{A}$ 共有 $n(n-2)$ 个未知常数 a_{ij}，约束条件有 $3(n-2)+\mathrm{C}_{n-2}^2=$

$\frac{(n-2)(n+3)}{2}$,只要 $n \geqslant 3$,未知常数个数就不少于约束条件数,因此正交矩阵 $\boldsymbol{A}$ 必存在. 令

$$\boldsymbol{Z}=\begin{pmatrix} z_1 \\ z_2 \\ \vdots \\ z_n \end{pmatrix}=\boldsymbol{AY}=\boldsymbol{A}\begin{pmatrix} y_1 \\ y_2 \\ \vdots \\ y_n \end{pmatrix}=\begin{pmatrix} \sum_{j=1}^{n} a_{ij}y_j \\ \vdots \\ \sum_{j=1}^{n} a_{n-2,j}y_j \\ \sum_{j=1}^{n} \frac{x_j-\bar{x}}{\sqrt{l_{xx}}}y_j \\ \sum_{j=1}^{n} \frac{1}{\sqrt{n}}y_j \end{pmatrix}$$

其中

$$z_{n-1}=\frac{\sum_{j=1}^{n}(x_j-\bar{x})y_j}{\sqrt{l_{xx}}}=\frac{\sum_{j=1}^{n}(x_j-\bar{x})(y_j-\bar{y})}{\sqrt{l_{xx}}}=\frac{l_{xy}}{\sqrt{l_{xx}}}=\sqrt{l_{xx}}\ \hat{b},$$

$$z_n=\frac{1}{\sqrt{n}}\sum_{j=1}^{n}y_j=\sqrt{n}\ \bar{y},$$

则 $\boldsymbol{Z}$ 服从 n 维正态分布,且其数学期望与协方差矩阵为

$$E(\boldsymbol{Z})=(0,0,\cdots,0,b\sqrt{l_{xx}},\sqrt{n}(a+b\bar{x}))^{\mathrm{T}},$$

$$D(\boldsymbol{Z})=\boldsymbol{A}D(\boldsymbol{Y})\boldsymbol{A}^{\mathrm{T}}=\sigma^2\boldsymbol{I}_n,$$

这表明 $z_1,z_2,\cdots,z_n$ 相互独立,$z_1,z_2,\cdots,z_{n-2}$ 同分布 $N(0,\sigma^2)$,$z_{n-1}\sim N(b\sqrt{l_{xx}},\sigma^2)$,$z_n\sim N(\sqrt{n}(a+b\bar{x}),\sigma^2)$. 由于

$$\sum_{i=1}^{n}z_i^2=\sum_{i=1}^{n}y_i^2=l_{yy}+n\bar{y}^2=Q+U+n\bar{y}^2,$$

而 $z_n=\sqrt{n}\ \bar{y}$,$z_{n-1}=\sqrt{l_{xx}}\hat{b}=\sqrt{U}$,于是有 $\sum_{i=1}^{n-2}z_i^2=Q$,所以 $Q,U,\bar{y}$ 三者相互独立,而 $s^2=\frac{Q}{n-2}$,$\hat{b}=\sqrt{\frac{U}{l_{xx}}}$,故 $\bar{y},\hat{b}$ 和 s^2 三者独立,(iv)得证,且

$$\frac{(n-2)s^2}{\sigma^2}=\frac{Q}{\sigma^2}=\sum_{i=1}^{n-2}\left(\frac{z_i}{\sigma}\right)^2\sim\chi^2(n-2),$$

(iii) 得证.

当 $b=0$ 时,$\frac{U}{\sigma^2}=\left(\frac{z_{n-1}}{\sigma}\right)^2\sim\chi^2(1)$.

定义 9.3.1 设 $y_i=a+bx_i+\varepsilon_i,\varepsilon_i\sim N(0,\sigma^2)\ i=1,2,\cdots,n$. 且 ε_1, $\varepsilon_2,\cdots,\varepsilon_n$ 相互独立，$\hat{y}_i=\hat{a}+\hat{b}x_i,i=1,2,\cdots,n$. 令 $e_i=y_i-\hat{y}_i,i=1,2,\cdots,n$，称 e_i 为 y_i 的残差，$\sum_{i=1}^{n}e_i^2=\sum_{i=1}^{n}(y_i-\hat{y}_i)^2=Q$ 称为残差平方和.

残差 e_i 可以看作是随机误差 ε_i 的估计，具有如下三条性质：

(1) 残差满足约束条件

$$\sum_{i=1}^{n}e_i=0,\ \sum_{i=1}^{n}x_ie_i=0;$$

(2) $E(e_i)=0$;

(3) $D(e_i)=\left[1-\frac{1}{n}-\frac{(x_i-\bar{x})^2}{l_{xx}}\right]\sigma^2=(1-h_{ii})\sigma^2$,

其中 $h_{ii}=\frac{1}{n}+\frac{(x_i-\bar{x})^2}{l_{xx}}$称为杠杆值.

习题 9

1. 一批由同样原料织成的布，用 5 种不同的染整工艺处理，然后进行缩水率试验. 设每种工艺处理 4 块布样，测得缩水率（单位：%）的结果如下所示，问不同的工艺对布的缩水率是否有显著影响（$\alpha=0.01$）?

布样号	缩水率				
	A_1	A_2	A_3	A_4	A_5
1	4.3	6.1	6.5	9.3	9.5
2	7.8	7.3	8.3	8.7	8.8
3	3.2	4.2	8.6	7.2	11.4
4	6.5	4.1	8.2	10.1	7.8

2. 灯泡厂用 4 种不同配料方案制成的灯丝生产了 4 批灯泡，今从中分别抽样进行使用寿命（单位：h）的试验，试验结果如下所示. 问这几种配料方案对使用寿命有无显著影响（$\alpha=0.05$）?

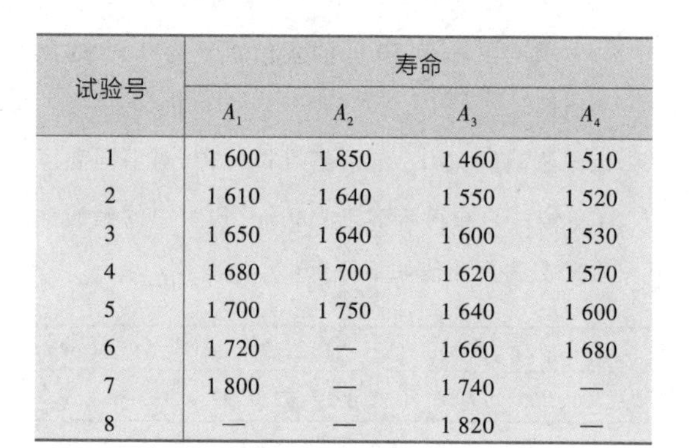

试验号	寿命			
	A_1	A_2	A_3	A_4
1	1 600	1 850	1 460	1 510
2	1 610	1 640	1 550	1 520
3	1 650	1 640	1 600	1 530
4	1 680	1 700	1 620	1 570
5	1 700	1 750	1 640	1 600
6	1 720	—	1 660	1 680
7	1 800	—	1 740	—
8	—	—	1 820	—

3. 在单因素试验方差分析模型式(9.2)中，μ_i 是未知参数（$i=1,2,\cdots,m$），求 μ_i 的点估计和区间估计.

4. 在单因素试验方差分析模型式(9.2)中，σ^2 是未知参数，试证：$\hat{\sigma}^2=\frac{S_e}{n-m}$是 σ^2 的无偏估计，且 σ^2 的 $1-\alpha$ 的置信区间为

$$(S_e/\chi^2_{\frac{\alpha}{2}}(n-m),S_e/\chi^2_{1-\frac{\alpha}{2}}(n-m)).$$

5. 验证：式（9.24）的解 $\hat{a},\hat{b}$ 能使 $Q(a,b)=\sum_{i=1}^{n}(y_i-a-bx_i)^2$达到最小值.

6. 利用定理 9.2.1 证明：在假设 $H_0:b=0$ 成立的条件下，统计量

$$t=\frac{\hat{b}}{s}\sqrt{l_{xx}}\sim t(n-2),$$

并利用它检验例 9.2.1 所得回归方程的显著性（$\alpha=0.01$）.

7. 利用定理 9.2.1 证明：回归系数 b 置信水平为 $1-\alpha$ 的置信区间为

$$\left(\hat{b}-t_{\frac{\alpha}{2}}(n-2)s/\sqrt{l_{xx}},\hat{b}+t_{\frac{\alpha}{2}}(n-2)s/\sqrt{l_{xx}}\right),$$

并利用这个公式求例 9.2.1 的回归系数 b 的置信区间（置信水平为 0.95）.

8. 在钢线碳含量 x（单位：%）对于电阻 y（20 ℃ 时，mΩ）的效应的研究中，得到以下的数据：

x	0.10	0.30	0.40	0.55	0.70	0.80	0.95
y	15	18	19	21	22.6	23.8	26

设对于给定的 x，y 为正态变量，且方差与 x 无关.

（1）求线性回归方程 $\hat{y}=\hat{a}+\hat{b}x$；

（2）检验回归方程的显著性；

（3）求 b 的置信区间（置信水平为 0.95）；

（4）求 y 在 $x=0.50$ 处的置信水平为 0.95 的预测区间.

9. 在硝酸钠（$NaNO_3$）的溶解度试验中，对不同温度 t（单位：℃）测得溶解于 100 mL 的水中的硝酸钠质量 Y 的观测值如下所示：

t_i	0	4	10	15	21	29	36	51	68
y_i	66.7	71.0	76.3	80.6	85.7	92.9	99.9	113.6	125.1

从理论知 Y 与 t 满足线性回归模型式（9.20）.

（1）求 Y 对 t 的回归方程；

（2）检验回归方程的显著性（$\alpha=0.01$）；

（3）求 Y 在 $t=25$℃ 时的预测区间（置信水平为 0.95）.

10. 某种合金的抗拉强度 Y 与钢中含碳量 x 满足线性回归模型式（9.20）. 今实测了 92 组数据 (x_i,y_i) $(i=1,2,\cdots,92)$，并算得 $\bar{x}=0.1255$，$\bar{y}=45.7989$，$l_{xx}=0.3018$，$l_{yy}=2941.0339$，$l_{xy}=26.5097$.

（1）求 Y 对 x 的回归方程；

（2）对回归方程作显著性检验（$\alpha=0.01$）；

（3）当含碳量 $x=0.09$ 时，求 Y 置信水平为 0.95 的预测区间；

（4）若要控制抗拉强度以 0.95 的概率落在（38，52）之中，那么含碳量 x 应控制在什么范围内？

11. 电容器充电后，电压达到 100 V，然后开始放电. 设在 t_i 时刻电压 U 的观测值为 u_i，具体数据如下所示：

t_i	0	1	2	3	4	5	6	7	8	9	10
u_i	100	75	55	40	30	20	15	10	10	5	5

（1）画出散点图；

（2）用指数曲线模型 $U=ae^{bt}$ 来拟合 U 与 t 的关系，求 a,b 的估计值.

12. 用 4 种催眠药在兔子身上进行试验，特选 24 只健康的兔子，随机把它们均分为 4 组，每组各服一种催眠药，催眠时间（单位：h）如下所示：

试验号	催眠药			
	A_1	A_2	A_3	A_4
1	6.2	6.3	6.8	5.4
2	6.1	6.5	7.1	6.4
3	6.0	6.7	6.6	6.2
4	6.3	6.6	6.8	6.3
5	6.1	7.1	6.9	6.0
6	5.9	6.4	6.6	5.9

在显著性水平 $\alpha=0.05$ 下对其进行方差分析，可以得到什么结果？

13. 对 6 种不同的农药在相同的条件下分别进行杀虫试验，试验结果（单位：%）如下所示：

杀虫率	农药 1	农药 2	农药 3	农药 4	农药 5	农药 6
试验 1	87	90	56	55	92	75
试验 2	85	88	62	48	99	72
试验 3	80	87	65		95	81
试验 4		94			91	

问在显著性水平 $\alpha=0.05$ 下杀虫率是否因农药的不同而呈现显著差异.

14. 抽查某校 4 个学院不同班级本科生的概率论与数理统计课程平均成绩，数据如下所示：

试验号	学院 1	学院 2	学院 3	学院 4
1	73.43	83.38	88.45	90.67
2	74.58	84.26	84.08	90.42
3	81.52	82.91	86.33	90.05
4	86.00	85.00	80.53	88.57
5	77.75	86.12	85.75	89.55
6	88.04			88.80
7				89.65

在显著性水平 $\alpha=0.05$ 下分析该校 4 个学院本科生的概率论与数理统计课程平均成绩有无显著差异.

15. 在产品推销上有 5 种方法,某公司想比较这些方法有无显著性差异,设计试验:从应聘且无推销经验人员中随机挑选一部分人. 随机分为 5 组,每组用一种推销方法进行培训,培训相同时间后观察他在一个月内的推销额(单位:千元),数据如下所示:

试验号	第一组	第二组	第三组	第四组	第五组
1	20.0	24.9	20.8	18.4	29.7
2	16.8	21.3	26.8	17.7	29.3
3	17.9	30.2	22.0	18.2	26.2
4	21.2	29.9	17.3	16.5	28.2
5	23.9	22.6	16.0	19.1	25.2
6	26.8	20.7	20.9	20.2	30.4
7	22.4	22.5	20.1	17.5	26.9

在显著性水平 $\alpha=0.05$ 下,这 5 种方法对平均月推销额的影响有无显著差异.

16. 为研究某一化学反应过程中,温度 x(单位:℃)对产品得率 Y(单位:%)的影响,测得数据如下所示:

x	100	110	120	130	140	150	160	170	180	190
Y	45	51	54	61	66	70	74	78	85	89

(1) 求 Y 对 x 的回归方程;

(2) 检验回归方程的显著性($\alpha=0.05$);

(3) 求 Y 在 $x=125$ 时的预测区间(置信水平为 0.95).

17. 为考察某种维尼纶纤维的耐水性能,测得其甲醇浓度 x 及相应的“缩醇化度”y 数据如下所示:

x	18	20	22	24	26	28	30
y	26.86	28.35	28.75	28.87	29.75	30.00	30.36

(1)求 y 对 x 的回归方程;

(2)检验回归方程的显著性($\alpha=0.01$).

18. 设营业税税收总额 y 与商品零售总额 x 有关,为了了解两者之间关系,现收集数据(单位:亿元)如下所示:

x	142.08	177.30	204.68	242.68	316.24
y	3.93	5.96	7.85	9.82	12.50
x	341.99	332.69	389.29	453.40	
y	15.55	15.79	16.39	18.45	

(1) 求 y 对 x 的回归方程;

(2)检验回归方程的显著性($\alpha=0.05$);

(3) 若某年商品零售额为 300 亿元,求营业税税收额的置信水平为 0.95 的预测区间.

测验题 9

参考答案

部分习题参考答案

习 题 1

1. (1) $S=\{1,2,3,4,5,6\}$,　　$A=\{1,3,5\}$;

(2) $S=\{(1,1),(1,2),(1,3),(1,4),(1,5),(1,6),(2,1),(2,2),(2,3),(2,4),(2,5),(2,6),\cdots,(6,1),(6,2),(6,3),(6,4),(6,5),(6,6)\}$,

$A=\{(4,6),(5,5),(6,4)\}$,

$B=\{(3,1),(4,2)(5,3),(6,4)\}$;

(3) $S=\{(1,2,3),(1,2,4),(1,2,5),(1,3,4),(1,3,5),(1,4,5),(2,3,4),(2,3,5),(2,4,5),(3,4,5)\}$,

$A=\{(1,2,3),(1,2,4),(1,2,5),(1,3,4),(1,3,5),(1,4,5)\}$;

(4) $S=\{(ab,-,-),(-,ab,-),(-,-,ab),(a,b,-),(b,a,-),(a,-,b),(b,-,a),(-,a,b),(-,b,a)\}$,

式中$(ab,-,-)$表示甲盒中有 a,b 两个球,另外两个盒子没有球. 其余类推,

$A=\{(ab,-,-),(a,b,-),(b,a,-),(a,-,b),(b,-,a)\}$;

(5) $S=\{0,1,2,\cdots\}$, $A=\{0,1,2,3,4\}$, $B=\{3,4,5,\cdots\}$.

2. (1) $A\overline{B}\,\overline{C}$;　(2) $AB\cup AC\cup BC$;　(3) $\overline{A}\cup\overline{B}\cup\overline{C}$;

(4) $AB\overline{C}+A\overline{B}C+\overline{A}BC$;　(5) $A\overline{B}\,\overline{C}+\overline{A}B\overline{C}+\overline{A}\,\overline{B}C+\overline{A}\,\overline{B}\,\overline{C}$.

3. (1) $A_1A_2A_3$;　(2) $\overline{A}_1\cup\overline{A}_2\cup\overline{A}_3$;

(3) $\overline{A}_1A_2A_3+A_1\overline{A}_2A_3+A_1A_2\overline{A}_3$;　(4) $A_1A_2\cup A_1A_3\cup A_2A_3$.

4. (1) $\frac{132}{169}$;　(2) $\frac{37}{169}$;　(3) $\frac{12}{169}$.

5. (1) $\frac{43}{66}$;　(2) $\frac{2}{33}$.

6. (1) 1/12;　(2) 1/20.

7. (1) $\mathrm{A}_{365}^{r}/365^{r}$;　(2) 41/96.

8. $\mathrm{C}_7^2(2^6-2)/7^6$.

9. 1/1 260.

10. 7/15, 14/15, 7/30.

11. $n!\ 2^n/(2n)!$.

12. $\frac{13}{21}$.

13. $\frac{27}{64}$.

14. (1) $\frac{1}{6}$;　(2) $\frac{5}{9}$;　(3) $\frac{5}{6}$.

15. $\frac{15}{32}$.

16. 0.3, 0.6.

17. $1-p$.

18. $p+q-r$, $1+p-r$.

19. 0.1.

20. 0.6, 0.1.

23. 0.7.

24. $1/2+1/\pi$.

25. 1/4.

26. 0.2.

*27. $2l/\pi a$. 提示:令 M 表示针的中点,x 表示针

投在平面上 M 与最近一条平行线的距离，φ 表示与最近一条平行线的交角，则 $0\leqslant x\leqslant\frac{a}{2}, 0\leqslant\varphi\leqslant\pi$，针与最近的平行线相交的充要条件为 $x\leqslant\frac{l}{2}\sin\varphi$.

28. 1 013/1 152.

习　题　2

1. 2/3.　　2. 1/5.

3. 2/3.　　4. 3/562.

5. 0.7, 0.2.　　6. 13/25.

7. 15/26.　　8. 17/35.

9. 0.089.　　10. 0.75.

11. 0.998.　　12. (1) 2/5; (2) 0.485 6.

13. (1) $\alpha\approx0.94$;　(2) $\beta\approx0.85$.

14. (1) $p=29/90$;　(2) $q=20/61$.

15. $\frac{m}{m+n2^r}$.　　16. 0.75.

17. 0.6.　　18. 0.458.

19. 37/64.

20. $$P(C\mid B)=\frac{\sum_{i=1}^{n}P(A_i)P(B\mid A_i)P(C\mid BA_i)}{\sum_{i=1}^{n}P(A_i)P(B\mid A_i)}.$$

22. $\frac{1}{4}$.　25. 9.　26. 2/3.

27. 0.039, 0.000 6.　28. 13/256.

29. $C_{n-1}^{r-1}p^r(1-p)^{n-r}$.　30. (1) $\alpha=0.94^n$; (2) $\beta=C_n^2 0.94^{n-2}0.06^2$;　(3) $\theta=1-0.94^n-n0.94^{n-1}\cdot0.06$.

31. $C_{2n-r}^{n}/2^{2n-r}$. 提示：当发现一盒已经用完时该盒被取到 $n+1$ 次，于是总试验次数为 $2n-r+1$，且最后一次取到用完的一盒.

32. (1) $r^2(3p-3p^2+p^3)$; (2) $\frac{3(1-p)^2}{3-3p+p^2}$.

33. $\frac{(\lambda p)^L}{L!}e^{-\lambda p}$.

34. $p\approx0.63$.

35. (1) $e^{-\lambda}(e^{\frac{\lambda}{2}}-1)$; (2) $\frac{\lambda^2}{8(e^{\frac{\lambda}{2}}-1)}$.

习　题　3

1. $P(X=k)=pq^{k-1}+qp^{k-1}(k=2,3,\cdots;q=1-p)$.

2. $P(X=k)=\frac{C_b^kC_a^{r-k}}{C_{a+b}^r}, k=\max\{0,r-a\},\max\{0,r-a\}+1,\cdots,\min\{b,r\}$.

3.

X	1	2	3	0
P	$\frac{6}{24}$	$\frac{11}{24}$	$\frac{1}{4}$	$\frac{1}{24}$

4.

X	0	1	2	3
P	$\frac{1}{2}$	$\frac{1}{4}$	$\frac{1}{8}$	$\frac{1}{8}$

5. $P(X=k)=C_n^k\left(\frac{1}{2}\right)^n(k=0,1,\cdots,n)$.

6. (1) 0.029 77; (2) 0.002 84.

7. 14.

8. $$F(x)=\begin{cases}0, & x<1,\\ 0.2, & 1\leqslant x<2,\\ 0.5, & 2\leqslant x<3,\\ 1, & x\geqslant3.\end{cases}$$

9. (1) 1/2; (2) $\pi/2$.

10. (1) $A=\frac{1}{2}, B=\frac{1}{\pi}$; (2) $P(-1<X<1)=0.5$; (3) $f_X(x)=\frac{1}{\pi(x^2+1)}$.

11. $$F(x)=\begin{cases}\frac{1}{2}e^x, & x<0,\\ 1-\frac{1}{2}e^{-x}, & x\geqslant0.\end{cases}$$

12. $$F(x)=\begin{cases}0, & x<0,\\ \frac{x^2}{2}, & 0\leqslant x<1,\\ -\frac{x^2}{2}+2x-1, & 1\leqslant x<2,\\ 1, & x\geqslant2.\end{cases}$$

13. $a=-3/4$, $b=7/4$.

14. (1) 7/27;

(2) $P(Y=k)=C_3^k\left(\frac{1}{3}\right)^k\left(\frac{2}{3}\right)^{3-k}(k=0,1,2,3)$;

(3) $F(y)=\begin{cases}0, & y<0,\\ \frac{8}{27}, & 0\leqslant y<1,\\ \frac{20}{27}, & 1\leqslant y<2,\\ \frac{26}{27}, & 2\leqslant y<3,\\ 1, & y\geqslant 3.\end{cases}$

15. $P(V_n=k)=C_n^k(0.01)^k(0.99)^{n-k}(k=0,1,\cdots,n)$.

16. 0.8.　　17. 20/27.

18. $P(Y=k)=C_5^k e^{-2k}(1-e^{-2})^{5-k}(k=0,1,\cdots,5)$,

$P(Y\geqslant 1)=1-(1-e^{-2})^5\approx 0.516\ 7$.

19. (1) T 服从参数为 λ 的指数分布；(2) $e^{-8\lambda}$.

20. (1) 0.988;(2) 111.84;(3) 57.5.

21. 0.2.　　22. $\mu=4$.　　23. 0.682.

24. $\alpha=1-0.95^{100}-100\cdot 0.95^{99}\cdot 0.05-\frac{100\cdot 99}{2}\cdot 0.95^{98}\cdot 0.05^2$, $\alpha\approx 0.87$.

25. (1) $\alpha=0.064\ 1$;　(2) $\beta=0.009$.

26. (1) $F(x)=\begin{cases}0, & x<-1,\\ (5x+7)/16, & -1\leqslant x<1,\\ 1, & x\geqslant 1;\end{cases}$

(2) $p=7/16$.

27.

Y	0	1	4	9
P	$\frac{1}{5}$	$\frac{7}{30}$	$\frac{1}{5}$	$\frac{11}{30}$

28. $f_Y(y)=\begin{cases}0, & y\leqslant 1,\\ \frac{1}{y^2}, & y>1.\end{cases}$

29. $f_Y(y)=\frac{3(1-y)^2}{\pi[1+(1-y)^6]}$.

30. (1) $f_Y(y)=\begin{cases}\frac{1}{y}, & 1<y<e,\\ 0, & 其他;\end{cases}$

(2) $f_Y(y)=\begin{cases}\frac{1}{2}e^{-\frac{y}{2}}, & y>0,\\ 0 & y\leqslant 0.\end{cases}$

31. $f_Y(y)=\begin{cases}\sqrt{\frac{2}{\pi}}e^{-\frac{y^2}{2}}, & y>0,\\ 0, & y\leqslant 0.\end{cases}$

33. $f_Y(y)=\begin{cases}\frac{2}{\pi\sqrt{1-y^2}}, & 0<y<1,\\ 0, & 其他.\end{cases}$

34. $P(Y=y)=\frac{3}{4}\left(\frac{1}{4}\right)^{\sqrt{y}-1}$, $y=1,4,9,\cdots$.

35. $F_Y(y)=\begin{cases}0, & y\leqslant 0,\\ y, & 0<y<1,\\ 1, & y\geqslant 1.\end{cases}$

36. $f_Y(y)=\begin{cases}\frac{1}{2\sqrt{3+y}}, & -2\leqslant y\leqslant 1,\\ 0, & 其他.\end{cases}$

37. (1) $C=\frac{1}{2a}$;　(2) $F(x)=\begin{cases}\frac{1}{2}e^{\frac{x}{a}}, & x<0,\\ 1-\frac{1}{2}e^{-\frac{x}{a}}, & x\geqslant 0;\end{cases}$

(3) $1-e^{-\frac{2}{a}}$;

(4) $f_Y(y)=\begin{cases}\frac{1}{a}y^{-\frac{1}{2}}e^{-\frac{2\sqrt{y}}{a}}, & y>0,\\ 0, & y\leqslant 0.\end{cases}$

习　题　4

1.

X	Y		
	1	2	3
1	0	$\frac{1}{6}$	$\frac{1}{12}$
2	$\frac{1}{6}$	$\frac{1}{6}$	$\frac{1}{6}$
3	$\frac{1}{12}$	$\frac{1}{6}$	0

2.

X	Y		$p_{i\cdot}$
	1	3	
0	0	$\frac{1}{8}$	$\frac{1}{8}$
1	$\frac{3}{8}$	0	$\frac{3}{8}$
2	$\frac{3}{8}$	0	$\frac{3}{8}$
3	0	$\frac{1}{8}$	$\frac{1}{8}$
$p_{\cdot j}$	$\frac{6}{8}$	$\frac{2}{8}$	1

3. （1）3/8；（2）5/24.

4. （1）$C=3/\pi R^3$；（2）$\frac{3r^2}{R^2}\left(1-\frac{2r}{3R}\right)$.

5. $$F(x,y)=\begin{cases}0, & x<0 \text{ 或 } y<0,\\ x^2y^2, & 0\leqslant x\leqslant 1,0\leqslant y\leqslant 1,\\ x^2, & 0\leqslant x\leqslant 1,y>1,\\ y^2, & x>1,0\leqslant y\leqslant 1,\\ 1, & x>1,y>1.\end{cases}$$

6. $$f_X(x)=\begin{cases}2x, & 0<x<1,\\ 0, & \text{其他},\end{cases}$$

$$f_Y(y)=\begin{cases}1-|y|, & |y|<1,\\ 0, & \text{其他}.\end{cases}$$

7. $$f_X(x)=\begin{cases}e^{-x}, & x>0,\\ 0, & x\leqslant 0,\end{cases}$$

$$f_Y(y)=\begin{cases}ye^{-y}, & y>0,\\ 0, & y\leqslant 0,\end{cases}$$

$P(X+Y\leqslant 1)=1+e^{-1}-2e^{-\frac{1}{2}}$.

8. （1）独立；（2）$e^{-0.1}$.

9. 独立.

10. 不独立.

12.

X	Y			$P(X=x_i)=p_{i\cdot}$
	y_1	y_2	y_3	
x_1	$\frac{1}{24}$	$\frac{1}{8}$	$\frac{1}{12}$	$\frac{1}{4}$
x_2	$\frac{1}{8}$	$\frac{3}{8}$	$\frac{1}{4}$	$\frac{3}{4}$
$P(Y=y_j)=p_{\cdot j}$	$\frac{1}{6}$	$\frac{1}{2}$	$\frac{1}{3}$	1

13. （1）

X_2	X_1			$\sum$
	-1	0	1	
0	$\frac{1}{4}$	0	$\frac{1}{4}$	$\frac{1}{2}$
1	0	$\frac{1}{2}$	0	$\frac{1}{2}$
$\sum$	$\frac{1}{4}$	$\frac{1}{2}$	$\frac{1}{4}$	1

（2）X_1 和 X_2 不独立.

14. $$P(X^2-4Y\geqslant 0)=\begin{cases}\frac{1}{2}+\frac{b}{24}, & 0<b\leqslant 4,\\ 1-\frac{2}{3\sqrt{b}}, & b>4.\end{cases}$$

15. （1）

X	0	1	2
P	0.25	0.45	0.30

（2）

$X+Y$	0	1	2	3
P	0.10	0.40	0.35	0.15

16. $\frac{n-1}{2^n}(n=2,3,\cdots)$.

18. $$f_Z(z)=\begin{cases}1-e^{-z}, & 0\leqslant z\leqslant 1,\\ (e-1)e^{-z}, & z>1,\\ 0, & z<0.\end{cases}$$

19. 若 $\alpha\neq\beta$，则

$$f_Z(z)=\begin{cases}\frac{\alpha\beta}{\beta-\alpha}(e^{-\alpha z}-e^{-\beta z}), & z>0,\\ 0, & z\leqslant 0.\end{cases}$$

若 $\alpha=\beta$,则

$$f_Z(z)=\begin{cases}\alpha^2 z\mathrm{e}^{-\alpha z}, & z>0,\\ 0, & z\leqslant 0.\end{cases}$$

20. $f_Z(z)=\begin{cases}\dfrac{3}{2}(1-z^2), & 0<z<1,\\ 0, & \text{其他}.\end{cases}$

21. $f_Z(z)=\begin{cases}\dfrac{1}{2\sigma^2}\mathrm{e}^{-\frac{z}{2\sigma^2}}, & z>0,\\ 0, & z\leqslant 0.\end{cases}$

22. $f_Z(z)=\dfrac{1}{2\pi}\left[\Phi\left(\dfrac{z+\pi-\mu}{\sigma}\right)-\Phi\left(\dfrac{z-\pi-\mu}{\sigma}\right)\right].$

23. $F_Z(z)=\begin{cases}1-\mathrm{e}^{-z}-z\mathrm{e}^{-z}, & z>0,\\ 0, & z\leqslant 0.\end{cases}$

24. $f(s)=\begin{cases}\dfrac{1}{2}(\ln 2-\ln s), & 0<s<2,\\ 0, & s\leqslant 0 \text{ 或 } s\geqslant 2.\end{cases}$

25. 5/7.

26.

X	Y 1	Y 2	Y 3	$p_{i\cdot}$
1	$\frac{1}{9}$	0	0	$\frac{1}{9}$
2	$\frac{2}{9}$	$\frac{1}{9}$	0	$\frac{1}{3}$
3	$\frac{2}{9}$	$\frac{2}{9}$	$\frac{1}{9}$	$\frac{5}{9}$
$p_{\cdot j}$	$\frac{5}{9}$	$\frac{1}{3}$	$\frac{1}{9}$	1

$P(\xi=\eta)=1/3.$

27. T 服从参数为 3λ 的指数分布.

28.

X	−1	0	1
P	0.134 4	0.731 2	0.134 4

29. (1)

X	Y 0	Y 1
0	2/3	1/12
1	1/6	1/12

(2)

Z	0	1	2
P	2/3	1/4	1/12

30. $f_Z(z)=\begin{cases}\dfrac{1}{2}(2-z), & 0<z<2,\\ 0, & \text{其他}.\end{cases}$

31. (1) $f_X(x)=\begin{cases}2x, & 0<x<1,\\ 0, & \text{其他},\end{cases}$

$f_Y(y)=\begin{cases}1-\dfrac{y}{2}, & 0<y<2,\\ 0, & \text{其他};\end{cases}$

(2) $f_Z(z)=\begin{cases}1-\dfrac{z}{2}, & 0<z<2,\\ 0, & \text{其他};\end{cases}$ (3) $\dfrac{3}{4}$.

*32. $f_Z(z)=0.3f_Y(z-1)+0.7f_Y(z-2).$

33. (1) $f_Z(z)=\begin{cases}\mathrm{e}^{-z}+\left(\dfrac{z}{2}-1\right)\mathrm{e}^{-\frac{z}{2}}, & z>0,\\ 0, & z\leqslant 0;\end{cases}$

(2) $f_M(z)=\begin{cases}\dfrac{1}{2}z^2\mathrm{e}^{-z}, & z>0,\\ 0, & z\leqslant 0,\end{cases}$

$f_N(z)=\begin{cases}z\mathrm{e}^{-z}, & z>0,\\ 0, & z\leqslant 0.\end{cases}$

34. $F_Y(y)=\begin{cases}0, & y\leqslant 0,\\ 1-\mathrm{e}^{-\lambda y}, & 0<y<2,\\ 1, & y\geqslant 2.\end{cases}$

35. $f_{X|Y}(x|y)=\begin{cases}\dfrac{1}{y}, & 0<x<y,\\ 0, & \text{其他},\end{cases}$

$f_{Y|X}(y|x)=\begin{cases}\mathrm{e}^{x-y}, & 0<x<y,\\ 0, & \text{其他}.\end{cases}$

36. 47/64.

37. (1) $f(x,y)=\begin{cases}\dfrac{1}{x}, & 0<y<x<1,\\ 0, & \text{其他};\end{cases}$

(2) $f_Y(y)=\begin{cases}-\ln y, & 0<y<1,\\ 0, & \text{其他};\end{cases}$

(3) $1-\ln 2$.

习　题　5

1. 2/9,88/405.　　2. 5.209 万元.

3. $\mu=11-\frac{1}{2}\ln\frac{25}{21}$.

4.

X	0	1	2	3
P	$\frac{27}{125}$	$\frac{54}{125}$	$\frac{36}{125}$	$\frac{8}{125}$

$$F(x)=\begin{cases}0, & x<0,\\ \frac{27}{125}, & 0\leqslant x<1,\\ \frac{81}{125}, & 1\leqslant x<2,\\ \frac{117}{125}, & 2\leqslant x<3,\\ 1, & x\geqslant 3.\end{cases}$$

$E(X)=6/5$.

5. $\frac{1}{p},\frac{1-p}{p^2}$.

6. (1) $E(X)=0,D(X)=2$;

(2) $E(X)=0,D(X)=\frac{1}{6}$;

(3) $E(X)=1,D(X)=\frac{1}{7}$;

(4) $E(X)=1,D(X)=\frac{1}{6}$.

8. $\frac{p^2-p+1}{p(1-p)}$.　　10. 67/96.

11. (1) $a=1/4,b=1,c=-1/4$;

(2) $E(Y)=\frac{1}{4}(e^2-1)^2,D(Y)=\frac{1}{4}e^2(e^2-1)^2$.

12. (1) 3/2;(2) 1/4.　　13. 5.

14. nM/N.　　15. $p_1+p_2+p_3,p_1(1-p_1)+p_2(1-p_2)+p_3(1-p_3)$.

16. $\frac{k}{2}(n+1)$,　$\frac{k}{12}(n^2-1)$.　　17. 1.

18. 28/19.　　19. 14 166.67 元.

20. 11.67.　　21. 21 单位.

22. (1) $a=\sqrt[3]{4}$;(2) $E\left(\frac{1}{X^2}\right)=\frac{3}{4}$.

23. 0.25.

24. (1) $E(X)=2,E(Y)=0$;

(2) $E(Z)=-\frac{1}{15}$;

(3) $E(W)=5$.

25. 0,0,5/8,17/32,9/16.

26. $\frac{3}{4}\sqrt{\pi}$.　　27. 2/3,0,0,2/9.

28. (1)

X_1	X_2	
	0	1
0	$1-e^{-1}$	0
1	$e^{-1}-e^{-2}$	e^{-2}

(2) $E(X_1+X_2)=e^{-1}+e^{-2}$.

29. 4,2.5.　　30. $l/3,l^2/18$.

31. $\frac{1}{3\sqrt{2\pi}}e^{-\frac{(z-5)^2}{18}}$.　　32. $\sqrt{\frac{2}{\pi}},1-\frac{2}{\pi}$.

34. (1)

X	Y	
	−1	1
−1	1/4	0
1	1/2	1/4

(2) 2.

35. 85,37.　　36. 1,3.

37. −1/2.

38. (1) $P(X_1=0,X_2=0)=0.1,P(X_1=0,X_2=1)=0.1$,

$P(X_1=1,X_2=0)=0.8,P(X_1=1,X_2=1)=0$;

(2) −2/3.

39. (1) $P(U=0,V=0)=1/4,P(U=0,V=1)=0$,

$P(U=1,V=0)=1/4,P(U=1,V=1)=1/2$;

(2) $1/\sqrt{3}$.

40. $b=\dfrac{\operatorname{Cov}(X,Y)}{D(X)}, a=E(Y)-bE(X)$.

41. (1) $\rho=0$; (2) X 和 Y 不独立.

44. $f(x,y)=\dfrac{1}{6\pi\sqrt{3}}\exp\left[-\dfrac{1}{54}(9x^2-6xy+4y^2-18x+6y+9)\right]$.

45. (1) $f_1(x)=\dfrac{1}{\sqrt{2\pi}}e^{-\frac{x^2}{2}}, f_2(y)=\dfrac{1}{\sqrt{2\pi}}e^{-\frac{y^2}{2}}, \rho=0$;

(2) X 与 Y 不独立.

47. $p\geqslant 0.9$. 48. $\varepsilon\geqslant 0.3$.

49. $n\geqslant 250$. 51. 0.178 8.

52. 0.995 7. 53. 0.944 1.

习 题 6

1. $P(X_1=x_1,\cdots,X_n=x_n)$
$=\lambda^{\sum x_i}e^{-n\lambda}/(x_1!\ \cdots x_n!)$.

2. $$f(x_1,\cdots,x_n)=\prod_{i=1}^{n} f(x_i)=\begin{cases}\lambda^n e^{-\lambda\sum x_i}, & x_1>0,\cdots,x_n>0,\\ 0, & \text{其他}.\end{cases}$$

3. 用“0”表示成品,用“1”表示次品,则

$$P(X_1=0,X_2=0)=\frac{L}{N}\ \frac{L-1}{N-1},$$

$$P(X_1=1,X_2=0)=\frac{M}{N}\ \frac{L}{N-1},$$

$$P(X_1=0,X_2=1)=\frac{L}{N}\ \frac{N}{N-1},$$

$$P(X_1=1,X_2=1)=\frac{M}{N}\ \frac{M-1}{N-1}.$$

5. $$F_{20}(x)=\begin{cases}0, & x<4,\\ 0.1, & 4\leqslant x<6,\\ 0.3, & 6\leqslant x<7,\\ 0.75, & 7\leqslant x<9,\\ 0.9, & 9\leqslant x<10,\\ 1, & x\geqslant 10.\end{cases}$$

6. $\alpha_2, \dfrac{1}{n}(\alpha_4-\alpha_2^2)$.

7. 提示:先证明 $2\lambda X_i\sim\chi^2(2)$,再利用定理 6.3.1.

8. 31.410, 10.851, 2.763 8, 2.48, 0.403, 1.28.

9. $a=1/20, b=1/100$.

10. (1) $t(m)$; (2) $F(n,m)$.

11. $t(n-1)$. 12. $t(n_1+n_2-2)$.

13. $n\geqslant 35$. 14. 0.133 6

15. 0.674 4. 16. (1) 0.99; (2) $2\sigma^4/15$.

17. $2(n-1)\sigma^2$. 18. σ^2.

习 题 7

1. $\hat{\mu}=2\ 809, \hat{\sigma}^2=1\ 206.8$.

2. $\hat{p}=1-\overline{X}/A_2$.

3. $\hat{N}=\overline{X}/\hat{p}, \hat{p}=1-S^{*2}/\overline{X}$.

4. $\hat{\theta}=1-c/\overline{X}$.

5. 矩估计 $\hat{\alpha}=\dfrac{1}{1-\overline{X}}-2$,

最大似然估计 $\hat{\alpha}=-\left(1+\dfrac{n}{\sum\limits_{i=1}^{n}\ln X_i}\right)$.

6. 矩估计 $\hat{\theta}_1=\overline{X}-\sqrt{3}S^*, \hat{\theta}_2=\overline{X}+\sqrt{3}S^*$,最大似然估计 $\hat{\theta}_1=X_{(1)}, \hat{\theta}_2=X_{(n)}$.

7. (1) $\hat{\theta}=n\Big/\sum\limits_{i} X_i^{\alpha}$;

(2) $n=2k+1$ 时,$\hat{\theta}=X_{(k+1)}$,$n=2k$ 时,$\hat{\theta}$ 可取 $[X_{(k)},X_{(k+1)}]$ 中任一值.

8. $\hat{\theta}=X_{(1)}$. 9. $\hat{p}=1/\overline{X}$.

10. (1) $\hat{\theta}=\dfrac{N}{n}(2n_0+n_1)$; (2) $\hat{\theta}=\dfrac{4N}{3n}(n_0+n_1)$.

11. (1) $2\overline{X}$; (2) $\theta^2/5n$.

12. (1) $\dfrac{3}{2}-\overline{X}$; (2) N/n.

13. $\hat{\theta}=\left(\sum\limits_{i=1}^{n}X_i-n\right)\Big/\left(\sum\limits_{i=1}^{n}X_i-M\right)$.

14. (1) $F(x)=\begin{cases}1-e^{-2(x-\theta)}, & x>\theta,\\ 0, & x\leqslant\theta;\end{cases}$

(2) $F_{\hat{\theta}}(x)=\begin{cases}1-e^{-2n(x-\theta)}, & x>\theta,\\ 0, & x\leqslant\theta;\end{cases}$

(3) 不具有无偏性.

15. $\dfrac{n}{2(n-2)}$.

16. (1) $c=1/2(n-1)$;(2) $k=\sqrt{\dfrac{\pi}{2n(n-1)}}$.

18. (1)、(2)、(3)都是 μ 的无偏估计. (4)、(5)、(6)均不是 μ 的无偏估计.

提示:如 $X\sim B(1,p)$,知 $P(X=1)=p,E(X)=\mu=p$,而 $X_{(1)}$ 非 0 即 1,且

$P(X_{(1)}=1)=P(X_1=1,X_2=1,\cdots,X_n=1)=p^n$,

故 $E(X_{(1)})=p^n\neq p(0<p<1)$.

20. $\hat{\mu}_2$ 最有效.

21. (1) 矩估计量 $\hat{\theta}_1=2\overline{X}-1$,最大似然估计量 $\hat{\theta}_2=X_{(n)}$;

(2) $\hat{\theta}_1$ 无偏,$\hat{\theta}_2$ 有偏,可修正为 $\hat{\theta}_3=\dfrac{n+1}{n}\hat{\theta}_2-\dfrac{1}{n}$;

(3) $\hat{\theta}_3$ 较 $\hat{\theta}_1$ 有效.

26. (1) (2.120 9,2.129 1);

(2) (2.117 5,2.132 5).

27. (4.786,6.214),(1.825,5.792).

28. $\hat{\mu}=\bar{x}=2,\hat{\sigma}^2=s^2=5.778$,$\mu$ 和 σ^2 的置信区间分别为(0.607,3.393),(3.074,15.639).

29. (−6.187,17.687).

30. (0.003 2,0.129 0).

31. (0.135 5,4.416 5).

32. 利用习题 6 的第 7 题得

$(\chi^2_{1-\alpha/2}(2n)/2n\overline{X},\quad \chi^2_{\alpha/2}(2n)/2n\overline{X})$.

33. $(X_{(n)},X_{(n)}/\sqrt[n]{\alpha})$.

34. (1) $b=e^{\mu+1/2}$; (2) (−0.98,0.98);

(3) $(e^{-0.48},e^{1.48})$.

35. (0.078,0.084).

36. (0.101,0.244).

37. $(\hat{\lambda}_1,\hat{\lambda}_2)$,其中

$$\hat{\lambda}_1=\bar{x}+\frac{k^2}{2n}-\sqrt{\frac{k^2\bar{x}}{n}+\frac{k^4}{4n^2}},\hat{\lambda}_2=\bar{x}+\frac{k^2}{2n}+\sqrt{\frac{k^2\bar{x}}{n}+\frac{k^4}{4n^2}},$$

$k=1.96$.

习 题 8

1. χ^2 检验统计量为 $2\lambda_0 n\overline{X}$,拒绝域为 $2\lambda_0 n\overline{X}>\chi^2_\alpha(2n)$.

2. 不能.
3. 能.
4. 不合格.
5. 能.
6. 正常.
7. 合格.
8. 提高了.
9. 无.
10. 可以.
11. 否.
12. 高于旧品种.
13. 无显著差异.
14. 匀称.
15. 可以.
16. 不可信.

习 题 9

1. 有显著影响.
2. 无显著影响.
3. $\hat{\mu}_i=\bar{x}_{i\cdot}$,$\mu_i$ 的 $1-\alpha$ 置信区间为

$$\left(\bar{x}_{i\cdot}-\frac{\sqrt{S_e}\,t_{\alpha/2}(n-m)}{\sqrt{n_i}},\quad \bar{x}_{i\cdot}+\frac{\sqrt{S_e}\,t_{\alpha/2}(n-m)}{\sqrt{n_i}}\right).$$

提示:由(9.13),$S_e/\sigma^2\sim\chi^2(n-m)$,由定理 6.4.2 知,$\bar{x}_{i\cdot}$ 与 $s_i^2=\dfrac{1}{n_i-1}\sum\limits_{j=1}^{n_i}(x_{ij}-\bar{x}_{i\cdot})^2$ 相互独立,又由 x_{ij} 独立,知 $\bar{x}_{i\cdot}$ 与 $s_1^2,s_2^2,\cdots,s_m^2$ 独立,从而 $S_e=\sum\limits_{i=1}^{m}(n_i-1)s_i^2$ 与 $\bar{x}_{i\cdot}$ 独立. 再注意

$$\frac{(\bar{x}_{i\cdot}-\mu_i)\sqrt{n_i}}{\sigma}\sim N(0,1),$$

由 t 分布定义知

$$\frac{(\bar{x}_{i\cdot}-\mu_i)\sqrt{n_i}}{\sqrt{S_e}}\sim t(n-m),$$

其中 $\overline{S}_e = S_e/(n-m)$.

7. (17.29,37.02).

8. (1) $\hat{y}=13.9584+12.5503x$;

(2) 显著;

(3) (11.82,13.28);

(4) (19.66,20.81).

9. (1) $\hat{y}=67.5313+0.8719t$;

(2) 显著;

(3) (86.8113,91.8450).

10. (1) $\hat{y}=34.7752+87.8386x$;(2) 显著;

(3) (37.5677,47.7936);(4) $(x',x'')=(0.0949,0.1379)$.

11. (1) 略;(2) $\hat{a}=100.786$, $\hat{b}=-0.3126$.

12. 有显著差异.

13. 无显著差异.

14. 有显著差异.

15. 有显著差异.

16. (1) $\hat{y}=-2.73935+0.48303x$;

(2) 显著;

(3) (55.3,59.98).

17. (1) $\hat{y}=22.6486+0.2643x$;

(2) 显著;

18. (1) $\hat{y}=-2.26+0.0487x$;

(2) 显著;

(3) (9.688,14.999).

附录1　MATLAB 在概率统计中的应用

MATLAB 是美国 MathWorks 公司出品的数学软件，用于算法开发、数据可视化、数据分析以及数值计算等. 它功能齐全，使用方便，在许多领域都被广泛应用. 下面将简单介绍它在概率统计方面的一些应用.

1. 随机数的生成

对于第 3 章所介绍的常用分布，MATLAB 工具箱提供了直接生成服从这些常用分布的随机数的命令.

例如，要生成参数为 n,p 的二项分布的随机数.

命令：binornd

调用格式：binornd(n,p)

binornd(n,p,M)

binornd(n,p,M,N)

说明：此命令生成服从参数为 n,p 的二项分布的随机数，参数 M 指定生成的随机数构成维数为 M 的矩阵，参数 M,N 指定生成的随机数为 M 行 N 列.

例 1　要生成 6 行 6 列的服从参数 $n=8,p=0.4$ 的二项分布的随机数，在 MATLAB 窗口输入如下命令：

```
>>B=binornd(8,0.4,6)
```

即得

```
B=

4  4  1  2  3  3
3  1  3  1  4  4
3  5  2  1  2  1
6  4  4  0  2  3
6  5  3  3  5  6
```

5 2 5 2 3 2

表1介绍了生成服从常用分布的随机数的 MATLAB 函数.

表1 生成随机数函数表

分布名称	函数	调用格式	说明(生成的随机数均为 M 行 N 列)
二项分布	binornd	binornd(n,p,M,N)	生成参数为 n,p 的二项分布的随机数
泊松分布	poissrnd	poissrnd(lambda,M,N)	生成参数为 lambda 的泊松分布的随机数
几何分布	geornd	geornd (p,M,N)	生成参数为 p 的几何分布的随机数
均匀分布	unifrnd	unifrnd(a,b,M,N)	生成 [a,b] 上均匀分布(连续)的随机数
指数分布	exprnd	exprnd(lambda,M,N)	生成参数为 lambda 的指数分布的随机数
正态分布	normrnd	normrnd(mu,sigma,M,N)	生成参数为 mu,sigma 的正态分布的随机数
χ^2 分布	chi2rnd	chi2rnd(n,M,N)	生成自由度为 n 的 χ^2 分布的随机数
t 分布	trnd	trnd(n, M,N)	生成自由度为 n 的 t 分布的随机数
F 分布	frnd	frnd(n_1,n_2,M,N)	生成自由度为(n_1, n_2)的 F 分布的随机数

2. 随机变量概率密度函数值的计算

在 MATLAB 工具箱中,对于常用的随机变量,我们可以用代表特定概率分布的字母开头,以 pdf(probability density function)结尾的命令计算其概率密度函数值.

例如,要计算正态分布的概率密度函数值.

命令:normpdf

调用格式:normpdf(x,mu,sigma)

说明:此命令返回参数为 mu,sigma 的正态分布的概率密度函数在 $X=x$ 点的值.

对于离散型随机变量,其概率密度函数值就是其取某个特定值的概率. 因此对离散型随机变量可用该命令计算输入分布的概率.

例如,要计算二项分布的概率值.

命令:binopdf

调用格式:binopdf(x,n,p)

说明:此命令返回服从二项分布的随机变量取 $X=x$ 点值的概率,二项分布中参数为 n,p.

表2列举了计算常用分布概率密度函数值的 MATLAB 命令.

表2 计算常用分布概率密度函数值命令

分布名称	函数	调用格式	说明
二项分布	binopdf	binopdf(x,n,p)	参数为 n,p 的二项分布的随机变量取 x 点值的概率
泊松分布	poisspdf	poisspdf(x,lambda)	参数为 lambda 的泊松分布的随机变量取 x 点值的概率
几何分布	geopdf	geopdf(x,p)	参数为 p 的几何分布的随机变量取 x 点值的概率
均匀分布	unifpdf	unifpdf(x,a,b)	[a,b] 上均匀分布的概率密度在 x 处的值
指数分布	exppdf	exppdf(x,lambda)	参数为 lambda 的指数分布的概率密度在 x 处的值

续表

分布名称	函数	调用格式	说明
正态分布	normpdf	normpdf(x,mu,sigma)	参数为 mu,sigma 的正态分布的概率密度在 x 处的值
χ^2 分布	chi2pdf	chi2pdf(x,n)	自由度为 n 的 χ^2 分布的概率密度在 x 处的值
t 分布	tpdf	tpdf(x,n)	自由度为 n 的 t 分布的概率密度在 x 处的值
F 分布	fpdf	fpdf(x,n1, n2)	自由度为(n_1, n_2)的 F 分布的概率密度在 x 处的值

3. 随机变量分布函数值的计算

对于常用分布来说,MATLAB 工具箱还提供了计算其分布函数值的函数.

例如,计算二项分布的分布函数值.

命令:binocdf

调用格式:binocdf(x,n,p)

说明:此函数返回参数为 n,p 的二项分布的分布函数在 $X=x$ 点的值. 根据分布函数的定义,我们可以用此函数计算服从二项分布的随机变量 X 取 $X\leqslant x$ 值的概率.

若要计算正态分布的分布函数值,则用如下命令:

命令:normcdf

调用格式:normcdf(x,mu,sigma)

说明:此函数返回参数为 mu,sigma 的正态分布的分布函数在 $X=x$ 点的值,此结果即为服从正态分布的随机变量 X 取 $X\leqslant x$ 值的概率.

对于常用分布分布函数值 $F(x)=P(X\leqslant x)$ 的计算,可参阅表 3.

表 3　计算常用分布分布函数值命令

分布名称	函数	调用格式	说明
二项分布	binocdf	binocdf(x,n,p)	参数为 n,p 的二项分布的分布函数值 F(x)
泊松分布	poisscdf	poisscdf(x,lambda)	参数为 lambda 的泊松分布的分布函数值 F(x)
几何分布	geocdf	geocdf(x,p)	参数为 p 的几何分布的分布函数值 F(x)
均匀分布	unifcdf	unifcdf(x,a,b)	[a,b] 上均匀分布的分布函数值 F(x)
指数分布	expcdf	expcdf(x,lambda)	参数为 lambda 的指数分布的分布函数值 F(x)
正态分布	normcdf	normcdf(x,mu,sigma)	参数为 mu,sigma 的正态分布的分布函数值 F(x)
χ^2 分布	chi2cdf	chi2cdf(x,n)	自由度为 n 的 χ^2 分布的分布函数值 F(x)
t 分布	tcdf	tcdf(x,n)	自由度为 n 的 t 分布的分布函数值 F(x)
F 分布	fcdf	fcdf(x,n1, n2)	自由度为(n_1, n_2)的 F 分布的分布函数值 F(x)

以下是两个利用上述命令计算随机变量概率分布的例子.

例 2　设随机变量 $X\sim P(3)$,求 $P(X<7)$.

解　因为 $P(X<7)=P(X\leqslant 7)-P(X=7)$,则可以在 MATLAB 窗口键入如下命令:

```
>>p=poisscdf(7,3)-poisspdf(7,3)
```

结果为 p=0.9665,即 $P(X<7)=0.9665$.

例 3 设 $X \sim N(2,5^2)$,求 $P(1<X<4)$,$P(X>2.5)$,$P(|X|>3)$.

解 令 $a1=P(1<X<4)=P(X\leqslant 4)-P(X\leqslant 1)$,

$a2=P(X>2.5)=1-P(X\leqslant 2.5)$,

$a3=P(|X|>3)=1-P(|X|\leqslant 3)=1-P(X\leqslant 3)+P(X<-3)$.

在 MATLAB 窗口键入如下命令:

```
>>a1=normcdf(4,2,5)-normcdf(1,2,5)=0.2347
>>a2=1-normcdf(2.5,2,5)
>>a3=1-normcdf(3,2,5)+normcdf(-3,2,5)
```

即得

a1=0.2347,a2=0.4602,a3=0.5794

4. 常见分布期望和方差的计算

对于常见分布,MATLAB 工具箱还提供了计算其期望和方差的函数,其调用格式如表 4.

表 4 计算常用分布期望和方差的命令

分布名称	函数	调用格式	说明(返回值 M 为期望,V 为方差)
二项分布	binostat	[M,V] =binostat(n,p)	参数为 n,p 的二项分布的期望和方差
泊松分布	poisstat	[M,V] =poisstat (lambda)	参数为 lambda 的泊松分布的期望和方差
几何分布	geostat	[M,V] =geostat (p)	参数为 p 的几何分布的期望和方差
均匀分布	unifstat	[M,V] =unifstat (a,b)	[a,b] 上均匀分布的期望和方差
指数分布	expstat	[M,V] =expstat (lambda)	参数为 lambda 的指数分布的期望和方差
正态分布	normstat	[M,V] =normstat(mu,sigma)	参数为 mu,sigma 的正态分布的期望和方差
χ^2 分布	chi2stat	[M,V] =chi2stat(n)	自由度为 n 的 χ^2 分布的期望和方差
t 分布	tstat	[M,V] =tstat(n)	自由度为 n 的 t 分布的期望和方差
F 分布	fstat	[M,V] =fstat(n_1, n_2)	自由度为(n_1, n_2)的 F 分布的期望和方差(注: $n_1>2$,$n_2>4$)

例 4 设 $X \sim U[1,2]$,要计算 $E(X)$,$D(X)$. 直接在命令窗口输入以下命令:

```
>>[M,V]=unifstat(1,2)
```

可得

M=1.5000,V=0.083 3

即 $E(X)=1.500\,0$,$D(X)=0.083\,3$.

5. 常用统计量的计算

设样本的两组观测值为 $x_1,x_2,\cdots,x_n$ 和 $y_1,y_2,\cdots,y_n$,在介绍计算常用统计量 MATLAB 函数之前,先定义向量 $\boldsymbol{x}$,$\boldsymbol{y}$ 如下:

$$\boldsymbol{x}=[x_1,x_2,\cdots,x_n],\quad \boldsymbol{y}=[y_1,y_2,\cdots,y_n].$$

常用统计量的 MATLAB 函数如表 5 所示：

表 5　计算常用统计量的 MATLAB 函数

统计量名称	函数调用格式
样本均值	mean(x)
样本方差	var(x)
样本标准差	std(x)
样本 k 阶中心矩	moment(x,k)
最小值	min(x)
最大值	max(x)
中位数	median(x)
升序排列	sort(x)

例 5　给定样本的一组观测值如下：

$$11.5,\quad 11.9,\quad 12.2,\quad 12.4,\quad 11.8,\quad 12.1,\quad 12.4$$

求样本均值，样本方差，样本标准差及中位数.

解　输入如下命令：

```
>>x=[11.5,11.9,12.2,12.4,11.8,12.1,12.4]
>>mu=mean(x)
>>sigma2=var(x)
>>sigma=std(x)
>>M=median(x)
```

即得 mu=12.042 9，sigma2=0.109 5，sigma=0.330 9，M=12.100 0.

以上简单介绍了概率统计中常用的 MATLAB 命令. 事实上，MATLAB 在概率统计中具有非常广泛的应用. 除了 MATLAB 工具箱中提供的函数之外，我们还可以根据实际需要建立 M 文件以解决更复杂的问题，感兴趣的读者可参阅文献[16]等.

附录2　其他常用分布简介

一、常用一元分布

1. 负二项分布

二项分布给出了 n 重伯努利试验中成功发生的次数所服从的分布,现在我们考虑为了达到指定的成功次数所需伯努利试验的次数,这就引入了负二项分布.

定义1　设相互独立的重复试验中成功的概率为 p,失败的概率为 $q=1-p$,随机变量 X 表示第 r 次成功出现时的试验次数,r 为预先指定的整数,则

$$P(X=x)=\mathrm{C}_{x-1}^{r-1}p^{r}q^{x-r},\quad x=r,r+1,r+2,\cdots. \tag{1}$$

此时,称 X 服从参数为 r,p 的负二项分布,记为 $X\sim NB(r,p)$.

显然,事件 $X=x$ 发生当且仅当前 $x-1$ 次试验中恰有 $r-1$ 次成功且第 x 次试验也成功,则其概率可由(1)式给出.

此外,若用随机变量 Y 表示为等待第 r 次成功所经历的失败次数,则 $Y=X-r$,即 X 与 Y 描述的是同样的随机模型. 因此,我们也可以用随机变量 Y 定义负二项分布,即

$$P(Y=y)=\mathrm{C}_{r+y-1}^{y}p^{r}(1-p)^{y},\quad y=0,1,\cdots.$$

负二项分布的名字源于 $p^{r}(1-q)^{x-r}$ 展开式各项与 $P(Y=y)$,$y=0,1,\cdots$ 的值一一对应(具体介绍请参阅文献[12]). 在式(1)中,若令 $r=1$,则有

$$P(X=x)=pq^{x-1},\quad x=1,2,\cdots.$$

由此可见,几何分布是负二项分布的特殊情形.

例1　在 NBA 的总决赛中,若 7 场比赛赢 4 场就赢得了比赛. 假设 A 队和 B 队在总决赛中相遇,并且 A 队对 B 队获胜的概率为 0.55. 问:

(1) A 队用 6 场比赛取得胜利的概率是多少?

(2) A 队取得胜利的概率是多少?

(3) 如果两队在季后赛的小组赛中相遇,在 5 场比赛中赢得 3 场就赢得了比赛,则 A 队取胜的概率是多少?

解　(1) 设随机变量 X 表示 A 队为取得胜利所需比赛的场数,则 X 服从参数为 $r=4$,

$p=0.55$ 的负二项分布,此时

$$P(X=6)=C_5^3\,0.55^4(1-0.55)^{6-4}=0.185\,3.$$

(2) A 队取胜的概率为

$$\begin{aligned}&P(X=4)+P(X=5)+P(X=6)+P(X=7)\\=&0.091\,5+0.164\,7+0.185\,3+0.166\,8\\=&0.608\,3.\end{aligned}$$

(3) 设随机变量 Y 表示 A 队为取得胜利所需比赛的场数,则 Y 服从参数为 $r=3,p=0.55$ 的负二项分布,此时 A 队取胜的概率为

$$\begin{aligned}&P(Y=3)+P(Y=4)+P(Y=5)\\=&0.166\,4+0.224\,6+0.202\,1\\=&0.593\,1.\end{aligned}$$

2. 伽马分布

伽马分布得名于伽马函数,伽马函数定义为

$$\Gamma(r)=\int_0^{+\infty}x^{r-1}e^{-x}dx, r>0.$$

现在我们将伽马函数引入伽马分布中.

定义 2　若随机变量 X 的概率密度为

$$f(x)=\begin{cases}\dfrac{\lambda^r}{\Gamma(r)}x^{r-1}e^{-\lambda x}, & x>0,\\ 0, & x\leqslant 0,\end{cases}$$

其中 $\lambda>0$ 且 $r>0$ 为参数,则称 X 服从参数为 λ 和 r 的伽马分布. 记作 $X\sim Ga(\lambda,r)$. 这里,λ 称为尺度参数,r 称为形状参数.

伽马分布族是区间 $[0,+\infty)$ 上适用性很强的一类分布. 其重要性在于它定义了一族分布,而某些分布族是它的特例. 例如,当 $r=1$ 时其概率密度退化为指数分布,即指数分布是伽马分布的特例. 但伽马分布本身在等待时间和可靠性问题方面也有重要的应用. 下面的例子给出了伽马分布在等待时间上的应用.

例 2　生物医学试验中经常用小白鼠作试验,剂量反应调查用于确定毒物剂量对小白鼠寿命的影响. 所研究的有毒物质为排入空气中的喷气燃料. 该试验确定在一定剂量的有毒物质影响下,小白鼠的生存时间(单位:周)服从参数为 $r=5,\lambda=\dfrac{1}{10}$ 的伽马分布. 则小白鼠寿命不超过 60 周的概率是多少?

解　设随机变量 X 表示小白鼠寿命,则

$$P(X\leqslant 60)=\int_0^{60}\frac{\lambda^r}{\Gamma(r)}x^{r-1}e^{-\lambda x}dx,$$

令 $y=\lambda x$，则有

$$P(X\leqslant 60)=\int_0^6 \frac{y^4}{\Gamma(5)}\mathrm{e}^{-y}\mathrm{d}y=0.715.$$

上述积分的结果可通过参考文献[13]中给出的不完全伽马函数表查得.

3. 贝塔分布

贝塔分布是$(0,1)$区间上含有两个参数的一类连续分布，得名于贝塔函数. 我们先给出贝塔函数的定义：

$$\mathrm{B}(\alpha,\beta)=\int_0^1 x^{\alpha-1}(1-x)^{\beta-1}\mathrm{d}x,\quad \alpha>0,\beta>0.$$

贝塔函数与伽马函数的关系可由下式给出

$$\mathrm{B}(\alpha,\beta)=\frac{\Gamma(\alpha)\Gamma(\beta)}{\Gamma(\alpha+\beta)}.$$

定义 3　若随机变量 X 的概率密度为

$$f(x)=\begin{cases}\dfrac{1}{\mathrm{B}(\alpha,\beta)}x^{\alpha-1}(1-x)^{\beta-1}, & 0<x<1,\\ 0, & \text{其他},\end{cases}$$

其中 $\alpha>0,\beta>0$ 为参数，则称 X 服从参数为(α,β)的贝塔分布.

由此定义可以看出区间$(0,1)$上的均匀分布是贝塔分布参数 $\alpha=1$ 且 $\beta=1$ 时的特殊情形. 贝塔分布是极少数几类被命名的在有限区间上取得概率 1 的分布之一，因而常用于建模 0 到 1 内的各种比例（感兴趣的读者请参阅文献[14]）.

4. 对数正态分布

定义 4　若随机变量 X 经过对数变换后得到的随机变量 $Y=\ln X$ 服从参数为 μ,σ^2 的正态分布，则称 X 服从对数正态分布. 其概率密度为

$$f(x)=\begin{cases}\dfrac{1}{\sqrt{2\pi}\sigma x}\mathrm{e}^{-\frac{(\ln x-\mu)^2}{2\sigma^2}}, & x\geqslant 0,\\ 0, & x<0.\end{cases}$$

对数正态分布的概率密度可由 3.6 节介绍的分布函数法导出.

对数正态分布可用于描述某些呈偏态分布的随机变量，如环境监测中某一有害物质的浓度、食品中农药残留量、某些疾病的潜伏期以及医院患者住院天数等.

例 3　历史数据表明，化工厂生产的污染物的浓度近似服从对数正态分布，考虑其是否符合政府规定是很重要的. 假定某种污染物的浓度服从参数为 $\mu=3.2,\sigma^2=1$ 的对数正态分布，则污染物浓度超过 8 的概率为多少？

解　设随机变量 X 表示污染物的浓度，则

$$P(X>8)=1-P(X\leqslant 8).$$

由 $\ln X$ 服从参数为 $\mu=3.2,\sigma^2=1$ 的正态分布，所以

$$P(X\leqslant 8)=\Phi\left[\frac{\ln 8-3.2}{1}\right]=\Phi(-1.12)=0.131\,4.$$

即污染物浓度超过 8 的概率为 0.131 4.

5. 韦布尔分布

定义 5　若随机变量 X 的概率密度为

$$f(x)=\begin{cases}\alpha\beta x^{\beta-1}\mathrm{e}^{-\alpha x^{\beta}}, & x>0,\\ 0, & \text{其他},\end{cases} \tag{2}$$

其中 $\alpha>0,\beta>0$ 为参数，则称 X 服从参数为 α 和 β 的韦布尔分布.

若令 $\beta=1$，则韦布尔分布退化为指数分布. 类似于伽马分布和指数分布，韦布尔分布也可以应用到可靠性和寿命试验问题中，例如部件的失效时间或部件的寿命（即观测到的失效前的时间）可用韦布尔分布来描述. 韦布尔分布不需要具有指数分布的无记忆性，因而更具灵活性. 韦布尔分布的分布函数为

$$F(x)=\begin{cases}1-\mathrm{e}^{-\alpha x^{\beta}}, & x>0,\\ 0, & \text{其他}.\end{cases} \tag{3}$$

在应用韦布尔分布时，可用失效率（有时也称风险率）来反映部件磨损的程度. 首先，我们把一个部件或产品的可靠性定义为在指定的环境条件下至少在特定时间内正常工作的概率. 因此，如果定义 $R(t)$ 为给定部件在时刻 t 的可靠性，则

$$R(t)=P(T>t)=\int_t^{+\infty}f(t)\,\mathrm{d}t=1-F(t).$$

如果已知部件已经使用了时间 t，则在时间段 $T=t$ 至 $T=t+\Delta t$ 之内失效的条件概率为

$$\frac{F(t+\Delta t)-F(t)}{R(t)}.$$

将上式除以 Δt，并令 $\Delta t\to 0$，即得失效率，我们用 $Z(t)$ 表示，即

$$Z(t)=\lim_{\Delta t\to 0}\frac{F(t+\Delta t)-F(t)}{\Delta t}\frac{1}{R(t)}$$

$$=\frac{F't}{R(t)}=\frac{f(t)}{R(t)}=\frac{f(t)}{1-F(t)}.$$

由式(2)和(3)即得韦布尔分布在时刻 t 的失效率为

$$Z(t)=\alpha\beta t^{\beta-1},\quad t>0.$$

失效率 $Z(t)$ 量化了条件概率（即已知部件工作了时间 t 的条件下，再工作 Δt 时间的条件概率）随时间的变化率. 对此变化率我们做如下说明：

（1）若 $\beta=1$，则 $Z(t)=\alpha$ 为常数. 此即为前面给出的指数分布的情形，具有无记忆性；

（2）若 $\beta>1$，则 $Z(t)$ 为时间 t 的增函数，它表示部件磨损随时间加重；

(3) 若 $\beta<1$,则 $Z(t)$ 为时间 t 的减函数,它表示部件性能随时间增加得到改善.

二、常用多元分布

1. 多项分布

在 n 次独立重复试验中,如果每次试验有 r 个可能结果:$A_1,A_2,\cdots,A_r$,且每次试验中 A_i 发生的概率为 $p_i=P(A_i)$,$i=1,2,\cdots,r$. $p_1+p_2+\cdots+p_r=1$. 记 X_i 为 n 次独立重复试验中 A_i 出现的次数,$i=1,2,\cdots,r$. 则 $(X_1,X_2,\cdots,X_r)$ 服从多项分布,又称 r 项分布,记为 $M(n,p_1,p_2,\cdots,p_r)$,其联合分布列为

$$P(X_1=n_1,X_2=n_2,\cdots,X_n=n_r)=\frac{n!}{n_1!\ n_2!\ \cdots n_r!}p_1^{n_1}p_2^{n_2}\cdots p_r^{n_r},$$

其中,$n=n_1+n_2+\cdots+n_r$.

多项分布的名字源于多项式 $(p_1+p_2+\cdots+p_k)^n$ 的展开项,各项对应于分布列 $P(X_1=n_1,X_2=n_2,\cdots,X_n=n_r)$ 的所有可能值. 当 $r=2$ 时,即为二项分布.

例4 由于飞机到达和离开某机场的复杂性,计算机模拟通常被用来模拟出理想的状况. 如果此机场有三条跑道,在理想状况下随机到达的商用喷气式飞机使用单独的一条跑道的概率是:跑道1:$p_1=\frac{2}{9}$;跑道2:$p_2=\frac{1}{6}$;跑道3:$p_3=\frac{11}{18}$. 求6架随机到达的飞机使用三条跑道按如下分布的概率是多少? 跑道1:两架飞机;跑道2:一架飞机;跑道3:三架飞机.

解 设随机变量 X_1,X_2,X_3 分别表示跑道1,2,3上飞机的个数,则 $(X_1,X_2,X_3)\sim M\left(6,\frac{2}{9},\frac{1}{6},\frac{11}{18}\right)$. 由多项分布有

$$P(X_1=2,X_2=1,X_3=3)=\frac{6!}{2!1!3!}\left(\frac{2}{9}\right)^2\left(\frac{1}{6}\right)\left(\frac{11}{18}\right)^3=0.112\ 7.$$

2. 多维超几何分布

有 N 个对象,共分 r 类,其中第 i 类对象有 N_i 个,$N=N_1+N_2+\cdots+N_r$. 从中随机取出 n 个,若记 X_i 为取出的 n 个对象中第 i 类对象的个数,$i=1,2,\cdots,r$,则 $(X_1,X_2,\cdots,X_r)$ 服从 r 维超几何分布,记为 $MH(N_1,N_2,\cdots,N_r,n)$. 其联合分布列为 $P(X_1=n_1,X_2=n_2,\cdots,X_r=n_r)=\frac{\mathrm{C}_{N_1}^{n_1}\mathrm{C}_{N_2}^{n_2}\cdots\mathrm{C}_{N_r}^{n_r}}{\mathrm{C}_N^n}$,其中 $n_1+n_2+n_3+\cdots+n_r=n$.

例5 对一组10个人做生物研究,此组人中有3人为O型血,4人为A型血,3人为B型血,随机选取5人,有1人为O型血,2人为A型血,2人为B型血的概率是多少?

解 设随机变量 X_1,X_2,X_3 分别表示任选5人中O型血,A型血和B型血的人数,则 $(X_1,X_2,X_3)\sim MH(3,4,3,5)$,此时,

$$P(X_1=1,X_2=2,X_3=2)=\frac{\mathrm{C}_3^1\mathrm{C}_4^2\mathrm{C}_3^2}{\mathrm{C}_{10}^5}=\frac{3}{14}.$$

3. 多元负二项分布

独立重复试验中,若每次试验有 r 个可能结果:$A_1,A_2,\cdots,A_r$,且每次试验中 A_i 发生的概率分别为 $p_i=P(A_i),i=1,2,\cdots,r.$ $p_1+p_2+\cdots+p_r=1$,记 X_i 分别表示在已进行的独立重复试验中 A_i 发生的次数,$i=1,2,\cdots,r$,试验进行到 A_1 发生 k 次为止,这时,$(X_2,X_3,\cdots,X_r)$服从多元负二项分布,又叫多元等待时间分布. 记为 $MNB(k,p_2,p_3,\cdots,p_r)$,其联合分布列为

$$P(X_2=x_2,X_3=x_3,\cdots,X_r=x_r)=\frac{(x_2+x_3+\cdots+x_r+k-1)!}{(k-1)!\ x_2!\ x_3!\ \cdots x_r!}p_1^k p_2^{x_2} p_3^{x_3}\cdots p_r^{x_r}.$$

附录 3　汉英词汇对照

一　画

一致性(相合性)　consistency

一致估计量(相合估计量)　consistent estimator

二　画

二项分布　binomial distribution

几何分布　geometric distribution

几何概型　geometric probability model

三　画

大数定律　law of large numbers

上侧 α 分位数(点)　upper αth quantile

四　画

区间估计　interval estimation

互不相容事件　incompatible events

互斥事件　mutually exclusive events

切比雪夫不等式　Chebyshev's inequality

无偏估计量　unbiased estimator

不相关　uncorrelated

中心矩　central moment

中心极限定理　central limit theorem

不可能事件　impossible event

贝叶斯公式　Bayes formula

分布函数　distribution function

方差	variance
贝塔分布	Beta distribution
韦布尔分布	Weibull distribution

五　画

古典概型	classical probability model
正态分布	normal distribution
母体(总体)	population
对立事件	complementary events
边缘分布	marginal distribution
必然事件	certain event
对数正态分布	logarithmic normal distribution

六　画

协方差	covariance
有效性	efficiency
先验概率	prior probability
后验概率	posterior probability
似然函数	likelihood function
似然方程	likelihood equation
全概率公式	total probability formula
负二项分布	negative binomial distribution
多项分布	multinomial distribution
多维随机变量	multidimensional random variable
多维超几何分布	multidimensional hypergeometric distribution
多维负二项分布	multidimensional negative binomial distribution
多维均匀分布	multidimensional uniform distribution
并事件	union of events
观测值	observed value

七　画

两类错误	two types of errors
均值	mean
均匀分布	uniform distribution
拒绝域	rejection region

直方图 histogram
伽马分布 Gamma distribution
拟合优度检验 test of goodness of fit
连续型随机变量 continuous random variable
伯努利试验 Bernoulli trials
极差 range
最大似然估计量 maximum likelihood estimator
估计值 value of estimator
条件概率 conditional probability
条件分布 conditional distribution

八 画

事件 event
抽样 sampling
抽样分布 sampling distribution
备择假设 alternative hypothesis
泊松分布 Poisson distribution
参数 parameter
参数估计 parameter estimation
参数假设(检验) parametric hypothesis(testing)
非参数假设(检验) nonparametric hypothesis(testing)
经验分布函数 empirical distribution function

九 画

指数分布 exponential distribution
相合估计 consistent estimate
标准差 standard deviation
相关系数 correlation coefficient
显著性水平 significance level
显著性检验 significance test
点估计 point estimation
独立性 independence
矩估计 moment estimation
总体 population
逆事件 complementary event

统计量	statistic
统计推断	statistical inference
顺序统计量	order statistic

十　画

原假设(零假设)	null hypothesis
原点(矩)	moment
样本	sample
样本点	sample point
样本矩	sample moment
样本均值	sample mean
样本方差	sample variance
样本空间	sample space
样本容量	sample size
样本中位数	sample median
样本分布函数	sample distribution function
离散型随机变量	discrete random variable
秩和检验	rank sum test

十 一 画

检验(法则)	test(rules)
假设检验	hypothesis testing
随机向量	random vector
随机事件	random event
随机变量	random variable
第一(二)类错误	type Ⅰ (Ⅱ) error
第 i 个顺序统计量	i' th order statistic
混合矩(原点)	mixed moment
混合中心矩	mixed central moment

十 二 画

联合分布函数	joint distribution function
超几何分布	hypergeometric distribution
期望	expectation
最大顺序统计量	largest order statistic

最小顺序统计量 smallest order statistic

十 三 画

瑞利分布 Rayleigh distribution

概率论 probability(theory)

概率分布列 list of probability distribution

概率分布函数 distribution function of probability

概率分布密度 probability density of distribution

零假设 null hypothesis

置信区间 confidence interval

置信水平 confidence level

简单随机抽样 simple random sampling

数学期望 mathematical expectation

数理统计 mathematical statistics

外 文 字 母

χ^2 分布 chi—square distribution

χ^2 检验 chi—square test

χ^2 拟合优度检验 chi—square test of goodness of fit

t 分布 t—distribution

t 检验 t—test

F 分布 F—distribution

F 检验 F—test

u 检验 u—test

附 表

附表 1 泊松分布累积概率值表

$$\sum_{k=m}^{\infty}\frac{\lambda^k}{k!}e^{-\lambda}$$

m	λ								
	0.1	0.2	0.3	0.4	0.5	0.6	0.7	0.8	0.9
0	1	1	1	1	1	1	1	1	1
1	0.095 16	0.181 27	0.259 18	0.329 68	0.393 47	0.451 19	0.503 42	0.550 67	0.593 43
2	0.004 68	0.017 52	0.036 94	0.061 55	0.090 20	0.121 90	0.155 81	0.191 21	0.227 52
3	0.000 15	0.001 15	0.003 60	0.007 93	0.014 39	0.023 12	0.034 14	0.047 42	0.062 86
4		0.000 06	0.000 27	0.000 78	0.001 75	0.003 36	0.005 75	0.009 08	0.013 46
5			0.000 02	0.000 06	0.000 17	0.000 39	0.000 79	0.001 41	0.002 34
6					0.000 01	0.000 04	0.000 09	0.000 18	0.000 34
7							0.000 01	0.000 02	0.000 04
8									0.000 01

m	λ								
	1	2	3	4	5	6	7	8	9
0	1	1	1	1	1	1	1	1	1
1	0.632 12	0.864 66	0.950 21	0.981 68	0.993 26	0.997 52	0.999 09	0.999 67	0.999 88
2	0.264 24	0.593 99	0.800 85	0.908 42	0.959 57	0.982 65	0.992 71	0.996 93	0.998 77
3	0.080 30	0.323 32	0.576 81	0.761 90	0.875 35	0.938 03	0.970 36	0.986 25	0.993 77
4	0.018 99	0.142 88	0.352 77	0.566 53	0.734 97	0.848 80	0.918 24	0.957 62	0.978 77
5	0.003 66	0.052 65	0.184 74	0.371 16	0.559 51	0.814 94	0.827 01	0.900 37	0.945 04
6	0.000 59	0.016 56	0.083 92	0.214 87	0.384 04	0.554 32	0.699 29	0.808 76	0.884 31
7	0.000 08	0.004 53	0.033 51	0.110 67	0.237 82	0.393 70	0.550 29	0.686 63	0.793 22
8	0.000 01	0.001 10	0.011 91	0.051 13	0.133 37	0.256 02	0.401 29	0.547 04	0.676 10

续表

m	λ								
	1	2	3	4	5	6	7	8	9
9		0.000 24	0.003 80	0.021 36	0.068 09	0.152 76	0.270 91	0.407 45	0.544 35
10		0.000 05	0.001 10	0.008 13	0.031 83	0.083 92	0.169 50	0.283 38	0.412 59
11		0.000 01	0.000 29	0.002 84	0.013 70	0.042 62	0.098 52	0.184 11	0.294 01
12			0.000 07	0.000 92	0.005 45	0.020 09	0.053 35	0.111 92	0.196 99
13			0.000 02	0.000 27	0.002 02	0.008 83	0.027 00	0.063 80	0.124 23
14				0.000 08	0.000 70	0.003 63	0.012 81	0.034 18	0.073 85
15				0.000 02	0.000 23	0.001 40	0.005 72	0.017 26	0.041 47
16				0.000 01	0.000 07	0.000 51	0.002 41	0.008 23	0.022 04
17					0.000 02	0.000 18	0.000 96	0.003 72	0.011 11
18					0.000 01	0.000 06	0.000 36	0.001 59	0.005 32
19						0.000 02	0.000 13	0.000 65	0.002 43
20						0.000 01	0.000 04	0.000 25	0.001 06
21							0.000 01	0.000 09	0.000 44
22							0.000 01	0.000 03	0.000 18
23								0.000 01	0.000 07
24									0.000 03
25									0.000 01

附表 2　标准正态分布函数值表

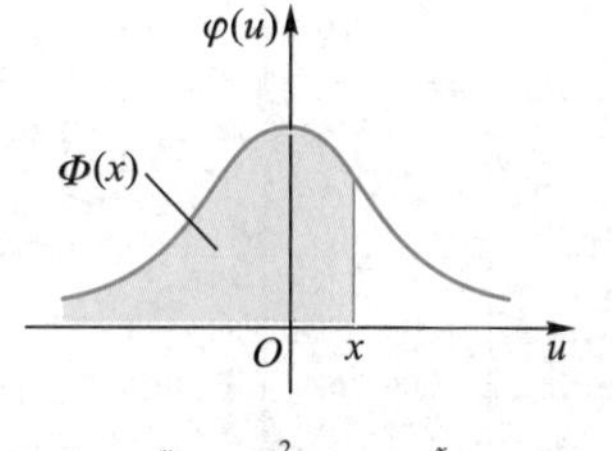

$$\Phi(x)=\frac{1}{\sqrt{2\pi}}\int_{-\infty}^{x}\mathrm{e}^{-\frac{u^2}{2}}\mathrm{d}u=\int_{-\infty}^{x}\varphi(u)\,\mathrm{d}u$$

x	.00	.01	.02	.03	.04	.05	.06	.07	.08	.09
0.0	0.500 0	0.504 0	0.508 0	0.512 0	0.516 0	0.519 9	0.523 9	0.527 9	0.531 9	0.535 9
0.1	0.539 8	0.543 8	0.547 8	0.551 7	0.555 7	0.559 6	0.563 6	0.567 5	0.571 4	0.575 3
0.2	0.579 3	0.583 2	0.587 1	0.591 0	0.594 8	0.598 7	0.602 6	0.606 4	0.610 3	0.614 1
0.3	0.617 9	0.621 7	0.625 5	0.629 3	0.633 1	0.636 8	0.640 6	0.644 3	0.648 0	0.651 7

续表

x	.00	.01	.02	.03	.04	.05	.06	.07	.08	.09
0.4	0.655 4	0.659 1	0.662 8	0.666 4	0.670 0	0.673 6	0.677 2	0.680 8	0.684 4	0.687 9
0.5	0.691 5	0.695 0	0.698 5	0.701 9	0.705 4	0.708 8	0.712 3	0.715 7	0.719 0	0.722 4
0.6	0.725 7	0.729 1	0.732 4	0.735 7	0.738 9	0.742 2	0.745 4	0.748 6	0.751 7	0.754 9
0.7	0.758 0	0.761 1	0.764 2	0.767 3	0.770 3	0.773 4	0.776 4	0.779 4	0.782 3	0.785 2
0.8	0.788 1	0.791 0	0.793 9	0.796 7	0.799 5	0.802 3	0.805 1	0.807 8	0.810 6	0.813 3
0.9	0.815 9	0.818 6	0.821 2	0.823 8	0.826 4	0.828 9	0.831 5	0.834 0	0.836 5	0.838 9
1.0	0.841 3	0.843 8	0.846 1	0.848 5	0.850 8	0.853 1	0.855 4	0.857 7	0.859 9	0.862 1
1.1	0.864 3	0.866 5	0.868 6	0.870 8	0.872 9	0.874 9	0.877 0	0.879 0	0.881 0	0.883 0
1.2	0.884 9	0.886 9	0.888 8	0.890 7	0.892 5	0.894 4	0.896 2	0.898 0	0.899 7	0.901 5
1.3	0.903 2	0.904 9	0.906 6	0.908 2	0.909 9	0.911 5	0.913 1	0.914 7	0.916 2	0.917 7
1.4	0.919 2	0.920 7	0.922 2	0.923 6	0.925 1	0.926 5	0.927 8	0.929 2	0.930 6	0.931 9
1.5	0.933 2	0.934 5	0.935 7	0.937 0	0.938 2	0.939 4	0.940 6	0.941 8	0.943 0	0.944 1
1.6	0.945 2	0.946 3	0.947 4	0.948 4	0.949 5	0.950 5	0.951 5	0.952 5	0.953 5	0.954 5
1.7	0.955 4	0.956 4	0.957 3	0.958 2	0.959 1	0.959 9	0.960 8	0.961 6	0.962 5	0.963 3
1.8	0.964 1	0.964 8	0.965 6	0.966 4	0.967 1	0.967 8	0.968 6	0.969 3	0.970 0	0.970 6
1.9	0.971 3	0.971 9	0.972 6	0.973 2	0.973 8	0.974 4	0.975 0	0.975 6	0.976 2	0.976 7
2.0	0.977 2	0.977 8	0.978 3	0.978 8	0.979 3	0.979 8	0.980 3	0.980 8	0.981 2	0.981 7
2.1	0.982 1	0.982 6	0.983 0	0.983 4	0.983 8	0.984 2	0.984 6	0.985 0	0.985 4	0.985 7
2.2	0.986 1	0.986 4	0.986 8	0.987 1	0.987 4	0.987 8	0.988 1	0.988 4	0.988 7	0.989 0
2.3	0.989 3	0.989 6	0.989 8	0.990 1	0.990 4	0.990 6	0.990 9	0.991 1	0.991 3	0.991 6
2.4	0.991 8	0.992 0	0.992 2	0.992 5	0.992 7	0.992 9	0.993 1	0.993 2	0.993 4	0.993 6
2.5	0.993 8	0.994 0	0.994 1	0.994 3	0.994 5	0.994 6	0.994 8	0.994 9	0.995 1	0.995 2
2.6	0.995 3	0.995 5	0.995 6	0.995 7	0.995 9	0.996 0	0.996 1	0.996 2	0.996 3	0.996 4
2.7	0.996 5	0.996 6	0.996 7	0.996 8	0.996 9	0.997 0	0.997 1	0.997 2	0.997 3	0.997 4
2.8	0.997 4	0.997 5	0.997 6	0.997 7	0.997 7	0.997 8	0.997 9	0.997 9	0.998 0	0.998 1
2.9	0.998 1	0.998 2	0.998 2	0.998 3	0.998 4	0.998 4	0.998 5	0.998 5	0.998 6	0.998 6
3.0	0.998 7	0.998 7	0.998 7	0.998 8	0.998 8	0.998 9	0.998 9	0.998 9	0.999 0	0.999 0
3.2	0.999 3	0.999 3	0.999 4	0.999 4	0.999 4	0.999 4	0.999 4	0.999 5	0.999 5	0.999 5
3.4	0.999 7	0.999 7	0.999 7	0.999 7	0.999 7	0.999 7	0.999 7	0.999 7	0.999 7	0.999 8
3.6	0.999 8	0.999 8	0.999 9	0.999 9	0.999 9	0.999 9	0.999 9	0.999 9	0.999 9	0.999 9
3.8	0.999 9	0.999 9	0.999 9	0.999 9	0.999 9	0.999 9	0.999 9	0.999 9	0.999 9	0.999 9
$\Phi(4.0)=0.999\ 968\ 329$				$\Phi(5.0)=0.999\ 999\ 713\ 3$				$\Phi(6.0)=0.999\ 999\ 999$		

附表 3 χ^2 分布表

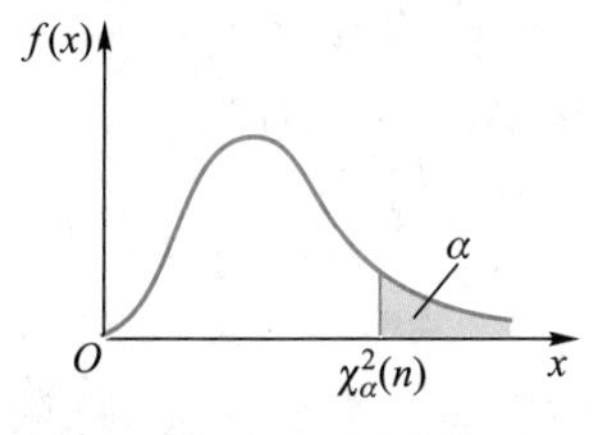

$P(\chi^2(n) > \chi^2_\alpha(n)) = \alpha$

n	α=0. 995	0. 99	0. 975	0. 95	0. 90	0. 75
1	—	—	0. 001	0. 004	0. 016	0. 102
2	0. 010	0. 020	0. 051	0. 103	0. 211	0. 575
3	0. 072	0. 115	0. 216	0. 352	0. 584	1. 213
4	0. 207	0. 297	0. 484	0. 711	1. 064	1. 923
5	0. 412	0. 554	0. 831	1. 145	1. 610	2. 675
6	0. 676	0. 872	1. 237	1. 635	2. 204	3. 455
7	0. 989	1. 239	1. 690	2. 167	2. 833	4. 255
8	1. 344	1. 646	2. 180	2. 733	3. 490	5. 071
9	1. 735	2. 088	2. 700	3. 325	4. 168	5. 899
10	2. 156	2. 558	3. 247	3. 940	4. 865	6. 737
11	2. 603	3. 053	3. 816	4. 575	5. 578	7. 584
12	3. 074	3. 571	4. 404	5. 226	6. 304	8. 438
13	3. 565	4. 107	5. 009	5. 892	7. 042	9. 299
14	4. 075	4. 660	5. 629	6. 571	7. 790	10. 165
15	4. 601	5. 229	6. 262	7. 261	8. 547	11. 037
16	5. 142	5. 812	6. 908	7. 962	9. 312	11. 912
17	5. 697	6. 408	7. 564	8. 672	10. 085	12. 792
18	6. 265	7. 015	8. 231	9. 390	10. 865	13. 675
19	6. 844	7. 633	8. 907	10. 117	11. 651	14. 562
20	7. 434	8. 260	9. 591	10. 851	12. 443	15. 452
21	8. 034	8. 897	10. 283	11. 591	13. 240	16. 344
22	8. 643	9. 542	10. 982	12. 338	14. 042	17. 240
23	9. 260	10. 196	11. 689	13. 091	14. 848	18. 137
24	9. 886	10. 856	12. 401	13. 848	15. 659	19. 037
25	10. 520	11. 524	13. 120	14. 611	16. 473	19. 939

续表

n	$\alpha=0.995$	0.99	0.975	0.95	0.90	0.75
26	11.160	12.198	13.844	15.379	17.292	20.843
27	11.808	12.879	14.573	16.151	18.114	21.749
28	12.461	13.565	15.308	16.928	18.939	22.657
29	13.121	14.257	16.047	17.708	19.768	23.567
30	13.787	14.954	16.791	18.493	20.599	24.478
31	14.458	15.655	17.539	19.281	21.434	25.390
32	15.134	16.362	18.291	20.072	22.271	26.304
33	15.815	17.074	19.047	20.867	23.110	27.219
34	16.501	17.789	19.806	21.664	23.952	28.136
35	17.192	18.509	20.569	22.465	24.797	29.054
36	17.887	19.233	21.336	23.269	25.643	29.973
37	18.586	19.960	22.106	24.075	26.492	30.893
38	19.289	20.691	22.878	24.884	27.343	31.815
39	19.996	21.426	23.654	25.695	28.196	32.737
40	20.707	22.164	24.433	26.509	29.051	33.660
41	21.421	22.906	25.215	27.326	29.907	34.585
42	22.138	23.650	25.999	28.144	30.765	35.510
43	22.859	24.398	26.785	28.965	31.625	36.436
44	23.584	25.148	27.575	29.787	32.487	37.363
45	24.311	25.901	28.366	30.612	33.350	38.291
n	$\alpha=0.25$	0.10	0.05	0.025	0.01	0.005
1	1.323	2.706	3.841	5.024	6.635	7.879
2	2.773	4.605	5.991	7.378	9.210	10.597
3	4.108	6.251	7.815	9.348	11.345	12.838
4	5.385	7.779	9.488	11.143	13.277	14.860
5	6.626	9.236	11.071	12.833	15.086	16.750
6	7.841	10.645	12.592	14.449	16.812	18.548
7	9.037	12.017	14.067	16.013	18.475	20.278
8	10.219	13.362	15.507	17.535	20.090	21.955
9	11.389	14.684	16.919	19.023	21.666	23.589
10	12.549	15.987	18.307	20.483	23.209	25.188
11	13.701	17.275	19.675	21.920	24.725	26.757
12	14.845	18.549	21.026	23.337	26.217	28.299
13	15.984	19.812	22.362	24.736	27.688	29.819
14	17.117	21.064	23.685	26.119	29.141	31.319

续表

n	α =0. 25	0. 10	0. 05	0. 025	0. 01	0. 005
15	18. 245	22. 307	24. 996	27. 488	30. 578	32. 801
16	19. 369	23. 542	26. 296	28. 845	32. 000	34. 267
17	20. 489	24. 769	27. 587	30. 191	33. 409	35. 718
18	21. 605	25. 989	28. 869	31. 526	34. 805	37. 156
19	22. 718	27. 204	30. 144	32. 852	36. 191	38. 582
20	23. 828	28. 412	31. 410	34. 170	37. 566	39. 997
21	24. 935	29. 615	32. 671	35. 479	38. 932	41. 401
22	26. 039	30. 813	33. 924	36. 781	40. 289	42. 796
23	27. 141	32. 007	35. 172	38. 076	41. 638	44. 181
24	28. 241	33. 196	36. 415	39. 364	42. 980	45. 559
25	29. 339	34. 382	37. 652	40. 646	44. 314	46. 928
26	30. 435	35. 563	38. 885	41. 923	45. 642	48. 290
27	31. 528	36. 741	40. 113	43. 194	46. 963	49. 645
28	32. 620	37. 916	41. 337	44. 461	48. 278	50. 993
29	33. 711	39. 087	42. 557	45. 722	49. 588	52. 336
30	34. 800	40. 256	43. 773	46. 979	50. 892	53. 672
31	35. 887	41. 422	44. 985	48. 232	52. 191	55. 003
32	36. 973	42. 585	46. 194	49. 480	53. 486	56. 328
33	38. 058	43. 745	47. 400	50. 725	54. 776	57. 648
34	39. 141	44. 903	48. 602	51. 966	56. 061	58. 964
35	40. 223	46. 059	49. 802	53. 203	57. 342	60. 275
36	41. 304	47. 212	50. 998	54. 437	58. 619	61. 581
37	42. 383	48. 363	52. 192	55. 668	59. 892	62. 883
38	43. 462	49. 513	53. 384	56. 896	61. 162	64. 181
39	44. 539	50. 660	54. 572	58. 120	62. 428	65. 476
40	45. 616	51. 805	55. 758	59. 342	63. 691	66. 766
41	46. 692	52. 949	56. 942	60. 561	64. 950	68. 053
42	47. 766	54. 090	58. 124	61. 777	66. 206	69. 336
43	48. 840	55. 230	59. 304	62. 990	67. 459	70. 616
44	49. 913	56. 369	60. 481	64. 201	68. 710	71. 893
45	50. 985	57. 505	61. 656	65. 410	69. 957	73. 166

附表 4　t 分布表

$f(t)$

α

O　$t_\alpha(n)$　t

$$P\{t(n)>t_\alpha(n)\}=\alpha$$

n	$\alpha=0.25$	0.10	0.05	0.025	0.01	0.005
1	1.000 0	3.077 7	6.313 8	12.706 2	31.820 7	63.657 4
2	0.816 5	1.885 6	2.920 0	4.302 7	6.964 6	9.924 8
3	0.764 9	1.637 7	2.353 4	3.182 4	4.540 7	5.840 9
4	0.740 7	1.533 2	2.131 8	2.776 4	3.746 9	4.604 1
5	0.726 7	1.475 9	2.015 0	2.570 6	3.364 9	4.032 2
6	0.717 6	1.439 8	1.943 2	2.446 9	3.142 7	3.707 4
7	0.711 1	1.414 9	1.894 6	2.364 6	2.998 0	3.499 5
8	0.706 4	1.396 8	1.859 5	2.306 0	2.896 5	3.355 4
9	0.702 7	1.383 0	1.833 1	2.262 2	2.821 4	3.249 8
10	0.699 8	1.372 2	1.812 5	2.228 1	2.763 8	3.169 3
11	0.697 4	1.363 4	1.795 9	2.201 0	2.718 1	3.105 8
12	0.695 5	1.356 2	1.782 3	2.178 8	2.681 0	3.054 5
13	0.693 8	1.350 2	1.770 9	2.160 4	2.650 3	3.012 3
14	0.692 4	1.345 0	1.761 3	2.144 8	2.624 5	2.976 8
15	0.691 2	1.340 6	1.753 1	2.131 5	2.602 5	2.946 7
16	0.690 1	1.336 8	1.745 9	2.119 9	2.583 5	2.920 8
17	0.689 2	1.333 4	1.739 6	2.109 8	2.566 9	2.898 2
18	0.688 4	1.330 4	1.734 1	2.100 9	2.552 4	2.878 4
19	0.687 6	1.327 7	1.729 1	2.093 0	2.539 5	2.860 9
20	0.687 0	1.325 3	1.724 7	2.086 0	2.528 0	2.845 3
21	0.686 4	1.323 2	1.720 7	2.079 6	2.517 7	2.831 4
22	0.685 8	1.321 2	1.717 1	2.073 9	2.508 3	2.818 8
23	0.685 3	1.319 5	1.713 9	2.068 7	2.499 9	2.807 3
24	0.684 8	1.317 8	1.710 9	2.063 9	2.492 2	2.796 9
25	0.684 4	1.316 3	1.708 1	2.059 5	2.485 1	2.787 4
26	0.684 0	1.315 0	1.705 6	2.055 5	2.478 6	2.778 7
27	0.683 7	1.313 7	1.703 3	2.051 8	2.472 7	2.770 7
28	0.683 4	1.312 5	1.701 1	2.048 4	2.467 1	2.763 3
29	0.683 0	1.311 4	1.699 1	2.045 2	2.462 0	2.756 4
30	0.682 8	1.310 4	1.697 3	2.042 3	2.457 3	2.750 0
31	0.682 5	1.309 5	1.695 5	2.039 5	2.452 8	2.744 0
32	0.682 2	1.308 6	1.693 9	2.036 9	2.448 7	2.738 5
33	0.682 0	1.307 7	1.692 4	2.034 5	2.444 8	2.733 3
34	0.681 8	1.307 0	1.690 9	2.032 2	2.441 1	2.728 4
35	0.681 6	1.306 2	1.689 6	2.030 1	2.437 7	2.723 8
36	0.681 4	1.305 5	1.688 3	2.028 1	2.434 5	2.719 5
37	0.681 2	1.304 9	1.687 1	2.026 2	2.431 4	2.715 4
38	0.681 0	1.304 2	1.686 0	2.024 4	2.428 6	2.711 6
39	0.680 8	1.303 6	1.684 9	2.022 7	2.425 8	2.707 9
40	0.680 7	1.303 1	1.683 9	2.021 1	2.423 3	2.704 5
41	0.680 5	1.302 5	1.682 9	2.019 5	2.420 8	2.701 2
42	0.680 4	1.302 0	1.682 0	2.018 1	2.418 5	2.698 1
43	0.680 2	1.301 6	1.681 1	2.016 7	2.416 3	2.695 1
44	0.680 1	1.301 1	1.680 2	2.015 4	2.414 1	2.692 3
45	0.680 0	1.300 6	1.679 4	2.014 1	2.412 1	2.689 6

附表5 F 分布表

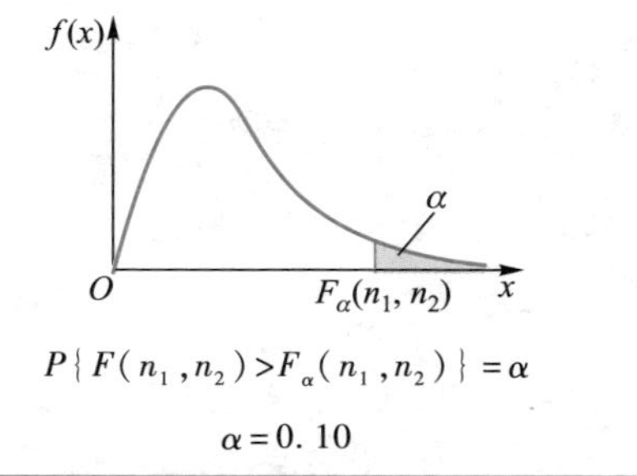

$$P\{F(n_1,n_2)>F_\alpha(n_1,n_2)\}=\alpha$$

$\alpha=0.10$

n_2	n_1																		
	1	2	3	4	5	6	7	8	9	10	12	15	20	24	30	40	60	120	∞
1	39.86	49.50	53.59	55.83	57.24	58.20	58.91	59.44	59.86	60.19	60.71	61.22	61.74	62.00	62.26	62.53	62.79	63.06	63.33
2	8.53	9.00	9.16	9.24	9.29	9.33	9.35	9.37	9.38	9.39	9.41	9.42	9.44	9.45	9.46	9.47	9.47	9.48	9.49
3	5.54	5.46	5.39	5.34	5.31	5.28	5.27	5.25	5.24	5.23	5.22	5.20	5.18	5.18	5.17	5.16	5.15	5.14	5.13
4	4.54	4.32	4.19	4.11	4.05	4.01	3.98	3.95	3.94	3.92	3.90	3.87	3.84	3.83	3.82	3.80	3.79	3.78	3.76
5	4.06	3.78	3.62	3.52	3.45	3.40	3.37	3.34	3.32	3.30	3.27	3.24	3.21	3.19	3.17	3.16	3.14	3.12	3.10
6	3.78	3.46	3.29	3.18	3.11	3.05	3.01	2.98	2.96	2.94	2.90	2.87	2.84	2.82	2.80	2.78	2.76	2.74	2.72
7	3.59	3.26	3.07	2.96	2.88	2.83	2.78	2.75	2.72	2.70	2.67	2.63	2.59	2.58	2.56	2.54	2.51	2.49	2.47
8	3.46	3.11	2.92	2.81	2.73	2.67	2.62	2.59	2.56	2.54	2.50	2.46	2.42	2.40	2.38	2.36	2.34	2.32	2.29
9	3.36	3.01	2.81	2.69	2.61	2.55	2.51	2.47	2.44	2.42	2.38	2.34	2.30	2.28	2.25	2.23	2.21	2.18	2.16
10	3.29	2.92	2.73	2.61	2.52	2.46	2.41	2.38	2.35	2.32	2.28	2.24	2.20	2.18	2.16	2.13	2.11	2.08	2.06
11	3.23	2.86	2.66	2.54	2.45	2.39	2.34	2.30	2.27	2.25	2.21	2.17	2.12	2.10	2.08	2.05	2.03	2.00	1.97
12	3.18	2.81	2.61	2.48	2.39	2.33	2.28	2.24	2.21	2.19	2.15	2.10	2.06	2.04	2.01	1.99	1.96	1.93	1.90
13	3.14	2.76	2.56	2.43	2.35	2.28	2.23	2.20	2.16	2.14	2.10	2.05	2.01	1.98	1.96	1.93	1.90	1.88	1.85

续表

$\alpha=0.10$

n_2	n_1																		
	1	2	3	4	5	6	7	8	9	10	12	15	20	24	30	40	60	120	∞
14	3. 10	2. 73	2. 52	2. 39	2. 31	2. 24	2. 19	2. 15	2. 12	2. 10	2. 05	2. 01	1. 96	1. 94	1. 91	1. 89	1. 86	1. 83	1. 80
15	3. 07	2. 70	2. 49	2. 36	2. 27	2. 21	2. 16	2. 12	2. 09	2. 06	2. 02	1. 97	1. 92	1. 90	1. 87	1. 85	1. 82	1. 79	1. 76
16	3. 05	2. 67	2. 46	2. 33	2. 24	2. 18	2. 13	2. 09	2. 06	2. 03	1. 99	1. 94	1. 89	1. 87	1. 84	1. 81	1. 78	1. 75	1. 72
17	3. 03	2. 64	2. 44	2. 31	2. 22	2. 15	2. 10	2. 06	2. 03	2. 00	1. 96	1. 91	1. 86	1. 84	1. 81	1. 78	1. 75	1. 72	1. 69
18	3. 01	2. 62	2. 42	2. 29	2. 20	2. 13	2. 08	2. 04	2. 00	1. 98	1. 93	1. 89	1. 84	1. 81	1. 78	1. 75	1. 72	1. 69	1. 66
19	2. 99	2. 61	2. 40	2. 27	2. 18	2. 11	2. 06	2. 02	1. 98	1. 96	1. 91	1. 86	1. 81	1. 79	1. 76	1. 73	1. 70	1. 67	1. 63
20	2. 97	2. 59	2. 38	2. 25	2. 16	2. 09	2. 04	2. 00	1. 96	1. 94	1. 89	1. 84	1. 79	1. 77	1. 74	1. 71	1. 68	1. 64	1. 61
21	2. 96	2. 57	2. 36	2. 23	2. 14	2. 08	2. 02	1. 98	1. 95	1. 92	1. 87	1. 83	1. 78	1. 75	1. 72	1. 69	1. 66	1. 62	1. 59
22	2. 95	2. 56	2. 35	2. 22	2. 13	2. 06	2. 01	1. 97	1. 93	1. 90	1. 86	1. 81	1. 76	1. 73	1. 70	1. 67	1. 64	1. 60	1. 57
23	2. 94	2. 55	2. 34	2. 21	2. 11	2. 05	1. 99	1. 95	1. 92	1. 89	1. 84	1. 80	1. 74	1. 72	1. 69	1. 66	1. 62	1. 59	1. 55
24	2. 93	2. 54	2. 33	2. 19	2. 10	2. 04	1. 98	1. 94	1. 91	1. 88	1. 83	1. 78	1. 73	1. 70	1. 67	1. 64	1. 61	1. 57	1. 53
25	2. 92	2. 53	2. 32	2. 18	2. 09	2. 02	1. 97	1. 93	1. 89	1. 87	1. 82	1. 77	1. 72	1. 69	1. 66	1. 63	1. 59	1. 56	1. 52
26	2. 91	2. 52	2. 31	2. 17	2. 08	2. 01	1. 96	1. 92	1. 88	1. 86	1. 81	1. 76	1. 71	1. 68	1. 65	1. 61	1. 58	1. 54	1. 50
27	2. 90	2. 51	2. 30	2. 17	2. 07	2. 00	1. 95	1. 91	1. 87	1. 85	1. 80	1. 75	1. 70	1. 67	1. 64	1. 60	1. 57	1. 53	1. 49
28	2. 89	2. 50	2. 29	2. 16	2. 06	2. 00	1. 94	1. 90	1. 87	1. 84	1. 79	1. 74	1. 69	1. 66	1. 63	1. 59	1. 56	1. 52	1. 48
29	2. 89	2. 50	2. 28	2. 15	2. 06	1. 99	1. 93	1. 89	1. 86	1. 83	1. 78	1. 73	1. 68	1. 65	1. 62	1. 58	1. 55	1. 51	1. 47
30	2. 88	2. 49	2. 28	2. 14	2. 05	1. 98	1. 93	1. 88	1. 85	1. 82	1. 77	1. 72	1. 67	1. 64	1. 61	1. 57	1. 54	1. 50	1. 46
40	2. 84	2. 44	2. 23	2. 09	2. 00	1. 93	1. 87	1. 83	1. 79	1. 76	1. 71	1. 66	1. 61	1. 57	1. 54	1. 51	1. 47	1. 42	1. 38
60	2. 79	2. 39	2. 18	2. 04	1. 95	1. 87	1. 82	1. 77	1. 74	1. 71	1. 66	1. 60	1. 54	1. 51	1. 48	1. 44	1. 40	1. 35	1. 29
120	2. 75	2. 35	2. 13	1. 99	1. 90	1. 82	1. 77	1. 72	1. 68	1. 65	1. 60	1. 55	1. 48	1. 45	1. 41	1. 37	1. 32	1. 26	1. 19
∞	2. 71	2. 30	2. 08	1. 94	1. 85	1. 77	1. 72	1. 67	1. 63	1. 60	1. 55	1. 49	1. 42	1. 38	1. 34	1. 30	1. 24	1. 17	1. 00

续表

$\alpha=0.05$

n_2	n_1																		
	1	2	3	4	5	6	7	8	9	10	12	15	20	24	30	40	60	120	∞
1	161.4	199.5	215.7	224.6	230.2	234.0	236.8	238.9	240.5	241.9	243.9	245.9	248.0	249.1	250.1	251.1	252.2	253.3	254.3
2	18.51	19.00	19.16	19.25	19.30	19.33	19.35	19.37	19.38	19.40	19.41	19.43	19.45	19.45	19.46	19.47	19.48	19.49	19.50
3	10.13	9.55	9.28	9.12	9.01	8.94	8.89	8.85	8.81	8.79	8.74	8.70	8.66	8.64	8.62	8.59	8.57	8.55	8.53
4	7.71	6.94	6.59	6.39	6.26	6.16	6.09	6.04	6.00	5.96	5.91	5.86	5.80	5.77	5.75	5.72	5.69	5.66	5.63
5	6.61	5.79	5.41	5.19	5.05	4.95	4.88	4.82	4.77	4.74	4.68	4.62	4.56	4.53	4.50	4.46	4.43	4.40	4.36
6	5.99	5.14	4.76	4.53	4.39	4.28	4.21	4.15	4.10	4.06	4.00	3.94	3.87	3.84	3.81	3.77	3.74	3.70	3.67
7	5.59	4.74	4.35	4.12	3.97	3.87	3.79	3.73	3.68	3.64	3.57	3.51	3.44	3.41	3.38	3.34	3.30	3.27	3.23
8	5.32	4.46	4.07	3.84	3.69	3.58	3.50	3.44	3.39	3.35	3.28	3.22	3.15	3.12	3.08	3.04	3.01	2.97	2.93
9	5.12	4.26	3.86	3.63	3.48	3.37	3.29	3.23	3.18	3.14	3.07	3.01	2.94	2.90	2.86	2.83	2.79	2.75	2.71
10	4.96	4.10	3.71	3.48	3.33	3.22	3.14	3.07	3.02	2.98	2.91	2.85	2.77	2.74	2.70	2.66	2.62	2.58	2.54
11	4.84	3.98	3.59	3.36	3.20	3.09	3.01	2.95	2.90	2.85	2.79	2.72	2.65	2.61	2.57	2.53	2.49	2.45	2.40
12	4.75	3.89	3.49	3.26	3.11	3.00	2.91	2.85	2.80	2.75	2.69	2.62	2.54	2.51	2.47	2.43	2.38	2.34	2.30
13	4.67	3.81	3.41	3.18	3.03	2.92	2.83	2.77	2.71	2.67	2.60	2.53	2.46	2.42	2.38	2.34	2.30	2.25	2.21
14	4.60	3.74	3.34	3.11	2.96	2.85	2.76	2.70	2.65	2.60	2.53	2.46	2.39	2.35	2.31	2.27	2.22	2.18	2.13
15	4.54	3.68	3.29	3.06	2.90	2.79	2.71	2.64	2.59	2.54	2.48	2.40	2.33	2.29	2.25	2.20	2.16	2.11	2.07
16	4.49	3.63	3.24	3.01	2.85	2.74	2.66	2.59	2.54	2.49	2.42	2.35	2.28	2.24	2.19	2.15	2.11	2.06	2.01
17	4.45	3.59	3.20	2.96	2.81	2.70	2.61	2.55	2.49	2.45	2.38	2.31	2.23	2.19	2.15	2.10	2.06	2.01	1.96
18	4.41	3.55	3.16	2.93	2.77	2.66	2.58	2.51	2.46	2.41	2.34	2.27	2.19	2.15	2.11	2.06	2.02	1.97	1.92
19	4.38	3.52	3.13	2.90	2.74	2.63	2.54	2.48	2.42	2.38	2.31	2.23	2.16	2.11	2.07	2.03	1.98	1.93	1.88
20	4.35	3.49	3.10	2.87	2.71	2.60	2.51	2.45	2.39	2.35	2.28	2.20	2.12	2.08	2.04	1.99	1.95	1.90	1.84
21	4.32	3.47	3.07	2.84	2.68	2.57	2.49	2.42	2.37	2.32	2.25	2.18	2.10	2.05	2.01	1.96	1.92	1.87	1.81
22	4.30	3.44	3.05	2.82	2.66	2.55	2.46	2.40	2.34	2.30	2.23	2.15	2.07	2.03	1.98	1.94	1.89	1.84	1.78
23	4.28	3.42	3.03	2.80	2.64	2.53	2.44	2.37	2.32	2.27	2.20	2.13	2.05	2.01	1.96	1.91	1.86	1.81	1.76
24	4.26	3.40	3.01	2.78	2.62	2.51	2.42	2.36	2.30	2.25	2.18	2.11	2.03	1.98	1.94	1.89	1.84	1.79	1.73
25	4.24	3.39	2.99	2.76	2.60	2.49	2.40	2.34	2.28	2.24	2.16	2.09	2.01	1.96	1.92	1.87	1.82	1.77	1.71
26	4.23	3.37	2.98	2.74	2.59	2.47	2.39	2.32	2.27	2.22	2.15	2.07	1.99	1.95	1.90	1.85	1.80	1.75	1.69
27	4.21	3.35	2.96	2.73	2.57	2.46	2.37	2.31	2.25	2.20	2.13	2.06	1.97	1.93	1.88	1.84	1.79	1.73	1.67
28	4.20	3.34	2.95	2.71	2.56	2.45	2.36	2.29	2.24	2.19	2.12	2.04	1.96	1.91	1.87	1.82	1.77	1.71	1.65
29	4.18	3.33	2.93	2.70	2.55	2.43	2.35	2.28	2.22	2.18	2.10	2.03	1.94	1.90	1.85	1.81	1.75	1.70	1.64
30	4.17	3.32	2.92	2.69	2.53	2.42	2.33	2.27	2.21	2.16	2.09	2.01	1.93	1.89	1.84	1.79	1.74	1.68	1.62
40	4.08	3.23	2.84	2.61	2.45	2.34	2.25	2.18	2.12	2.08	2.00	1.92	1.84	1.79	1.74	1.69	1.64	1.58	1.51
60	4.00	3.15	2.76	2.53	2.37	2.25	2.17	2.10	2.04	1.99	1.92	1.84	1.75	1.70	1.65	1.59	1.53	1.47	1.39
120	3.92	3.07	2.68	2.45	2.29	2.17	2.09	2.02	1.96	1.91	1.83	1.75	1.66	1.61	1.55	1.50	1.43	1.35	1.25
∞	3.84	3.00	2.60	2.37	2.21	2.10	2.01	1.94	1.88	1.83	1.75	1.67	1.57	1.52	1.46	1.39	1.32	1.22	1.00

续表

$\alpha=0.025$

n_2	n_1																		
	1	2	3	4	5	6	7	8	9	10	12	15	20	24	30	40	60	120	∞
1	647.8	799.5	864.2	899.6	921.8	937.1	948.2	956.7	963.3	968.6	976.7	984.9	993.1	997.2	1 001	1 006	1 010	1 014	1 018
2	38.51	39.00	39.17	39.25	39.30	39.33	39.36	39.37	39.39	39.40	39.41	39.43	39.45	39.46	39.46	39.47	39.48	39.49	39.50
3	17.44	16.04	15.44	15.10	14.88	14.73	14.62	14.54	14.47	14.42	14.34	14.25	14.17	14.12	14.08	14.04	13.99	13.95	13.90
4	12.22	10.65	9.98	9.60	9.36	9.20	9.07	8.98	8.90	8.84	8.75	8.66	8.56	8.51	8.46	8.41	8.36	8.31	8.26
5	10.01	8.43	7.76	7.39	7.15	6.98	6.85	6.76	6.68	6.62	6.52	6.43	6.33	6.28	6.23	6.18	6.12	6.07	6.02
6	8.81	7.26	6.60	6.23	5.99	5.82	5.70	5.60	5.52	5.46	5.37	5.27	5.17	5.12	5.07	5.01	4.96	4.90	4.85
7	8.07	6.54	5.89	5.52	5.29	5.12	4.99	4.90	4.82	4.76	4.67	4.57	4.47	4.42	4.36	4.31	4.25	4.20	4.14
8	7.57	6.06	5.42	5.05	4.82	4.65	4.53	4.43	4.36	4.30	4.20	4.10	4.00	3.95	3.89	3.84	3.78	3.37	3.67
9	7.21	5.71	5.08	4.72	4.48	4.32	4.20	4.10	4.03	3.96	3.87	3.77	3.67	3.61	3.56	3.51	3.45	3.39	3.33
10	6.94	5.46	4.83	4.47	4.24	4.07	3.95	3.85	3.78	3.72	3.62	3.52	3.42	3.37	3.31	3.26	3.20	3.14	3.08
11	6.72	5.26	4.63	4.28	4.04	3.88	3.76	3.66	3.59	3.53	3.43	3.33	3.23	3.17	3.12	3.06	3.00	2.94	2.88
12	6.55	5.10	4.47	4.12	3.89	3.73	3.61	3.51	3.44	3.37	3.28	3.18	3.07	3.02	2.96	2.91	2.85	2.79	2.72
13	6.41	4.97	4.35	4.00	3.77	3.60	3.48	3.39	3.31	3.25	3.15	3.05	2.95	2.89	2.84	2.78	2.72	2.66	2.60
14	6.30	4.86	4.24	3.89	3.66	3.50	3.38	3.29	3.21	3.15	3.05	2.95	2.84	2.79	2.73	2.67	2.61	2.55	2.49
15	6.20	4.77	4.15	3.80	3.58	3.41	3.29	3.20	3.12	3.06	2.96	2.86	2.76	2.70	2.64	2.59	2.52	2.46	2.40
16	6.12	4.69	4.08	3.73	3.50	3.34	3.22	3.12	3.05	2.99	2.89	2.79	2.86	2.63	2.57	2.51	2.45	2.38	2.32
17	6.04	4.62	4.01	3.66	3.44	3.28	3.16	3.06	2.98	2.92	2.82	2.72	2.62	2.56	2.50	2.44	2.38	2.32	2.25
18	5.98	4.56	3.95	3.61	3.38	3.22	3.10	3.01	2.93	2.87	2.77	2.67	2.56	2.50	2.44	2.38	2.32	2.26	2.19
19	5.92	4.51	3.90	3.56	3.33	3.17	3.05	2.96	2.88	2.82	2.72	2.62	2.51	2.45	2.39	2.33	2.27	2.20	2.13
20	5.87	4.46	3.86	3.51	3.29	3.13	3.01	2.91	2.84	2.77	2.68	2.57	2.46	2.41	2.35	2.29	2.22	2.16	2.09
21	5.83	4.42	3.82	3.48	3.25	3.09	2.97	2.87	2.80	2.73	2.64	2.53	2.42	2.37	2.31	2.25	2.18	2.11	2.04
22	5.79	4.38	3.78	3.44	3.22	3.05	2.93	2.84	2.76	2.70	2.60	2.50	2.39	2.33	2.27	2.21	2.14	2.08	2.00
23	5.75	4.35	3.75	3.41	3.18	3.02	2.90	2.81	2.73	2.67	2.57	2.47	2.36	2.30	2.24	2.18	2.11	2.04	1.97
24	5.72	4.32	3.72	3.38	3.15	2.99	2.87	2.78	2.70	2.64	2.54	2.44	2.33	2.27	2.21	2.15	2.08	2.01	1.94
25	5.69	4.29	3.69	3.35	3.13	2.97	2.85	2.75	2.68	2.61	2.51	2.41	2.30	2.24	2.18	2.12	2.05	1.98	1.91
26	5.66	4.27	3.67	3.33	3.10	2.94	2.82	2.73	2.65	2.59	2.49	2.39	2.28	2.22	2.16	2.09	2.03	1.95	1.88
27	5.63	4.24	3.65	3.31	3.08	2.92	2.80	2.71	2.63	2.57	2.47	2.36	2.25	2.19	2.13	2.07	2.00	1.93	1.85
28	5.61	4.22	3.63	3.29	3.06	2.90	2.78	2.69	2.61	2.55	2.45	2.34	2.23	2.17	2.11	2.05	1.98	1.91	1.83
29	5.59	4.20	3.61	3.27	3.04	2.88	2.76	2.67	2.59	2.53	2.43	2.32	2.21	2.15	2.09	2.03	1.96	1.89	1.81
30	5.57	4.18	3.59	3.25	3.03	2.87	2.75	2.65	2.57	2.51	2.41	2.31	2.20	2.14	2.07	2.01	1.94	1.87	1.79
40	5.42	4.05	3.46	3.13	2.90	2.74	3.62	2.53	2.45	2.39	2.29	2.18	2.07	2.01	1.94	1.88	1.80	1.72	1.64
60	5.29	3.93	3.34	3.01	2.79	2.63	2.51	2.41	2.33	2.27	2.17	2.06	1.94	1.88	1.82	1.74	1.67	1.58	1.48
120	5.15	3.80	3.23	2.89	2.67	2.52	2.39	2.30	2.22	2.16	2.05	1.94	1.82	1.76	1.69	1.61	1.53	1.43	1.31
∞	5.02	3.69	3.12	2.79	2.57	2.41	2.29	2.19	2.11	2.05	1.94	1.83	1.71	1.64	1.57	1.48	1.39	1.27	1.00

续表

$\alpha = 0.01$

n_2	n_1																		
	1	2	3	4	5	6	7	8	9	10	12	15	20	24	30	40	60	120	∞
1	4 052	4 999	5 403	5 625	5 764	5 859	5 928	5 982	6 022	6 056	6 106	6 157	6 209	6 235	6 261	6 287	6 313	6 339	6 366
2	98.50	99.00	99.17	99.25	99.30	99.33	99.36	99.37	99.39	99.40	99.42	99.43	99.45	99.46	99.47	99.47	99.48	99.49	99.50
3	34.12	30.82	29.46	28.71	28.24	27.91	27.67	27.49	27.35	27.23	27.05	26.87	26.69	26.60	26.50	26.41	26.32	26.22	26.13
4	21.20	18.00	16.69	15.98	15.52	15.21	14.98	14.80	14.66	14.55	14.37	14.20	14.02	13.93	13.84	13.75	13.65	13.56	13.46
5	16.26	13.27	12.06	11.39	10.97	10.67	10.46	10.29	10.16	10.05	9.89	9.72	9.55	9.47	9.38	9.29	9.20	9.11	9.02
6	13.75	10.92	9.78	9.15	8.75	8.47	8.26	8.10	7.98	7.87	7.72	7.56	7.40	7.31	7.23	7.14	7.06	6.97	6.88
7	12.25	9.55	8.45	7.85	7.46	7.19	6.99	6.84	6.72	6.62	6.47	6.31	6.16	6.07	5.99	5.91	5.82	5.74	5.65
8	11.26	8.65	7.59	7.01	6.63	6.37	6.18	6.03	5.91	5.81	5.67	5.52	5.36	5.28	5.20	5.12	5.03	4.95	4.86
9	10.56	8.02	6.99	6.42	6.06	5.80	5.61	5.47	5.35	5.26	5.11	4.96	4.81	4.73	4.65	4.57	4.48	4.40	4.31
10	10.04	7.56	6.55	5.99	5.64	5.39	5.20	5.06	4.94	4.85	4.71	4.56	4.41	4.33	4.25	4.17	4.08	4.00	3.91
11	9.65	7.21	6.22	5.67	5.32	5.07	4.89	4.74	4.63	4.54	4.40	4.25	4.10	4.02	3.94	3.86	4.78	3.69	3.60
12	9.33	6.93	5.95	5.41	5.06	4.82	4.64	4.50	4.39	4.30	4.16	4.01	3.86	3.78	3.70	3.62	3.54	3.45	3.36
13	9.07	6.70	5.74	5.21	4.86	4.62	4.44	4.30	4.19	3.10	3.96	3.82	3.66	3.59	3.51	3.43	3.34	3.25	3.17
14	8.86	6.51	5.56	5.04	4.69	4.46	4.28	4.14	4.03	3.94	3.80	3.66	3.51	3.43	3.35	3.27	3.18	3.09	3.00
15	8.68	6.36	5.42	4.89	4.56	4.32	4.14	4.00	3.89	3.80	3.67	3.52	3.37	3.29	3.21	3.13	3.05	2.96	2.87
16	8.53	6.23	5.29	4.77	4.44	4.20	4.03	3.89	3.78	3.69	3.55	3.41	3.26	3.18	3.10	3.02	2.93	2.84	2.75
17	8.40	6.11	5.18	4.67	4.34	4.10	3.93	3.79	3.68	3.59	3.46	3.31	3.16	3.08	3.00	2.92	2.83	2.75	2.65
18	8.29	6.01	5.09	4.58	4.25	4.01	3.84	3.71	3.60	3.51	3.37	3.23	3.08	3.00	2.92	2.84	2.75	2.66	2.57
19	8.18	5.93	5.01	4.50	4.17	3.94	3.77	3.63	3.52	3.43	3.30	3.15	3.00	2.92	2.84	2.76	2.67	2.58	2.49
20	8.10	5.85	4.94	4.43	4.10	3.87	3.70	3.56	3.46	3.37	3.23	3.09	2.94	2.86	2.78	2.69	2.61	2.52	2.42
21	8.02	5.78	4.87	4.37	4.04	3.81	3.64	3.51	3.40	3.31	3.17	3.03	2.88	2.80	2.72	2.64	2.55	2.46	2.36
22	7.95	5.72	4.82	4.31	3.99	3.76	3.59	3.45	3.35	3.26	3.12	2.98	2.83	2.75	2.67	2.58	2.50	2.40	2.31
23	7.88	5.66	4.76	4.26	3.94	3.71	3.54	3.41	3.30	3.21	3.07	2.93	2.78	2.70	2.62	2.54	2.45	2.35	2.26
24	7.82	5.61	4.72	4.22	3.90	3.67	3.50	3.36	3.26	3.17	3.03	2.89	2.74	2.66	2.58	2.49	2.40	2.31	2.21
25	7.77	5.57	4.68	4.18	3.85	3.63	3.46	3.32	3.22	3.13	2.99	2.85	2.70	2.62	2.54	2.45	2.36	2.27	2.17
26	7.72	5.53	4.64	4.14	3.82	3.59	3.42	3.29	3.18	3.09	2.96	2.81	2.66	2.58	2.50	2.42	2.33	2.23	2.13
27	7.68	5.49	4.60	4.11	3.78	3.56	3.39	3.26	3.15	3.06	2.93	2.78	2.63	2.55	2.47	2.38	2.29	2.20	2.10
28	7.64	5.45	4.57	4.07	3.75	3.53	3.36	3.23	3.12	3.03	2.90	2.75	2.60	2.52	2.44	2.35	2.26	2.17	2.06
29	7.60	5.42	4.54	4.04	3.73	3.50	3.33	3.20	3.09	3.00	2.87	2.73	2.57	2.49	2.41	2.33	2.23	2.14	2.03
30	7.56	5.39	4.51	4.02	3.70	3.47	3.30	3.17	3.07	2.98	2.84	2.70	2.55	2.47	2.39	2.30	2.21	2.11	2.01
40	7.31	5.18	4.31	3.83	3.51	3.29	3.12	2.99	2.89	2.80	2.66	2.52	2.37	2.29	2.20	2.11	2.02	1.92	1.80
60	7.08	4.98	4.13	3.65	3.34	3.12	2.95	2.82	2.72	2.63	2.50	2.35	2.20	2.12	2.03	1.94	1.84	1.73	1.60
120	6.85	4.79	3.95	3.48	3.17	2.96	2.79	2.66	2.56	2.47	2.34	2.19	2.03	1.95	1.86	1.76	1.66	1.53	1.38
∞	6.63	4.61	3.78	3.32	3.02	2.80	2.64	2.51	2.41	2.32	2.18	2.04	1.88	1.79	1.70	1.59	1.47	1.32	1.00

续表

$\alpha = 0.005$

n_2	n_1 = 1	2	3	4	5	6	7	8	9	10	12	15	20	24	30	40	60	120	∞
1	16 211	20 000	21 615	22 500	23 056	23 437	23 715	23 925	24 091	24 224	24 426	24 630	24 836	24 940	25 044	25 148	25 253	25 359	25 465
2	198.5	199.0	199.2	199.2	199.3	199.3	199.4	199.4	199.4	199.4	199.4	199.4	199.4	199.5	199.5	199.5	199.5	199.5	199.5
3	55.55	49.80	47.47	46.19	45.39	44.84	44.43	44.13	43.88	43.69	43.39	43.08	42.78	42.62	42.47	42.31	42.15	41.99	41.83
4	31.33	26.28	24.26	23.15	22.46	21.97	21.62	21.35	21.14	20.97	20.70	20.44	20.17	20.03	19.89	19.75	19.61	19.47	19.32
5	22.78	18.31	16.53	15.56	14.94	14.51	14.20	13.96	13.77	13.62	13.38	13.15	12.90	12.78	12.66	12.53	12.40	12.27	12.14
6	18.63	14.54	12.92	12.03	11.46	11.07	10.79	10.57	10.39	10.25	10.03	9.81	9.59	9.47	9.36	9.24	9.12	9.00	8.88
7	16.24	12.40	10.88	10.05	9.52	9.16	8.89	8.68	8.51	8.38	8.18	7.97	7.75	7.65	7.53	7.42	7.31	7.19	7.08
8	14.69	11.04	9.60	8.81	8.30	7.95	7.69	7.50	7.34	7.21	7.01	6.81	6.61	6.50	6.40	6.29	6.18	6.06	5.95
9	13.61	10.11	8.72	7.96	7.47	7.13	6.88	6.69	6.54	6.42	6.23	6.03	5.83	5.73	5.62	5.52	5.41	5.30	5.19
10	12.83	9.43	8.08	7.34	6.87	6.54	6.30	6.12	5.97	5.85	5.66	5.47	5.27	5.17	5.07	4.97	4.86	4.75	4.64
11	12.23	8.91	7.60	6.88	6.42	6.10	5.86	5.68	5.54	5.42	5.24	5.05	4.86	4.76	4.65	4.55	4.44	4.34	4.23
12	11.75	8.51	7.23	6.52	6.07	5.76	5.52	5.35	5.20	5.09	4.91	4.72	4.53	4.43	4.33	4.23	4.12	4.01	3.90
13	11.37	8.19	6.93	6.23	5.79	5.48	5.25	5.08	4.94	4.82	4.64	4.46	4.27	4.17	4.07	3.97	3.87	3.76	3.65
14	11.06	7.92	6.68	6.00	5.56	5.26	5.03	4.86	4.72	4.60	4.43	4.25	4.06	3.96	3.86	3.76	3.66	3.55	3.44
15	10.80	7.70	6.48	5.80	5.37	5.07	4.85	4.67	4.54	4.42	4.25	4.07	3.88	3.79	3.69	3.58	3.48	3.37	3.26
16	10.58	7.51	6.30	5.64	5.21	4.91	4.69	4.52	4.38	4.27	4.10	3.92	3.73	3.64	3.54	3.44	3.33	3.22	3.11
17	10.38	7.35	6.16	5.50	5.07	4.78	4.56	4.39	4.25	4.14	3.97	3.79	3.61	3.51	3.41	3.31	3.21	3.10	2.98
18	10.22	7.21	6.03	5.37	4.96	4.66	4.44	4.28	4.14	4.03	3.86	3.68	3.50	3.40	3.30	3.20	3.10	2.99	2.87
19	10.07	7.09	5.92	5.27	4.85	4.56	4.34	4.18	4.04	3.93	3.76	3.59	3.40	3.31	3.21	3.11	3.00	2.89	2.78
20	9.94	6.99	5.82	5.17	4.76	4.47	4.26	4.09	3.96	3.85	3.68	3.50	3.32	3.22	3.12	3.02	2.92	2.81	2.69
21	9.83	6.89	5.73	5.09	4.68	4.39	4.18	4.01	3.88	3.77	3.60	3.43	3.24	3.15	3.05	2.95	2.84	2.73	2.61
22	9.73	6.81	5.65	5.02	4.61	4.32	4.11	3.94	3.81	3.70	3.54	3.36	3.18	3.08	2.98	2.88	2.77	2.66	2.55
23	9.63	6.73	5.58	4.95	4.54	4.26	4.05	3.88	3.75	3.64	3.47	3.30	3.12	3.02	2.92	2.82	2.71	2.60	2.48
24	9.55	6.66	5.52	4.89	4.49	4.20	3.99	3.83	3.69	3.59	3.42	3.25	3.06	2.97	2.87	2.77	2.66	2.55	2.43
25	9.48	6.60	5.46	4.84	4.43	4.15	3.94	3.78	3.64	3.54	3.37	3.20	3.01	2.92	2.82	2.72	2.61	2.50	2.38
26	9.41	6.54	5.41	4.79	4.38	4.10	3.89	3.73	3.60	3.49	3.33	3.15	2.97	2.87	2.77	2.67	2.56	2.45	2.33
27	9.34	6.49	5.36	4.74	4.34	4.06	3.85	3.69	3.56	3.45	3.28	3.11	2.93	2.83	2.73	2.63	2.52	2.41	2.29
28	9.28	6.44	5.32	4.70	4.30	4.02	3.81	3.65	3.52	3.41	3.25	3.07	2.89	2.79	2.69	2.59	2.48	2.37	2.25
29	9.23	6.40	5.28	4.66	4.26	3.98	3.77	3.61	3.48	3.38	3.21	3.04	2.86	2.76	2.66	2.56	2.45	2.33	2.21
30	9.18	6.35	5.24	4.62	4.23	3.95	3.74	3.58	3.45	3.34	3.18	3.01	2.82	2.73	2.63	2.52	2.42	2.30	2.18
40	8.83	6.07	4.98	4.37	3.99	3.71	3.51	3.35	3.22	3.12	2.95	2.78	2.60	2.50	2.40	2.30	2.18	2.06	1.93
60	8.49	5.79	4.73	4.14	3.76	3.49	3.29	3.13	3.01	2.90	2.74	2.57	2.39	2.29	2.19	2.08	1.96	1.83	1.69
120	8.18	5.54	4.50	3.92	3.55	3.28	3.09	2.93	2.81	2.71	2.54	2.37	2.19	2.09	1.98	1.87	1.75	1.61	1.43
∞	7.88	5.30	4.28	3.72	3.35	3.09	2.90	2.74	2.62	2.52	2.36	2.19	2.00	1.90	1.79	1.67	1.53	1.36	1.00

续表

$\alpha=0.001$

n_2	n_1																		
	1	2	3	4	5	6	7	8	9	10	12	15	20	24	30	40	60	120	∞
1	4 053t	5 000t	5 404t	5 625t	5 764t	5 859t	5 929t	5 981t	6 023t	6 056t	6 107t	6 158t	6 209t	6 235t	6 261t	6 287t	6 313t	6 340t	6 366t
2	998.5	999.0	999.2	999.2	999.3	999.3	999.4	999.4	999.4	999.4	999.4	999.4	999.4	999.5	999.5	999.5	999.5	999.5	999.5
3	167.0	148.5	141.1	137.1	134.6	132.8	131.6	130.6	129.9	129.2	128.3	127.4	126.4	125.9	125.4	125.0	124.5	124.0	123.5
4	74.14	61.25	56.18	53.44	51.71	50.53	49.66	49.00	48.47	48.05	47.41	46.76	46.10	45.77	45.43	45.09	44.75	44.40	44.05
5	47.18	37.12	33.20	31.09	29.75	28.84	28.16	27.64	27.24	26.92	26.42	25.91	25.39	25.14	24.87	24.60	24.33	24.06	23.79
6	35.51	27.00	23.70	21.92	20.81	20.03	19.46	19.03	18.69	18.41	17.99	17.56	17.12	16.89	16.67	16.44	16.21	15.99	15.75
7	29.25	21.69	18.77	17.19	16.21	15.52	15.02	14.63	14.33	14.08	13.71	13.32	12.93	12.73	12.53	12.33	12.12	11.91	11.70
8	25.42	18.49	15.83	14.39	13.49	12.86	12.40	12.04	11.77	11.54	11.19	10.84	10.48	10.30	10.11	9.92	9.73	9.53	9.33
9	22.86	16.39	13.90	12.56	11.71	11.13	10.70	10.37	10.11	9.89	9.57	9.24	8.90	8.72	8.55	8.37	8.19	8.00	7.81
10	21.04	14.91	12.55	11.28	10.48	9.92	9.52	9.20	8.96	8.75	8.45	8.13	7.80	7.64	7.47	7.30	7.12	6.94	6.76
11	19.69	13.81	11.56	10.35	9.58	9.05	8.66	8.35	8.12	7.92	7.63	7.32	7.01	6.85	6.68	6.52	6.35	6.17	6.00
12	18.64	12.97	10.80	9.63	8.89	8.38	8.00	7.71	7.48	7.29	7.00	6.71	6.40	6.25	6.09	5.93	5.76	5.59	5.42
13	17.81	12.31	10.21	9.07	8.35	7.86	7.49	7.21	6.98	6.80	6.52	6.23	5.93	5.78	5.63	5.47	5.30	5.14	4.97
14	17.14	11.78	9.73	8.62	7.92	7.43	7.08	6.80	6.58	6.40	6.13	5.85	5.56	5.41	5.25	5.10	4.94	4.77	4.60
15	16.59	11.34	9.34	8.25	7.57	7.09	6.74	6.47	6.26	6.08	5.81	5.54	5.25	5.10	4.95	4.80	4.64	4.47	4.31
16	16.12	10.97	9.00	7.94	7.27	6.81	6.46	6.19	5.98	5.81	5.55	5.27	4.99	4.85	4.70	4.54	4.39	4.23	4.06
17	15.72	10.66	8.73	7.68	7.02	7.56	6.22	5.96	5.75	5.58	5.32	5.05	4.78	4.63	4.48	4.33	4.18	4.02	3.85
18	15.38	10.39	8.49	7.46	6.81	6.35	6.02	5.76	5.56	5.39	5.13	4.87	4.59	4.45	4.30	4.15	4.00	3.84	3.67
19	15.08	10.16	8.28	7.26	6.62	6.18	5.85	5.59	5.39	5.22	4.97	4.70	4.43	4.29	4.14	3.99	3.84	3.68	3.51
20	14.82	9.95	8.10	7.10	6.46	6.02	5.69	5.44	5.24	5.08	4.82	4.56	4.29	4.15	4.00	3.86	3.70	3.54	3.38
21	14.59	9.77	7.94	6.95	6.32	5.88	5.56	5.31	5.11	4.95	4.70	4.44	4.17	4.03	3.88	3.74	3.58	3.42	3.26
22	14.38	9.61	7.80	6.81	6.19	5.76	5.44	5.19	4.99	4.83	4.58	4.33	4.06	3.92	3.78	3.63	3.48	3.32	3.15
23	14.19	9.47	7.67	6.69	6.08	5.65	5.33	5.09	4.89	4.73	4.48	4.23	3.96	3.82	3.68	3.53	3.38	3.22	3.05
24	14.03	9.34	7.55	6.59	5.98	5.55	5.23	4.99	4.80	4.64	4.39	4.14	3.87	3.74	3.59	3.45	3.29	3.14	2.97
25	13.88	9.22	7.45	6.49	5.88	5.46	5.15	4.91	4.71	4.56	4.31	4.06	3.79	3.66	3.52	3.37	3.22	3.06	2.89
26	13.74	9.12	7.36	6.41	5.80	5.38	5.07	4.83	4.64	4.48	4.24	3.99	3.72	3.59	3.44	3.30	3.15	2.99	2.82
27	13.61	9.02	7.27	6.33	5.73	5.31	5.00	4.76	4.57	4.41	4.17	3.92	3.66	3.52	3.38	3.23	3.08	2.92	2.75
28	13.50	8.93	7.19	6.25	5.66	5.24	4.93	4.69	4.50	4.35	4.11	3.86	3.60	3.46	3.32	3.18	3.02	2.86	2.69
29	13.39	8.85	7.12	6.19	5.59	5.18	4.87	6.64	4.45	4.29	4.05	3.80	3.54	3.41	3.27	3.12	2.97	2.81	2.64
30	13.29	8.77	7.05	6.12	5.53	5.12	4.82	4.58	4.39	4.24	4.00	3.75	3.49	3.36	3.22	3.07	2.92	2.76	2.59
40	12.61	8.25	6.60	5.70	5.13	4.73	4.44	4.21	4.02	3.87	3.64	3.40	3.15	3.01	2.87	2.73	2.57	2.41	2.23
60	11.97	7.76	6.17	5.31	4.76	4.37	4.09	3.87	3.69	3.54	3.31	3.08	2.83	2.69	2.55	2.41	2.25	2.08	1.89
120	11.38	7.32	5.79	4.95	4.42	4.04	3.77	3.55	3.38	3.24	3.02	2.78	2.53	2.40	2.26	2.11	1.95	1.76	1.54
∞	10.83	6.91	5.42	4.62	4.10	3.74	3.47	3.27	3.10	2.96	2.74	2.51	2.27	2.13	1.99	1.84	1.66	1.45	1.00

附表 6　相关系数检验表

$n-2$	α		$n-2$	α	
	0.05	0.01		0.05	0.01
1	0.997	1.000	21	0.413	0.526
2	0.950	0.990	22	0.404	0.515
3	0.878	0.959	23	0.396	0.505
4	0.811	0.917	24	0.388	0.496
5	0.755	0.874	25	0.381	0.487
6	0.707	0.834	26	0.374	0.478
7	0.666	0.798	27	0.367	0.470
8	0.632	0.765	28	0.361	0.463
9	0.602	0.735	29	0.355	0.456
10	0.576	0.708	30	0.349	0.449
11	0.553	0.684	35	0.325	0.418
12	0.532	0.661	40	0.304	0.393
13	0.514	0.641	45	0.288	0.372
14	0.497	0.623	50	0.273	0.354
15	0.482	0.606	60	0.250	0.325
16	0.468	0.590	70	0.232	0.302
17	0.456	0.575	80	0.217	0.283
18	0.444	0.561	90	0.205	0.267
19	0.433	0.549	100	0.195	0.254
20	0.423	0.537	200	0.138	0.181

参考文献

1. 复旦大学. 概率论(第一册). 北京:人民教育出版社,1979.
2. 魏宗舒. 概率论与数理统计教程. 2 版. 北京:高等教育出版社,2008.
3. 王福保,等. 概率论与数理统计. 3 版. 上海:同济大学出版社,1994.
4. 王梓坤. 概率论基础及其应用. 北京:科学出版社,1976.
5. 梁之舜,邓集贤,杨维权,等. 概率论及数理统计. 3 版. 北京:高等教育出版社,2007.
6. 同济大学概率统计教研组. 概率统计. 4 版. 上海:同济大学出版社,2009.
7. 王松桂,张忠占,程维虎,等. 概率论与数理统计. 3 版. 北京:科学出版社,2015.
8. 田铮,肖华勇,等. 随机数学基础. 北京:高等教育出版社,2005.
9. 威廉-费勒. 概率论及其应用. 3 版. 胡迪鹤,等,译. 北京:人民邮电出版社,2014.
10. 谢尔登・罗斯. 概率论初级教程. 李漳南,等,译. 北京:人民教育出版社,1981.
11. 教育部考试中心. 2020 年全国硕士研究生入学统一考试数学考试大纲. 北京:高等教育出版社,2019.
12. 李贤平. 概率论基础. 3 版. 北京:高等教育出版社,2010.
13. Walpole R E, Myers R H, Myers S L, Ye K E. Probability & Statistics for Engineers & Scientists. 9th . Pearson, 2017.
14. Casella G, Bergor R L. Statistical Inference. 2nd. Duxbury Press, 2001.
15. 盛骤,谢式千,潘承毅. 概率论与数理统计. 4 版. 北京:高等教育出版社,2008.
16. 苏金明,阮沈勇. MATLAB 实用教程. 2 版. 北京:电子工业出版社,2008.
17. DeGroot M H, Schervish M J, 概率统计. 3 版. 叶中行,王蓉华,徐晓岭,译. 北京:人民邮电出版社,2007.
18. 安建业,张凤宽,滕树军,等. 伴你学数学-概率统计及其应用导学. 北京:高等教育出版社,2012.
19. Rice J A. Matematical Statistics and Data Analysis. 3ed. Duxbury Press, 2007.